荒漠化生态系统应对气候水文变化的关键技术

刘廷玺　马　龙　乔子戌等　著

科学出版社
北　京

内 容 简 介

气候水文变化对生态系统、农牧业等影响重大，尤其在气候变化敏感、生态系统脆弱的内蒙古荒漠地区更为显著，亟须研发内蒙古荒漠化生态系统应对气候水文变化关键技术。本书以内蒙古为研究区，基于生态系统、气候水文因子等数据及野外调查与测试，应用多元统计、随机森林等方法，识别了内蒙古地区荒漠化生态系统、气候水文因子的时空变异规律；揭示了气候水文变化对荒漠化生态系统的影响过程与响应机制；形成了气候水文变化对荒漠化生态系统影响的评估技术；模拟预估了未来气候水文影响下荒漠化生态系统风险，提出了内蒙古荒漠化生态系统应对气候水文变化的方案。

本书在丰富和完善相关研究方法的基础上，为荒漠化生态系统应对气候水文变化提供参考，有一定的应用前景和学术价值，可供水资源、生态环境等相关专业本科生、研究生、研究人员及相关从业者参考使用。

审图号：GS 京(2025)1083 号

图书在版编目(CIP)数据

荒漠化生态系统应对气候水文变化的关键技术 / 刘廷玺等著. —北京：科学出版社，2025.6

ISBN 978-7-03-075794-4

Ⅰ. ①荒… Ⅱ. ①刘… Ⅲ. ①气候变化-影响-荒漠-生态系-内蒙古 ②区域水文学-影响-荒漠-生态系-内蒙古 Ⅳ. ①P941.73

中国国家版本馆 CIP 数据核字（2023）第 106560 号

责任编辑：刘 超 / 责任校对：樊雅琼

责任印制：徐晓晨 / 封面设计：无极书装

科学出版社 出版

北京东黄城根北街 16 号

邮政编码：100717

http://www.sciencep.com

北京九州迅驰传媒文化有限公司印刷

科学出版社发行 各地新华书店经销

*

2025 年 6 月第 一 版 开本：787×1092 1/16

2025 年 6 月第一次印刷 印张：15 3/4

字数：370 000

定价：190.00 元

（如有印装质量问题，我社负责调换）

《荒漠化生态系统应对气候水文变化的关键技术》撰写人员名单

主　　笔：刘廷玺

副 主 笔：马　龙　乔子戌　孙柏林
黄　星　陈　阳　路　畅

撰写人员：刘智慧　张宇轩　张紫翔　魏英楠　解贵淑
张　晶　王晓玥　徐　帆　张子越　李　朝
袁嘉美　王辰月　毛晟翔　刘昕原　俞倩林
张　贺　那布其　郭启飞

前　　言

近几个世纪以来，全球气候正在经历前所未有的变化。IPCC 研究报告指出，全球气温上升速率最快达 0.13℃/10a，尤其是 1976 年以来，气候增暖速率甚至超过了此前的 1000 余年。与此同时，自工业革命以来，大规模、不合理、无休止地开发自然资源，也深刻改变了全球的气候和生态平衡。在气候持续变暖和人类活动不断加剧的双重背景下，荒漠化已成为当前全球所面临的最严重的生态环境问题之一，不仅会引发土壤结构疏松、养分流失、耕地减产、农民收入下降、植被覆盖和生物量降低等问题，更会造成全球可利用土地资源大量减少，人类、动植物的生存空间被严重压缩以及全球生态失衡等诸多不良后果。作为我国的北部边疆，内蒙古自治区地域辽阔，全区大部分地区处在干旱、半干旱地区，土地荒漠化和沙化严重，生态系统脆弱，对气候变化敏感，研发内蒙古荒漠化生态系统应对气候水文变化的关键技术成为亟需。

为了应对气候水文变化对内蒙古荒漠化生态系统的影响，使内蒙古自治区的荒漠化治理水平进一步提升，研究团队开展了内蒙古荒漠生态系统应对气候变化关键技术研究（2020GG0074），以内蒙古为研究区，基于生态系统、气候水文因子等数据及野外调查与测试，应用多元统计、随机森林等方法，识别了内蒙古地区荒漠化生态系统、气候水文因子的时空变异规律；揭示了气候水文变化对荒漠化生态系统的影响过程与响应机制；形成了气候水文变化对荒漠化生态系统影响的评估技术；模拟预估了气候水文影响下未来荒漠化生态系统风险，提出了内蒙古荒漠化生态系统应对气候水文变化的方案。本书在丰富和完善相关研究方法的基础上，为荒漠化生态系统应对气候水文变化提供参考，有一定的应用前景和学术价值，可供水资源、生态环境等相关专业本科生、研究生、研究人员及相关从业者参考使用。

本书由刘廷玺统稿，马龙、乔子戌、孙柏林、黄星、陈阳、路畅等共同撰写，具体分工如下：第 1、第 6、第 7 章由马龙负责；第 2 章由路畅负责；第 3 章由乔子戌负责；第 4 章由陈阳负责；第 5 章由黄星、孙柏林、路畅共同负责，其中，黄星负责 5.1.1 ~ 5.1.6 节，孙柏林负责 5.2.1 ~ 5.2.7 节，路畅负责 5.1.7、5.2.8、5.3 节；第 8 章由乔子戌、孙柏林、陈阳共同负责，其中，乔子戌负责 8.1 ~ 8.2 节，孙柏林负责 8.3 节，陈阳负责 8.4 节。此外，本团队的博士和硕士生参与了部分编写工作，包括刘智慧、张宇轩、张紫翔、魏英楠、解贵淑、张晶、王晓玥、徐帆、张子越、李朝、袁嘉美、王辰月、毛晟翔、刘昕原、俞倩林、张贺、那布其、郭启飞，感谢以上研究生对本书的贡献。本书由内蒙古自治区科技计划项目（2020GG0074）资助。

受时间和水平的局限，书中难免有疏漏之处，敬请广大读者批评指正。

作　者

2025 年 3 月

目　录

1 引　　言

1.1 研究背景

荒漠化是一系列复杂的生态退化过程，主要由气候变化、过度放牧、不合理农业活动、森林砍伐以及不可持续的土地管理等多种因素引起[1, 2]。土地荒漠化会导致植被覆盖减少，土地失去保护，土壤贫瘠化，水资源减少，生物多样性降低，生态系统功能退化，农作物产量下降，以及牧草资源减少等一系列问题[3]，不仅严重影响了生态环境，还对经济和社会发展造成了深远的影响。

中国是全球受荒漠化影响最为严重的国家之一。根据第五次全国荒漠化和沙化监测结果，中国荒漠化面积约为261.1万km^2，占陆地国土总面积的27.20%[4]。西部和北部地区，尤其是新疆、内蒙古、西藏、甘肃和青海等地，是受影响最严重的区域，全国除上海、香港、澳门和台湾外，大部分地区都面临着荒漠化的威胁[5]。

作为我国的北部边疆，内蒙古自治区地域辽阔，全区大部分处于干旱、半干旱地区，土地荒漠化和沙化严重，是我国荒漠化和沙化土地分布最为广泛的地区之一，也是国家荒漠化和沙化土地监测的重点省（区）。内蒙古分布有巴丹吉林、腾格里、乌兰布和、库布齐、巴音温都尔“五大沙漠”和毛乌素、浑善达克、科尔沁、呼伦贝尔“四大沙地”，全区1/2的土地遭到荒漠化的侵害，近九成的人口受到荒漠化及其次生灾害的影响[6]。根据最新数据，内蒙古荒漠化占地面积约为61.6万km^2，沙化土地面积约为39.8万km^2，位居全国第二[7]。此外，还有高达16.5万km^2的土地显示出明显的沙化倾向，占中国该类土地面积的59.22%[8]。土地荒漠化的不断扩张给内蒙古地区带来了沙质荒漠化及次生灾害的双重困扰。气候变化作为土地荒漠化的一个重要因素，其不确定性增加了荒漠化防治的难度，使得内蒙古荒漠化的防治工作面临严峻挑战。

因此，合理识别荒漠化生态系统的时空变化特征与规律、评估气候水文变化对荒漠化生态系统的影响及其响应关系，以及未来荒漠化生态系统的发展趋势，是目前亟须解决的科学问题，也是有效防治荒漠化的前提。

1.2 研究目的及意义

基于上述背景，本研究以内蒙古为研究区域，收集多源遥感信息数据、历史气象水文数据、未来气象水文数据等相关数据，采用遥感影像、归一化植被指数（NDVI）以及荒漠化差值指数（DDI）等对研究区的荒漠化生态系统进行识别，并对各等级荒漠化生态系统的时空演变进行分析；采用曼-肯德尔（Mann-Kendall）检验等方法深入分析气候水文因子时空变异特征与规律，并进一步讨论内蒙古地区的气候变化与大区域尺度的异同，考察关键气候水文因子对荒漠化生态系统的影响与响应机制；构建气候变化对内蒙古地区荒漠化生态系统的影响评估模型，解析气候变化对荒漠化生态系统的影响，形成气候变化对荒漠化生态系统的影响评估技术；构建气候变化影响下内蒙古地区荒漠化的风险指标体系，预估了多情景模式下未来内蒙古地区荒漠化的风险，形成气候变化影响下荒漠化生态系统风险预估技术。本研究对内蒙古荒漠化生态系统可持续发展有着重要意义和指导作用，还可为内蒙古荒漠化防治提供参考和依据。

1.3 国内外研究进展

针对本次主要研究内容，本节从“荒漠化生态系统时空变化特征与规律”“气候因子时空变化特征与规律”“气候变化对荒漠化生态系统的影响与风险评估”三方面论述国内外的研究进展。

1.3.1 荒漠化生态系统时空变化特征与规律

土地荒漠化是当今世界面临的最严峻的生态问题之一[8,9]，荒漠化生态系统时空变化特征与规律，是学术界所共同关注的热点问题之一[10,11]。基于遥感数据的地理空间分析技术，能够针对荒漠化区域进行准确、及时和全面地定量化、空间化研究[12]。目前，利用遥感反演产品进行土地荒漠化的研究主要是从地形地貌[13]、土地利用类型[13]、裸沙占地率[14]、坡度[15]等要素构建景观生态学方面的指标进行研究分析，从植被指数[16,17]、光谱反射率[11,18,19]、植被覆盖度[20]、植被降水利用率[21]等要素进行土地荒漠化的识别分析研究，采用统计方法研究各要素对荒漠化生态系统的影响、响应关系[22]、敏感性[23]及贡献率[24]，采用趋势性分析[25,26]等方法进行荒漠化生态系统的时空变化特征分析[27]。研究结果表明，除南极外，其他大洲均不同程度地遭受着荒漠化的危害[28]，据统计，全球土地荒漠化面积约4560万km^2，占土地总面积的35%[29]。荒漠化的迅速蔓延将严重危及生态环境安全及社会经济稳定[30,31]，其引起的一系列次生灾害在局部地区甚至造成了地区性政局紊乱和社会安全问题[32]。自1995年以来，我国大范围出现地表覆盖质量严重退化现象，同时在西部地区地表沙漠和荒漠化严重[33,34]。内蒙古境内包含五大沙漠、四大沙地，全区1/2的土地遭受荒漠化侵蚀，近90%的人口饱受荒漠化及其次生灾害的侵害[35]，截至2011年，内蒙古地区荒漠化土地面积6092万hm^2，沙化土地面积4079万hm^2，有明显沙化趋势的土地面积1740万hm^2。荒漠化和沙化状况依然严重，防治形势仍然严峻[36]。

1.3.2 气候因子时空变化特征与规律

目前的观测证据表明，气候变暖已经导致全球温度升高、大范围雪和冰融化以及海平面上升，区域极端天气事件发生的频率越来越高[37-43]。许多自然系统正在受到区域气候变化特别是温度升高的影响[44,45]。根据大气环流模式（GCM）评估，到 21 世纪中叶（2030 ~ 2050 年）CO_2在大气中含量加倍时，全球年均气温将增加 1.5 ~ 4.5℃，平均增加 2.5℃，降水可能增加 7%~15%，其中陆地比海洋增温快[45]，高纬度地区比全球平均增温幅度大，并且区域间差异较大[46]。

在全球气候变化的背景下，中国的气候变化也十分显著，并且与全球变化有相当的一致性。近 100 年（20 世纪）中国年地表平均气温明显增加，增加幅度约为 0.5 ~ 0.8℃，比同期全球年平均值略高[47]。中国近 100 年温度年代变化与北半球的变化相似[47]。1961 ~ 2016 年，全国平均气温在 20 世纪 80 年代以后上升更为明显[48]，就连西南低温区在 90 年代以后温度也出现上升状态[49]。近 100 年全国平均降水量变化趋势不明显，但存在区域性差异。从全国平均降水量来看，1956 ~ 2002 年降水量呈现出小幅增加趋势[50]。年代变化上表现为 20 世纪 20 年代偏少，1996 ~ 2014 年降水量呈现出增加趋势[51]。

内蒙古地区气候变化的显著特征是气候变暖，表现为四季气温均在升高，并以冬季升温幅度最大，尤其是典型沙地地区的气温上升更为明显[52]。20 世纪 60 年代以前属于下降阶段，70 ~ 80 年代中期变化较平缓，气温呈现加速上升趋势[53]，空间变化特征为内蒙古中部增温最多，城市及经济较发达地区增温速度较快[54]。

最低温度升幅明显高于最高温度升幅，表现出一种日夜增暖的不对称性，使得日较差变小[55]。由此引起无霜期延长，积雪、冰霜、雷暴、大风、沙尘暴日数减少[56]。从空间分布格局上看，内蒙古气温变化具有明显的沿纬度分布的特征，而降水变化基本上体现了一种沿经度分布的特征[57]。需要特别注意的是，近年来内蒙古降水空间变幅分布极不均匀，增加幅度出现西多东少的趋势，同时降水时间分布也不均匀[58]。就荒漠草原区而言，秋季降水量增加，降水日数减少，一次性降水量增加，降水节律变化显著[59]。

1.3.3　气候变化对荒漠化生态系统的影响与风险评估

气候变化对荒漠化生态系统的影响十分复杂[60-63]，现阶段温度的升高和降水规律的变化将会改变荒漠地区的植被覆盖度、植被指数、生物多样性、植被空间分布格局、多物种出现频度[64-66]等。

研究表明气候变化对植被净初级生产量（NPP）的影响主要通过气温和降水要素来影响[67]，而且降水与植被 NPP 呈明显正相关关系，而气温与植被 NPP 呈弱的负相关关系[68-70]。但很少有研究能够定量评估人类活动对植被 NPP 的影响。荒漠化生态系统地上生物量的年际波动主要受年降水量的制约，一般年降水量越多，初级生产力越高；但同时受到当年降水量季节分配的影响，特别是春季、初夏的降水量最为关键[71]，不仅决定群落地上生物量的变化，还制约着生态系统的结构组成。荒漠地区由于降水量的分布不同，生物量增长可以描述为两种生长类型，即单峰曲线增长型和双峰曲线增长型[72]。

目前针对气候变化对荒漠化生态系统的风险评估研究较少，以往研究基本是对荒漠化生态系统荒漠化进行评估与评价，1977 年召开的联合国荒漠化大会对荒漠化定义及评价方法进行了深入的探讨，制定了全球第一套相对全面、科学的荒漠化评价指标体系，用于全球荒漠化的监测与评估，标志着荒漠化评价正式开始并逐渐成为荒漠化研究的热点领域[73]。近些年来，荒漠化评价指标的研究取得新进展[74]。联合国可持续发展委员会（CSD）制定了一套包括 2 个级别 58 项指标的荒漠化评价指标系统，该系统对各国荒漠化监测关键指标选取起到了引导和借鉴作用[75]。在评价模型构建方面，学者采用多标准评价研究方法，通过调查将伊朗戈莱斯坦省 Trouti 流域荒漠化影响因素，包括土壤质地、坡向、降雨、地质形成对侵蚀的敏感性、水文土壤、坡度和土地利用等指标纳入评价模型，得出土地利用和地质构造侵蚀敏感性是影响该地区荒漠化过程的最重要因素[76]；另外，还有学者着重分析了气候变化和土壤退化之间的关系，将荒漠化评价指标拟合为气候模型、土壤模型，并选取土壤退化指数（SQI）分析气候变化、土地利用变化及土壤退化之间存在的依赖关系[77]。

综上所述，以往的研究多以单一气候影响因子、单一荒漠化生态系统指标定性开展气候变化对荒漠化生态系统的影响研究，定量开展的少，特别是针对内蒙古荒漠化地区，采用多气候因子、多生态指标、定性定量综合评价对荒漠化生态系统的影响研究较少，本研究在内蒙古荒漠地区荒漠化生态系统时空变化、气候因子时空变化规律的基础上，研发气候变化对荒漠化生态系统的影响评估关键技术，建立气候变化影响下的生态系统风险预估模拟模型，形成气候变化影响下的荒漠化生态系统风险预估关键技术，并提出荒漠化生态系统应对气候变化方案，为自治区环境向好提供技术支撑。

2 研究区概况

2.1 地理位置

内蒙古疆域辽阔，地跨中国东北、西北地区，是我国跨经度最大的省级行政区（图 2-1），界于 37°24′N～53°23′N、97°12′E～126°04′E，全区总面积 118.3 万 km^2，占全国土地面积的 12.3%。东北部与黑龙江、吉林、辽宁、河北交界，南部与山西、陕西、宁夏相邻，西南部与甘肃毗连，北部与俄罗斯、蒙古国接壤。内蒙古主要位于内蒙古高原，是蒙古高原的主要组成部分，跨越了亚洲东部与中部的湿润、半湿润、半干旱及干旱地区，包括蒙古高原的大部分和松辽平原的西部、冀北山地、黄土高原的北部边缘。

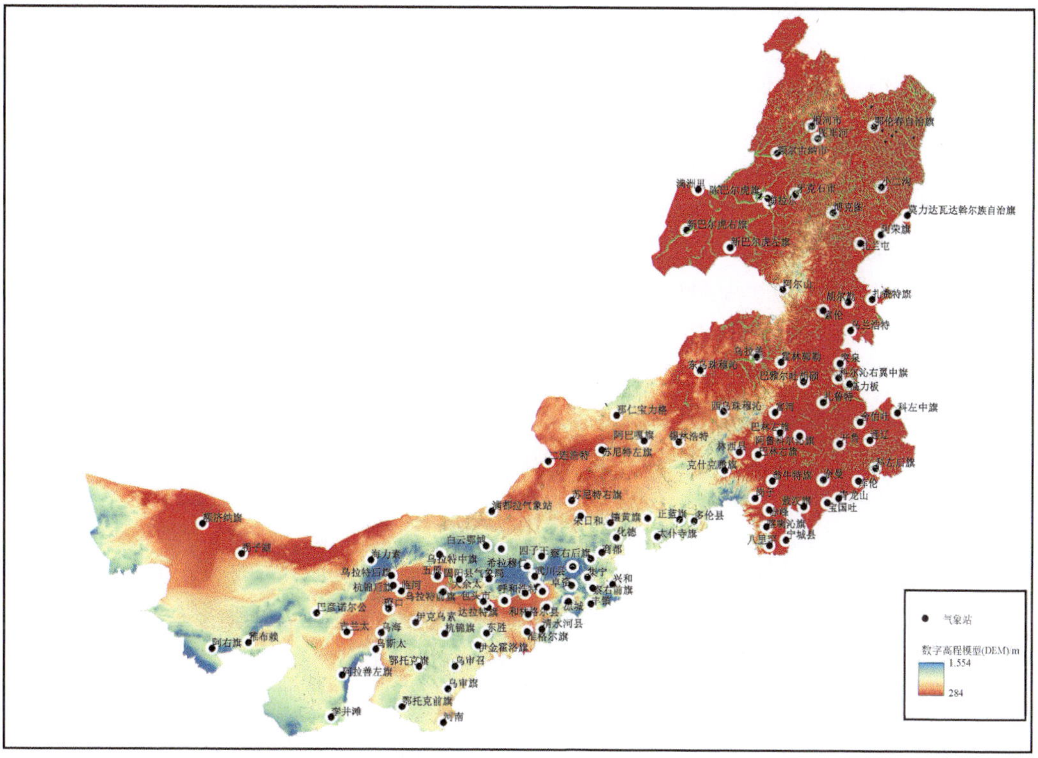

图 2-1　研究区概况

2.2 地形地貌

内蒙古地势较高，海拔在1000m左右，属于高原型的地貌区。在世界自然区划中，属于蒙古高原的东南部及其周沿地带，称为内蒙古高原，是中国四大高原中的第二大高原。在内部结构上又有明显差异，其中高原约占总面积的53.4%，山地占20.9%，丘陵占16.4%，平原与滩川地占8.5%，河流、湖泊、水库等水面面积占0.8%。在大兴安岭的东麓、阴山脚下和黄河岸边，有嫩江西岸平原、西辽河平原、土默川平原、河套平原及黄河南岸平原，这里地势平坦、土壤肥沃、光照充足、水源丰富，是内蒙古的粮食和经济作物主要产区。在山地向高平原、平原的交接地带，分布着黄土丘陵和石质丘陵，其间杂有低山、谷地和盆地分布，水土流失较严重。

内蒙古地势由南向北、由西向东缓缓倾斜，分布着辽阔的草原，是我国著名的天然牧场。除东南部外，基本是高原，占总土地面积的50%左右，由呼伦贝尔高平原、锡林郭勒高平原、巴彦淖尔-阿拉善及鄂尔多斯等高平原组成，海拔1000m左右，海拔最高点贺兰山主峰3556m。东北部临近外兴安岭等。高原四周分布着大兴安岭、阴山（狼山、色尔腾山、大青山、灰腾梁）、贺兰山等山脉，构成内蒙古高原地貌的脊梁。最北部、东北部距离石勒喀河、格尔必齐河、鄂嫩河、哈拉哈河较近。内蒙古高原西端分布有巴丹吉林沙漠、腾格里沙漠、乌兰布和沙漠、库布齐沙漠、毛乌素沙漠等，总面积15万km^2。

2.3 水文气候条件

内蒙古地域广阔，所处纬度较高，高原面积大，距离海洋较远，边沿有山脉阻隔。内蒙古高原属温带半干旱、干旱气候，地处中纬度内陆，大兴安岭、阴山、贺兰山、龙首山、合黎山等山地加强了气候的寒湿性地带差异，冬夏季分别被内蒙古高压和大陆低压控制，气候呈明显的大陆性，具有降水量少而不匀、风大、寒暑变化剧烈的特点[1]。大兴安岭北段地区属于寒温带大陆性季风气候，巴彦浩特-海勃湾-巴彦高勒以西地区属于温带大陆性气候。总体特点是春季气温骤升，多大风天气，夏季短促而炎热，降水集中，秋季气温剧降，霜冻往往早来，冬季漫长严寒，多寒潮天气[1]。

内蒙古年平均气温在-3.7（图里河）~11.2℃（额济纳旗），与历史同期平均值相比，除呼伦贝尔市中西部地区接近常年外，全区大部分地区普遍偏高，其中中西部大部分地区及兴安盟东部、通辽市中部、赤峰市北部地区偏高1.0~2.2℃（苏尼特左旗），其余地区偏高0.5~1.0℃。内蒙古日照充足，光能资源非常丰富，大部分地区年日照时数都大于2700h，阿拉善高原的西部地区年日照时数达3400h以上[78]。全年大风日数平均在10~40天，70%发生在春季。其中，锡林郭勒、乌兰察布高原达50天以上；大兴安岭北部山地，一般在10天以下[79]。沙暴日数大部分地区为5~20天，阿拉善西部和鄂尔多斯高原地区达20天以上，阿拉善盟额济纳旗的呼鲁赤古特大风日年均108天[80]。

2.4 自然资源

目前，世界上已查明的140多种矿产中，内蒙古已发现120多种，在列入储量表的72种矿产中，有40多种储量居全国前10位，20多种名列前3位，7种居全国首位，特别是煤炭资源极其丰富，并且品种优良，种类齐全，易开采[81]。石油、天然气的蕴藏量也十分可观，全区已探明13个大油气田，预测石油总资源量为2030亿t，世界级的大油气田陕甘宁油气田的主体就在内蒙古的鄂尔多斯盆地[82]。此外，黑色金属、有色金属和贵重金属、建材原料和其他非金属以及化工原料等矿产资源，有相当部分在全国也名列前茅。

植被是内蒙古自然环境的组成要素之一，而且是自然环境最敏感的要素，与地形、土壤、气候有密切关系，内蒙古植被类型主要有针叶林、落叶阔叶林、草原、荒漠植被等，其中以草原植被为主要植被类型[83]。全区植被由种子植物、蕨类苔藓植物、菌类植物、地衣植物等不同植物种类组成。植物种类分布不均衡，其中山区植物最丰富。东部的大兴安岭拥有丰富的森林植物及草甸、沼泽与水生植物。中部的阴山山脉及西部的贺兰山不但兼有森林和草原植物，而且还有草甸、沼泽植物。广大的高平原和平原地区则以草原和荒漠旱生型植物为主，只含有少数的草甸植物与盐生植物[84]。草原植被是内蒙古地区的一种重要的植被类型。全区草原总面积78.8万km^2，占全区土地总面积的66.6%，其中可利用面积为63万km^2，占全区草原总面积的79.9%。其中最著名的呼伦贝尔草原、锡林郭勒草原、乌兰察布草原、鄂尔多斯草原。

2.5 社会经济状况

根据内蒙古自治区统计局2022年公布的《内蒙古自治区2021年国民经济和社会发展统计公报》，2021年内蒙古全年地区生产总值20 514.2亿元，按可比价计算，同比增长6.3%，其中，第一产业增加值2225.2亿元，同比增长4.8%；第二产业增加值9374.2亿元，同比增长6.1%；第三产业增加值8914.8亿元，同比增长6.7%。三次产业比例为10.8∶45.7∶43.5，第一、第二、第三产业对生产总值增长的贡献率分别是9.0%、39.3%、51.7%。人均生产总值达到85 422元，同比增长6.6%。

全年城镇新增就业人数22.4万人，失业人员再就业人数11.4万人，年末城镇登记失业率3.84%。全年居民消费价格比上年上涨0.9%。分城乡看，城市上涨0.8%，农村上涨1.1%；分类别看，食品烟酒类上涨0.5%，衣着类下降0.8%，居住类上涨0.5%，生活用品及服务类下降0.2%，交通和通信类上涨4.0%，教育文化和娱乐类上涨1.0%，医疗保健类上涨0.3%，其他用品和服务类下降0.6%。从工业生产角度看，工业生产者出厂价格比上年上涨28.5%，工业生产者购进价格比上年上涨28.0%。农产品生产者价格上涨7.6%。全区规模以上工业中，战略性新兴产业增加值比上年增长10.4%。非煤产业增加值比上年增长8.0%，占比达到57.7%。新产业增加值较快增长，高技术制造业增加值增长20.2%，高新技术业增加值增长22.4%。医药制造业增加值增长20.0%，计算机、通信和其他电子设备制造业增加值增长21.3%。

3 内蒙古荒漠化生态系统的时空演变特征与规律

荒漠化生态系统是指分布于干旱地区，极端耐旱植物占优势的生态系统。荒漠化生态系统主要利用遥感影像解译或相关遥感指数进行识别。本章采用遥感影像自动解译、NDVI、DDI 3 种方式来识别荒漠化生态系统，并进一步分析荒漠化生态系统的时空演变特征与规律。

3.1 基于自动化遥感解译的荒漠化生态系统的识别及时空变化特征与规律

遥感影像目视解译是耗时耗力的，而利用相关指数进行识别通常准确率较高，但不能直观地看出土地利用类型之间的转换关系。本研究提出一种结合遥感指数产品的自动化遥感影像解译模型，利用谷歌地球引擎（Google Earth Engine，GEE）和已有的土地利用类型结果自动化解译内蒙古地区的遥感影像，进而自动化识别内蒙古荒漠化生态系统。

1）数据来源

遥感影像数据来源于美国地质调查局（United States Geological Survey，USGS）。通过GEE 平台进行数据收集与预处理。首先对遥感数据进行时空筛选以及云量筛选，获取了1980～2020 年内蒙古地区云量60%以下共28 386 景Landsat5 SR、Landsat8 SR、遥感影像，影像分辨率为30m，时间分辨率为16 天，见图 3-1。Landsat SR 影像已利用 LEDAPS 工具进行过大气校正，并采用 CFMASK 算法进行了云、云影、雪等检测，生成了质量评估波

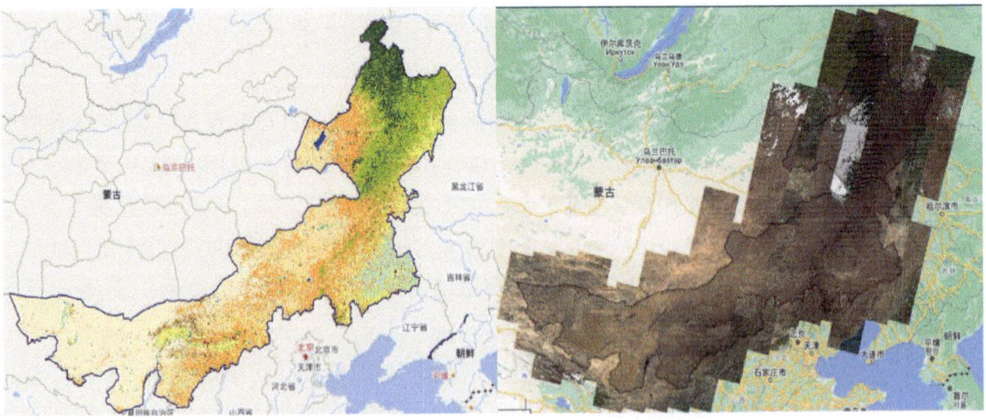

图 3-1　2020 年土地利用数据及遥感影像数据

段。针对收集到的 Landsat SR 数据，利用质量评估波段生成云、云影掩膜，产生无云影像，将无云影像进行月尺度的中位数合成，得到全年各月的无云合成影像，最后计算 NDVI、NDWI（归一化差异水体指数）、NDBI（归一化差异建筑指数）等指数。

土地利用数据收集到 2020 年、2018 年、2017 年、2015 年、2010 年、2000 年、1990 年、1980 年内蒙古地区土地利用数据。利用 Python 对土地利用数据进行重投影、重采样、重分类以及格式转换，形成 30m 分辨率土地利用类型栅格数据。

2）使用的方法

（1）多源、多时相遥感自动化解译模型。

本研究提出的自动化遥感解译模型基于 GEE 平台，共包括影像分区、时空滤波、光谱均质与提纯、影像分类 4 个模块，模型的技术路线见图 3-2。

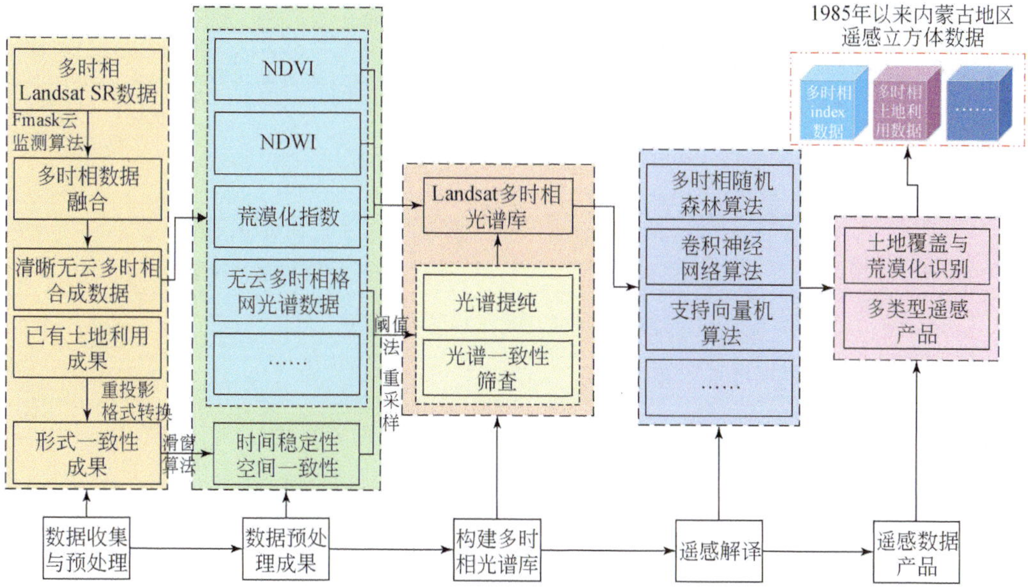

图 3-2　模型技术路线

A. 影像分区

考虑到算力限制以及空间变异性的影响，将研究区进行了子区域划分，每个子区域为 1.5°×1.5°大小，与 Landsat 幅宽基本一致。每个子区域中包含不同年份不同遥感数据不同月份的中位数合成后光谱数据，包含 Blue、Green、Red、NIR、SWIR1（短波红外 1 波段）、SWIR2（短波红外 2 波段）、NDVI、NDWI、NDBI 等波段，影像的分区结果见图 3-3。

B. 时空滤波

本研究采用时空滤波的方式进行训练样本点的初步筛选。以 2020 年为例，选取 2020 年土地利用类型数据，采用 3×3 的滤波核进行空间滤波，若 3×3 范围内的数据标签一致，则说明中心像素空间一致性较好，将空间一致性较好的数据与 2015 年土地利用类型数据叠加，若两年数据一致，则说明时间一致性较好，最终得到时空一致性较好的训练样本点，时空滤波算法见图 3-4。

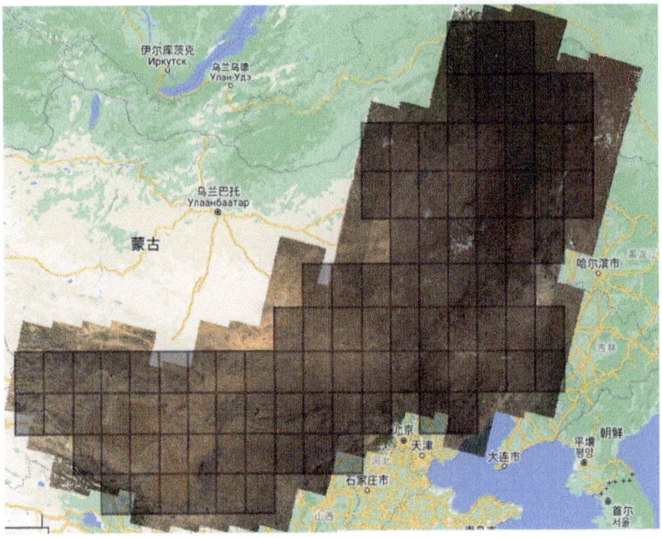

图 3-3　影像分区示例

```
import gdal
import numpy as np
def read_tif(path):
    '''
    this function can read tif.

    path : string , the path of tif.

    return:
        fp : object , the object of tif.
        nb : int , the number of tifs band.
        rows : int , the rows number of tif.对应平面纟
        cols : int , the columns number of tif.对应平
        geotransform : tuple , the information of geo
    '''
    fp = gdal.Open(path)
    cols = fp.RasterXSize
    rows = fp.RasterYSize
    nb = fp.RasterCount
    geotransform = fp.GetGeoTransform()

    return fp,nb,rows,cols,geotransform

def compute_conv(fm, kernel_size):
    '''
```

```
def compute_conv(fm, kernel_size):
    '''
    This function can get k*k个区域内标签值一致并且不为0的中

    fm: the image array need to be processed. array
    kernel: len of kernel

    return:
        rs:返回行列号以及标签
    '''
    kern = np.ones((kernel_size,kernel_size))
    [h, w] = fm.shape
    [k, _] = kern.shape
    r = int(k / 2)  # for search kernel

    # 定义边界填充0后的map
    padding_fm = np.zeros([h + 2 * r, w + 2 * r ])

    # 保存计算结果
    rs = []

    # 将输入在指定该区域赋值，即除了4个边界后，剩下的区域
    padding_fm[r :h + r , r:w + r ] = fm

    # 对每个点为中心的区域遍历
    # if k = 0 , 则遍历整个fm, if k=k, 则用k个间隔遍历fm
    for i in range(0,h,k):
        for j in range(0,w,k):
```

图 3-4　时空滤波算法

C. 光谱均质与提纯

为了避免异构像素的影响、提升分类精度，需要对光谱数据进行光谱均质的筛选与光谱提纯。

(a) 光谱均质筛选。

筛选均质光谱采用阈值法，利用 3×3 滤波核对初步筛选出的训练样本点进行光谱均质性检验，当滤波核内最大值与最小值的差小于相应阈值时，判断为均质像素，Landsat 影像各波段阈值见表 3-1。

表 3-1 Landsat 影像各波段阈值

Landsat 波段	阈值
Blue	0.03
Green	0.03
Red	0.03
NIR	0.06
SWIR1	0.03
SWIR2	0.03

（b）光谱提纯。

计算训练样本集的光谱质心：

$$\rho_c = \text{median}(\{\rho_i \mid i = 1, 2, \cdots, n\})$$

$$\rho_i = [\rho_i^{\text{TM/OLE blue}}, \rho_i^{\text{TM/OLE green}}, \rho_i^{\text{TM/OLE red}}, \rho_i^{\text{TM/OLE nir}}, \rho_i^{\text{TM/OLE swir1}}, \rho_i^{\text{TM/OLE swir2}}]$$

式中，ρ_i为各波段反射率；ρ_c为光谱反射率的中位数。

计算每个训练样本到样本集的光谱质心：

$$\Delta_i = \sqrt{\sum_{j=1}^{6} (\rho_i^j - \rho_c^j)^2}$$

式中，Δ_i为样本 i 到样本集质心的欧氏距离。

将计算出的欧氏距离排序，保留前 50% 的数据作为训练样本，相关算法见图 3-5。

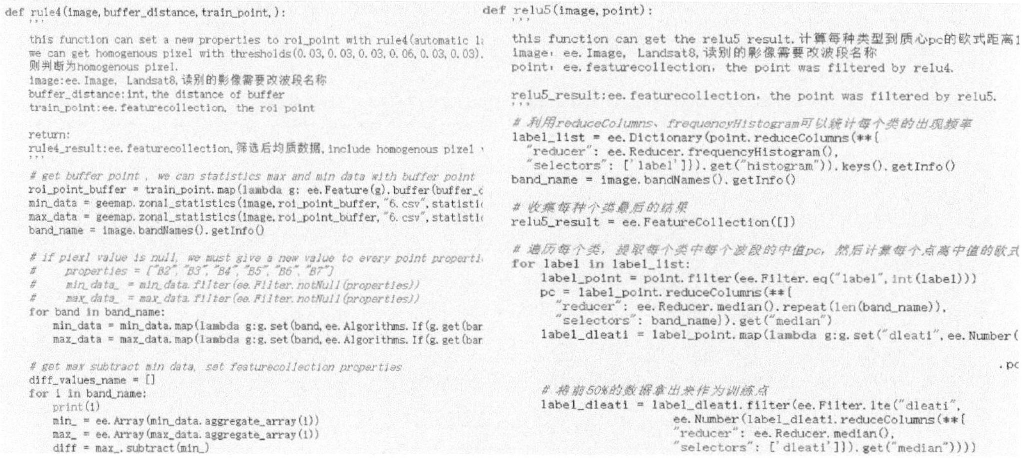

```
def rule4(image, buffer_distance, train_point, ):
    '''
    this function can set a new properties to roi_point with rule4(automatic l
    we can get homogenous pixel with thresholds(0.03, 0.03, 0.03, 0.06, 0.03, 0.03).
    则判断为homogenous pixel.
    image:ee.Image, Landsat8, 读别的影像需要改波段名称
    buffer_distance:int, the distance of buffer
    train_point:ee.featurecollection, the roi point

    return:
    rule4_result:ee.featurecollection, 筛选后均质数据, include homogenous pixel
    '''
    # get buffer point , we can statistics max and min data with buffer point
    roi_point_buffer = train_point.map(lambda g: ee.Feature(g).buffer(buffer_c
    min_data = geemap.zonal_statistics(image, roi_point_buffer, "6.csv", statisti
    max_data = geemap.zonal_statistics(image, roi_point_buffer, "6.csv", statisti
    band_name = image.bandNames().getInfo()

    # if piexl value is null, we must give a new value to every point properti
    #     properties = ["B2", "B3", "B4", "B5", "B6", "B7"]
    #     min_data_ = min_data.filter(ee.Filter.notNull(properties))
    #     max_data_ = max_data.filter(ee.Filter.notNull(properties))
    for band in band_name:
        min_data = min_data.map(lambda g:g.set(band, ee.Algorithms.If(g.get(bar
        max_data = max_data.map(lambda g:g.set(band, ee.Algorithms.If(g.get(bar

    # get max subtract min data, set featurecollection properties
    diff_values_name = []
    for i in band_name:
        print(i)
        min_ = ee.Array(min_data.aggregate_array(i))
        max_ = ee.Array(max_data.aggregate_array(i))
        diff = max_.subtract(min_)
```

```
def relu5(image, point):
    '''
    this function can get the relu5 result.计算每种类型到质心pc的欧式距离1
    image: ee.Image, Landsat8, 读别的影像需要改波段名称
    point: ee.featurecollection, the point was filtered by relu4.

    relu5_result:ee.featurecollection, the point was filtered by relu5.
    '''
    # 利用reduceColumns、frequencyHistogram可以统计每个类的出现频率
    label_list = ee.Dictionary(point.reduceColumns(**{
      "reducer": ee.Reducer.frequencyHistogram(),
      "selectors": ['label']})).get("histogram")).keys().getInfo()
    band_name = image.bandNames().getInfo()

    # 收集每种个类最后的结果
    relu5_result = ee.FeatureCollection([])

    # 遍历每个类，提取每个类中每个波段的中值pc，然后计算每个点离中值的欧式
    for label in label_list:
        label_point = point.filter(ee.Filter.eq("label", int(label)))
        pc = label_point.reduceColumns(**{
          "reducer": ee.Reducer.median().repeat(len(band_name)),
          "selectors": band_name}).get("median")
        label_dleati = label_point.map(lambda g:g.set("dleati", ee.Number(

                                                                          .pc

        # 将前50%的数据拿出来作为训练点
        label_dleati = label_dleati.filter(ee.Filter.lte("dleati",
                          ee.Number(label_dleati.reduceColumns(**{
                          "reducer": ee.Reducer.median(),
                          "selectors": ['dleati']}).get("median"))))
```

图 3-5 光谱均质筛选与提纯

通过光谱均质筛选与提纯可以减少异构像素的影响，降低由混合像素产生的光谱可变性，训练样本的光谱纯度显著提升。将时空滤波后的样本点数据输入研究区的每个子区中，提取每个子区不同遥感数据源每个时段的光谱数据进行光谱均质筛选与提纯，得到多时相、多源数据光谱数据库。

D. 影像分类

考虑到不相关和冗余的特征，一些算法如朴素贝叶斯、逻辑回归和线性支持向量机（SVM）等效果不佳，而随机森林算法对嘈杂特征具有鲁棒性，并且该算法只有两个参数，对嘈杂特征不是很敏感，因此随机森林不易陷入过拟合（样本随机、特征随机），并具有一定的抗噪声能力，相比其他算法具有一定的优势。随机森林算法是集成学习算法的一种，是利用多棵决策树对样本进行训练并预测的一种分类器。随机森林的“随机”包含两方面：首先，针对分类问题，随机森林随机选择训练样本集合，每轮训练所使用的数据均从原始样本集合中有放回地随机抽取，以保证所有样本都有机会被抽到一次；其次，随机选择候选属性集合，假设原始数据有 M 个属性，指定一个属性数 S，从 M 个属性中随机抽取 S 个属性作为训练树的候选属性。选择完训练样本和属性之后，在每个训练样本上构造决策树，得到预测结果，n 个样本能得到 n 个预测模型，再使用模型对测试样本进行预测，这样每个样本都能得到 n 个预测结果，最后通过简单的多数投票来决定最终结果。

对每个子分区单时相光谱数据构建随机森林分类器，将相邻 3 个子区内的光谱数据按照 7 : 3 进行训练样本与测试样本的划分，每个分类器的决策树数量设定为 100 颗，将用户定义的特征数量保持为默认值，进行单时相随机森林分类器的训练，最终将单时相数据通过投票合成年度数据，多时相随机分类算法见图 3-6。

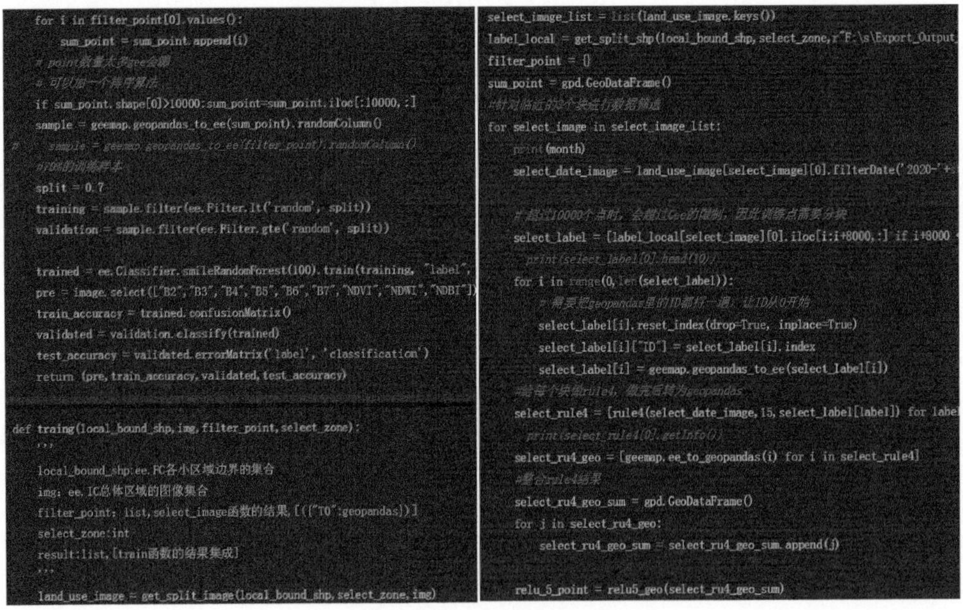

图 3-6　多时相随机森林算法

（2）荒漠化生态系统时空演变分析方法。

本研究采用单一土地利用动态度模型和马尔可夫转移矩阵模型进行荒漠化生态系统时空演变的分析。

A. 单一土地利用动态度

单一土地利用动态度可以反映不同时间段内土地利用类型的变化速率。

$$K=\frac{U_b-U_a}{U_a}\times\frac{1}{T}\times 100\%$$

式中，K 为土地利用动态度；U_a为监测开始年份某土地利用类型面积；U_b为监测结束年份某土地利用类型面积；T 为两个年份的时间长度。

B. 马尔可夫转移矩阵

土地利用类型之间的相互转换情况可以采用马尔可夫转移矩阵模型来描述。马尔可夫链是一种具有无后效性的特殊随机运动过程，它反映的是一系列特定的时间间隔下，一个亚稳态系统由 T 时空向 T-1 时刻状态转化的一系列过程，这种转化要求 T+1 时刻的状态只与 T 时刻的状态有关，这对于研究土地利用景观类型动态转化较为适宜，这是因为在一定条件下，土地利用景观类型演变具有马尔可夫随机过程的性质：①一定区域内，不同土地利用景观类型之间具有互相可转化性；②土地利用景观类型相互之间的转化包含较多难以用函数关系准确描述的事件。马尔可夫模型在景观类型转化上的应用关键在于转移矩阵的确定。

$$S=\begin{bmatrix} S_{11} & \cdots & S_{1n} \\ \vdots & & \vdots \\ S_{m1} & \cdots & S_{mn} \end{bmatrix}$$

式中，S_{mn}为研究时段内第 m 类土地利用类型转移为第 n 类土地利用类型的面积；m 为两个时期中前一时期的土地利用类型；n 为两个时期中后一时期的土地利用类型。

3）荒漠化生态系统的时空演变

根据构建的多源、多时相遥感自动化解译模型，将内蒙古划分为 98 个子区域，并进行多时相的解译，将土地利用系统划分为林地、草地（中高覆盖度）、耕地、水域、建筑用地、荒漠 6 个一级类别以及有林地、灌木林、疏林地、其他林地、高覆盖度草地、中覆盖度草地、低覆盖度草地、河渠、湖泊、水库坑塘、滩地、城镇用地、农村居民地、其他建筑用地、裸土地、戈壁、盐碱地、岩石质土地、沙地、沼泽地、旱地、水田 22 个类别，得到 1980 ~ 2020 年的土地利用类型图，其中荒漠化生态系统包含低覆盖度草地、裸土地、盐碱地、沙地、沼泽地、戈壁以及岩石质土地。

（1）1980 ~ 1990 年荒漠化生态系统的时空演变。

由表 3-2、表 3-3、图 3-7 可知，从一级类别来看，草地是 20 世纪 80 年代内蒙古地区占比最大的土地利用类型，集中分布在中东部地区，西部地区主要分布的土地类型为荒

表 3-2　80 年代土地利用类型与单一动态度

土地利用类型	1980 年面积/万 km^2	1990 年面积/万 km^2	单一动态度/%	1980 年各类型占比/%	1990 年各类型占比/%
水田	0.05	0.05	0.00	0.05	0.05
旱地	9.65	10.14	0.50	8.55	9.06
有林地	11.98	11.95	-0.03	10.61	10.58
灌木林	2.04	2.02	-0.10	1.81	1.79
疏林地	1.97	2.00	0.15	1.74	1.77

续表

土地利用类型	1980 年面积/万 km^2	1990 年面积/万 km^2	单一动态度/%	1980 年各类型占比/%	1990 年各类型占比/%
其他林地	0.52	0.53	0.19	0.46	0.47
高覆盖度草地	24.57	24.35	-0.09	21.76	21.57
中覆盖度草地	18.32	18.13	-0.10	16.23	16.06
低覆盖度草地	10.63	10.54	-0.08	9.42	9.33
河渠	0.19	0.19	0.00	0.17	0.17
湖泊	0.62	0.61	-0.16	0.55	0.54
水库坑塘	0.07	0.06	-1.43	0.06	0.05
滩地	0.53	0.51	-0.38	0.47	0.45
城镇用地	0.08	0.11	3.75	0.07	0.09
农村居民地	0.90	0.93	0.33	0.80	0.83
其他建筑用地	0.03	0.04	3.33	0.03	0.04
沙地	14.22	14.22	0.00	12.60	12.60
戈壁	6.96	6.90	-0.09	6.16	6.11
盐碱地	2.32	2.37	0.22	2.05	2.10
沼泽地	2.28	2.19	-0.39	2.02	1.94
裸土地	0.46	0.45	-0.22	0.41	0.40
岩石质地	4.49	4.51	0.04	3.98	3.99

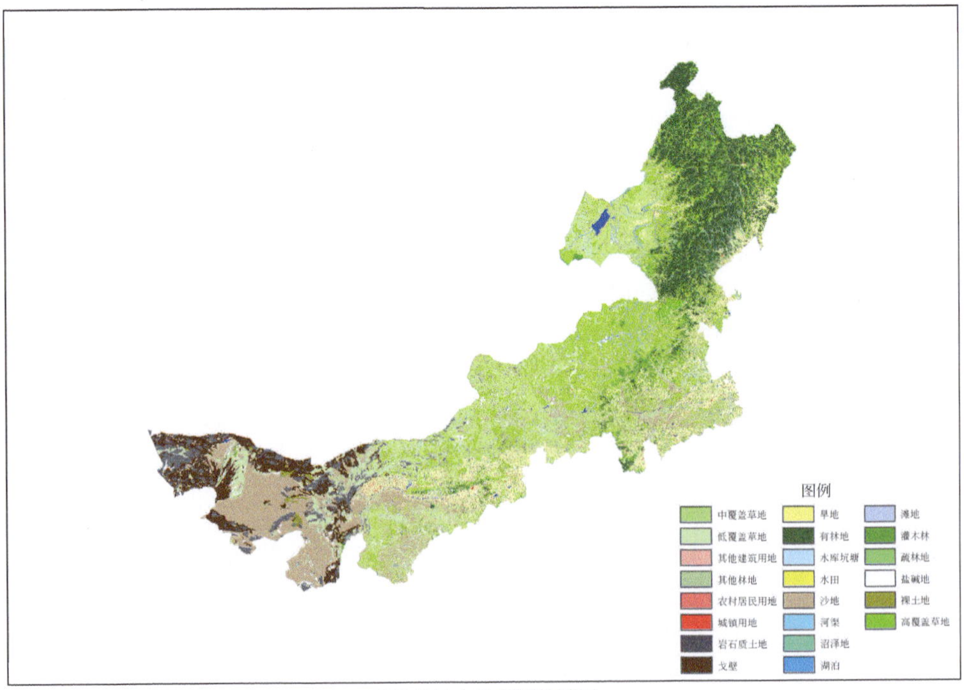

(a)1980年土地利用类型图

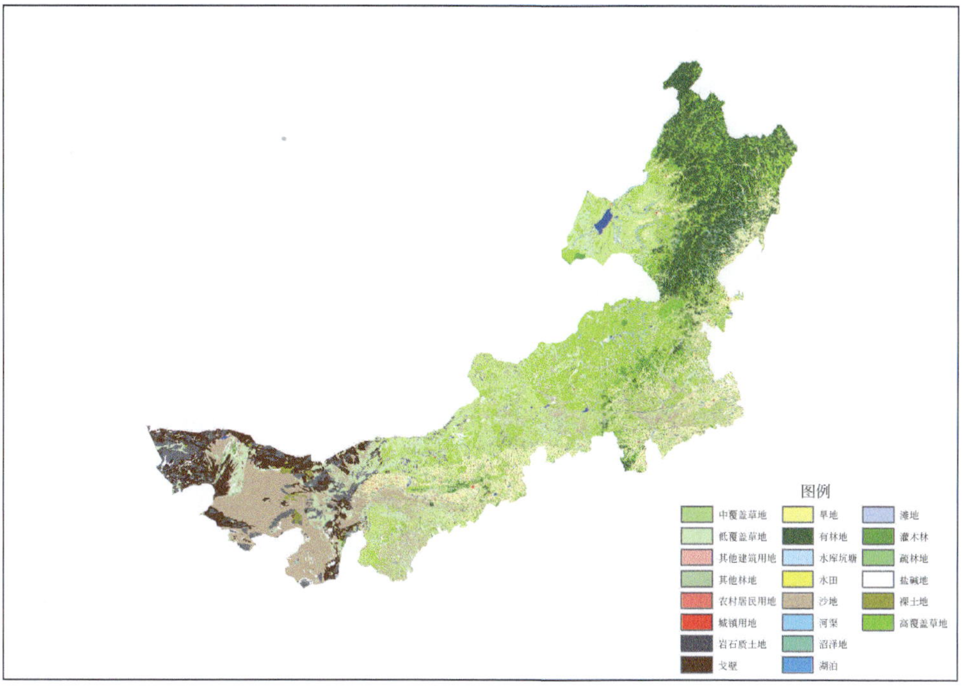

(b)1990年土地利用类型图

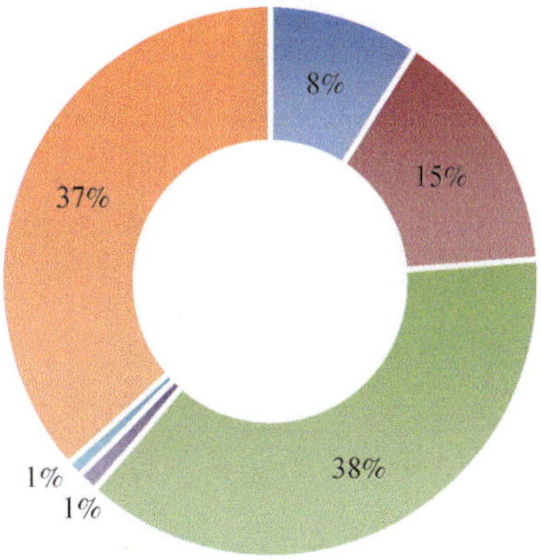

(c)1980年一级类别占比图

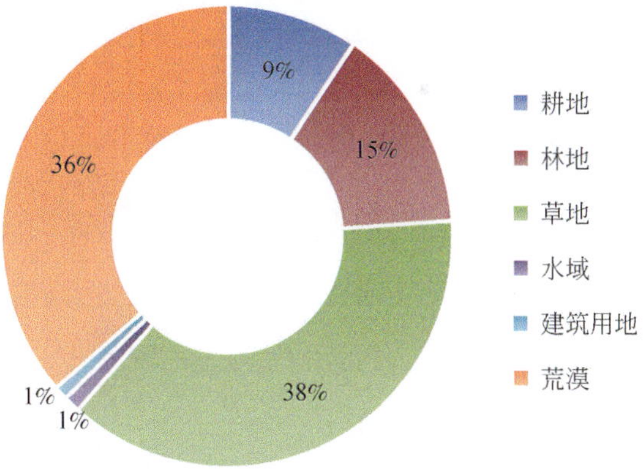

(d)1990年一级类别占比图

图 3-7　土地利用类型与占比图

漠。从二级类别来看，高覆盖度草地是 80 年代内蒙古地区占比最大的土地利用类型，主要分布于内蒙古东北部以及中东部，东北部地区与有林地穿插分布，中部地区呈现集中连片分布；中覆盖度草地紧随其后是内蒙古地区占比第二的土地利用类型，集中分布在东北部呼伦湖周围以及中西部地区；城镇用地、水库坑塘、水田以及其他建筑用地占比较小在 0.1% 以下。

表 3-3　1980 ~ 1990 年土地利用类型转移矩阵

（单位：km^2）

项目		1980 年										
		水田	旱地	有林地	灌木林	疏林地	其他林地	高覆盖度草地	中覆盖度草地	低覆盖度草地	河渠	湖泊
1990 年	水田	69. 18	115. 30	32. 28	13. 84	4. 61	0. 00	86. 86	30. 75	17. 68	3. 07	0. 77
	旱地	174. 49	45 948. 81	5 616. 67	2 007. 77	1 423. 58	180. 64	17 421. 15	13 547. 82	5 107. 05	444. 29	352. 05
	有林地	15. 37	4 706. 57	77 332. 09	1 568. 09	6 925. 72	853. 22	21 002. 38	3 133. 87	668. 74	127. 60	45. 35
	灌木林	6. 15	1 681. 08	1 711. 83	7 314. 67	431. 22	43. 81	5 063. 23	1 877. 86	1 024. 64	30. 75	16. 14
	疏林地	1. 54	1 264. 46	7 241. 64	389. 72	4 655. 07	185. 25	4 439. 07	1 010. 03	251. 36	33. 05	13. 07
	其他林地	0. 00	162. 19	837. 08	33. 05	186. 79	2 874. 06	559. 59	475. 81	29. 98	3. 84	0. 00
	高覆盖度草地	60. 72	15 732. 38	20 115. 34	5 029. 41	4 291. 49	410. 47	138 223. 08	29 626. 86	11 626. 14	252. 89	555. 75
	中覆盖度草地	34. 59	12 106. 56	2 870. 98	1 921. 68	977. 75	508. 86	28 605. 30	99 489. 78	15 906. 10	223. 68	818. 63
	低覆盖度草地	17. 68	4 692. 73	696. 42	1 062. 30	254. 43	24. 60	11 754. 51	15 297. 31	53 499. 46	172. 95	361. 28
	河渠	2. 31	427. 38	81. 48	29. 98	35. 36	9. 22	285. 95	197. 55	182. 94	236. 75	5. 38
	湖泊	0. 00	302. 86	29. 98	19. 99	2. 31	0. 00	634. 15	966. 99	309. 77	3. 84	2 836. 39
	水库坑塘	1. 54	85. 32	30. 75	6. 15	9. 99	1. 54	83. 02	56. 88	45. 35	1. 54	4. 61
	滩地	3. 07	800. 95	96. 85	56. 11	31. 52	9. 99	720. 24	864. 75	633. 38	85. 32	94. 55
	城镇用地	7. 69	247. 51	70. 72	12. 30	28. 44	0. 00	203. 70	137. 59	49. 19	3. 84	2. 31
	农村居民地	12. 30	3 488. 23	350. 51	175. 26	99. 16	13. 84	1 492. 76	1 352. 09	684. 89	54. 58	39. 20
	其他建筑用地	0. 00	56. 11	18. 45	2. 31	8. 46	2. 31	24. 60	88. 40	53. 81	8. 46	3. 07
	沙地	13. 84	1 727. 20	200. 62	263. 65	90. 70	3. 84	5 127. 80	7 212. 43	8 395. 42	134. 52	382. 03
	戈壁	0. 00	83. 02	8. 46	94. 55	0. 00	0. 00	139. 90	299. 78	2 193. 79	11. 53	14. 60
	盐碱地	11. 53	1 387. 45	111. 46	146. 82	37. 66	16. 14	2 871. 75	3 343. 72	2073. 10	32. 28	358. 97
	沼泽地	39. 20	1 372. 08	2 432. 07	207. 54	233. 68	38. 43	5 811. 15	2 589. 65	879. 36	50. 73	285. 95
	裸土地	2. 31	39. 97	3. 84	6. 92	1. 54	0. 00	56. 11	83. 02	115. 30	1. 54	0. 77
	岩石质地	0. 00	267. 50	101. 46	96. 08	8. 46	3. 07	1 239. 87	1 734. 12	2 648. 07	6. 15	20. 75

续表

项目		1980年										
		水库坑塘	滩地	城镇用地	农村居民地	其他建筑用地	沙地	戈壁	盐碱地	沼泽地	裸土地	岩石质地
1990年	水田	0.77	12.30	1.54	26.90	0.00	21.52	0.00	3.84	29.98	0.00	0.00
	旱地	136.05	878.59	234.44	3 613.52	63.80	1 634.96	108.38	1 536.57	1 727.20	35.36	268.27
	有林地	37.66	94.55	54.58	261.35	18.45	208.31	5.38	106.85	2 431.30	1.54	114.53
	灌木林	3.07	69.18	3.07	147.58	3.07	269.80	114.53	143.74	191.40	6.15	122.22
	疏林地	9.22	23.83	33.82	101.46	0.77	76.10	0.77	35.36	245.97	1.54	13.07
	其他林地	2.31	6.92	0.77	15.37	2.31	15.37	0.00	4.61	42.28	0.00	0.77
	高覆盖度草地	70.72	743.30	136.82	1 447.41	34.59	5 303.83	156.81	2 787.20	5 847.28	63.03	1 180.68
	中覆盖度草地	69.18	841.69	64.57	1 298.28	42.28	7 605.22	341.29	3 210.74	2 724.17	76.10	1 827.90
	低覆盖度草地	36.13	672.59	9.99	583.42	23.83	8 142.53	2 213.00	2 274.50	1 013.11	112.23	2 530.46
	河渠	6.15	99.93	3.07	44.58	3.84	103.00	3.07	37.66	79.94	1.54	4.61
	湖泊	2.31	109.92	4.61	27.67	5.38	268.27	43.05	222.91	293.63	0.00	6.15
	水库坑塘	125.29	9.22	0.00	12.30	0.00	48.43	2.31	14.60	33.05	0.00	0.77
	滩地	16.14	830.93	6.15	103.77	2.31	275.18	113.76	101.46	108.38	3.07	164.50
	城镇用地	0.00	14.60	221.38	19.22	0.00	11.53	0.00	12.30	14.60	7.69	0.00
	农村居民地	11.53	121.45	24.60	728.70	5.38	259.81	28.44	167.57	177.56	2.31	53.81
	其他建筑用地	2.31	6.15	3.84	3.84	93.01	14.60	7.69	4.61	6.15	1.54	1.54
	沙地	49.96	249.05	9.22	258.27	13.84	112 269.69	1 859.41	1 559.63	936.24	357.43	1 200.66
	戈壁	5.38	84.55	0.00	4.61	1.54	1 848.65	58 790.99	969.29	14.60	282.10	4 483.65
	盐碱地	46.89	216.00	6.92	178.33	11.53	1 624.20	1 210.66	8 844.32	784.81	58.42	363.58
	沼泽地	20.75	122.99	19.99	133.75	7.69	853.99	3.84	736.39	6 057.12	5.38	76.10
	裸土地	0.00	5.38	0.00	6.15	7.69	259.81	382.80	25.37	1.54	3 427.50	107.61
	岩石质地	1.54	120.68	1.54	29.98	6.92	1 236.02	4 469.82	438.14	73.79	183.71	32 501.69

1990 年与 1980 年相比城镇用地、其他建筑地、旱地、农村居民地、盐碱地、疏林地、其他林地、岩石质土地呈现增加的趋势，其中城镇用地增加速率最快达到 3.75%，草地、湖泊等土地利用类型处于减少的趋势，其中水库坑塘减少的速率最快，达到-1.43%。从转移矩阵来看，1980 ~ 1990 年土地利用类型的转化以高覆盖度草地、中覆盖度草地、低覆盖度草地、沙地、旱地相互转化为主；有林地与高覆盖度草地也呈现相互转化的趋势，还有一部分向旱地、疏林地转化。总的来说，1980 ~ 1990 年以人类活动为主导的建筑用地以及耕地是土地利用类型主要的增长点，并且增加的速率较快，林地整体保持不变，但有向疏林地、高覆盖度草地转变的趋势，草地与荒漠基本保持不变。

（2）1990 ~ 2000 年荒漠化生态系统的时空演变。

由表 3-4、表 3-5、图 3-8 可知，从一级类别来看，1990 年与 1980 年一致，草地是内蒙古地区占比最大的土地利用类型，但到 2000 年时，荒漠与草地在内蒙古地区占比基本一致，达到 37%。从二级类别来看，高覆盖度草地、中覆盖度草地在内蒙古地区的分布最广，但高覆盖度草地面积有缩减的趋势；城镇用地、水库坑塘、水田以及其他建筑用地占比仍较小，但均呈增加趋势且速率较快，城镇用地已达到 0.1%。

2000 年与 1990 年相比，水田、湖泊、旱地、盐碱地、戈壁、沙地、岩石质土地、农村居民地、高覆盖度草地、中覆盖度草地、低覆盖度草地土地利用类型呈现增加的趋势，其中水田增加速率最快，达到 6.00%，其他林地、有林地、疏林地等土地利用类型处于减少的趋势，其中其他林地减少的速率最快，达到-6.04%。从转移矩阵来看，1990 ~ 2000 年土地利用类型的转化以高覆盖度草地、中覆盖度草地、低覆盖度草地、沙地、旱地相互转化为主，草地向耕地转化的趋势明显，有林地与高覆盖度草地也呈现相互转化的趋势。

总的来说，与 1980 年相比，1990 年以人类活动为主导的耕地仍是土地利用类型主要的增长点，耕地的增长速率进一步加快，建筑用地呈增长趋势但速率减缓，林草地整体呈下降趋势，虽然中覆盖度草地有所增加，但高覆盖度草地下降速率较快，荒漠呈现稳步上升的态势，其所占比例基本与草地所占比例持平，沙地、戈壁与盐碱地为主要增长点，水域基本保持不变。

（3）2000 ~ 2010 年荒漠化生态系统的时空演变。

由表 3-6、表 3-7、图 3-9 可知，从一级类别来看，荒漠与草地在内蒙古地区占比基本一致，达到 37%，整体结构与 1990 年相同。从二级类别来看，高覆盖度草地、中覆盖度草地在内蒙古地区的分布较广，但中、高覆盖度草地面积不断减少；城镇用地、其他建筑用地增长速率加快但分布面积较小，水田增长速率放缓，但仍处于快速增长的状态，在经历 90 年代的快速下降后，其他林地在 2000 ~ 2010 年迎来了稳步上升。

2010 年与 2000 年相比，除岩石质土地、滩地、高覆盖度草地、中覆盖度草地、湖泊外，其他土地利用类型均处于增加趋势。从转移矩阵来看，2000 ~ 2010 年土地利用类型的转化以高覆盖度草地、中覆盖度草地、低覆盖度草地、旱地相互转化为主，荒漠呈现向草地、耕地转化的趋势。总的来说，与 90 年代相比，2000 ~ 2010 年以人类活动为主导的建筑用地以及耕地的增长态势放缓，在经历 1980 ~ 2000 年的下降后，林地有了较明显的上

表 3-4 1990～2000 年土地利用类型转移矩阵

（单位：km）

项目		1990 年										
		水田	旱地	有林地	灌木林	疏林地	其他林地	高覆盖度草地	中覆盖度草地	低覆盖度草地	河渠	湖泊
2000 年	水田	226.76	244.44	14.60	8.46	2.31	0.00	79.94	34.59	9.22	6.15	0.00
	旱地	80.71	66 250.93	4 629.70	1 364.39	1 309.05	240.59	15 049.03	10 132.61	3 611.98	317.46	202.16
	有林地	9.22	3 319.89	92 266.58	1 036.17	4 220.00	970.06	12 644.63	2 157.66	405.09	48.43	25.37
	灌木林	8.46	1 094.59	1 020.79	11 782.18	196.78	127.60	3 289.14	1 255.24	736.39	14.60	9.99
	疏林地	1.54	810.18	4 034.75	230.60	10 293.27	315.92	2 950.93	741.00	196.01	18.45	9.99
	其他林地	0.00	110.69	536.53	14.60	102.23	1 012.34	222.15	41.51	40.74	6.15	2.31
	高覆盖度草地	63.03	10 094.18	12 579.29	3 223.03	2 755.68	327.45	170 838.53	16 800.06	7 087.14	146.82	328.22
	中覆盖度草地	11.53	9 409.29	1 940.89	1 200.66	594.95	2 166.88	18 741.72	126 575.42	9 267.09	132.98	444.29
	低覆盖度草地	10.76	3 510.52	470.43	688.73	159.88	35.36	8 067.20	10 382.43	70 240.33	149.89	187.56
	河渠	3.84	344.36	49.96	24.60	22.29	0.00	171.41	147.58	112.99	695.65	0.77
	湖泊	0.00	156.81	21.52	3.84	5.38	0.00	480.42	605.71	181.41	3.84	4 042.44
	水库坑塘	5.38	49.96	11.53	3.07	13.07	0.77	51.50	31.52	20.75	4.61	4.61
	滩地	13.07	666.44	57.65	21.52	13.84	0.77	417.39	609.56	479.65	128.37	72.26
	城镇用地	0.77	127.60	43.81	4.61	16.91	0.77	98.39	70.72	37.66	3.07	1.54
	农村居民地	9.99	2 797.96	197.55	94.55	59.19	9.99	947.77	1 014.64	538.84	29.21	26.90
	其他建筑用地	0.00	40.74	12.30	0.00	3.07	0.00	39.20	44.58	6.15	3.07	0.77
	沙地	9.99	1 010.80	126.83	158.35	46.89	6.15	3 342.18	5 429.89	6 396.11	75.33	169.88
	戈壁	0.00	61.49	6.92	106.85	0.00	0.00	159.88	170.64	2 215.31	4.61	15.37
	盐碱地	0.00	1 146.09	62.26	112.23	20.75	9.99	1 863.26	2 363.66	1 634.96	38.43	345.13
	沼泽地	13.07	948.54	1 314.43	90.70	139.90	27.67	3 203.82	1 466.62	554.21	45.35	193.70
	裸土地	0.00	12.30	0.00	6.15	0.00	0.00	21.52	50.73	56.11	0.00	0.77
	岩石质土地	0.00	116.07	63.03	70.72	4.61	0.77	846.31	1 216.81	1 538.88	3.84	2.31

续表

项目		1990 年										
		水库坑塘	滩地	城镇用地	农村居民地	其他建筑用地	沙地	戈壁	盐碱地	沼泽地	裸土地	岩石质地
2000 年	水田	0.00	21.52	7.69	28.44	0.00	8.46	0.00	12.30	118.38	1.54	0.00
	旱地	56.88	741.77	157.58	2 897.89	43.05	1 097.66	56.11	1 002.35	1 309.81	28.44	136.05
	有林地	17.68	76.10	49.19	189.09	9.22	169.11	6.15	92.24	1 514.28	0.77	63.80
	灌木林	5.38	34.59	3.07	98.39	0.00	210.62	55.34	156.81	77.64	6.92	53.81
	疏林地	5.38	19.22	8.46	61.49	6.15	53.81	0.00	29.21	135.29	0.00	9.22
	其他林地	0.00	6.92	0.00	8.46	0.00	9.99	0.00	5.38	18.45	0.00	4.61
	高覆盖度草地	51.50	414.31	91.47	865.52	19.99	3 090.06	101.46	1 545.80	3 156.93	30.75	700.26
	中覆盖度草地	17.68	584.96	59.19	954.69	29.21	5 090.14	152.97	2 166.88	1 686.46	36.90	1 050.00
	低覆盖度草地	15.37	458.13	25.37	459.66	16.14	5 543.65	1 371.31	1 622.66	658.75	151.43	1 489.68
	河渠	0.00	76.87	1.54	30.75	3.07	66.11	7.69	19.22	39.97	0.00	1.54
	湖泊	2.31	66.87	0.00	27.67	1.54	182.94	16.91	461.20	347.44	0.00	5.38
	水库坑塘	332.07	9.99	0.00	1.54	0.00	23.83	0.00	10.76	27.67	0.00	0.00
	滩地	2.31	1 999.31	9.22	101.46	9.99	149.89	57.65	79.94	91.47	8.46	104.54
	城镇用地	0.00	14.60	615.70	13.84	0.00	12.30	0.00	8.46	8.46	3.84	3.07
	农村居民地	2.31	76.87	3.84	3 113.12	9.22	180.64	16.14	102.23	129.91	5.38	30.75
	其他建筑用地	3.07	3.84	0.77	5.38	229.83	7.69	11.53	6.15	6.15	4.61	9.99
	沙地	22.29	164.50	1.54	170.64	7.69	122 403.84	1 305.97	1 172.22	587.26	188.32	836.31
	戈壁	0.00	78.40	0.00	6.92	6.92	1 289.83	62 153.92	939.32	0.00	239.06	2 768.75
	盐碱地	19.99	136.82	3.07	175.26	7.69	994.66	744.07	13 437.90	759.45	10.76	238.29
	沼泽地	14.60	58.42	22.29	87.63	0.00	529.61	6.15	548.83	11 214.90	3.84	40.74
	裸土地	0.00	4.61	0.00	0.77	4.61	217.53	186.79	41.51	3.07	3 721.90	98.39
	岩石质土地	2.31	59.19	4.61	36.90	6.92	853.22	2 777.21	224.45	34.59	86.09	37 442.70

表 3-5　1990～2000 年土地利用类型与单一动态度

土地利用类型	1990 年面积 /万 km²	2000 年面积 /万 km²	单一动态度 /%	1990 年各类型占比 /%	2000 年各类型占比 /%
水田	0.05	0.08	6.00	0.05	0.07
旱地	10.14	11.02	0.87	9.07	9.81
有林地	11.95	11.93	-0.02	10.58	10.57
灌木林	2.02	2.02	0.00	1.79	1.79
疏林地	2.00	1.99	-0.05	1.77	1.77
其他林地	0.53	0.21	-6.04	0.47	0.19
高覆盖度草地	24.35	23.43	-0.38	21.57	20.76
中覆盖度草地	18.13	18.23	0.06	16.06	16.15
低覆盖度草地	10.54	10.57	0.03	9.33	9.36
河渠	0.19	0.18	-0.53	0.17	0.16
湖泊	0.61	0.66	0.82	0.54	0.59
水库坑塘	0.06	0.06	0.00	0.05	0.05
滩地	0.51	0.51	0.00	0.45	0.45
城镇用地	0.11	0.11	0.00	0.09	0.10
农村居民地	0.93	0.94	0.11	0.83	0.83
其他建筑用地	0.04	0.04	0.00	0.04	0.04
沙地	14.22	14.36	0.10	12.60	12.72
戈壁	6.90	7.02	0.17	6.11	6.22
盐碱地	2.37	2.41	0.17	2.10	2.14
沼泽地	2.19	2.05	-0.64	1.94	1.82
裸土地	0.45	0.44	-0.22	0.40	0.39
岩石质土地	4.51	4.54	0.07	3.99	4.02

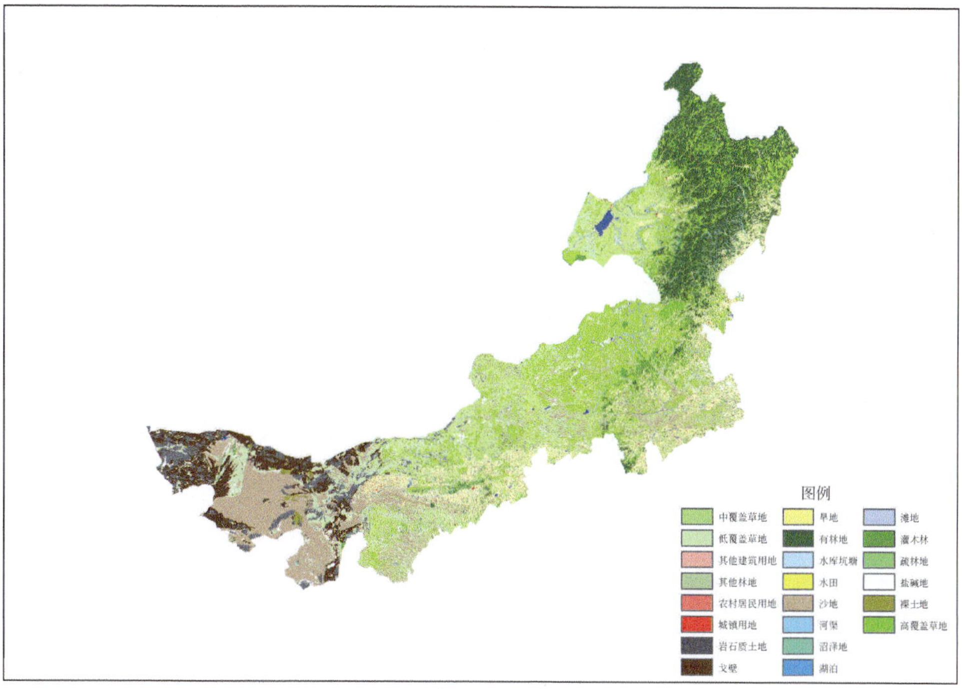

(a)1990年土地利用类型图

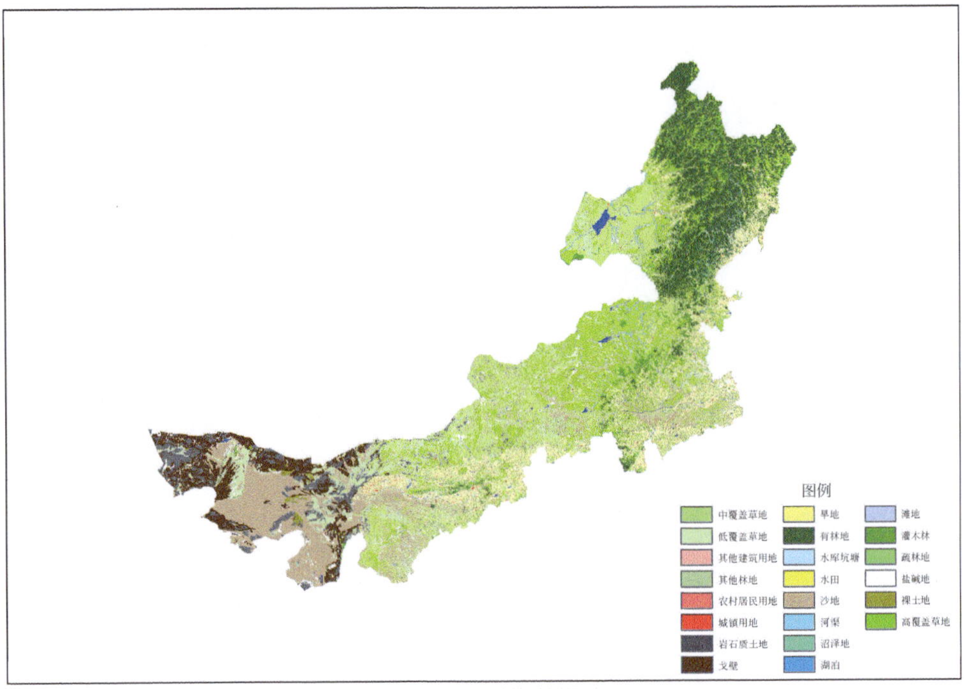

(b)2000年土地利用类型图

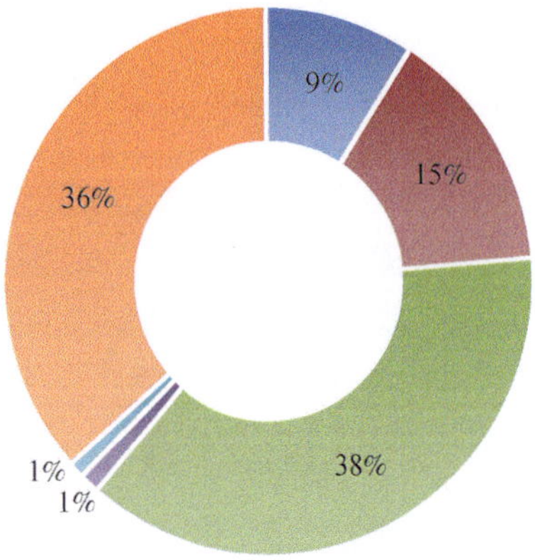

(c)1990年一级类别占比图

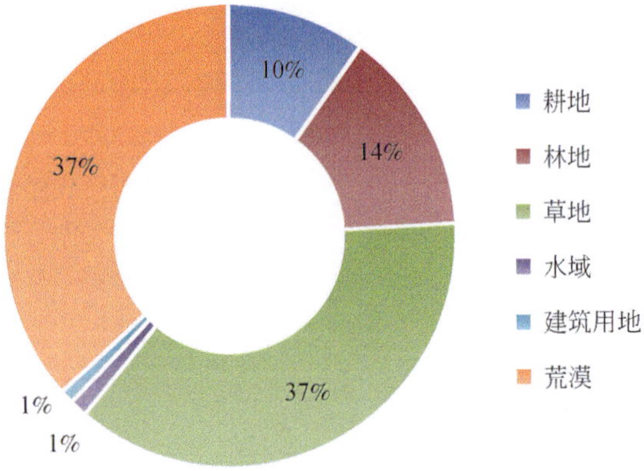

(d)2000年一级类别占比图

图 3-8　土地利用类型与占比图

表 3-6　2000 ~ 2010 年土地利用类型与单一动态度

土地利用类型	2000 年面积 /万 km^2	2010 年面积 /万 km^2	单一动态度 /%	2000 年各类型占比 /%	2010 年各类型占比 /%
水田	0.08	0.11	3.75	0.07	0.10
旱地	11.02	11.08	0.01	9.81	9.82
有林地	11.93	12.00	0.06	10.57	10.63
灌木林	2.02	2.04	0.10	1.79	1.81

续表

土地利用类型	2000 年面积 /万 km^2	2010 年面积 /万 km^2	单一动态度 /%	2000 年各类型占比 /%	2010 年各类型占比 /%
疏林地	1.99	2.02	0.15	1.77	1.79
其他林地	0.21	0.26	2.38	0.19	0.23
高覆盖度草地	23.43	23.28	-0.06	20.76	20.62
中覆盖度草地	18.23	18.09	-0.08	16.15	16.03
低覆盖度草地	10.57	10.64	0.07	9.36	9.43
河渠	0.18	0.20	1.11	0.16	0.17
湖泊	0.66	0.57	-1.36	0.59	0.51
水库坑塘	0.06	0.07	1.67	0.05	0.06
滩地	0.51	0.51	0.00	0.45	0.45
城镇用地	0.11	0.14	2.73	0.10	0.12
农村居民地	0.94	0.95	0.11	0.83	0.85
其他建筑用地	0.04	0.06	5.00	0.04	0.05
沙地	14.36	14.39	0.02	12.72	12.75
戈壁	7.02	7.03	0.01	6.22	6.22
盐碱地	2.41	2.42	0.04	2.14	2.14
沼泽地	2.05	2.06	0.05	1.82	1.82
裸土地	0.44	0.45	0.23	0.39	0.40
岩石质土地	4.54	4.43	-0.02	4.02	4.00

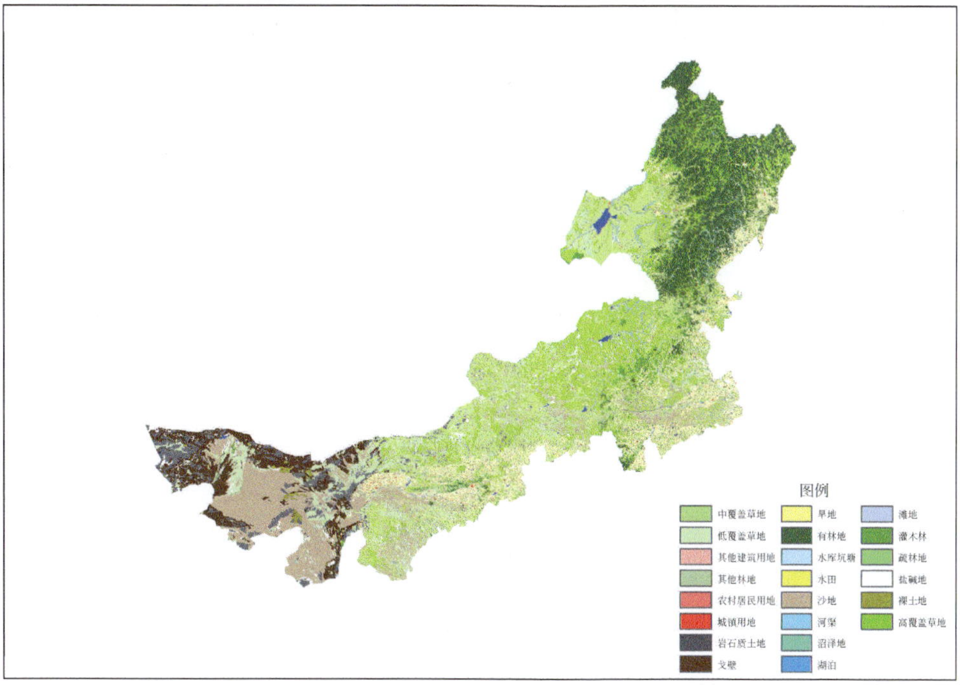

(a)2000年土地利用类型图

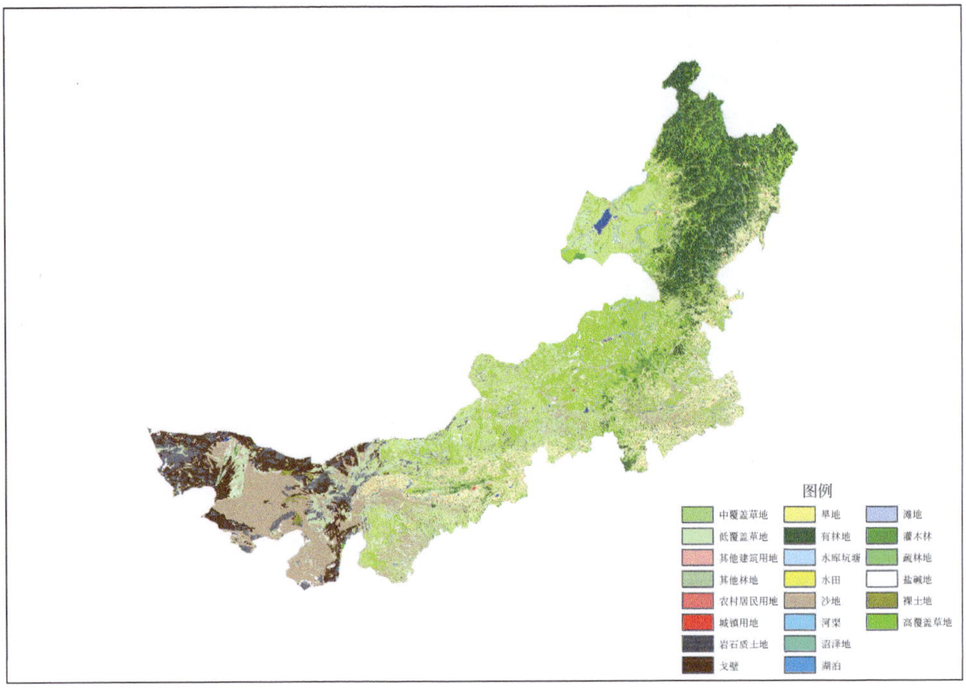

(b)2010年土地利用类型图

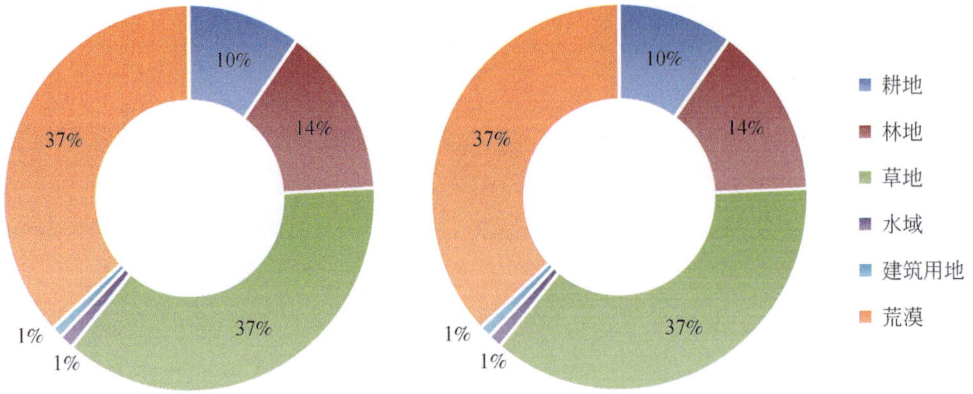

(c)2000年一级类别占比图　　(d)2010年一级类别占比图

图 3-9　土地利用类型与占比图

升，以其他林地和疏林地的增长为主，草地仍处于下降趋势，并且中、高覆盖度草地均下降，荒漠呈现上升的态势，以低覆盖度草地和裸地的增长为主，水域基本保持不变。

（4）2010～2020 年荒漠化生态系统的时空演变。

由表 3-8、表 3-9、图 3-10 可知，从一级类别来看，荒漠与草地在内蒙古地区占比基本一致，达到37%，整体结构与 2000～2010 年相同。

表 3-7　2000～2010 年土地利用类型转移矩阵

（单位：km^2）

项目		2000 年										
		水田	旱地	有林地	灌木林	疏林地	其他林地	高覆盖度草地	中覆盖度草地	低覆盖度草地	河渠	湖泊
2010 年	水田	495.79	213.69	27.67	7.69	3.84	0.00	107.61	51.50	13.84	8.46	7.69
	旱地	128.37	75 682.52	3 606.60	1 218.34	950.08	95.32	10 814.42	7 841.98	3 329.11	348.21	138.36
	有林地	18.45	3 581.24	94 215.16	1 006.19	4 154.66	497.33	12 128.85	2 063.88	511.93	50.73	13.84
	灌木林	8.46	1 192.98	1 055.38	12 443.24	258.27	13.84	3 108.50	1 130.71	631.08	21.52	0.77
	疏林地	6.92	1 022.33	4 233.84	232.91	10 732.94	89.93	2 739.54	634.92	156.04	16.14	4.61
	其他林地	0.00	100.70	840.93	3.84	82.25	1 140.71	261.35	46.12	26.13	3.07	3.07
	高覆盖度草地	33.05	10 555.38	11 025.81	2 947.85	2 604.26	183.71	173 665.70	15 520.22	6 622.10	139.13	315.92
	中覆盖度草地	31.52	7 738.20	1 873.25	1 050.77	620.32	40.74	14 795.37	134 407.40	8 719.80	129.91	426.61
	低覆盖度草地	4.61	3 341.41	388.18	677.20	149.89	27.67	6 879.60	9 280.93	74 377.32	80.71	257.50
	河渠	1.54	289.02	56.11	24.60	13.07	6.15	155.27	148.35	119.91	798.65	9.99
	湖泊	0.00	143.74	14.60	11.53	3.07	0.77	293.63	339.75	168.34	3.84	4 156.20
	水库坑塘	0.00	94.55	21.52	9.22	6.92	0.77	68.41	26.13	15.37	0.77	3.07
	滩地	19.99	548.83	64.57	32.28	17.68	4.61	391.25	558.05	477.34	59.19	146.05
	城镇用地	5.38	222.15	39.97	3.84	15.37	1.54	109.92	71.49	51.50	5.38	1.54
	农村居民地	26.13	2 821.02	165.26	84.55	93.01	11.53	844.77	950.85	385.87	27.67	17.68
	其他建筑用地	0.00	53.81	19.22	0.00	3.84	0.00	72.26	99.16	39.97	3.07	0.77
	沙地	9.22	903.19	124.52	172.18	54.58	5.38	2 797.19	4 766.53	5 360.71	46.12	457.36
	戈壁	0.00	52.27	2.31	53.81	0.00	0.00	84.55	205.23	1 125.33	5.38	14.60
	盐碱地	6.92	1 029.25	99.16	109.15	23.83	5.38	1 582.69	1 955.50	1 461.24	21.52	362.04
	沼泽地	28.44	946.23	1 355.93	86.09	132.98	15.37	2 681.12	1 183.75	561.13	45.35	272.11
	裸土地	0.00	31.52	1.54	5.38	0.00	0.00	36.13	43.81	91.47	0.00	0.00
	岩石质土地	0.00	152.20	59.19	57.65	9.99	2.31	693.34	988.51	1 469.70	5.38	3.84

续表

项目		2000年										
		水库坑塘	滩地	城镇用地	农村居民地	其他建筑用地	沙地	戈壁	盐碱地	沼泽地	裸土地	岩石质地
2010年	水田	4.61	22.29	2.31	42.28	3.07	24.60	0.00	5.38	69.95	0.00	0.00
	旱地	52.27	552.67	110.69	2 676.51	33.82	953.92	48.43	1 075.37	1 040.01	16.14	112.23
	有林地	17.68	55.34	22.29	161.42	12.30	156.04	3.07	53.04	1 196.82	0.00	74.56
	灌木林	1.54	23.83	1.54	79.94	2.31	162.96	65.34	86.09	83.02	1.54	41.51
	疏林地	9.22	19.22	17.68	49.19	7.69	58.42	0.00	19.99	109.15	0.00	3.84
	其他林地	1.54	3.07	2.31	10.76	1.54	5.38	0.00	4.61	19.99	0.00	0.00
	高覆盖度草地	51.50	358.20	75.33	782.51	16.14	2 619.63	100.70	1 584.23	2 849.46	24.60	701.03
	中覆盖度草地	29.21	607.25	49.96	824.01	38.43	4 557.45	256.74	2 266.81	1 287.52	59.19	1 116.11
	低覆盖度草地	21.52	445.83	14.60	520.39	11.53	5 317.66	1 200.66	1 355.17	554.21	38.43	1 479.69
	河渠	0.00	159.11	3.84	25.37	1.54	59.19	9.22	40.74	34.59	3.84	0.00
	湖泊	4.61	56.88	0.00	22.29	3.07	161.42	9.99	219.84	124.52	0.00	1.54
	水库坑塘	326.68	12.30	2.31	12.30	0.00	22.29	0.77	21.52	14.60	0.00	0.77
	滩地	6.92	2 219.92	9.22	88.40	6.92	120.68	46.89	118.38	47.66	1.54	84.55
	城镇用地	0.00	7.69	747.92	29.98	0.00	3.07	0.00	29.98	19.22	0.00	3.84
	农村居民地	1.54	60.72	9.22	3 630.43	11.53	139.13	13.84	134.52	98.39	0.77	13.84
	其他建筑用地	1.54	2.31	2.31	10.76	251.36	13.84	13.84	9.22	8.46	4.61	6.15
	沙地	16.14	131.44	2.31	129.91	10.76	125 747.56	998.50	877.05	515.01	152.97	611.86
	戈壁	0.00	63.80	0.00	10.76	9.99	1 234.48	64 137.86	578.81	3.07	152.20	2 521.24
	盐碱地	13.07	63.03	3.84	141.44	2.31	956.99	672.59	14 930.65	511.93	29.98	179.10
	沼泽地	43.05	140.67	2.31	111.46	6.92	534.99	6.15	503.48	11898.25	0.77	26.13
	裸土地	0.00	2.31	3.84	4.61	0.00	139.90	202.16	7.69	3.07	3841.05	122.22
	岩石质土地	0.00	86.86	2.31	32.28	7.69	643.38	2437.45	202.16	36.13	99.16	38291.32

表 3-8　2010～2020 年土地利用类型转移矩阵

项目		2010 年										
		水田	旱地	有林地	灌木林	疏林地	其他林地	高覆盖度草地	中覆盖度草地	低覆盖度草地	河渠	湖泊
2020 年	水田	500. 40	197. 55	32. 28	5. 38	5. 38	0. 00	98. 39	63. 80	10. 76	24. 60	2. 31
	旱地	219. 07	64811. 98	4515. 94	1 353. 63	1 225. 26	125. 29	13 651. 59	9 768. 26	4 438. 30	399. 71	177. 56
	有林地	22. 29	4 897. 20	86 839. 00	1 256. 01	5 293. 83	651. 83	14 946. 80	2 625. 01	651. 06	60. 72	32. 28
	灌木林	16. 14	1 506. 59	1 271. 38	10 327. 86	263. 65	18. 45	3 873. 33	1 498. 14	937. 01	43. 81	12. 30
	疏林地	1. 54	1 253. 70	5 358. 40	298. 24	8 217. 09	107. 61	3 555. 10	794. 81	231. 37	23. 06	9. 22
	其他林地	0. 77	112. 23	724. 09	10. 76	117. 61	1 249. 86	281. 33	50. 73	16. 91	1. 54	2. 31
	高覆盖度草地	82. 25	13 813. 78	15 923. 01	4 020. 15	3 767. 25	242. 90	155 674. 97	22 562. 78	8 449. 23	232. 14	352. 82
	中覆盖度草地	63. 80	9 795. 94	2 171. 49	1 405. 13	574. 97	41. 51	19 204. 46	116 266. 78	11 364. 79	165. 26	398. 94
	低覆盖度草地	10. 76	4 067. 80	631. 08	869. 37	227. 53	39. 20	8 777. 45	12 277. 20	66 704. 45	129. 14	185. 25
	河渠	6. 15	516. 55	83. 02	36. 90	33. 05	0. 77	272. 88	241. 36	212. 92	534. 23	13. 07
	湖泊	0. 77	169. 88	24. 60	6. 92	6. 15	0. 00	425. 84	529. 61	242. 13	0. 77	3 704. 99
	水库坑塘	5. 38	93. 78	42. 28	3. 07	12. 30	1. 54	79. 94	59. 96	45. 35	3. 07	9. 99
	滩地	22. 29	705. 64	80. 71	35. 36	26. 13	2. 31	445. 06	658. 75	506. 55	76. 87	69. 95
	城镇用地	19. 22	434. 30	30. 75	12. 30	33. 82	2. 31	136. 05	132. 21	70. 72	9. 22	0. 77
	农村居民地	46. 12	4 107. 77	227. 53	97. 62	66. 87	15. 37	1 202. 97	1 339. 02	706. 41	34. 59	30. 75
	其他建筑用地	4. 61	428. 15	53. 81	40. 74	42. 28	8. 46	551. 91	622. 62	324. 38	10. 76	14. 60
	沙地	28. 44	1 163. 77	180. 64	193. 70	82. 25	12. 30	3 340. 64	5 924. 14	6 183. 18	101. 46	200. 62
	戈壁	0. 00	66. 11	3. 84	72. 26	0. 00	0. 00	133. 75	200. 62	1 238. 33	6. 15	12. 30
	盐碱地	6. 15	1 317. 50	86. 09	120. 68	29. 21	3. 07	1 972. 41	2 355. 21	1 659. 56	37. 66	291. 33
	沼泽地	54. 58	1 157. 62	1 628. 81	142. 97	133. 75	34. 59	3 175. 38	1 642. 65	697. 18	58. 42	216. 00
	裸土地	1. 54	25. 37	3. 84	11. 53	0. 00	0. 00	44. 58	43. 05	62. 26	3. 84	0. 77
	岩石质土地	0. 00	182. 17	82. 25	93. 78	6. 15	0. 00	931. 63	1 269. 84	1 671. 86	3. 07	1. 54

续表

项目		2010 年										
		水库坑塘	滩地	城镇用地	农村居民地	其他建筑用地	沙地	戈壁	盐碱地	沼泽地	裸土地	岩石质地
2020 年	水田	0.00	38.43	2.31	46.12	0.00	16.14	0.00	11.53	46.89	0.00	0.00
	旱地	65.34	737.15	202.93	3 826.44	55.34	1 177.60	70.72	1 330.57	1 212.19	47.66	161.42
	有林地	25.37	81.48	36.90	232.14	18.45	303.62	7.69	140.67	1 713.37	10.76	83.02
	灌木林	4.61	51.50	4.61	103.00	0.77	212.92	76.87	117.61	105.31	4.61	81.48
	疏林地	13.07	29.98	19.99	93.01	7.69	113.76	1.54	32.28	166.03	3.84	10.76
	其他林地	0.00	3.07	0.77	13.07	0.00	8.46	0.00	10.76	13.84	1.54	0.00
	高覆盖度草地	44.58	517.32	89.17	1 077.68	39.20	3 698.07	136.82	1 932.44	3 313.74	26.90	895.50
	中覆盖度草地	27.67	706.41	74.56	1 168.38	60.72	5 781.17	312.85	2 404.40	1 575.77	42.28	1 296.75
	低覆盖度草地	38.43	534.23	46.12	574.97	36.90	6 617.48	1 226.80	1 775.63	686.42	96.85	1 777.93
	河渠	0.77	157.58	9.99	51.50	0.00	78.40	10.76	55.34	59.96	0.00	14.60
	湖泊	3.84	53.81	2.31	26.13	2.31	269.03	18.45	294.40	331.30	0.77	2.31
	水库坑塘	348.21	16.91	0.77	15.37	3.07	52.27	1.54	21.52	23.06	0.00	6.92
	滩地	12.30	1 408.97	4.61	120.68	3.84	152.97	83.02	145.28	68.41	5.38	119.91
	城镇用地	3.07	13.84	790.96	61.49	14.60	26.90	2.31	32.28	15.37	0.00	3.07
	农村居民地	8.46	110.69	39.20	1 510.44	8.46	202.93	42.28	232.91	138.36	8.46	38.43
	其他建筑用地	5.38	48.43	15.37	39.97	312.08	230.60	120.68	89.93	59.96	6.15	44.58
	沙地	26.90	184.48	4.61	214.46	9.22	121 176.28	1 466.62	1 068.45	628.00	185.25	796.34
	戈壁	0.00	83.02	0.00	6.15	16.14	1 199.13	63 014.06	1 138.40	4.61	182.94	2 608.10
	盐碱地	12.30	107.61	4.61	212.15	11.53	1 032.32	751.76	12 506.27	754.07	14.60	239.06
	沼泽地	19.99	73.79	14.60	123.76	6.15	619.55	1.54	602.64	9 620.68	2.31	59.96
	裸土地	0.00	6.92	4.61	0.77	7.69	193.70	167.57	33.82	0.00	3 773.40	103.77
	岩石质土地	0.00	105.31	0.77	24.60	2.31	727.16	2 741.85	184.48	45.35	122.99	36 936.92

表 3-9　2010～2020 年土地利用类型与单一动态度

土地利用类型	2010 年面积 /万 km^2	2020 年面积 /万 km^2	单一动态度 /%	2010 年各类型占比 /%	2020 年各类型占比 /%
水田	0.11	0.11	0.00	0.10	0.10
旱地	11.08	10.96	-0.11	9.82	9.71
有林地	12.00	11.99	-0.01	10.63	10.62
灌木林	2.04	2.05	0.05	1.81	1.82
疏林地	2.02	2.03	0.05	1.79	1.80
其他林地	0.26	0.26	0.00	0.23	0.23
高覆盖度草地	23.28	23.69	0.18	20.62	20.99
中覆盖度草地	18.09	17.49	-0.33	16.03	15.49
低覆盖度草地	10.64	10.71	0.07	9.43	9.51
河渠	0.20	0.24	2.00	0.17	0.21
湖泊	0.57	0.61	0.70	0.51	0.54
水库坑塘	0.07	0.08	1.43	0.06	0.07
滩地	0.51	0.48	-0.59	0.45	0.42
城镇用地	0.14	0.18	2.86	0.12	0.16
农村居民地	0.95	1.02	0.74	0.85	0.90
其他建筑用地	0.06	0.31	41.67	0.05	0.27
沙地	14.39	14.32	-0.05	12.75	12.68
戈壁	7.03	7.00	-0.04	6.22	6.20
盐碱地	2.42	2.35	-0.29	2.14	2.08
沼泽地	2.06	2.01	-0.24	1.82	1.78
裸土地	0.45	0.45	0.00	0.40	0.40
岩石质土地	4.43	4.51	0.18	4.00	4.00

从二级类别来看，高覆盖度草地、中覆盖度草地在内蒙古地区的分布较广，高覆盖度草地出现了增长的趋势；城镇用地、其他建筑用地增长速率进一步加快，其他建筑用地的单一动态度达到了 41.67%，旱地在经历了长时间的增长后出现了下降趋势。2020 年与 2010 年相比，其他建筑用地、城镇用地、水库坑塘、河渠、农村居民地、湖泊、其他林地、高覆盖度草地、疏林地、低覆盖度草地、灌木林处于增长趋势，增长最快的是其他建筑用地，戈壁、沙地、中覆盖度草地等处于下降趋势。

从转移矩阵来看，2000～2010 年土地利用类型的转化以高覆盖度草地、中覆盖度草地、低覆盖度草地、旱地、沙地相互转化为主，有林地、疏林地呈现相互转化趋势。总的来说，与 2000～2010 年相比，2010～2020 年以人类活动为主导的建筑用地呈现快速增长的趋势，但耕地有明显的下降，草地虽然处于下降趋势，但高覆盖度草地首次出现了增加的趋势，林地和水域呈现稳步上升的态势，荒漠有了明显的下降趋势，除了低覆盖度草地外，其余土地利用类型均有不同程度的降低趋势。

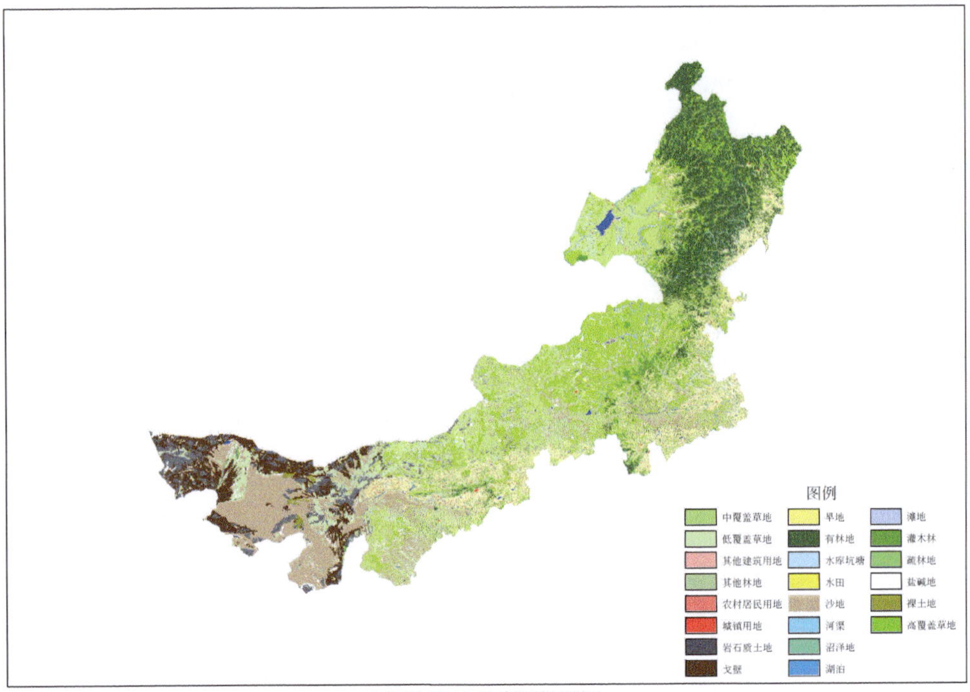

(a)2010年土地利用类型图

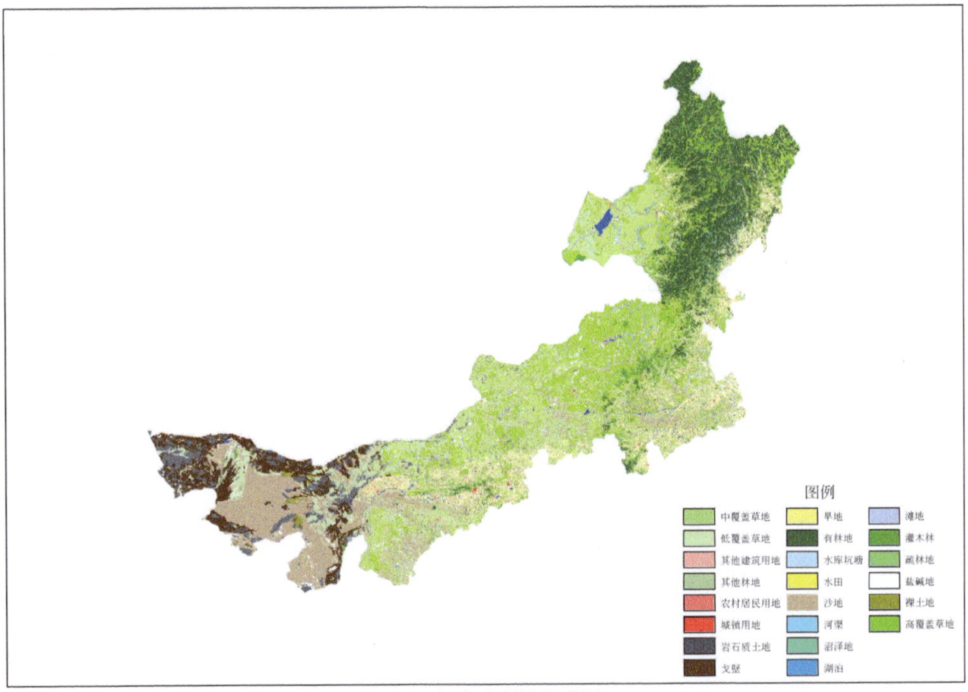

(b)2020年土地利用类型图

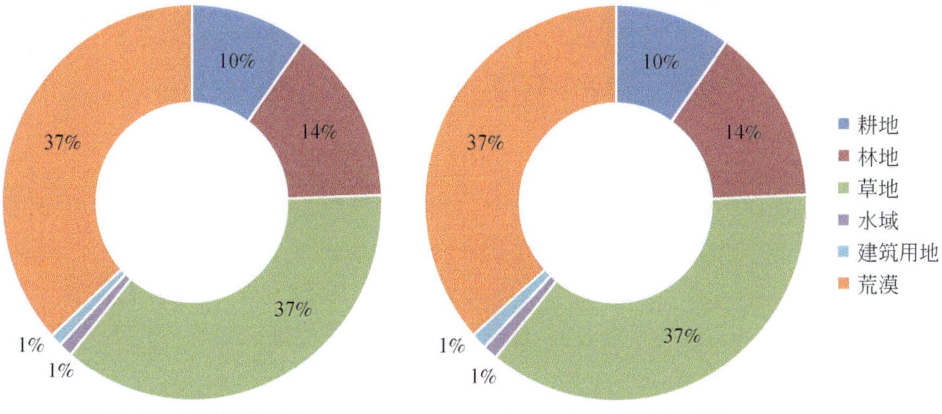

(c)2010年一级类别占比图　　(d)2020年一级类别占比图

图3-10　土地利用类型与占比图

（5）1980～2020年内蒙古荒漠地区荒漠化生态系统的时空演变。

从一级类别来看，内蒙古地区自西向东呈现荒漠—草原荒漠—森林草原的景观类型，草地和荒漠是主要的土地利用类型，占研究区总面积的60%以上，耕地的涨幅最大，从1980年的9.701万km^2增长到2020年的11.068万km^2，草地的缩减最多，从1980年的42.888万km^2缩减到2020年的41.18万km^2，建筑用地增长速率最快，但总体占比较小，林地、水域与荒漠相对比较稳定，变化不大。

从二级类别来看，高覆盖度草地、中覆盖度草地、沙地、有林地分布面积比较广，占研究区总面积的10%以上，中、高覆盖度草地呈下降趋势，沙地和有林地变化不大，水田、其他建筑用地等分布较少，占研究区总面积的1%以下，增长速率较快。1980～2020年荒漠化生态系统面积经历了减、增、增、减4个阶段（图3-11），在近些年荒漠化得到了有效的控制，总的荒漠生态系统面积降低。

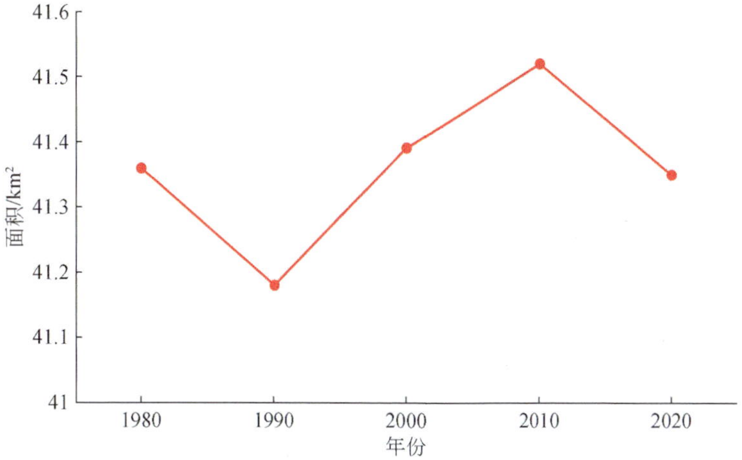

图3-11　荒漠化生态系统1980～2020年面积变化

3.2 基于 NDVI 的荒漠化生态系统的识别及时空演化特征与规律

1）数据来源

NDVI 反映了区域植被所占比例，可以反过来计算区域低覆盖或无植被地区（荒漠化生态系统）所占比例，因此可用于监测荒漠化生态系统的现状和变化。NDVI 资料由美国国家海洋和大气管理局（NOAA）提供，空间分辨率为 0.05°，时间分辨率为 16 天，共收集到 1981 ~2020 年 14 412 景影像数据，通过 GEE 平台进行数据筛选与收集，对筛选后的数据进行年度最大合成等预处理。

2）使用的方法

根据植被覆盖度划分标准，NDVI 大于 0.6 为高覆盖（非荒漠化），0.4 ~0.6 为中等覆盖（轻度荒漠化），0.1 ~0.3 为低覆盖（中度荒漠化），小于 0.1 为裸露地（重度荒漠化），再将 NDVI 小于 0.3（除水体、湖泊外）的植被极其稀疏、包含有大片裸地的区域划分为荒漠化生态系统（中度及重度荒漠化地区），由此成功识别出内蒙古荒漠化生态系统及荒漠化的范围。

采用 Theil-Sen Median 趋势分析法和 Mann-Kendall 检验法研究内蒙古荒漠地区荒漠化生态系统的空间分布特征、时间变化特征、变化趋势和可持续性特征。将 Theil- Sen Median 趋势分析和 Mann- Kendall 检验方法结合是判断长时间序列数据趋势的重要方法。该方法的优点是不需要数据服从一定的分布，对数据误差具有较强的抵抗能力，对于显著性水平的检验具有较为坚实的统计学理论基础，使得结果较为科学可信。其中，Theil- Sen Median 趋势分析法是一种稳健的非参数统计的趋势计算方法，可以减少数据异常值的影响。Theil- Sen Median 趋势分析法公式如下：

$$S_{\mathrm{NDVI}}=\mathrm{Medain}\left(\frac{\mathrm{NDVI}_j-\mathrm{NDVI}_i}{j-i}\right)$$

式中，NDVI_j为第 j 年的 NDVI；NDVI_i为第 i 年的 NDVI；S_{NDVI}为 NDVI 趋势分析结果。

当$S_{\mathrm{NDVI}}>0$ 时，NDVI 呈增加趋势，反之 NDVI 呈下降趋势。Mann- Kendall 检验法公式如下：

$$S=\sum_{i=1}^{n-1}\sum_{j=i+1}^{n}\mathrm{sgn}(x_j-x_i)$$

$$\mathrm{sgn}(x_j-x_i)=\begin{cases}1, & x_j-x_i>0\\ 0, & x_j-x_i=0\\ -1, & x_j-x_i<0\end{cases}$$

$$Z=\begin{cases}\dfrac{S-1}{\sqrt{\mathrm{Var}}}, & S>0\\ 0, & S=0\\ \dfrac{S+1}{\sqrt{\mathrm{Var}}}, & S<0\end{cases}$$

$$\mathrm{Var}(S)=\frac{n(n-1)(2n+5)}{18}$$

式中，sgn 为符号函数。

结合S_{NDVI}和 Z，将 NDVI 变化趋势在 0.01 置信水平下划分为极显著增加（$S_{\mathrm{NDVI}}\geqslant 0$，$|Z|>2.58$）、极显著减小（$S_{\mathrm{NDVI}}<0$，$|Z|>2.58$）；0.05 置信水平下划分为显著增加（$S_{\mathrm{NDVI}}\geqslant 0$，$|Z|>1.96$）、显著减少（$S_{\mathrm{NDVI}}<0$，$|Z|>1.96$）、不显著增加（$S_{\mathrm{NDVI}}\geqslant 0$，$|Z|<1.96$）及不显著减少（$S_{\mathrm{NDVI}}<0$，$|Z|<1.96$）。

3）荒漠化生态系统时空演变规律

利用 1981 ~ 2020 年年均 NDVI 数据，计算 1981 ~ 2020 年平均值得到平均 NDVI 空间分布图，见图 3-12。根据植被覆盖度划分标准，对 NDVI 进行分类划分。

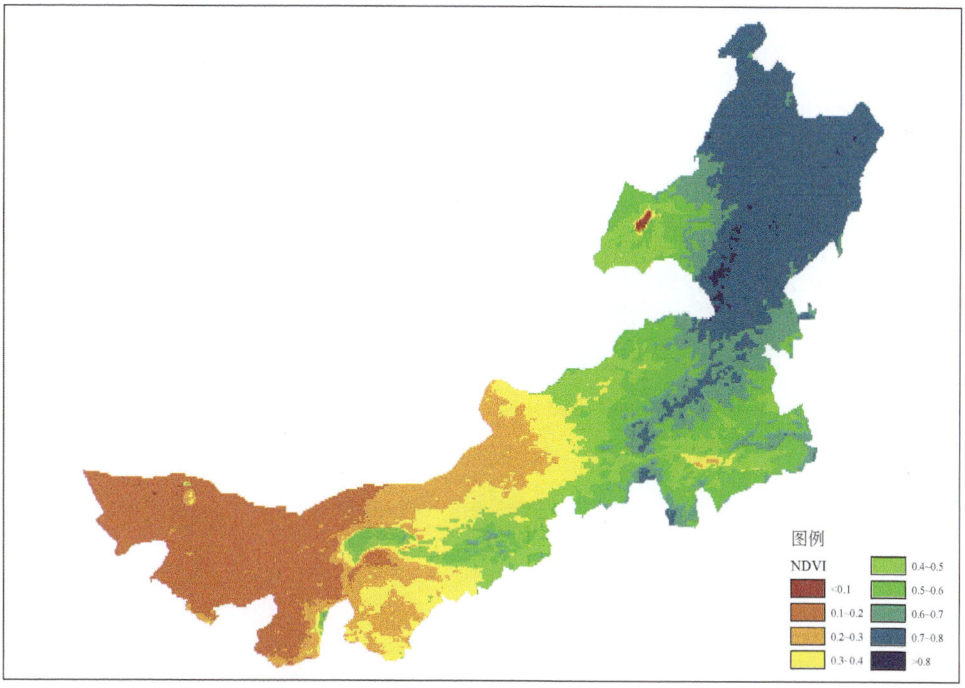

图 3-12　内蒙古 1981 ~ 2020 年年均 NDVI

由图 3-12 可知，NDVI 小于 0.3 的荒漠化生态系统主要分布在气候干旱的阿拉善及鄂尔多斯大部、巴彦淖尔、包头、乌兰察布北部以及锡林郭勒西北部，这些地区常年降水稀少，主要分布强耐旱并耐寒的小乔木、灌木、半灌木、低覆盖度草地、沙地、戈壁等自然景观。

NDVI 在 0.4 ~ 0.6 的区域主要分布于河套平原、西辽河流域、锡林郭勒东部以及呼伦贝尔高原，中、高覆盖度草地和耕地是这里主要的土地利用类型。NDVI 大于 0.6 的区域主要分布在东北的大兴安岭地区，多为林草混合分布。

NDVI 小于 0.3 的荒漠化生态系统占研究区面积的 36.78%，与土地利用类型划分出的荒漠化生态系统基本一致，NDVI 在 0.4 ~ 0.6 的区域面积占研究区面积的 36.58%，NDVI

大于 0.6 的区域面积占研究区面积的 26.64%。

利用 Theil-Sen Median 趋势分析法和 Mann-Kendall 检验法相结合对 NDVI 进行趋势变化分析，将变化趋势根据S_{NDVI}和 Z 划分为 5 个阶段，即极显著增加、显著增加、不显著增加、不显著减少、显著减少和极显著减少，见图 3-13、图 3-14。

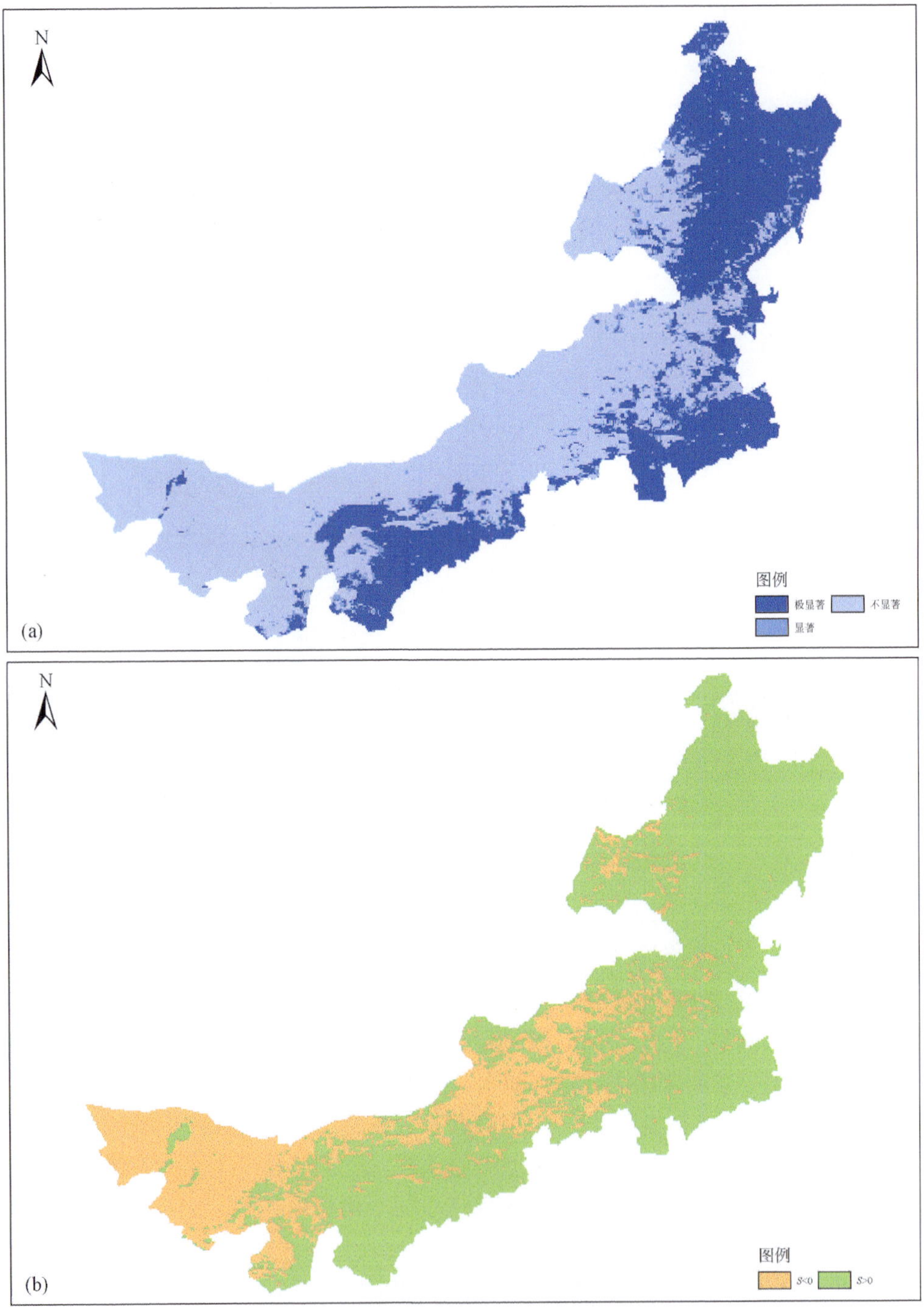

图 3-13　趋势检验与显著性检验结果

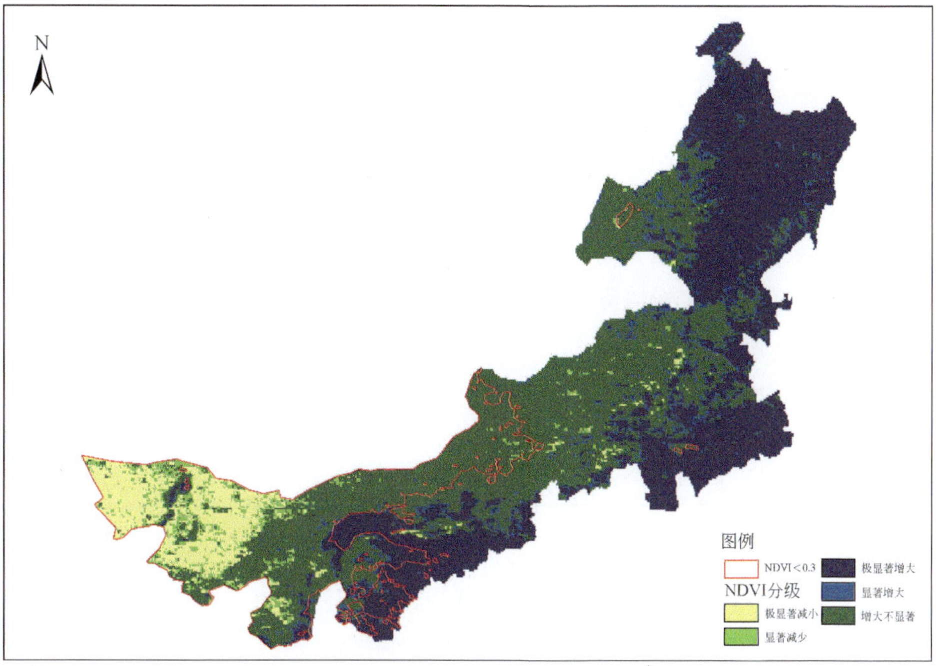

图 3-14　Theil-Sen Median 趋势分析法与 Mann-Kendall 检验法结合

如图 3-13（a）所示，1981～2020 年，阿拉善、锡林郭勒、巴彦淖尔市北部、乌兰察布市北部、包头市北部 NDVI 呈现下降趋势，其余地区 NDVI 有上升趋势；从图 3-13（b）来看，1981～2020 年阿拉善西部、巴彦淖尔市南部、鄂尔多斯市东南部、呼和浩特市南部、赤峰市南部、通辽市东南部以及呼伦贝尔市大部 NDVI 发生了极显著的趋势变化。

由图 3-14 可知，NDVI 极显著减小的地区位于额济纳旗境内，除黑河沿岸地区有明显增加的趋势外，NDVI 整体呈现极显著减小的趋势，荒漠化程度显著增加；NDVI 极显著增大的地区包括巴彦淖尔市南部、鄂尔多斯市东南部、呼和浩特市南部、赤峰市南部、通辽市南部以及呼伦贝尔市东北部，结合土地利用类型来看，巴彦淖尔市南部以耕地的增长为主，草地增长速度也较快；鄂尔多斯市东南部以有林地、疏林地及低覆盖度草地的增长为主，有林地、低覆盖度草地的增长速度较快；呼和浩特市南部灌木以及低覆盖度草地的增长速度较快；赤峰市南部以耕地的增长为主，增长速度极快；通辽市南部以耕地及有林地增长为主，耕地增长速度极快。

总的来说，1981～2020 年内蒙古地区荒漠化生态系统的面积有增有减，结合土地利用类型来看，NDVI 显著减小的区域大部分为中、低覆盖度草地以及荒漠景观，荒漠化程度呈现上升的趋势，集中在阿拉善，而显著增加的地区也出现在阿拉善，位于黑河下游河道两岸，说明黑河流域的生态治理取得了很好的效果；内蒙古其余地区荒漠化态势均有好转，中部、北部地区 NDVI 呈现微弱上升的态势，东部、南部地区 NDVI 呈现显著增加的趋势。

3.3 基于荒漠化差值指数的荒漠化生态系统识别及时空变化特征与规律

在荒漠化生态系统监测中，NDVI 是衡量地表植被状况的重要指标，而地表反照率（Albedo）则表明地表对短波太阳辐射的反射特性。研究发现，随着荒漠化的发展，NDVI 降低，地表反照率提高，因此，构建“Albedo-NDVI 指数特征空间”可以集成 NDVI 和地表反照率数据，更有效地定量监测和研究荒漠化生态系统的时空分布和动态变化。

1）数据来源

本研究使用的遥感数据（NDVI、Albedo 等）来自 GEE 和 PIE-Engine 遥感与地理信息云服务平台（https：//engine-dev. piesat. cn）。平台允许在线数据编辑与处理，同时确保严格的质量控制。我们对收集到的数据集进行了严格检查，以提升数据的可靠性。

2）使用的方法

（1）荒漠化分类标准。

根据《关于中国三北地区荒漠化分类分级及参考指正表的修订》[85]将研究区荒漠化程度分为极重度荒漠化、重度荒漠化、中度荒漠化、轻度荒漠化，荒漠化指标体系见表 3-10 所示，再将植被极其稀疏、包含有大片裸地的区域划分为荒漠化生态系统（中度、重度及极重度荒漠化地区），由此成功识别出内蒙古荒漠化生态系统及荒漠化的范围。解译特征及其标志见表 3-11。

表 3-10　土地荒漠化指标体系

分类等级	植被覆盖度/%	沙地面积占比/%	植被特征
轻度荒漠化	50～70	<10	植被开始衰退，原生植物生长受影响
中度荒漠化	10～50	10～50	出现退化性植被，并分布有低矮灌丛沙堆
重度荒漠化	1～10	50～70	局部地区植被消失，原有植物种群混生沙生先锋植物
极重度荒漠化	<1	>70	植被出现区域性消失

表 3-11　土地荒漠化遥感影像解译特征

分类等级	解译标志	遥感影像特征
未荒漠化		无沙地斑点且斑块呈绿色
轻度荒漠化		沙地斑块点状分布，淡绿色斑块居多

续表

分类等级	解译标志	遥感影像特征
中度荒漠化	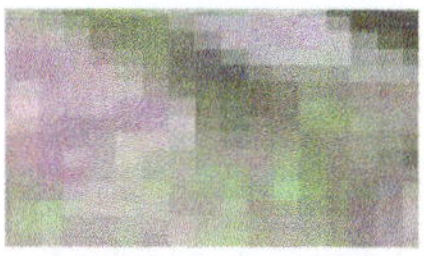	淡绿色斑块与沙地斑块呈条状分布
重度荒漠化		有细微淡绿色斑块点状分布其中
极重度荒漠化		以沙地斑块为主，轻微或无淡绿色斑块分布

（2）模型构建方法。

研究基于 GEE 平台以及遥感监测数据，从研究区内的各种土地类型中随机选取 1500 个特征点，随后提取每个点的 NDVI 和地表反照率，在它们之间创建线性回归方程，从而得到 NDVI-Albedo 特征空间，并计算 DDI。计算公式如下：

$$\text{Albedo}=k_1\times\text{NDVI}+c$$

$$\text{DDI}=k_2\times\text{NDVI}-\text{Albedo}$$

$$k_1\times k_2=-1$$

式中，NDVI 为归一化植被指数；Albedo 为地表反照率；k_1、k_2为拟合的特征方程斜率；c 为拟合产生的常数；DDI 为荒漠化差值指数。

通过荒漠化差值指数监测模型，计算出内蒙古地区 1990 ~ 2020 年 Albedo-NDVI 线性关系图，如图 3-15 所示。在 Albedo-NDVI 特征空间中，荒漠化地区地表反照率与 NDVI 之间的线性相关性明显为负（图 3-15）。

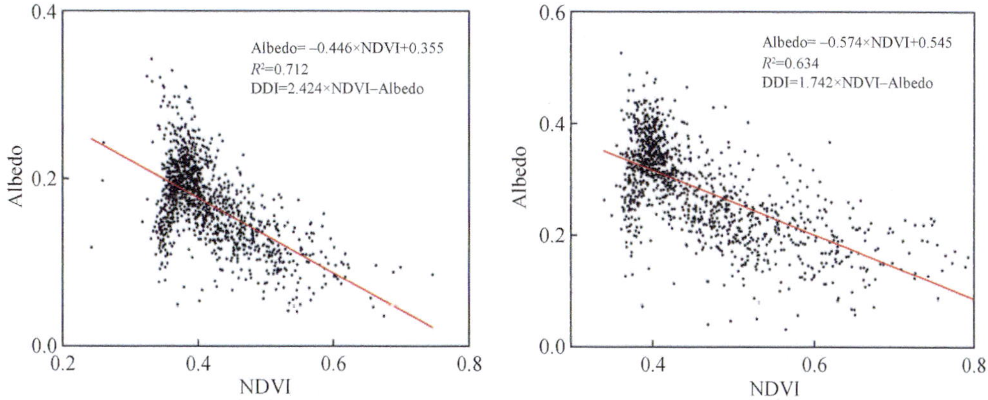

(a)1990年　　(b)1995年

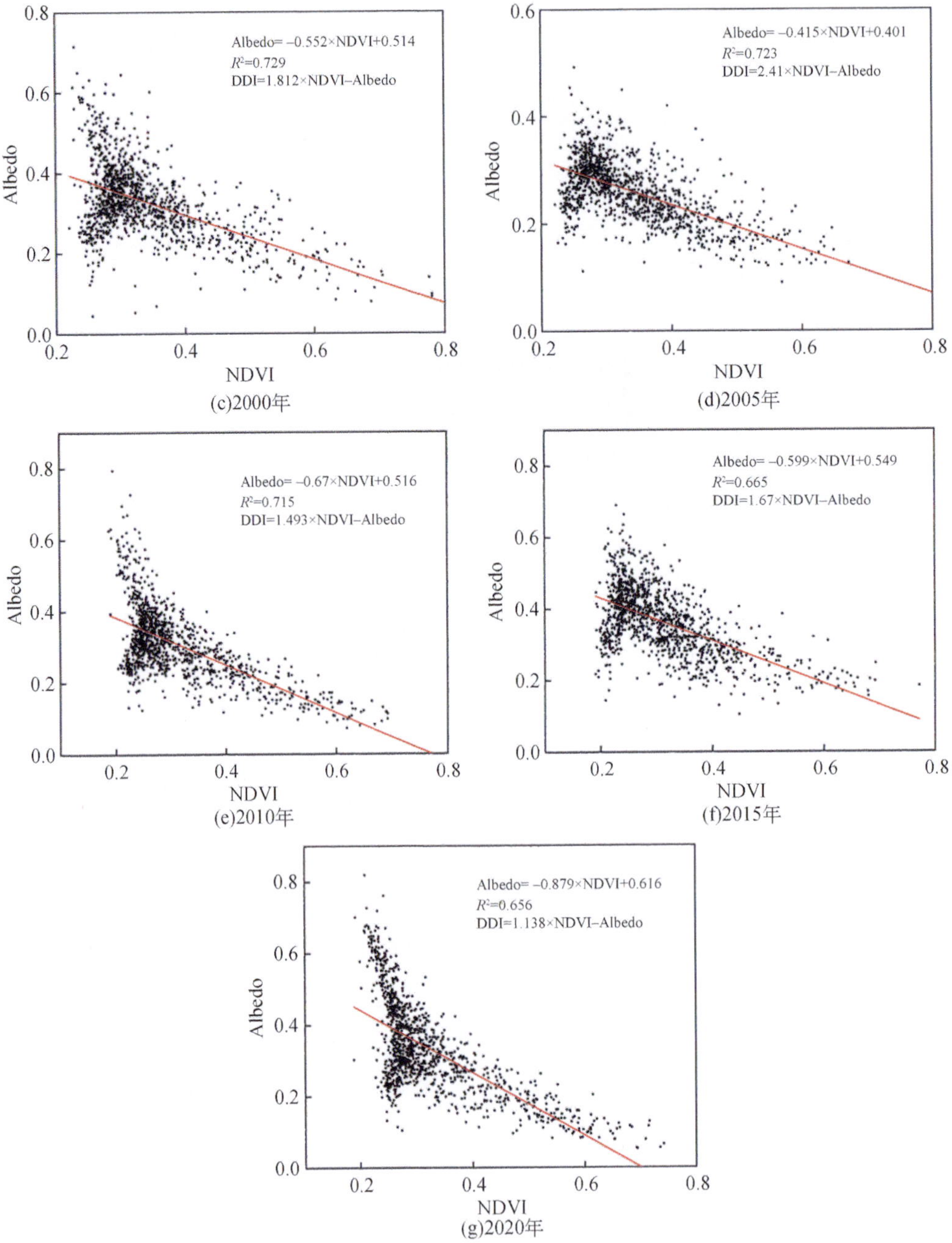

图 3-15 1990 ~ 2020 年 Albedo-NDVI 特征空间模型

从图 3-15 可知，选择 1990 年、1995 年、2000 年、2005 年、2010 年、2015 年、2020 年等 7 个典型年构建 Albedo-NDVI 特征空间模型，发现构建的模型均有明显的负相关性，并且 R^2 大于 0.65，DDI 可以作为观测研究区荒漠化情况发展的指标。

3）荒漠化生态系统的时空演化特征与规律

由图 3-16 可知，内蒙古地区的荒漠化主要体现为从东到西逐步严重的态势，极重度荒漠化土地主要分布在阿拉善盟；重度荒漠化土地分布在乌海市、鄂尔多斯市等地；中度荒漠化土地分布在内蒙古中部偏北的锡林郭勒、乌兰察布等盟市周边地区，轻度荒漠化土地分布在内蒙古东南部的季风区，主要涉及赤峰市、通辽市、兴安盟周边。

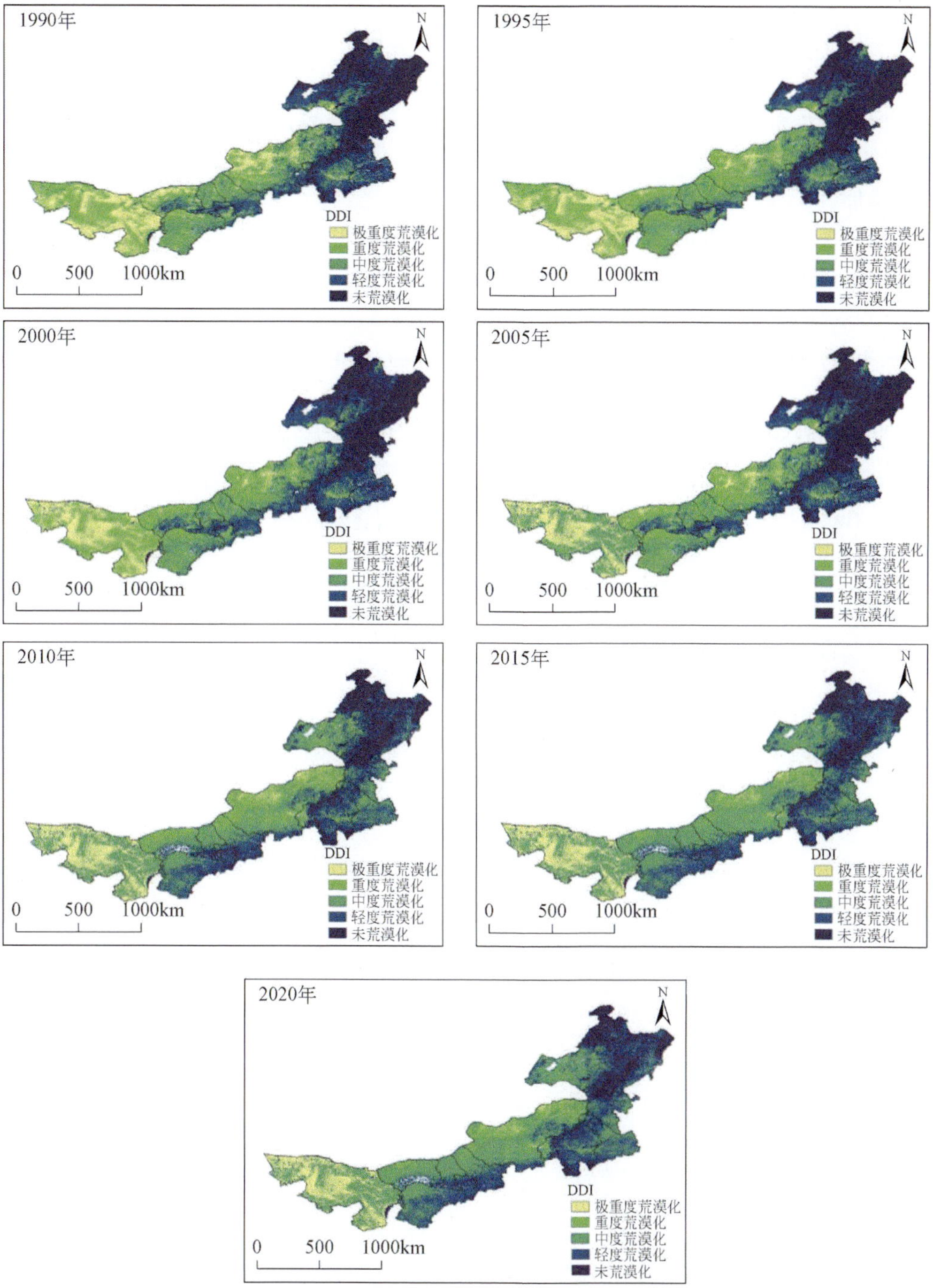

图 3-16　1990～2020 年内蒙古荒漠化分类空间分布

1990～1995年，未荒漠化、极重度荒漠化土地面积都呈现显著减少趋势，轻度荒漠化土地面积明显增加，其余类型变化较小；1995～2000年，重度荒漠化、轻度荒漠化土地面积都有所缩减，未荒漠化、极重度荒漠化土地面积明显增加；2000～2005年，除轻度荒漠化土地面积有明显的持续增加外，其余土地类型面积均有减少；2005～2010年，中轻度以及未荒漠化土地面积继续缩减，重度、极重度荒漠化土地面积则有所回升；2010～2015年，未荒漠化、轻度荒漠化土地面积持续减少，而中度荒漠化和重度荒漠化土地面积增加显著，但极重度荒漠化土地面积却有所缩减；2015～2020年，未荒漠化、轻度荒漠化土地面积开始有明显减少趋势，中度荒漠化土地面积则呈现减小趋势，极重度荒漠化土地面积则大幅增加。

通过表3-12和图3-17可以得出内蒙古地区各时期土地荒漠化面积变化情况。1990～1995年，未荒漠化土地面积大幅缩减，从23.11万km^2减少到18.40万km^2，其他荒漠化土地面积均略有扩大，表明荒漠化情况呈恶化趋势；1995～2000年，轻度荒漠化土地缩减到了22.39万km^2，中度荒漠化、未荒漠化、重度荒漠化面积分别扩大到35.11万km^2、23.63万km^2、32.37万km^2，极重度土地面积减小到了3.80万km^2。表明荒漠化情况呈好转趋势；2000～2005年荒漠化土地格局变化显著，轻度荒漠化扩大至31.95万km^2，未荒漠化、中度荒漠化、重度荒漠化、极重度荒漠化土地面积均有所缩减，分别达到22.58万km^2、33.27万km^2、26.16万km^2、3.19万km^2，表明荒漠化情况呈恶化趋势；2005～2010年，未荒漠化、重度荒漠化、极重度荒漠化土地面积均有增加，分别扩大到30.81万km^2、28.55万km^2和4.12万km^2，轻度荒漠化、中度荒漠化土地面积则是呈现缩减趋势，分别达27.40万km^2和30.80万km^2，总体荒漠化情况略微呈好转趋势；2010～2015年，未荒漠化、轻度荒漠化、重度荒漠化、极重度荒漠化土地面积均有所缩减，分别减小到19.17万km^2、26.19万km^2、20.97万km^2和2.27万km^2，中度荒漠化土地面积大幅增加，扩大到了49.24万km^2，虽然重度、极重度荒漠化都有所缓解，但是被中度荒漠化趋势抵消，总荒漠化情况依旧呈恶化趋势；2015～2020年，未荒漠化土地面积有所增加，扩大到了21.23万km^2，轻度荒漠化土地增加到了31.31万km^2，中度荒漠化土地面积减少到了38.72万km^2，极重度荒漠化土地面积则增加到了5.96万km^2，表明总体荒漠化情况有所好转。

表3-12　内蒙古荒漠化面积统计　　（单位：万km^2）

荒漠化等级	1990年	1995年	2000年	2005年	2010年	2015年	2020年
极重度荒漠化	11.82	8.52	3.80	3.19	4.12	2.27	5.96
重度荒漠化	23.18	25.81	32.67	26.16	28.55	20.98	22.27
中度荒漠化	33.26	33.92	35.11	33.27	30.81	49.24	38.73
轻度荒漠化	25.27	29.99	22.39	31.95	27.40	26.19	31.32
未荒漠化	23.11	18.40	23.63	22.58	23.80	19.17	21.23
总计	116.64	116.80	117.60	117.50	117.49	117.50	117.15

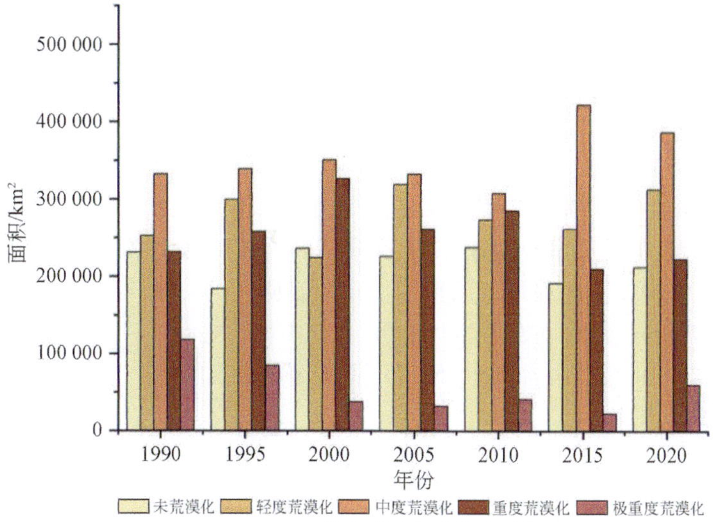

(a)不同年份各类荒漠化面积

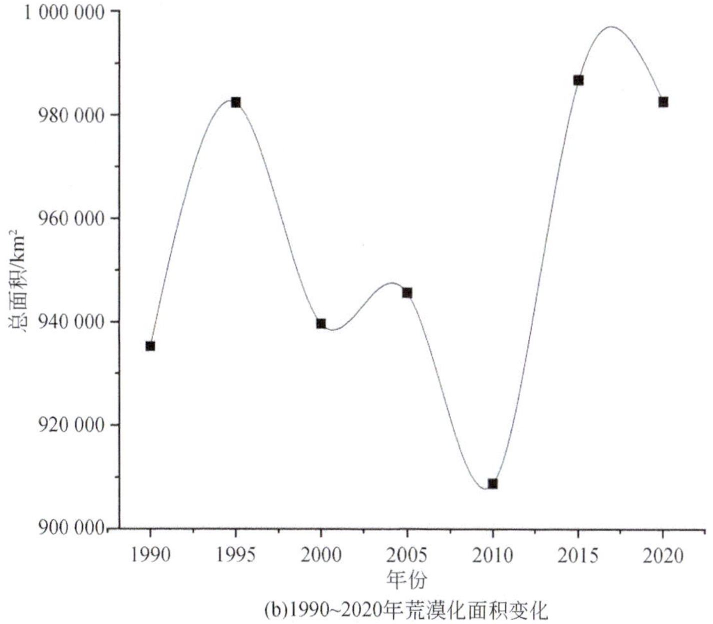

(b)1990~2020年荒漠化面积变化

图 3-17　不同荒漠化类型面积与总面积统计变化

总的来说，1990～2020 年内蒙古荒漠化有所改善，荒漠化生态系统面积有所减少，从 1990 年的 682 557.77km²转变为 2020 年的 669 543.06km²，其中，极重度荒漠化和中度荒漠化土地面积有显著下降的趋势。

3.4 小　　结

本章采用遥感影像自动解译、NDVI、DDI 3 种方式来识别荒漠化生态系统，并进一步采用 Mann-Kendal 检验法、马尔可夫转移矩阵模型、单一土地利用动态度等方法，从不同视角分析了荒漠化生态系统的时空演变特征与规律。得出以下结论：

（1）1980～2020 年荒漠化生态系统面积经历了减、增、增、减 4 个阶段，在近些年荒漠化得到了有效的控制，沙地、低覆盖度草地是研究区荒漠化生态系统中主要的土地利用类型，除阿拉善外，内蒙古其余地区荒漠化态势均有好转，中部、北部地区 NDVI 呈现微弱上升的态势，东部、南部地区 NDVI 呈现显著增加的趋势，这一结论与已有研究一致[86]。

（2）遥感影像自动解译、NDVI 识别、DDI 识别 3 种方式均能高效、准确地识别荒漠化生态系统以及其近 40 年的时空变化过程，并且识别的结果比较一致，但遥感影像自动解译的程序较复杂，相对工作量较大，不能在比较细的时间尺度（如年、月等）上高效地识别荒漠化生态系统，并且在选择训练点的过程中对基础数据的要求较高，可能混杂较多的不确定性，对于 DDI 识别方式，由于 Albedo 数据的时间序列长度较短，生成的荒漠化生态系统的时空演变序列较短，而 NDVI 为卫星直接观测数据，人为干扰较小，并且时间分辨率比较精细，可以很好地识别精细尺度下荒漠化生态系统的时空变化，因此，在后面的章节中，选用 NDVI 识别的荒漠化生态系统结果。

4 内蒙古地区气候时空变异特征与规律

4.1 数据来源与方法

1）数据来源

本研究使用的资料为研究区内 116 个气象站点 1951 ~ 2020 年降水量、蒸发量、平均气温、平均最高气温、平均最低气温月数据以及 1971 ~ 2020 年地温、风速等月数据，数据来源于中国科学院资源环境科学数据平台（https://www.resdc.cn/），通过核查，各气象站点气象数据无明显的异常点和随机波动，数据变化相对均一和一致，数据可靠，能代表区域气候条件。本章主要研究降水量、气温、风速、地温等气象要素的时空演变特征与规律结果。

2）使用的方法

（1）将降水量、三类气温数据的时间序列统一为 1951 ~ 2020 年，地温、风速数据统一为 1971 ~ 2020 年，对于缺测数据，利用 R 语言 mice 工具包中随机森林模型的方法进行插补延展。

（2）为了反映气候因子的趋势，对研究区降水量、平均气温、平均最高气温和平均最低气温等气候因子的年值和各季节的值进行了线性拟合，拟合方程式为

$$y = mt + n$$

式中，y 为气候因子值；t 为年份。

将 10 倍的 m 值作为气候倾向率，单位为℃/10a、mm/10a、m/(s · 10a)；m 为正（负）时，表示气候因子 y 在所统计的时间内有线性增加（减少）的趋势。

（3）对于年代阶段划分及比较采用年代均值比较法，即求取气候要素每十年均值（如 1951 ~ 1960 年）进行年代间比较：

$$1950_s = \frac{\sum_{i=1951\sim1960} i}{10}$$

（4）对于研究区气候因子多年变化的剧烈程度，采用变异系数对其进行表征，具体计算公式为

$$CV = \frac{\sqrt{\frac{1}{n-1}\sum (x_i - \bar{x})^2}}{\bar{x}}$$

式中，CV 为变异系数；i 为时间序列；x_i 为第 i 年的气候因子值；$\bar{x}$为气候因子多年均值。

（5）利用克里金插值法，将气象站点数据展布到整个研究区，使用公式表示为

$$\sum_{f=1}^{n} \lambda_i C(V_i, V_j) - V = C(V_i, V)$$

$$\sum_{j=1}^{n} \lambda_i = 1$$

式中，λ_i 为权重；$C(V_i, V_j)$为气象站点之间的协方差函数；$C(V_i, V)$为气象站点与插值点之间的协方差函数。

(6)对于降水量突变检验采用 Mann-Kendall 检验法，它是一种非参数统计检验方法，较其他方法，具有样本不需遵从一定分布，不受少数异常值干扰，计算简便等优点。其具体原理如下。

在检验中，对于有 n 个样本量的时间序列 x，在时间序列随机独立的假设下，构成一秩序列：

$$s_k = \sum_{i=1}^{k} r_i, \quad k = 2,3,\cdots,n$$

其中，

$$r_i = \begin{cases} +1, & 当\ x_i > x_j \\ 0, & 当\ x_i \leqslant x_j \end{cases} \quad j=1,2,\cdots,i$$

式中，s_k为第 i 时刻数值>第 j 时刻数值个数的累计数。

定义统计变量：

$$UF_k = \frac{[x_k - E(x_k)]}{\sqrt{\mathrm{var}(s_k)}}, \quad k=1,2,\cdots,n$$

式中：$UF_1 = 0$；$E(s_k)$ 为累计数 s_k 的均值；$\mathrm{var}(s_k)$ 为累计数 s_k 的方差。

在 x_1，x_2，…，x_n 相互独立且连续分布时，可由下式计算：

$$\begin{cases} E(s_k) = \dfrac{n(n+1)}{4} \\ \mathrm{var}(s_k) = \dfrac{n(n-1)(2n+5)}{72} \end{cases}$$

UF_i 为标准正态分布，给定显著性水平 a，查正态分布表，若 $|UF_i| > U_\alpha$，则表明序列存在明显的趋势变化。按时间序列 x 逆序 x_n，x_{n-1}，…，x_1，重复上述过程，同时使 $UF_k = -UF_k(k=n, n-1, \cdots, 1)$，$UB_1 = 0$。

4.2 降　水　量

4.2.1 降水量的时间变化

1）年际变化

研究区 1951 ~ 2020 年典型站点年际降水量如图 4-1 所示。研究区降水量最大的站点为鄂伦春，该站点年际降水量多年均值为 538.9mm，降水量最小的站点为额济纳旗，该站点年际降水量多年均值仅为 36.3mm。整体上，研究区多年平均降水量以下降趋势为主，多年平均降水量呈下降趋势的站点数占研究区站点总数的55.1%，其中，高力板降水量下降速率最快（-1.08mm/a），满洲里、库伦、称尔沁左翼后旗等站点次之，阿巴嘎旗、丰镇最慢（-0.01mm/a）。研究区有51个站点年际降水量呈上升趋势，其中，扎兰屯（1.14mm/a）、宁城县（1.33mm/a）等站点降水量上升速率较快，而鄂托克前旗（0.005mm/a）、伊克乌苏（0.016mm/a）等站点降水量上升速率相对较慢。

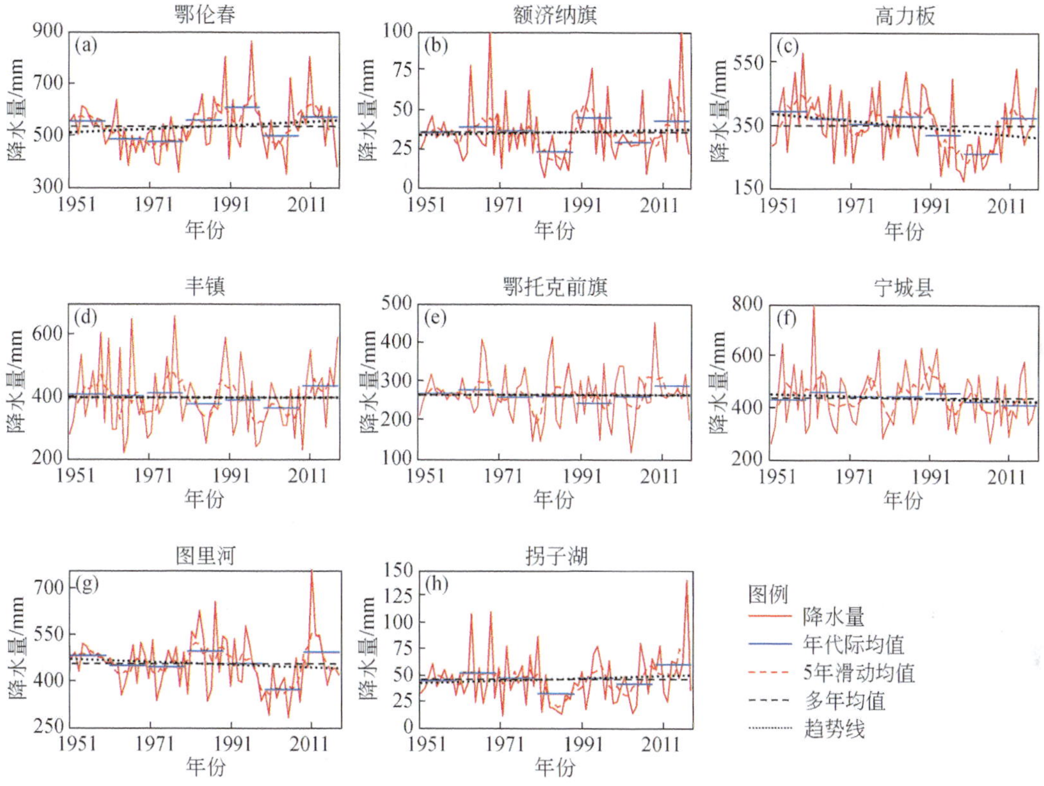

图4-1　代表性站点年际降水量时间变化

2）季节变化

研究区4个季节降水量逐年变化见图4-2。研究区各季节多年平均降水量依次为夏季>秋季>春季>冬季。由图4-2可知，研究区春季降水量介于5.5～72.5mm，最小值出现在额济纳旗，最大值出现在鄂伦春。研究区春季降水量以上升趋势为主，春季降水量呈上升趋势的站点数约占研究区站点总数的62.9%，其中，乌兰浩特（0.005mm/a）、青龙山（0.004mm/a）等站点上升速率较快。

研究区夏季降水量大多介于22.4～365.8mm，最大值出现在扎兰屯，最小值出现在额济纳旗。夏季降水量以下降趋势为主，夏季降水量呈下降趋势的站点数占研究区站点总数的一半以上，其中，高力板、林西等站点夏季降水量下降速率较快，而满都拉、东乌珠穆沁旗等站点夏季降水量则呈微弱的下降趋势。研究区秋季降水量主要介于7.2～91.6mm，与春、夏两季类似，额济纳旗秋季降水量明显低于周边地区，而鄂伦春、清水河县等站点秋季降水量则整体偏高。秋季有33.6%的站点降水量呈下降趋势，但下降速率大多小于

0.005mm/a，有66.4%的站点秋季降水量呈上升趋势，上升速率大多在0～0.004mm/a。除阿尔山外，研究区冬季降水量大多少于20mm，整体以下降趋势为主，呈上升趋势的站点数不足站点总数的10%。

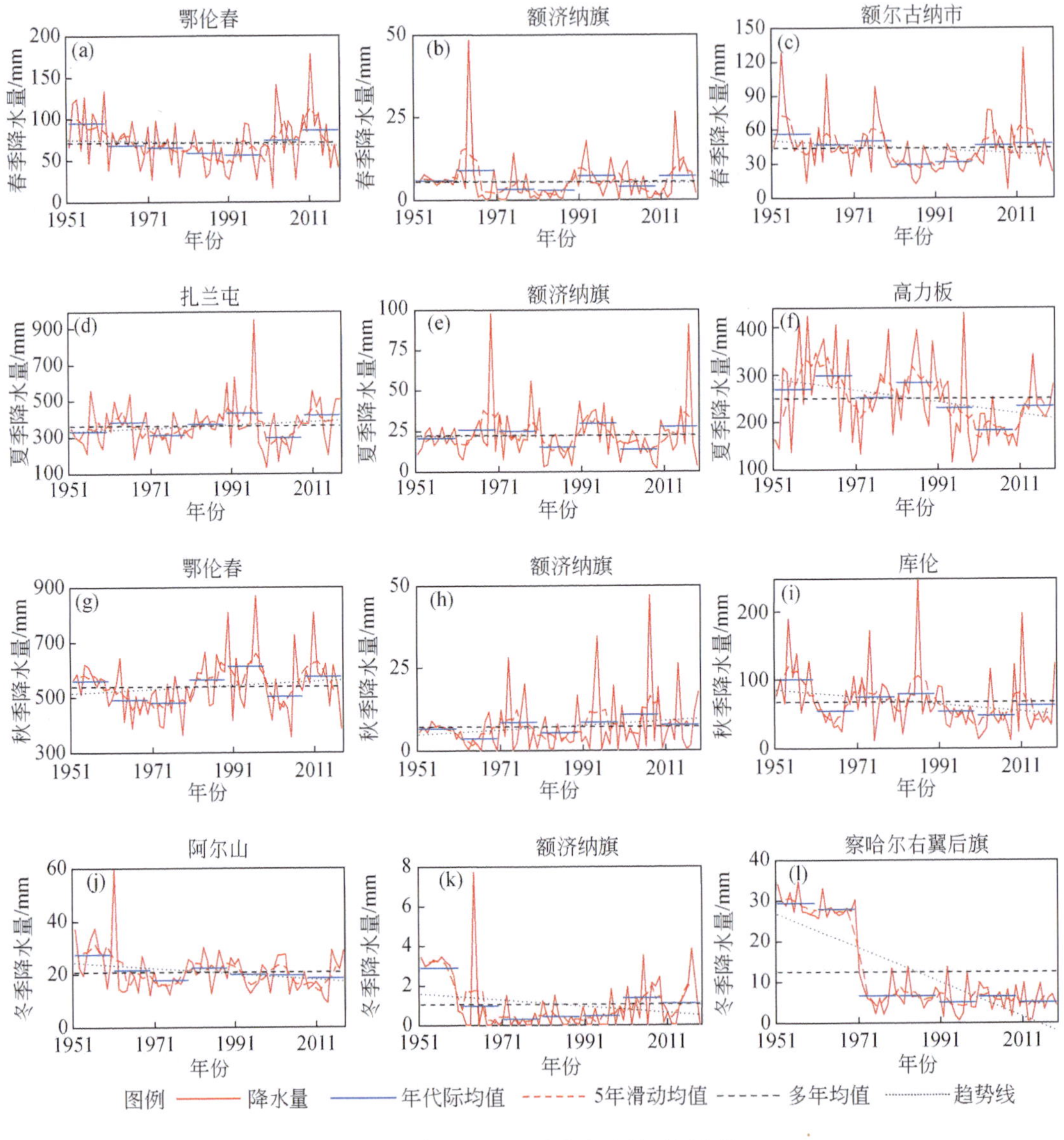

图4-2　代表性站点季节降水量时间变化

4.2.2　降水量的空间变化

1）年际变化

研究区1951～2020年年际降水量空间分布、多年变化率以及变异系数见图4-3。由图4-3可知，研究区年际降水量整体自西向东增加，整体呈西部少、东部多的分布格局。

就多年变化率而言，降水量以鄂伦春为中心增加速率最快，向周边地区扩散并呈增加速率逐渐减小的趋势，东北方向增加得最多。西部的额济纳旗、拐子湖、巴彦诺尔公、海力素等地区呈微弱的增加趋势，研究区中部则以下降趋势为主。研究区降水量变化整体较为平稳，变异系数在 0. 14 ~ 0. 54，西部整体高于东部。

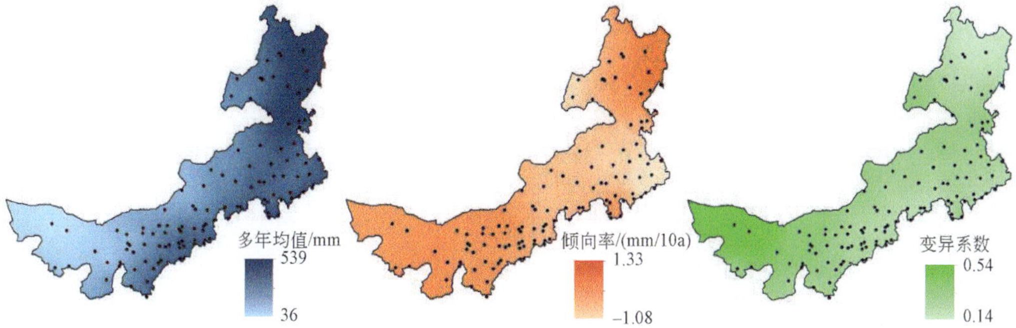

(a)多年均值　　(b)倾向率　　(c)变异系数

图 4-3　年际降水量特征的空间变化

2）季节变化

研究区 1951 ~ 2020 年各季节降水量空间分布、多年变化率以及变异系数见图 4-4。研究区各季节降水量均自西向东增加，整体呈西部少、东部多的空间格局，并且各季节降水量最小值均出现在额济纳旗。

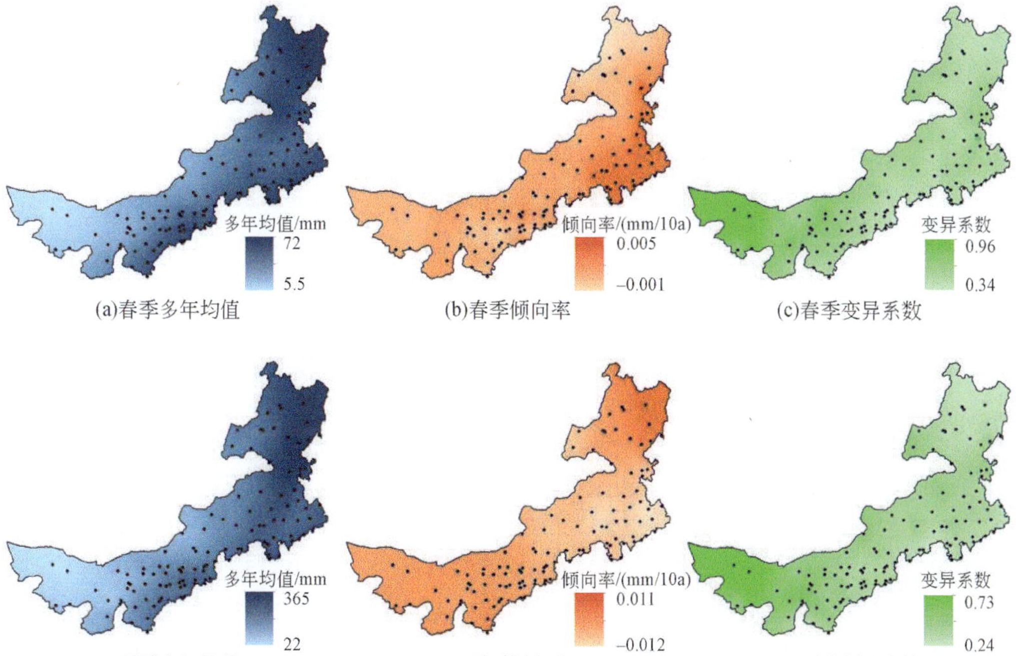

(a)春季多年均值　　(b)春季倾向率　　(c)春季变异系数

(d)夏季多年均值　　(e)夏季倾向率　　(f)夏季变异系数

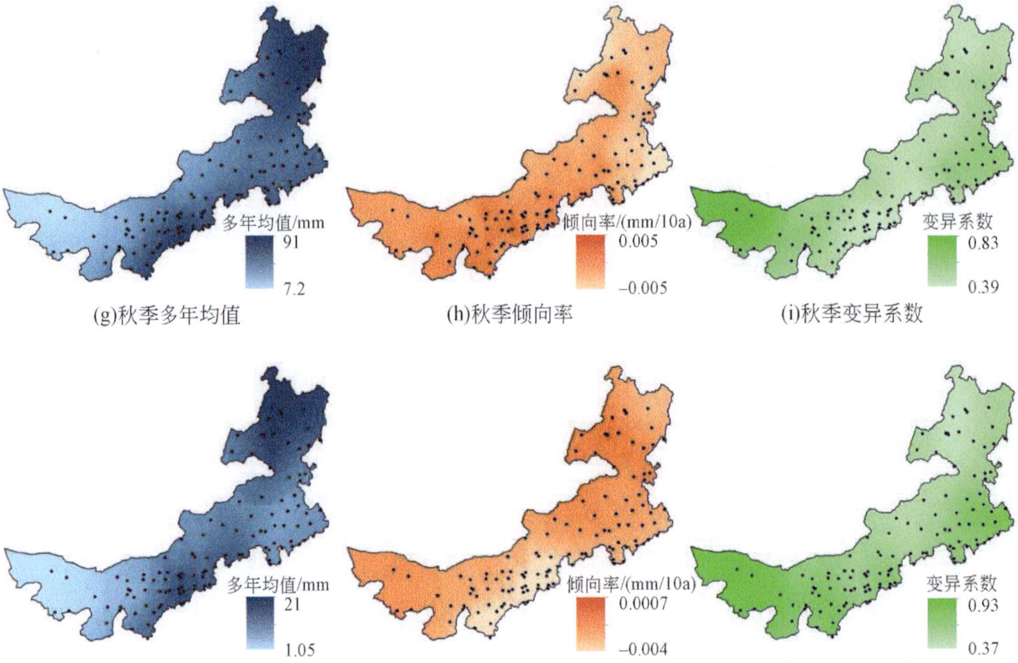

(g)秋季多年均值　(h)秋季倾向率　(i)秋季变异系数

(j)冬季多年均值　(k)冬季倾向率　(l)冬季变异系数

图 4-4　季节降水量特征的空间变化

就各季节降水量多年变化率而言，春季中部、东部降水量变化速率整体由西北向东南增加，其中，翁牛特旗上升速率整体高于周边地区；夏季降水量在研究区西部呈由西向东下降的趋势，中部、东部则呈由西北向东南速率逐渐减小的趋势；秋季降水量多年变化率呈由西向东上升的趋势，由西南向东北上升速率逐渐下降；冬季降水量在研究区东部呈上升趋势，中西部则相反。研究区各季节降水量变异系数的空间分布亦具有较高的一致性，均呈西部变异系数大、波动剧烈，中部、东部具有相反的格局。

4.2.3　降水量的周期变化

1）年际变化

图 4-5 依次为研究区 1951 ~2020 年年际降水量区域均值主周期分析图和周期分析图。由图 4-5 可知，研究区年际降水量序列在 47 年左右的振荡周期最为明显，即存在时间尺度为 47 年左右的第一主周期。在 47 年的时间尺度下，又存在时长为 32 年的周期。

2）季节变化

由于各季节降水量周期变化较为类似（也与年际尺度下周期相似），此处仅以夏季为例，对研究区季节降水量周期变化进行说明，下同。图 4-6 依次为研究区 1971 ~2020 年夏季降水量区域均值主周期分析图和周期分析图。由图 4-6 可知，研究区夏季降水量序列存在较为明显的 43 年左右的振荡周期，即存在时间尺度为 43 年左右的第一主周期。在43 年的时间尺度下，夏季降水量区域均值又存在时长为 28 年的周期。

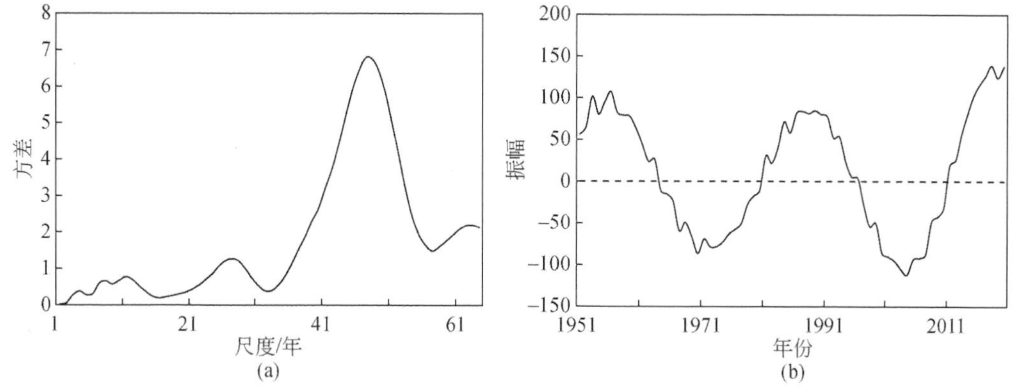

图 4-5　年际降水量区域均值周期分析

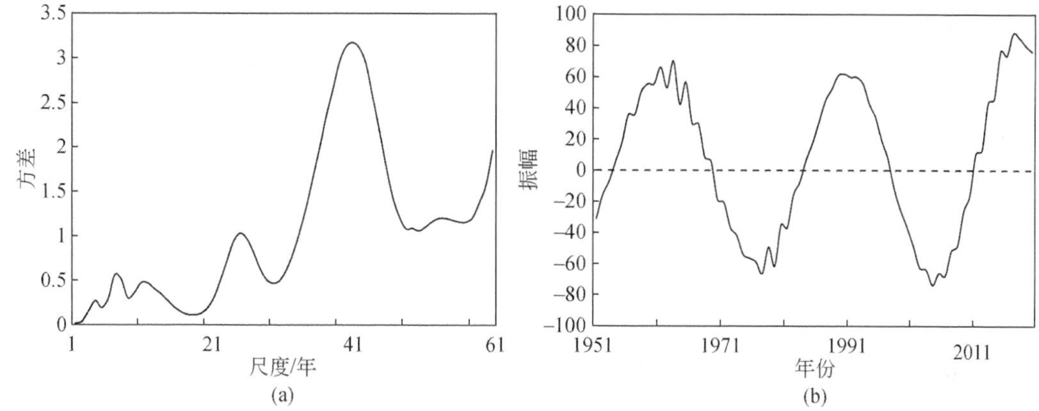

图 4-6　季节降水量区域均值周期分析

4.3 平均气温

4.3.1 平均气温的时间变化

1）年际变化

研究区 1951～2020 年典型站点年际平均气温如图 4-7 所示。研究区平均气温最高的站点为乌海，该站点年际平均气温多年均值为 9.52℃，平均气温最低的站点为图里河，该站点年际平均气温多年均值仅为−4.53℃。研究区所有站点平均气温多年变化率均呈上升趋势，上升速率在 0.017～0.072℃/a，其中，岗子、宝国图、敖汉旗等站点上升速率较慢，而乌拉特前旗、陈巴尔虎旗、达拉特旗等站点则上升较快。

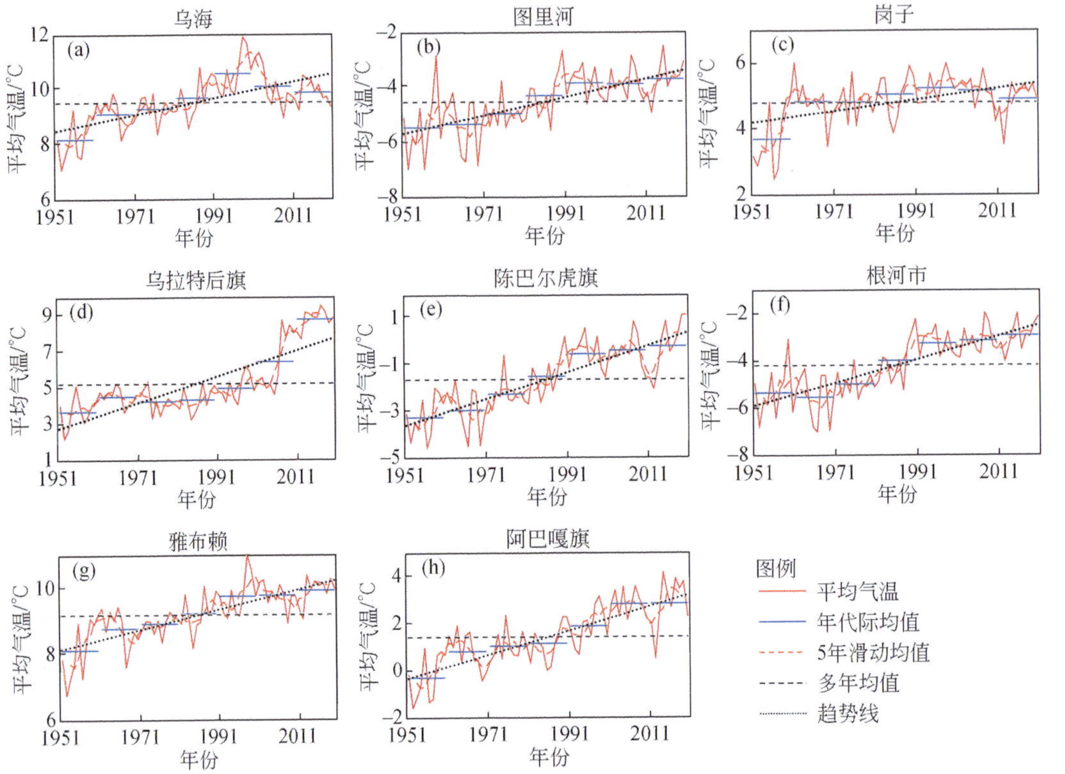

图 4-7　代表性站点年际平均气温时间变化

2）季节变化

研究区各季节平均气温逐年变化见图 4-8。除图里河、根河、阿尔山等 5 个站点外，研究区春季平均气温大多高于 0℃，最大值出现在乌海，该站点春季平均气温多年均值为 11.7℃，研究区各站点春季平均气温均呈上升趋势，其中敖汉旗、鄂温克族自治旗等站点上升速率较快，而岗子、乌审召上升趋势不明显。

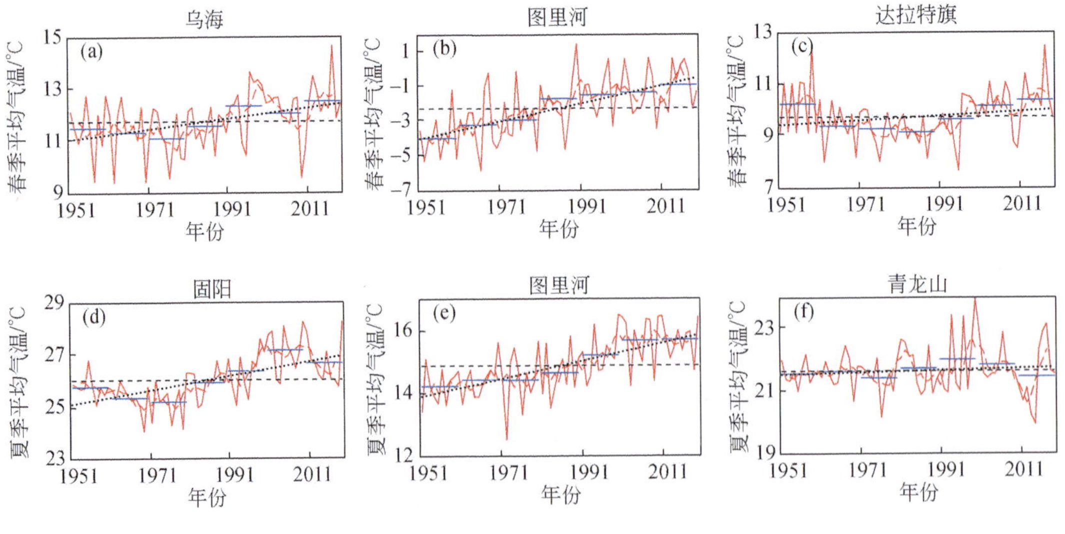

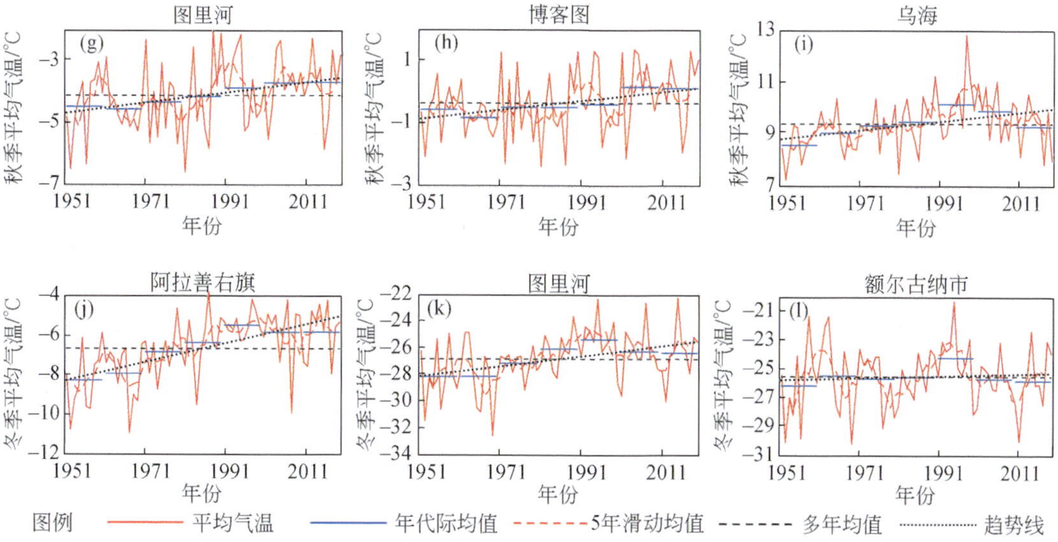

图 4-8　代表性站点季节平均气温时间变化

研究区各站点夏季平均气温多年均值大多介于 14 ~ 26℃，最大值出现在固阳县，该站点平均气温多年均值为 26.03℃，最小值则出现在图里河。各站点夏季平均气温多年变化率整体以上升趋势为主，变化速率介于 0.003 ~ 0.09℃/a，除此之外，新巴尔虎右旗、阿巴嘎旗夏季平均气温多年变化率呈下降趋势，下降速率均在–0.01℃/a 左右。秋季平均气温主要介于–4.01 ~ 9.41℃，最大值（9.41℃）出现在乌海，最小值（–4.01℃）则出现在图里河。研究区各站点秋季平均气温多年变化率均呈上升趋势，其中，乌拉特后旗、陈巴尔虎旗等站点上升速率较快，岗子、宝国图等站点相反。冬季平均气温变化范围集中在–26.7 ~ –6.6℃，最大值出现在阿拉善右旗、乌海，最小值则出现在图里河。冬季各站点平均气温多年变化整体不明显，所有站点多年变化率均小于 0.001℃/a。

4.3.2　平均气温的空间变化

1）年际变化

研究区 1951 ~ 2020 年年际平均气温空间分布、多年变化率以及变异系数见图 4-9。研究区年际平均气温整体自北向南、自东向西增加，在漠河等北部站点及大兴安岭附近整体偏冷，而在阿拉善盟等西部地区偏暖。就多年变化率而言，平均气温整体呈北部增加快、南部增加慢的空间格局，变暖速率整体自北向南及自中部向东、西递减。除四子王旗等站点外，研究区平均气温变化整体较为平稳，变异系数在–0.49 ~ 0.57。

2）季节变化

研究区 1951 ~ 2020 年各季节平均气温空间分布、多年变化率以及变异系数见图 4-10。研究区各季节平均气温均由西向东、由东南向西北逐渐减小。各季节平均气温最大值均出现在研究区西部，其中，那仁宝力格站点附近春季、秋季、冬季平均气温低于周边地区，集宁站点夏季平均气温低于周边地区。

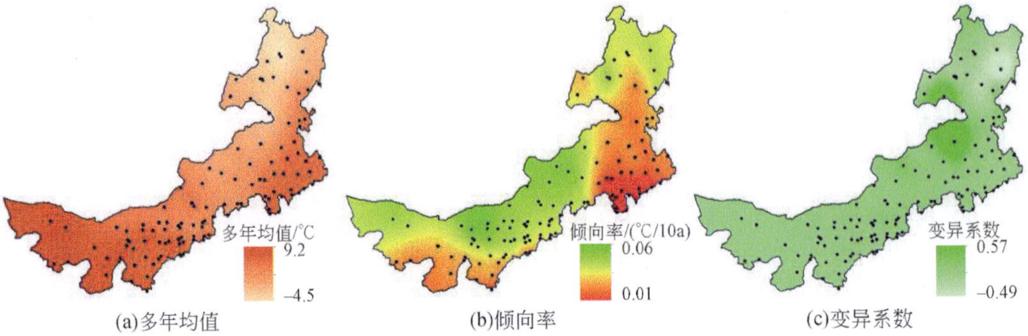

图 4-9　年际平均气温特征的空间变化

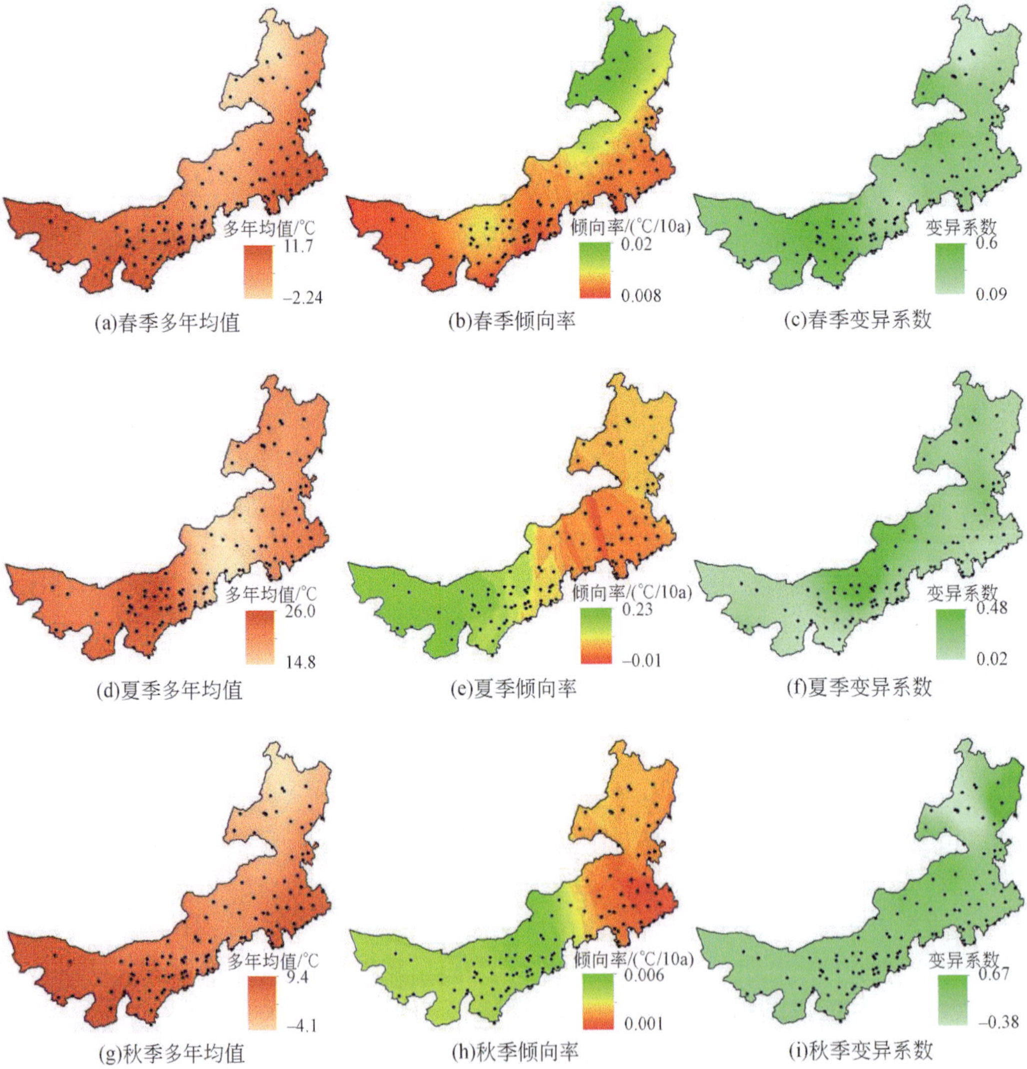

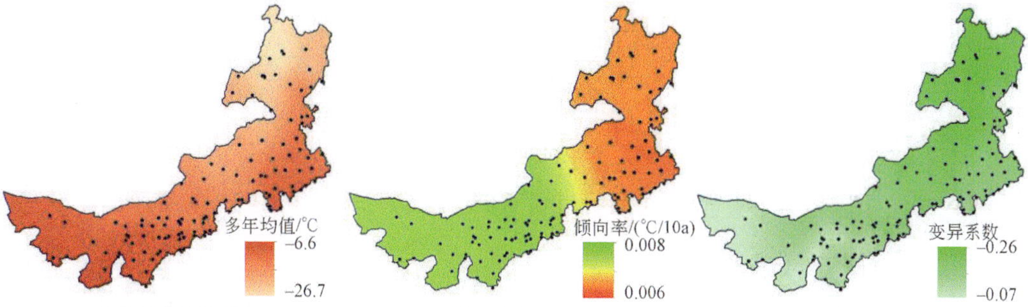

(j)冬季多年均值　(k)冬季倾向率　(l)冬季变异系数

图 4-10　季节平均气温特征的空间变化

从各季节平均多年变化率来看，各季节平均气温均呈明显的上升趋势，春季升温速率自西南向东北增大，夏季在临河、鄂托克旗等地区升温速率较快，秋季在研究区西部、中部升温速率较快，而在东部较慢，冬季在乌拉特后旗及其周边地区升温速率较快，其余地区较慢。春季、夏季平均气温变异系数在西部较大，在中部、东部较小，秋、冬两季相反。

4.3.3　平均气温的周期变化

1）年际变化

图 4-11 依次为研究区 1951 ~ 2020 年年际平均气温区域均值主周期分析图和周期分析图。由图 4-11 可知，研究区年际平均气温序列在 61 年左右的振荡周期最为明显，即存在时间尺度为 61 年左右的第一主周期。在 47 年的时间尺度下，又存在时长为 38 年的周期。

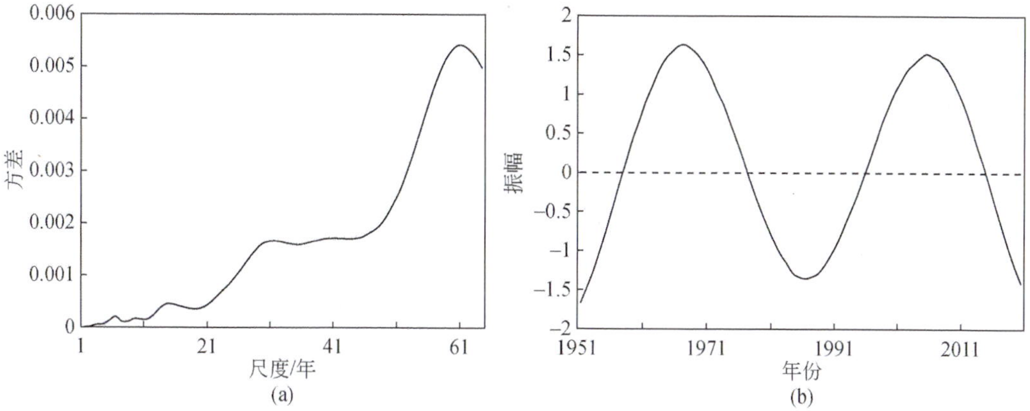

图 4-11　年际平均气温区域均值周期分析

2）季节变化

图 4-12 依次为研究区 1951 ~ 2020 年夏季平均气温区域均值主周期分析图和周期分析

图。由图4-12可知，研究区夏季降水量序列存在较为明显的56年左右的振荡周期，即存在时间尺度为56年左右的第一主周期。在56年的时间尺度下，夏季降水量区域均值又存在时长为36年的周期。

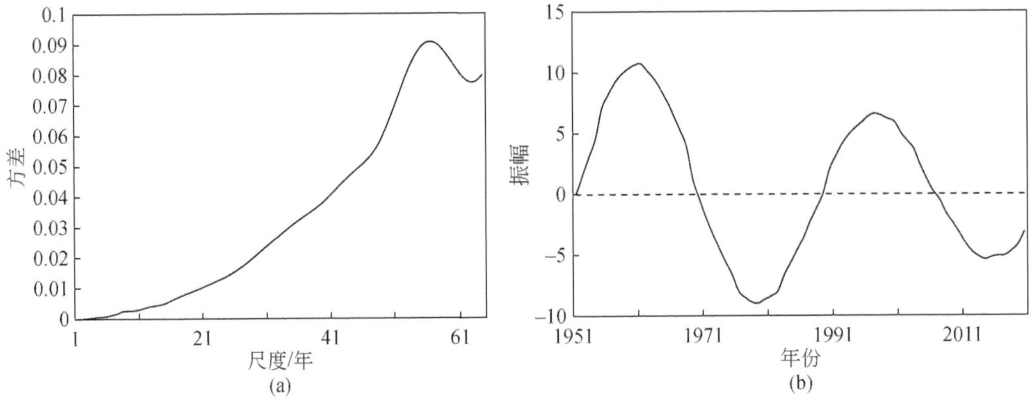

图4-12　季节平均气温区域均值周期分析

4.3.4　平均气温的突变分析

研究区各分区区域年（季）平均气温 Mann-Kendall 突变检验结果见表4-1。由表4-1可知，西部年、春季、夏季、秋季、冬季平均气温发生突变的年份分别为1989年、1993年、1996年、1991年、1978年，突变前气温波动变化明显，持续升温的趋势分别从1972年、1957年、1987年、1977年、1972年开始；显著升温分别从2000年、2001年、2006年、1999年、1990年开始。

中部年、春季平均气温发生突变的年份早于西部，分别为1988年、1985年，夏、秋、冬季平均气温发生突变的年份分别为1996年、1992年、1981年，其中年、夏、秋季平均气温在突变前波动较小，周期较短，秋季持续升温趋势开始年份最早，为1957年，年序列持续升温趋势开始年份（1958年）次之，春、夏、冬季持续升温趋势分别从1960年、1994年、1975年开始，夏（2007年）、冬（1996年）季平均气温显著升温开始年份晚于西部，其他年（季节）显著升温开始年份均早于西部，年、春季、秋季显著升温分别从1997年、1997年、1994年开始。

东部除秋季（1992年）平均气温发生突变年份东部除秋季（1992年）平均气温发生突变年份晚于西部和中部外，年、春季、夏季、冬季平均气温发生突变的年份均早于西部、中部，分别为1981年、1973年、1994年、1971年，持续升温趋势开始年份除春、秋季外，其他年（季节）均较西部、中部开始时间早，年、春季、夏季、秋季、冬季分别从1957年、1960年、1973年、1988年、1956年开始持续升温；显著升温除秋季较中部、西部晚外，其他年（季节）均较早，春季、夏季、秋季、冬季分别从1992年、1982年、2000年、2004年、1991年开始显著升温。西部、中部、东部平均气温均为冬季突变最早，夏季最晚，二者相隔时段（23年）东部最大，西部次之（18年），中部最小（15年）。

表 4-1　平均气温 Mann- Kendall 突变检验结果

项目	时间尺度		
	西部	中部	东部
年际	1989 年	1988 年	1981 年
春季	1993 年	1985 年	1973 年
夏季	1996 年	1996 年	1994 年
秋季	1991 年	1991 年	1992 年
冬季	1978 年	1981 年	1971 年

4.4　平均最高气温

4.4.1　平均最高气温的时间变化

1）年际变化

研究区 1951 ~2020 年典型站点年际平均最高气温逐年变化如图 4-13。研究区平均最高气温最高的站点为吉兰泰，该站点年际平均最高气温多年均值为 24.49℃，平均气温最低的站点为根河，该站点年际平均气温多年均值仅为 13.54℃。研究区所有站点平均最高气温多年变化率均呈上升趋势，上升速率在 0.015 ~0.067℃/a，其中，额济纳旗、拐子湖、巴彦诺尔公、海力素等站点的年平均最高气温增幅较为明显，但上升幅度整体低于平均气温。

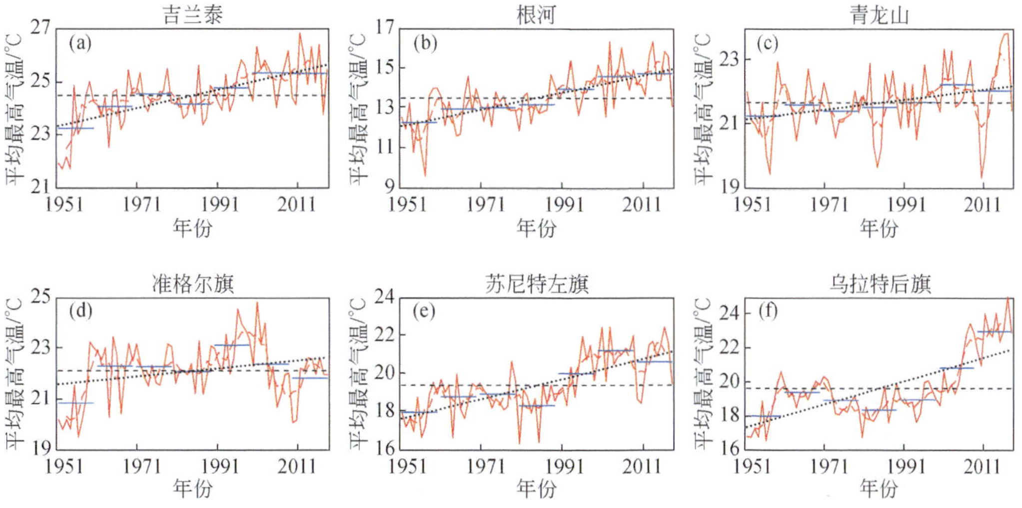

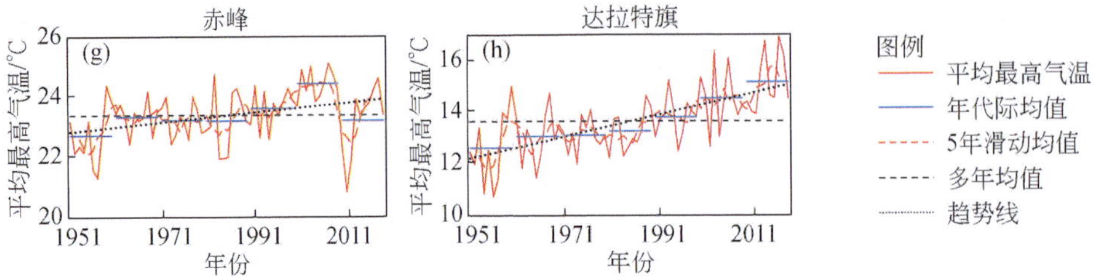

图 4-13　代表性站点年际平均最高气温时间变化

2）季节变化

研究区各季节平均最高气温逐年变化见图 4-14。由图 4-14 可知，研究区春季平均最高气温的变化范围在 6.2 ~ 19.2℃，最大值出现在拐子湖，最小值出现在阿尔山。就春季平均最高气温多年变化率而言，研究区所有站点平均最高气温均呈上升趋势，上升速率大多在 0.01 ~ 0.07℃。各站点夏季平均最高气温多年均值均在 22℃ 以上，最大值、最小值分别出现在拐子湖（33.1℃）和阿尔山（22.1℃）。

就多年变化率而言，研究区各站点夏季平均最高气温以上升趋势为主，上升速率整体低于春季，大多介于 0.004 ~ 0.037℃，但夏季平均最高气温在准格尔旗呈下降趋势，下降速率为 -0.08℃/a。秋季、冬季平均最高气温多年均值最大值分别出现在吉兰泰（16.7℃）和鄂托克前旗（0.78℃），最小值分别出现在图里河（1.5℃）和额尔古纳右旗

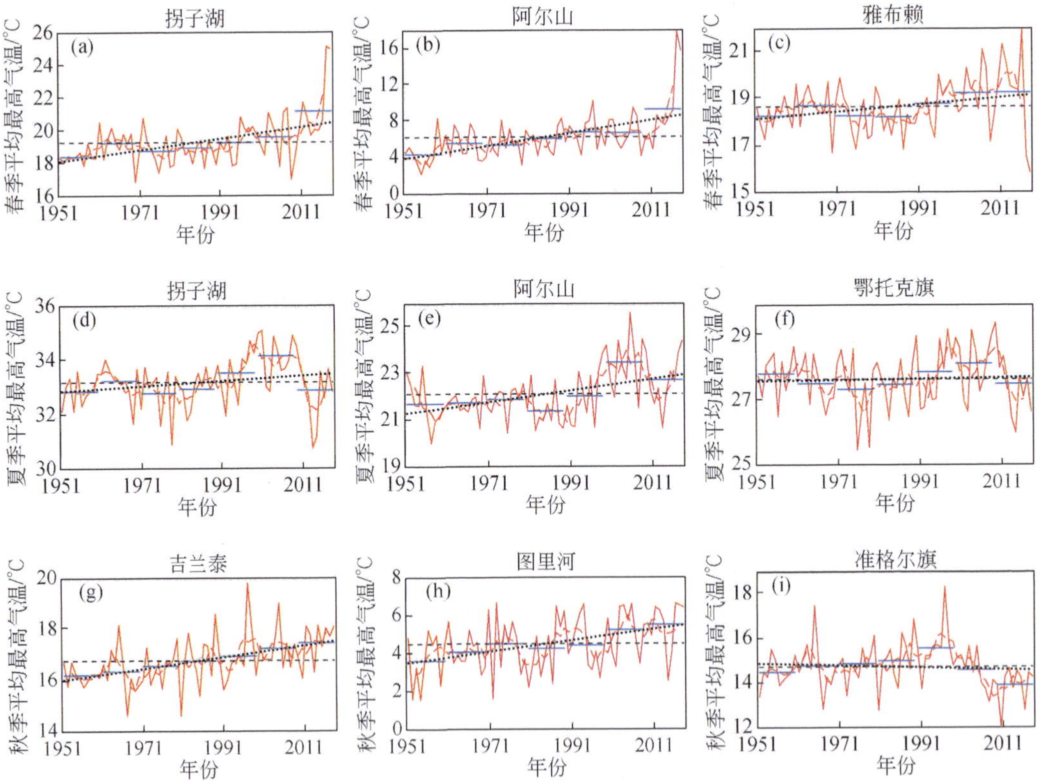

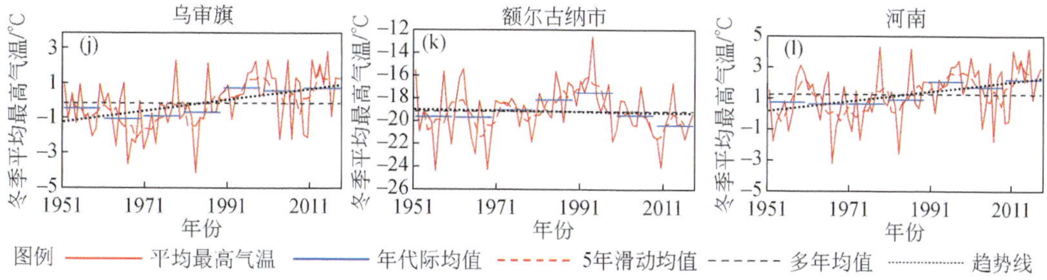

图 4-14　代表性站点季节平均最高气温时间变化

(−19.1℃)。秋季、冬季平均最高气温与春、夏两季变化趋势一致，均以上升趋势为主，但前者在呈下降趋势，后者则在额尔古纳右旗呈下降趋势。

4.4.2　平均最高气温的空间变化

1）年际变化

研究区 1951 ~ 2020 年年际平均最高气温空间分布、多年变化率以及变异系数见图 4-15。研究区年际平均最高气温整体自北向南、自东向西递增，在漠河等北部站点及大兴安岭附近整体偏冷，而在阿拉善盟等西部地区偏暖。就多年变化率而言，平均最高气温在研究区西部、中部地区增温速率较快，而在研究区东部整体增温速率偏慢。研究区平均最高气温变异系数大多在 0.03 ~ 0.09，说明平均最高气温整体波动程度较小。在空间上，研究区平均最高气温的年际变化整体偏大，而阿拉善盟等西部地区较小。

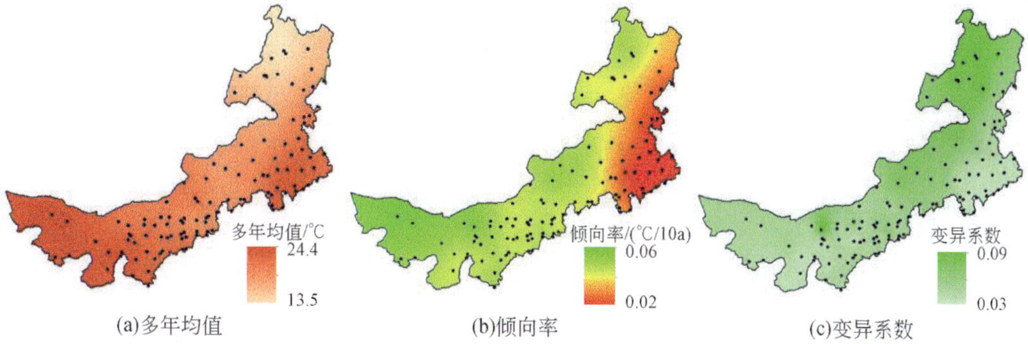

图 4-15　年际平均最高气温特征的空间变化

2）季节变化

研究区 1951 ~ 2020 年各季节平均最高气温空间分布、多年变化率以及变异系数见图 4-16。研究区各季节平均最高气温均由西向东、由南向北递减。各季节平均气温最大值均出现在研究区西部，其中，吉兰泰站点各季节平均最高气温整体高于周边地区，相反，化德站点各季节平均最高气温整体低于周边地区。就各季节平均最高气温变化率而言，春季、夏季平均最高气温在研究区西部上升慢，而在中部、东部上升较快。秋季、冬季平均

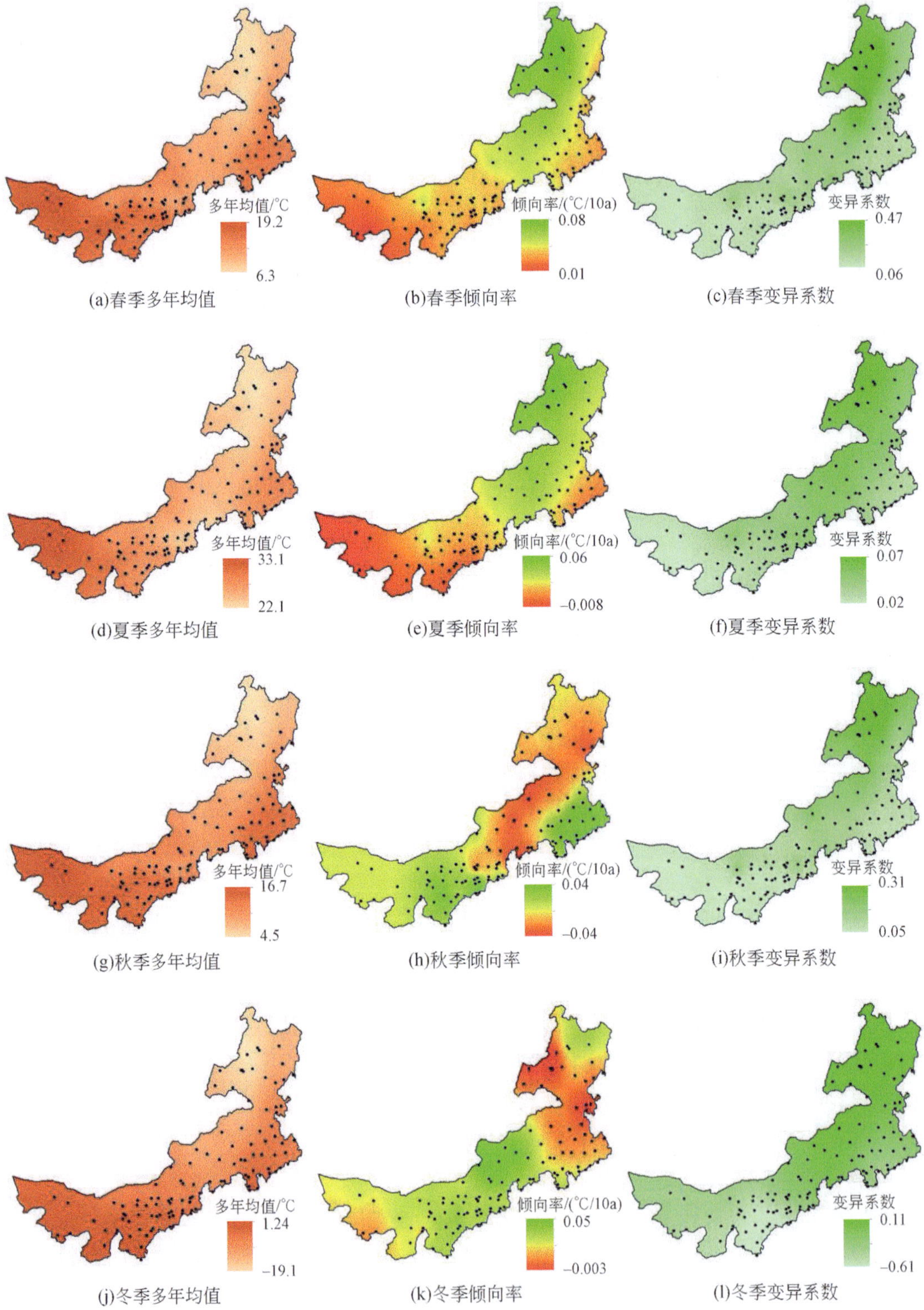

图 4-16　季节平均最高气温特征的空间变化

最高气温在研究区东部上升较慢，而在西部、中部上升较快。各季节平均最高气温变异系数的空间分布基本一致，整体呈自西南向东北递增的趋势，其中，夏季平均最高气温变异系数整体较小，冬季平均最高气温变异系数整体较大。

4.4.3　平均最高气温的周期变化

1）年际变化

图 4-17 依次为研究区 1951～2020 年年平均最高气温区域均值主周期分析图和周期分析图。由图 4-17 可知，研究区年际平均最高气温序列在 60 年左右的振荡周期最明显，即存在时间尺度为 60 年左右的第一主周期。在 60 年的时间尺度下，平均最高气温区域均值又存在时长为 40 年的周期。

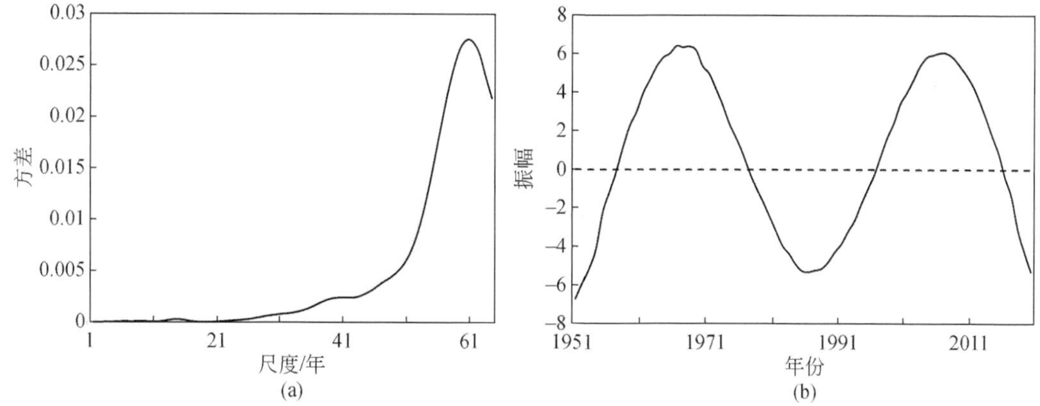

图 4-17　年际平均最高气温区域均值周期分析

2）季节变化

图 4-18 依次为研究区 1951～2020 年夏季平均最高气温区域均值主周期分析图和周期

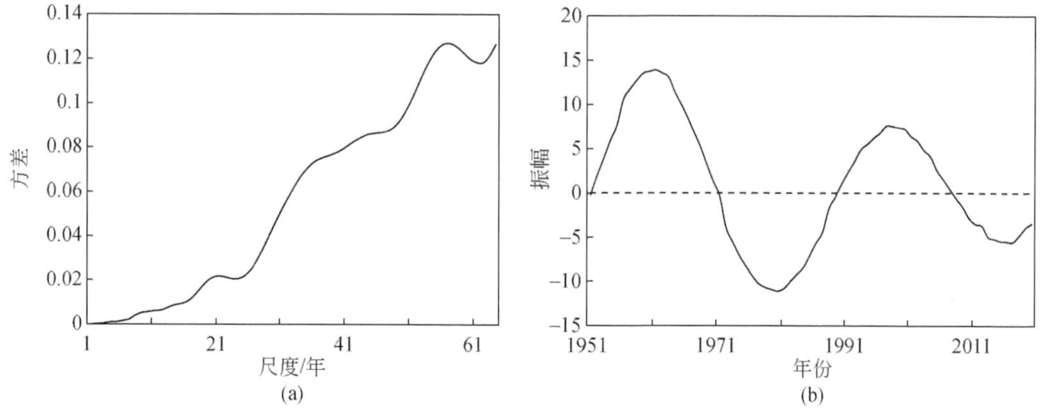

图 4-18　季节平均最高气温区域均值周期分析

分析图。由图 4-18 可知，研究区夏季平均最高气温序列存在较为明显的 57 年左右的振荡周期，即存在时间尺度为 57 年左右的第一主周期。在 57 年的时间尺度下，夏季平均最高气温区域均值又存在时长为 44 年的周期。

4.4.4 平均最高气温的突变分析

研究区各分区区域年（季）平均气温 Mann-Kendall 突变检验结果见表 4-2。由表 4-2 可知，研究区东部年、季节平均最高气温发生突变的年份最早，其他两个分区除夏、秋、冬季中部平均最高气温发生突变的年份较晚外，年、春季发生突变均为西部最晚。

表 4-2 平均最高气温 Mann-Kendall 突变检验结果

项目	时间尺度		
	西部	中部	东部
年际	1992 年	1991 年	1986 年
春季	1996 年	1994 年	1977 年
夏季	1997 年	1998 年	1994 年
秋季	1996 年	1997 年	1993 年
冬季	1986 年	1987 年	1976 年

西部年、春季、夏季、冬季平均最高气温突变前均在 20 世纪 50 ~ 60 年代出现较大的波动，而秋季气温波动并不明显，西部年、春季、夏季、秋季、冬季平均最高气温持续升温趋势开始年份和显著升温开始年份均晚于西部平均气温、平均最低气温，其中年、春季、夏季、秋季、冬季平均最高气温持续升温趋势分别从 1987 年、1997 年、1998 年、1988 年、1986 年开始，显著升温分别从 2004 年、2006 年、2011 年、2002 年、1997 年开始。

中部夏、秋、冬季平均最高气温突变前波动变化相对较小，中部春季平均最高气温持续升温从 1961 年开始，早于西部平均最高气温，中部其他年（季节）平均最高气温持续升温开始年份均晚于西部，分别从 1988 年、2000 年、1994 年、1987 年开始，春、夏季平均最高气温显著升温开始年份早于西部（1999 年、2007 年），而年、秋季、冬季平均最高气温显著升温则分别从 2004 年、2007 年、1998 年开始。

东部四季平均最高气温在发生突变前波动幅度均较大，持续升温趋势开始年份均较西部、中部早，其中年序列持续升温趋势开始年份（1959 年）最早，春、夏、秋、冬季持续升温趋势分别从 1967 年、1968 年、1989 年、1971 年开始，除秋季（2013 年）显著升温开始时间较晚外，其他年、季节显著升温开始时间均早于中、西部，分别从 1996 年、1989 年、2006 年、1996 年开始。各分区均为冬季突变最早，夏季最晚，二者间隔时段别为 11 年（西部）、11 年（中部）、18 年（东部）。

4.5 平均最低气温

4.5.1 平均最低气温的时间变化

1）年际变化

研究区 1951 ~ 2020 年典型站点年际平均最低气温逐年变化见图 4-19。研究区平均最低气温的变化范围在 -21.8 ~ -4.4℃，多年均值最小值出现在图里河，最大值出现在乌海。就平均最低气温的多年变化率而言，研究区大部分站点平均最低气温呈阶梯状上升的趋势，上升速率在 0.0068 ~ 0.085℃/a，其中，大佘太、达拉特旗、乌拉特中旗等站点平均最低气温上升速率明显高于其他站点。仅有岗子、图里河两个站点呈下降趋势，二者的下降速率分别为 -0.011℃/a 和 -0.008℃/a。

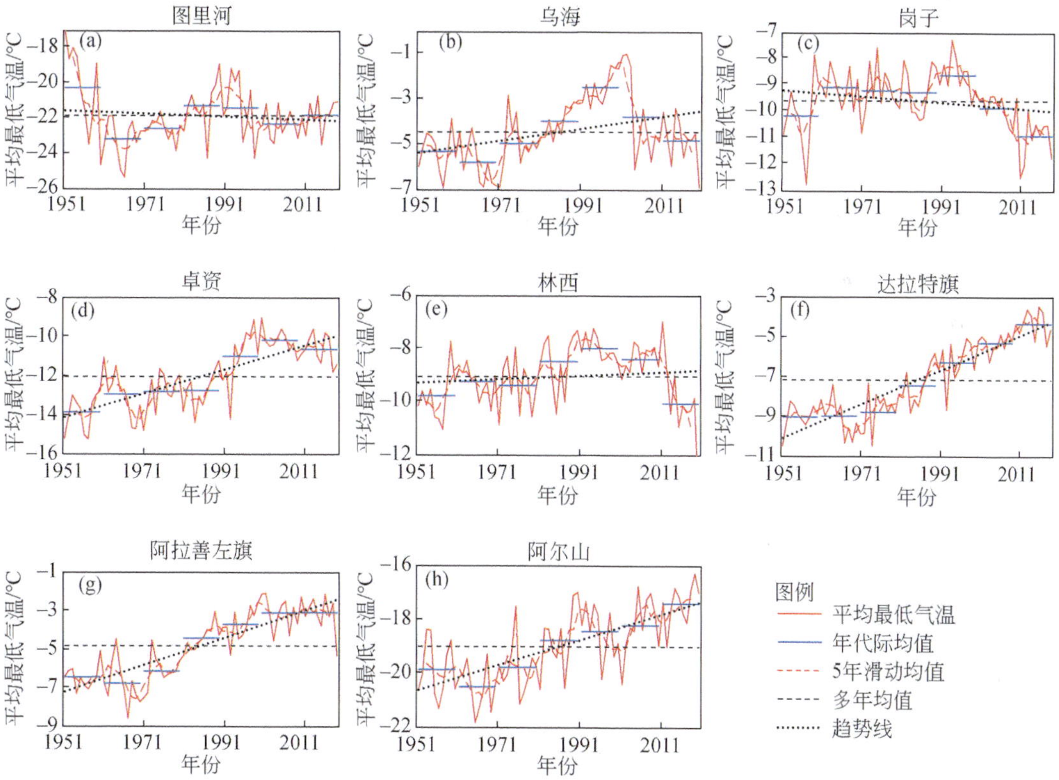

图 4-19 代表性站点年际平均最低气温时间变化

2）季节变化

研究区各季节平均最低气温逐年变化见图 4-20。由图 4-20 可知，研究区春季平均最高气温的变化范围在 -22.6 ~ -4.6℃，最大值出现在乌海，最小值出现在图里河。就春季平均最低气温多年变化率而言，研究区所有站点平均最低气温均呈上升趋势，但上升速率整体较慢，大多不超过0.01℃/a，在岗子、图里河等站点上升速率最慢，在陈巴尔虎旗、阿荣旗等站点上升较快。除图里河（0.72℃）外，各站点夏季平均最低气温多年均值大多在0℃以上，最大值出现在库伦（12.7℃）。

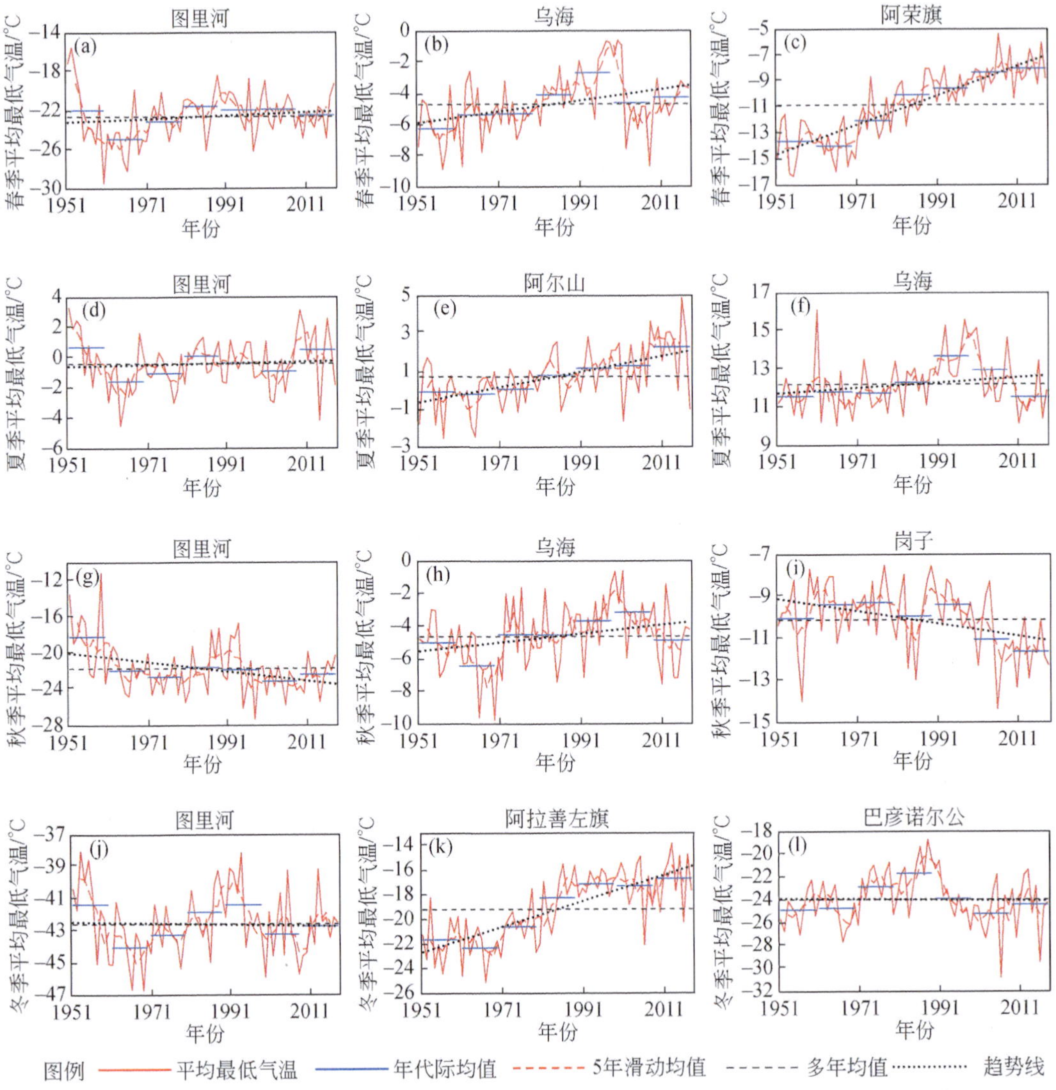

图4-20　代表性站点季节平均最低气温时间变化

就多年变化率而言，夏季平均最低气温在岗子、青龙山、林西等五个站点呈下降趋势，下降速率在0.001～0.002℃/a，其余站点则均呈上升趋势，在乌拉特前旗、大佘太上升较快，在敖汉旗、宝国图等站点上升较慢。秋季平均最低气温多年均值集中于-21.7～-4.62℃，最小值出现在图里河，最大值出现在乌海，就多年变化率而言，有7个站点秋季平均最低气温呈下降趋势，在图里河下降最快，在林西下降最慢。冬季平均最低气温的变化范围在-42.5℃（图里河）～-19.1℃（阿拉善左旗）。就多年变化率而言，巴彦诺尔公、图里河以及岗子呈下降趋势，其余站点则均呈上升趋势，变化速率在 0 ~ 0.001℃/a。

4.5.2 平均最低气温的空间变化

1）年际变化

研究区 1951 ~ 2020 年年际平均最低气温空间分布、多年变化率以及变异系数见图 4-21。研究区年际平均最低气温空间分布与平均气温、平均最高气温基本一致，整体呈自北向南递增的趋势。就多年变化率而言，平均最低气温在研究区北部、西南部以及中部上升速率较慢（有两个站点甚至出现下降趋势），而在其他地区较快。平均最低气温变异系数整体介于−0.35 ~ −0.07，说明平均最低气温整体波动程度较小。

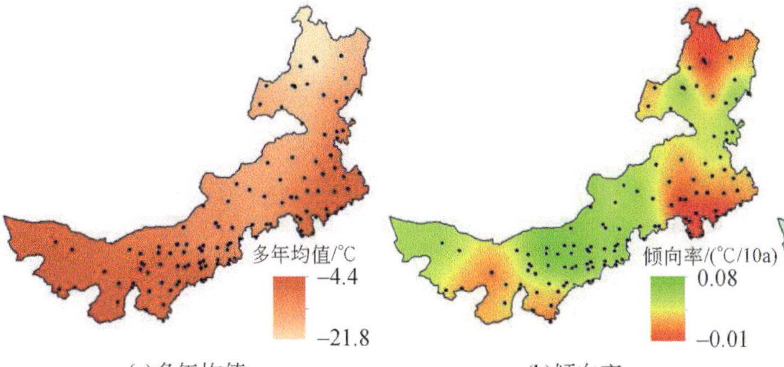

(a)多年均值 (b)倾向率 (c)变异系数

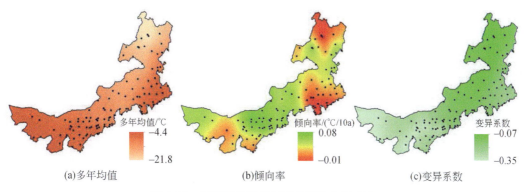

图 4-21 年际平均最低气温特征的空间变化

2）季节变化

研究区 1951 ~ 2020 年各季节平均最低气温空间分布、多年变化率以及变异系数见图 4-22。研究区各季节平均最低气温均由西向东、由南向北递减。各季节平均气温最大值均出现在研究区西部，最小值出现在研究区东北部。各季节平均最低气温均在研究区东部上升速率较慢，除此之外，春季、冬季在阿拉善盟上升速率较慢，而在其他地区上升速率较快。除夏季外，各季节平均最低气温变异系数的空间分布基本一致，整体呈自西南向东北递增的趋势，其中，夏季平均最低气温变异系数整体较大，冬季平均最低气温变异系数整体较小。

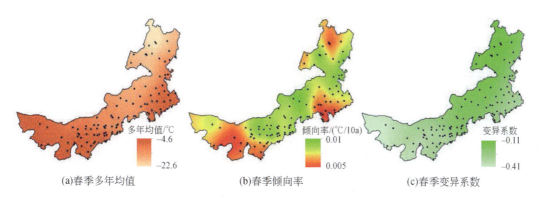

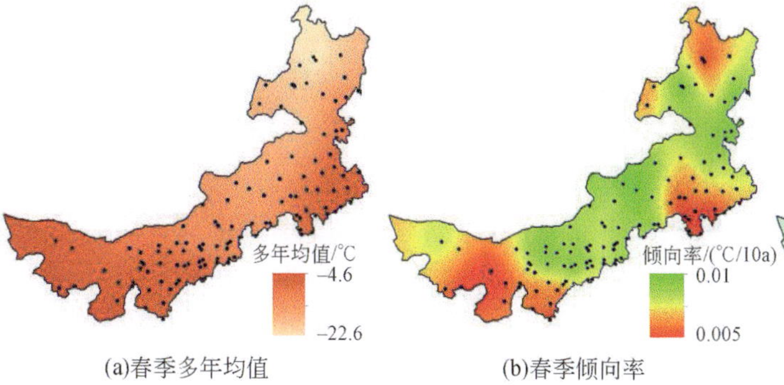

(a)春季多年均值 (b)春季倾向率 (c)春季变异系数

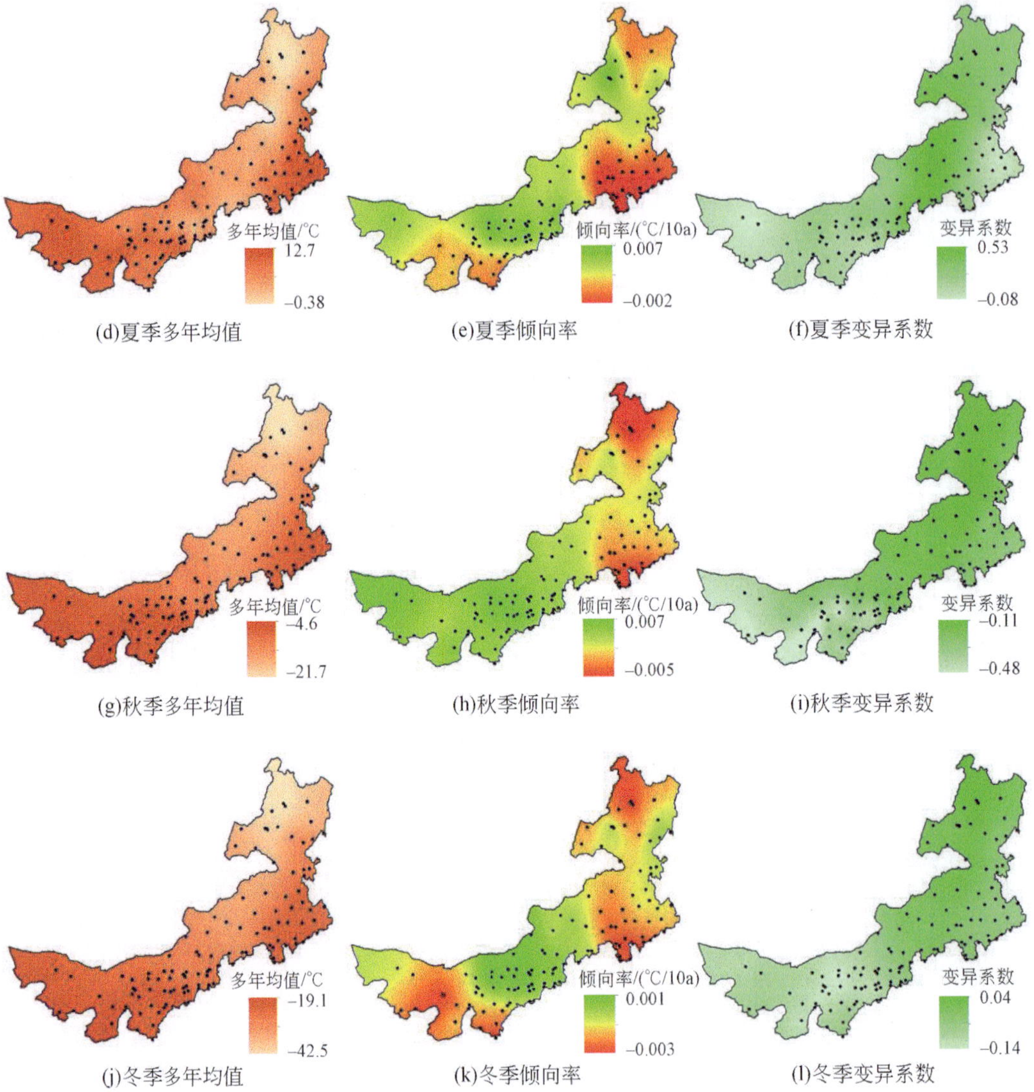

(d)夏季多年均值 (e)夏季倾向率 (f)夏季变异系数

(g)秋季多年均值 (h)秋季倾向率 (i)秋季变异系数

(j)冬季多年均值 (k)冬季倾向率 (l)冬季变异系数

图 4-22　季节平均最低气温特征的空间变化

4.5.3　平均最低气温的周期变化

1）年际变化

图 4-23 依次为研究区 1951～2020 年年际平均最低气温区域均值主周期分析图和周期分析图。由图 4-23 可知，研究区年际平均最低气温序列存在较为明显的 61 年左右的振荡周期，即存在时间尺度为 61 年左右的第一主周期。在 60 年的时间尺度下，平均最高气温区域均值又存在时长为 36 年的周期。

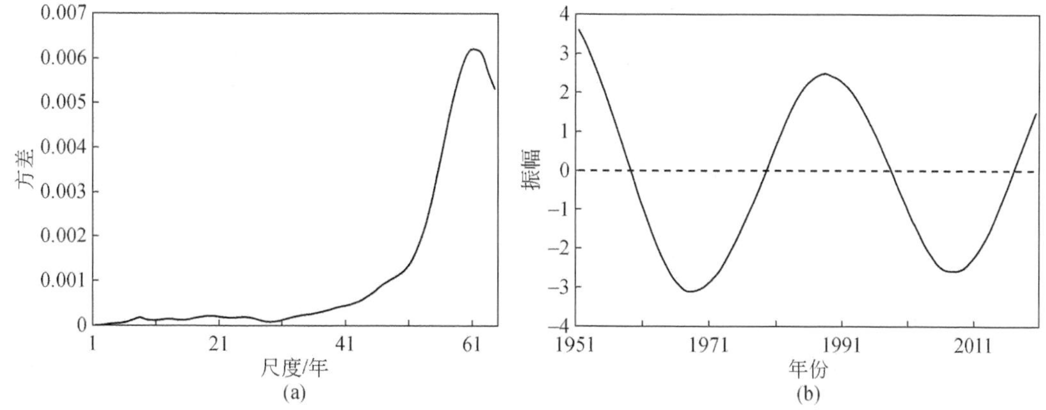

图 4-23　年际平均最低气温区域均值周期分析

2）季节变化

图 4-24 依次为研究区 1951 ~ 2020 年夏季平均最低气温区域均值主周期分析图和周期分析图。由图 4-24 可知，研究区夏季平均最低气温序列存在较为明显的 56 年左右的振荡周期，即存在时间尺度为 56 年左右的第一主周期。在 56 年的时间尺度下，夏季平均最低气温区域均值又存在时长为 28 年的周期。

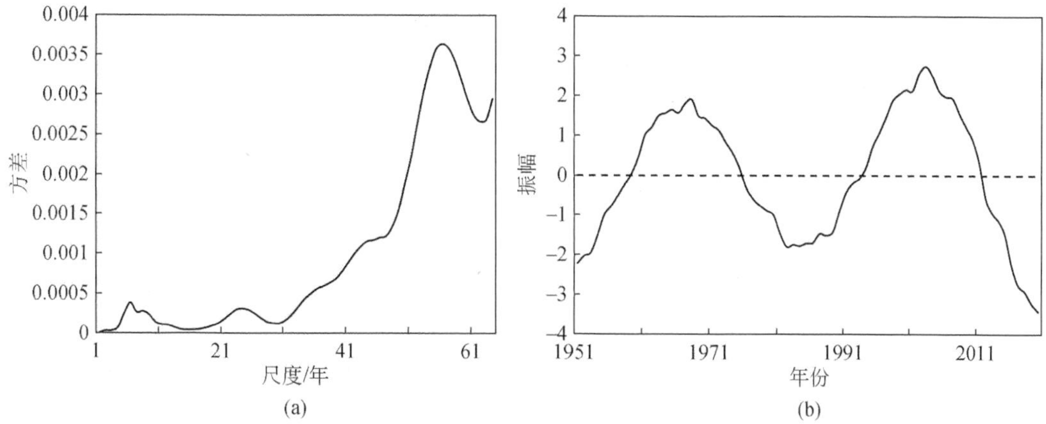

图 4-24　季节平均最低气温区域均值周期分析

4.5.4　平均最低气温的突变分析

研究区各分区区域年（季节）平均气温 Mann-Kendall 突变检验结果见表 4-3。由表 4-3 可知，研究区东部、中部、西部年、春季、冬季平均最低气温出现突变的年份依次较早，夏、秋季均为中部发生突变的年份最早，东部、西部次之，其中夏季东部、西部平均最低气温发生突变的年份一致。

表 4-3 平均最低气温 Mann-Kendall 突变检验结果

项目	时间尺度		
	西部	中部	东部
年际	1987 年	1982 年	1982 年
春季	1990 年	1984 年	1978 年
夏季	1993 年	1989 年	1993 年
秋季	1989 年	1982 年	1986 年
冬季	1978 年	1977 年	1973 年

西部平均最低气温突变前除夏季波动较缓外，其他年、季节平均最低气温突变前波动均较大，秋季持续升温开始年份（1951 年）最早，年、春季持续升温开始年份次之，并均从 1958 年开始，夏、冬季持续升温分别从 1981 年、1972 年开始，西部平均最低气温显著升温开始年份均早于西部平均气温，年、春季、夏季、秋季、冬季分别从 1998 年、1999 年、2002 年、1999 年、1988 年开始。

中部、东部平均最低气温突变前气温波动情况与西部基本一致，中部年、春季持续升温趋势开始年份与西部一致，中部夏季持续升温开始年份（1952 年）最早，秋、冬季持续升温分别从 1963 年、1957 年开始。东部除年（1957 年）、冬季（1956 年）持续升温开始时间早于中部外，春、夏、秋季均晚于中部，分别从 1959 年、1984 年、1982 年开始。

中部平均最低气温显著升温开始年份均早于中部平均气温，年、春、夏、秋、冬季分别从 1992 年、1991 年、1998 年、1987 年、1989 年开始。东部秋季平均最低气温在 1994 ~ 1995 年呈阶段性显著升温趋势，2004 年后呈持续显著升温趋势，其他年、季节（春、夏、冬季）显著升温分别从 1994 年、1989 年、1999 年、1991 年开始。西部、中部、东部四季平均最低气温均为冬季突变最早，夏季最晚，二者间隔时段分别为 16 年、13 年和 21 年。

4.6 地 温

4.6.1 地温的时间变化

1）年际变化

研究区 1971 ~ 2020 年典型站点年际地温逐年变化见图 4-25。研究区地温的变化范围在 -2.6 ~ 13.6℃，其中，图里河、额尔古纳右旗、根河 3 个站点地温多年均值低于 0℃，其他站点则与之相反。地温多年均值最小值出现在图里河，最大值出现在雅布赖。就地温的多年变化率而言，八里罕（-0.011℃/a）、白云鄂博矿（0.0017℃/a）、苏尼特右旗（0.0007℃/a）3 个站点的多年变化率均呈下降趋势，其他站点则均呈波动上升的趋势，其中，博克图、阿荣旗、陈巴尔虎旗等站点上升较快，巴雅尔吐胡硕、准格尔旗上升较慢。

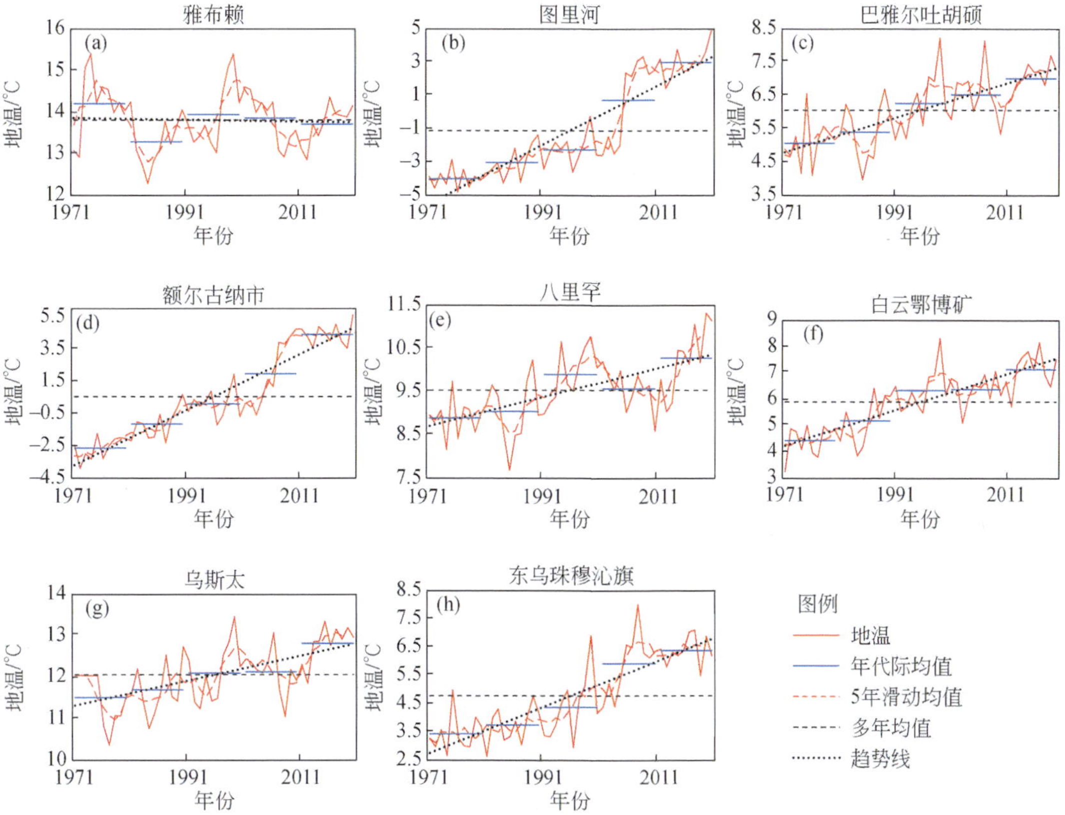

图 4-25　代表性站点年际地温时间变化

2）季节变化

研究区各季节地温逐年变化见图 4-26。由图 4-26 可知，研究区春季、夏季以及秋季地温的变化范围分别在 0.9 ~ 16.4℃、19.4 ~ 32.3℃和−1.7 ~ 12.1℃，最大值均出现在雅布赖、额济纳旗等地，最小值则均出现在图里河、根河市。

就春季地温多年变化率而言，研究区所有站点地温均呈上升趋势，但上升速率整体较慢，大多不超过 0.0017℃/a，在准格尔旗、雅布赖等站点上升速率较慢，在额尔古纳市、乌拉特后旗等站点上升速率较快。除准格尔旗外，各站点夏季、秋季地温多年变化率与春季基本一致。各站点冬季地温最小值（−23.6℃）出现在额尔古纳右旗，最大值（−5.1℃）出现在阿拉善右旗，就多年变化率来看，冬季地温多年变化率仅在雅布赖呈下

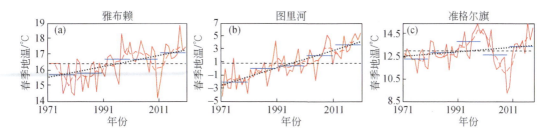

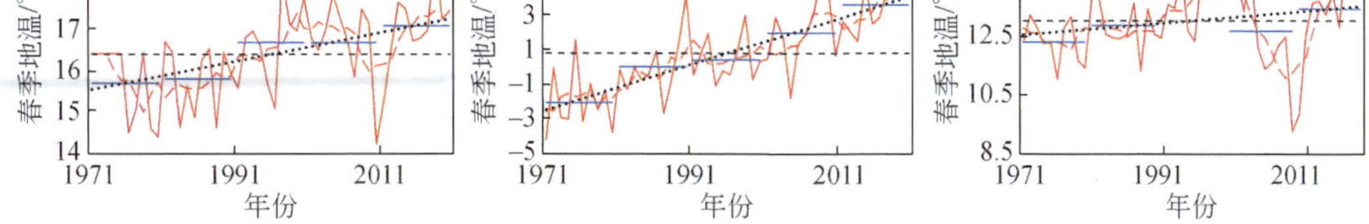

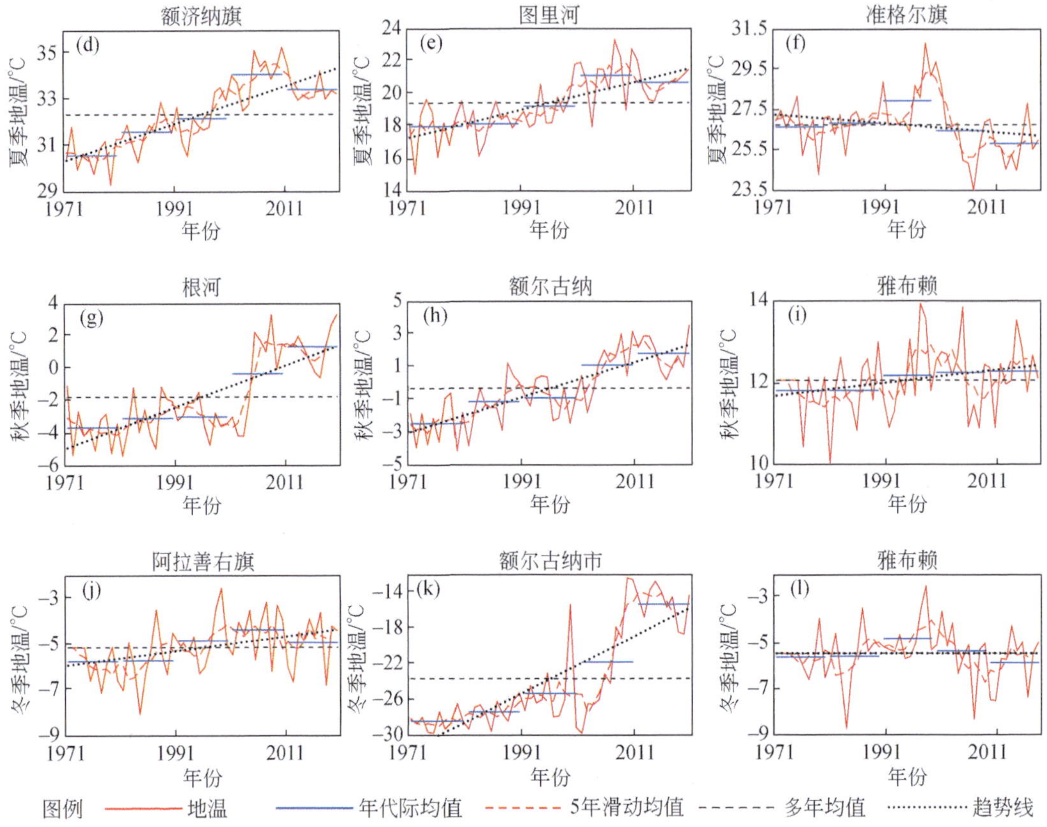

图 4-26 代表性站点季节地温时间变化

降趋势，其余站点则呈缓慢上升的趋势。

4.6.2 地温的空间变化

1）年际变化

研究区 1971 ~ 2020 年年际地温空间分布、多年变化率以及变异系数见图 4-27。研究区年际地温多年均值空间分布与三类气温基本一致，整体呈自北向南递增的趋势。就多年变化率而言，地温在研究区北部整体上升速率较快，尤其是扎赉特旗、阿尔山等站点，上升速率超过了 0.09℃/a，向西南方向地温上升速率逐渐减小，在阿拉善盟南部最小。地温变异系数大多介于-0.04 ~ 0.54，在研究区北部整体偏高，说明研究区北部地温多年变化波动较大，向西、向南逐渐减小。

2）季节变化

研究区 1971 ~ 2020 年各季节地温空间分布、多年变化率以及变异系数见图 4-28。研究区各季节平地温空间变化较为一致，均由西向东、由南向北递减。各季节平均气温最大值均出现在研究区西部，最小值出现在研究区东北部。

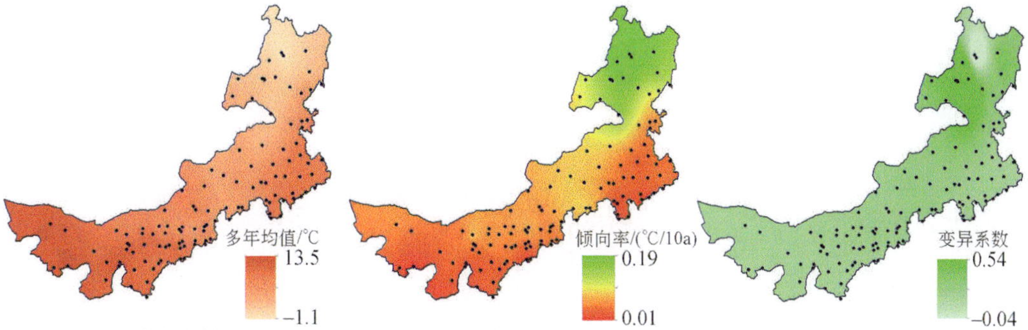

(a)多年均值　(b)倾向率　(c)变异系数

图 4-27　年际地温特征的空间变化

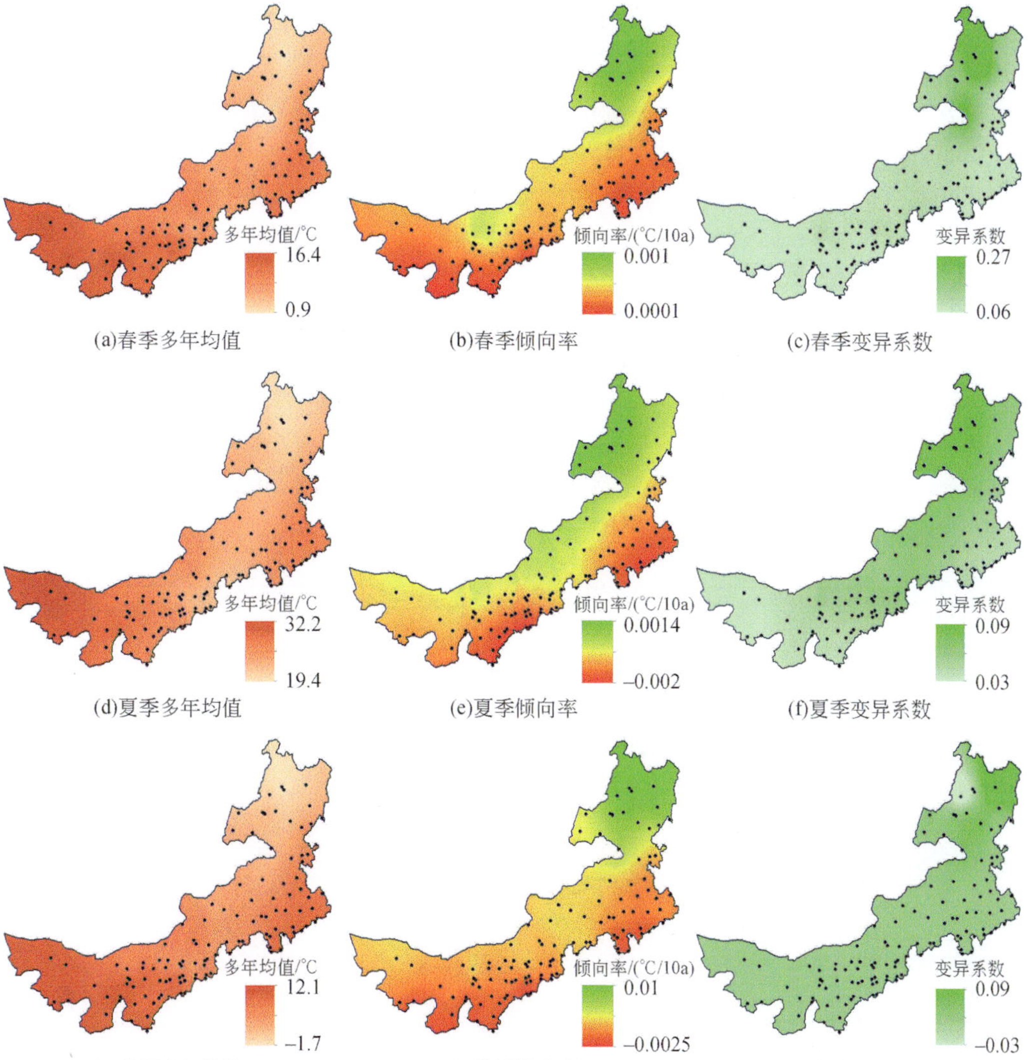

(a)春季多年均值　(b)春季倾向率　(c)春季变异系数

(d)夏季多年均值　(e)夏季倾向率　(f)夏季变异系数

(g)秋季多年均值　(h)秋季倾向率　(i)秋季变异系数

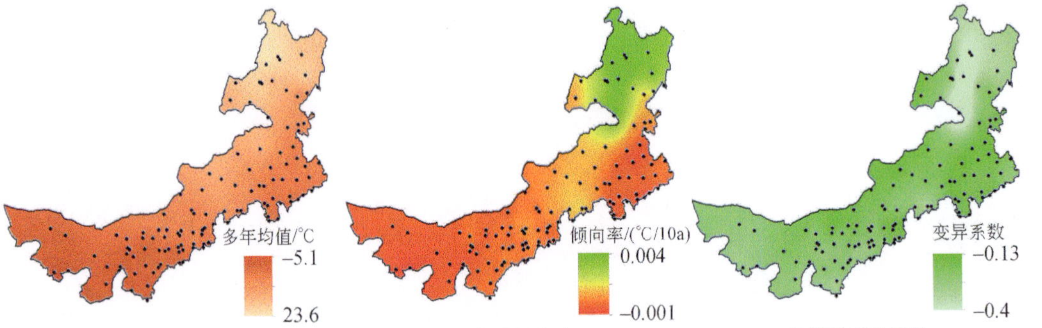

(j)冬季多年均值　(k)冬季倾向率　(l)冬季变异系数

图 4-28　季节地温特征的空间变化

就地温多年变化率而言，各季节地温多年变化率整体自北向南递减，其中，夏季地温变化率整体大于春季、秋季和冬季。从地温变异系数来看，春季、夏季地温变异系数的变化范围分别在 0.06 ~ 0.27、0.03 ~ 0.09，在研究区北部最大，向南、向西逐渐减小。秋季、冬季地温变异系数的变化范围分别在−0.03 ~ 0.09、−0.4 ~ −0.13，二者均在呼伦湖附近变异系数较小，而在其他地区较大。

4.6.3　地温的周期变化

1）年际变化

图 4-29 依次为研究区 1971 ~ 2020 年年际地温区域均值主周期分析图和周期分析图。由图 4-29 可知，研究区年际地温序列存在较为明显的 28 年左右的振荡周期，即存在时间尺度为 28 年左右的第一主周期。在 28 年的时间尺度下，年际低温区域均值又存在时长为 18 年的周期。

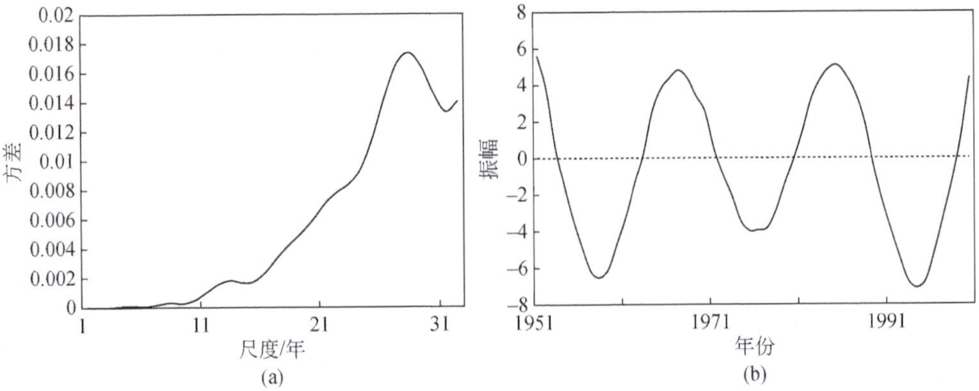

图 4-29　年际地温区域均值周期分析

2）季节变化

图 4-30 依次为研究区 1971 ~ 2020 年夏季地温区域均值主周期分析图和周期分析图。由图 4-30 可知，研究区夏季地温序列存在较为明显的 28 年左右的振荡周期，即存在时间尺度为 28 年左右的第一主周期。在 28 年的时间尺度下，夏季地温区域均值又存在时长为 16 年的周期。

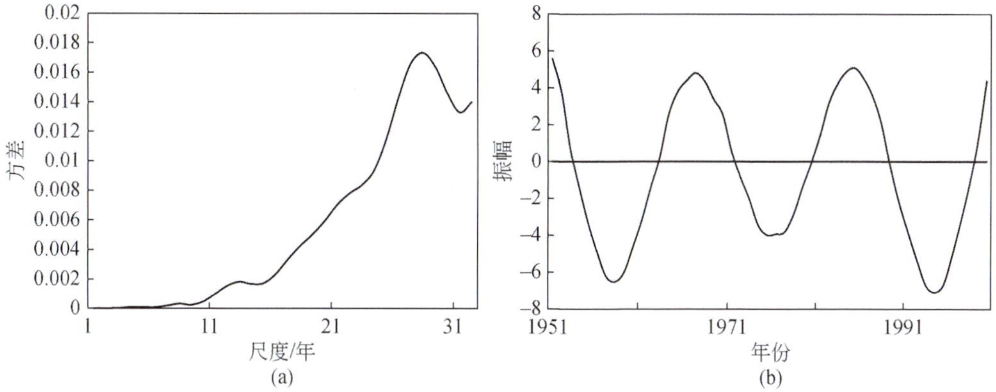

图 4-30 季节地温区域均值周期分析

4.7 风　　速

4.7.1 风速的时间变化

1）年际变化

研究区 1971 ~ 2020 年典型站点年际风速逐年变化见图 4-31。除朱日和、海力素两个站点外，研究区风速的变化范围大多在 1 ~ 5m/s，其中，根河风速多年均值最小，仅为 1.41m/s，其次是小二沟、土默特左旗等站点。研究区风速整体以下降趋势为主，风速呈下降趋势的站点数占研究区站点总数的 95% 左右，风速下降速率大多介于 −0.0007 ~ 0.05，其中，乌拉特后旗、乌拉盖等站点下降速率较快，而拐子湖、乌拉特后旗下降速率较慢。有 8 个站点风速多年变化率呈上升趋势，其中，呼和浩特、海拉尔上升较快，而阿巴嘎旗、林西等上升较慢。

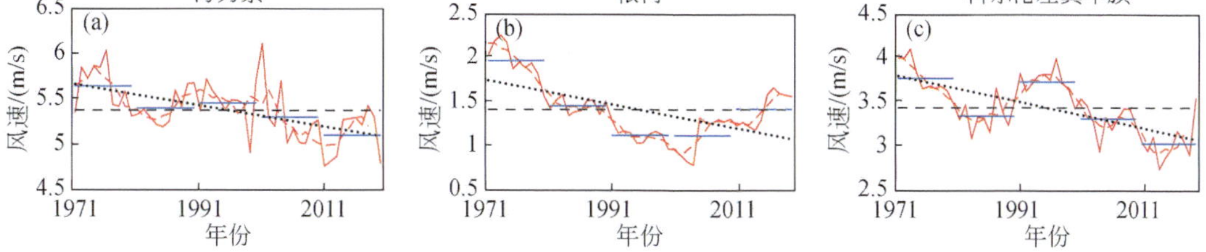

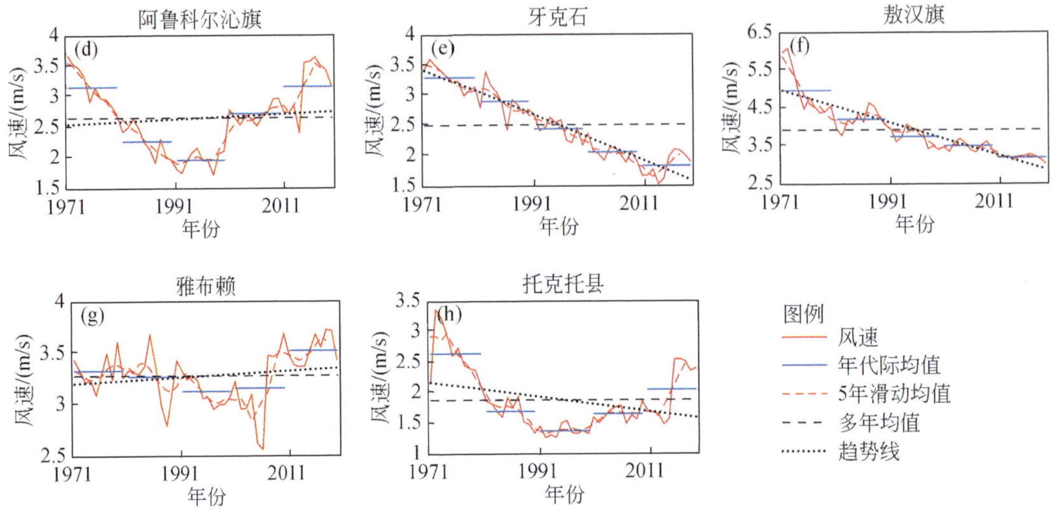

图 4-31　代表性站点年际风速时间变化

2）季节变化

研究区各季节风速逐年变化见图 4-32。由图 4-32 可知，研究区各季节风速均在根河市偏小、而在海力素偏大，春季、夏季、秋季和冬季风速的变化范围分别为 1.9～5.8m/s、1.4～5.2m/s、1.3～5.1m/s 和 0.89～5.3m/s。就多年变化率而言，各季节风速均整体以下降趋势为主，各季节风速呈下降趋势的站点数分别占研究区站点总数的 95.7%、90.6%、90.6% 和 62.9%，但各季节风速下降速率均较小，具体来说，春季各站点风速下降速率均不足 0.007m/(s·10a)，夏季、秋季风速下降速率则集中在-0.004～0m/(s·10a)。

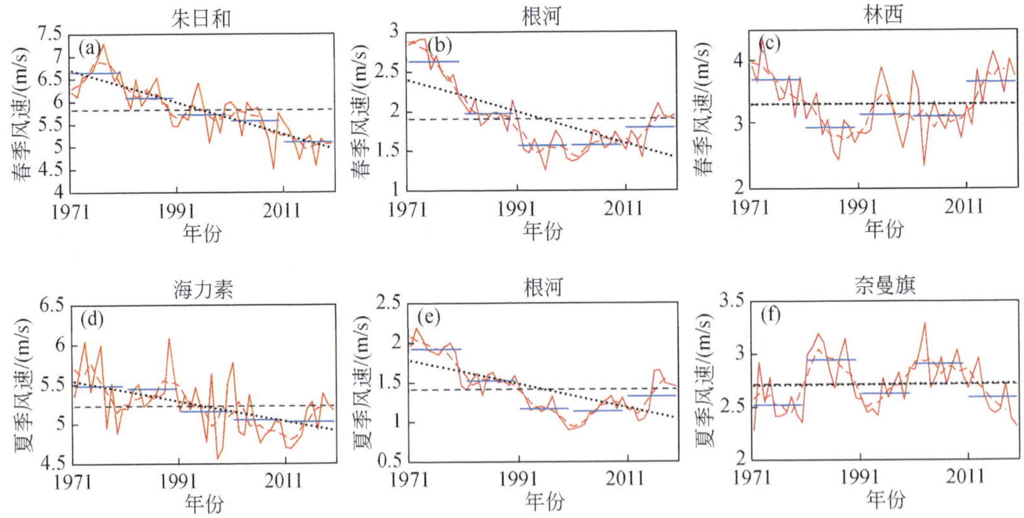

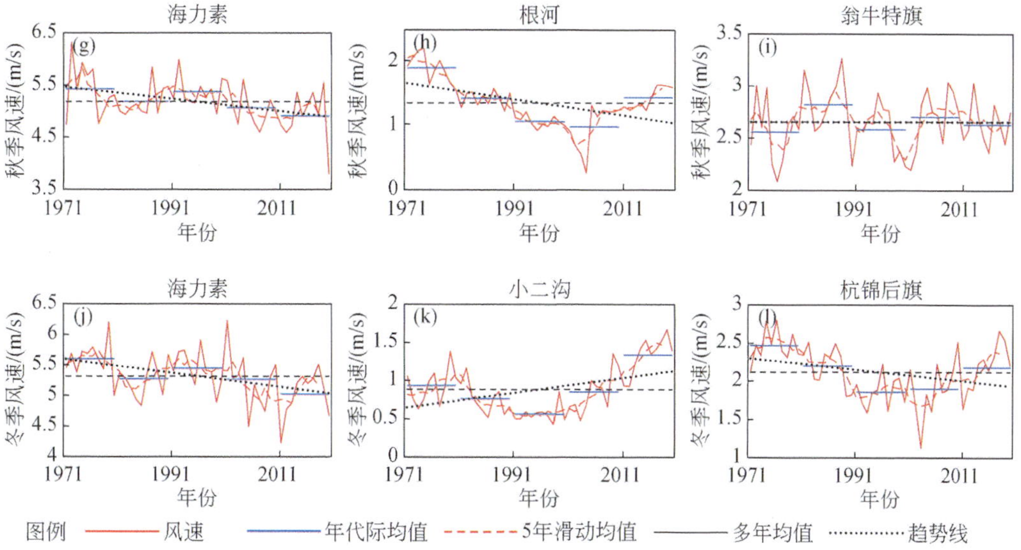

图 4-32　代表性站点季节风速时间变化

4.7.2　风速的空间变化

1）年际变化

研究区 1971 ~ 2020 年年际风速空间分布、多年变化率以及变异系数见图 4-33。研究区年际风速多年均值在研究区中部偏北较大，向其他方向呈逐渐减小的趋势。从风速的多年变化率来看，风速呈东部增加、西部减小的空间格局，变化速率自西向东依次呈减小、增加、减小的趋势。研究区风速的变异系数大多介于 0.05 ~ 0.33，其中在呼和浩特、乌海等地变异系数较大，说明风速波动较为剧烈，而在其他地区较小。

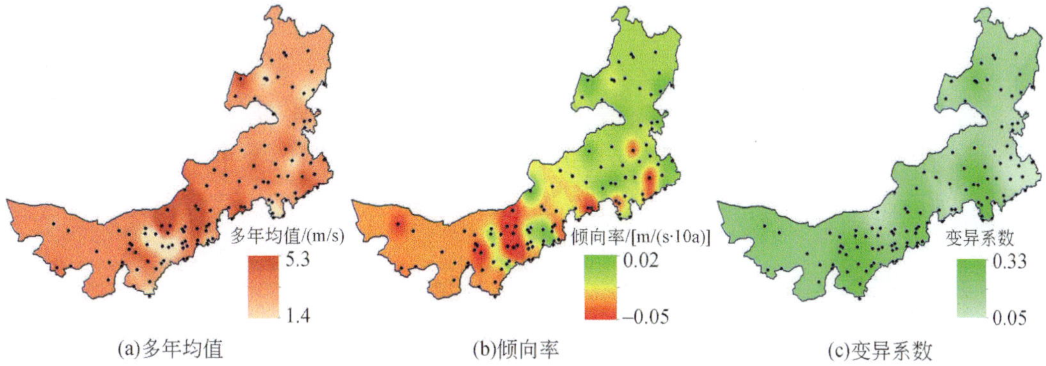

图 4-33　年际风速特征的空间变化

2）季节变化

研究区 1971～2020 年各季节风速空间分布、多年变化率以及变异系数见图 4-34。除夏季风速呈自西向东减小的空间分布外，春季、秋季和冬季风速在准格尔旗站点附近整体小于周边地区，而在满都拉、希拉穆仁等站点附近整体高于周边地区，就各季节风速多年变化率而言，春、秋两季在研究区东南部下降速率较快，向北、向西逐渐减小；夏季在研究区西部呈较为明显的下降趋势，向东逐渐增大；冬季则在研究区西部、东部呈下降趋势，中部反之。

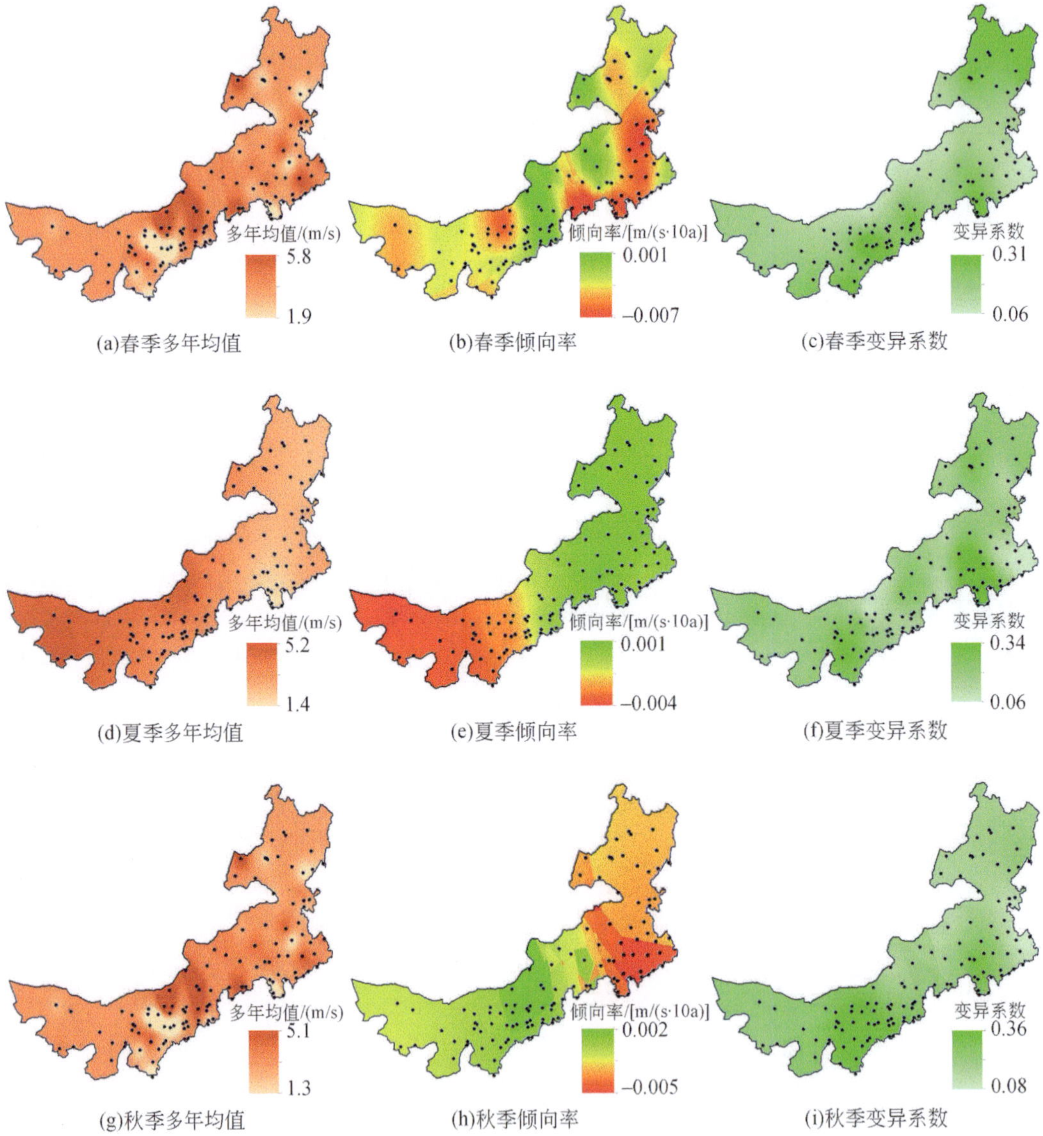

(a)春季多年均值 (b)春季倾向率 (c)春季变异系数

(d)夏季多年均值 (e)夏季倾向率 (f)夏季变异系数

(g)秋季多年均值 (h)秋季倾向率 (i)秋季变异系数

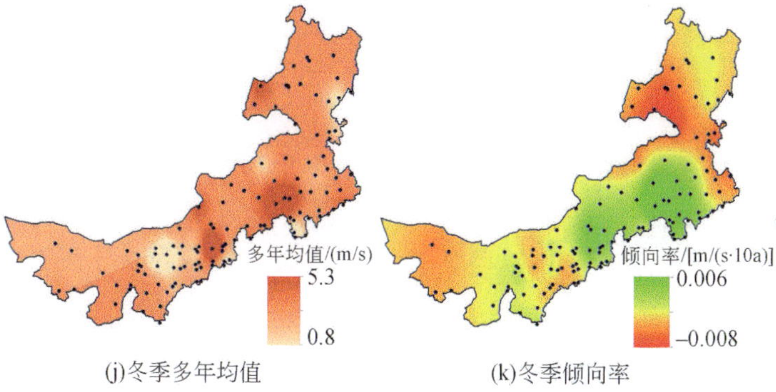

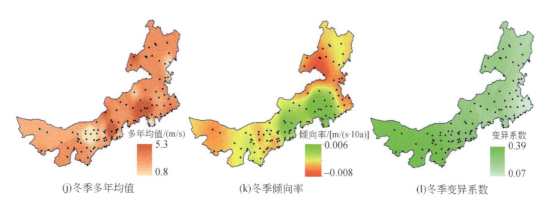

图 4-34　季节风速特征的空间变化

从各季节风速的变异系数来看，各季节风速多年变化的波动程度整体较小，春季在研究区北部、西南部波动较大，在研究区中部较小；夏季在呼和浩特站点附近的波动程度整体高于周边地区；秋季风速、冬季风速变异系数均呈自西向东逐渐减小的趋势。

4.7.3　风速的周期变化

1）年际变化

图 4-35 依次为研究区 1971 ~ 2020 年年际风速区域均值主周期分析图和周期分析图。由图 4-35 可知，研究区年际风速序列存在较为明显的 28 年左右的振荡周期，即存在时间尺度为 28 年左右的第一主周期。在 28 年的时间尺度下，平均最高气温区域均值又存在时长为 18 年的周期。

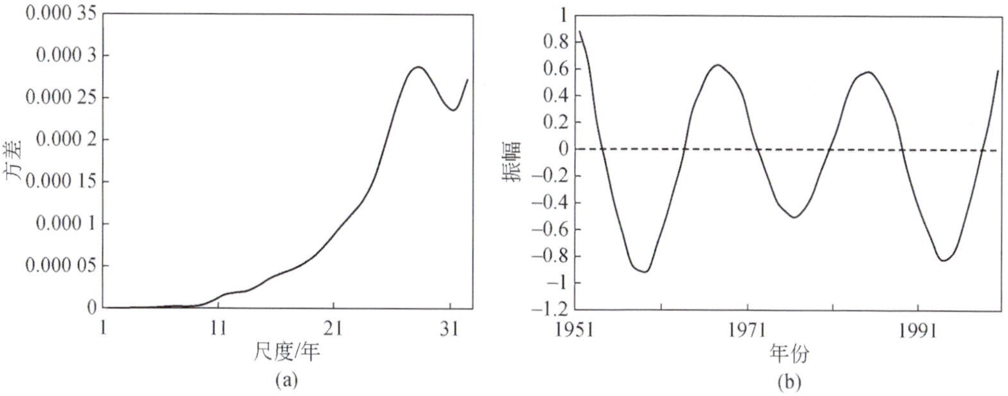

图 4-35　年际风速区域均值周期分析

2）季节变化

图 4-36 依次为研究区 1971 ~ 2020 年夏季风速区域均值主周期分析图和周期分析图。由图 4-36 可知，研究区夏季风速序列存在较为明显的 28 年左右的振荡周期，即存在时间

尺度为 28 年左右的第一主周期。在 28 年的时间尺度下，夏季风速区域均值又存在时长为 18 年的周期。

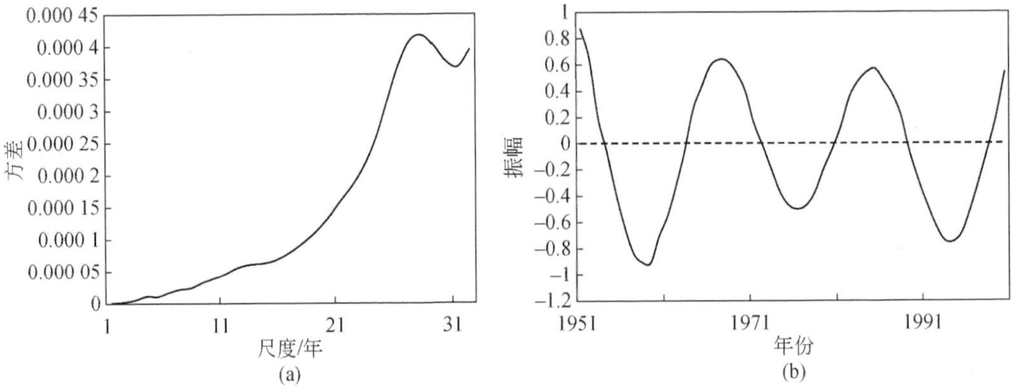

图 4-36　季节风速区域均值周期分析

4.8 小　结

本章收集到内蒙古 116 个气象站点 1951 ~ 2020 年降水量、平均气温、平均最高气温、平均最低气温等因子的月数据以及 1971 ~ 2020 年地温、风速等月数据，采用突变检验、线性回归等方法，开展了内蒙古地区气候时空变异特征与规律的研究，主要结论如下。

（1）1951 ~ 2020 年内蒙古年（季节）降水量空间上呈现由西向东、由西北向东南递增的趋势。年际、秋季、冬季降水量总体趋势不明显，春季降水量呈增长趋势，夏季降水量呈减少趋势。

（2）内蒙古年（季节）三类气温均呈东部低、西部高的空间分布。从变化趋势来看，三类气温均呈上升趋势，平均最低气温的上升速率较平均气温、平均最高气温快。春季、冬季较年际、夏季、秋季增温更明显。年（季节）平均最低气温首先发生突变（1972 ~ 1993 年），平均气温次之（1973 ~ 1996 年），平均最高气温最晚（1976 ~ 1998 年），各类气温夏季突变最晚，冬季突变最早。

（3）内蒙古地温的变化范围整体介于 −23.6 ~ 32.3℃，年际、季节地温具有较强的一致性，均呈缓慢上升趋势，多年均值在空间上均呈自北向南递增的趋势，变化率与之相反。

（4）内蒙古年际、季节风速的变化范围大多在 1 ~ 5m/s，以下降趋势为主，但下降速率［大多不足 0.007m/(s · 10a)］整体较慢。从风速多年变化率的空间分布来看，春、秋两季在研究区东南部下降速率较快，向北、向西减小；夏季在研究区西部下降较快，向东减小；冬季则在研究区西部、东部呈下降趋势，中部反之。

5 大区域尺度关键气候水文因子变化

降水与气温是影响荒漠化生态系统最关键的气候水文因子，本章研究大区域尺度中气候因子对降水量的影响以及气温突变与变暖停滞。

5.1 气候因子对降水量的影响研究

5.1.1 气候因子的时空变异性

本研究将选取的气候因子分为三类，第一类为大气环流因子，包括太平洋十年际振荡（PDO）、大西洋年代际振荡（AMO）、多元厄尔尼诺/南方涛动指数（MEI）、北极涛动（AO），第二类为区域性气候因子，包括太阳总辐射（SR）、相对湿度（RH）、风速（WS）、大气压（AP），第三类为辐射强迫因子，包括年际 CO_2 辐射强迫（CO_2）、年际温室气体总辐射强迫（AGG）。通过对气候因子的年、季节距平序列、空间分布进行分析可以发现，各气候因子在年际距平序列上具有明显的正（负）值区间。

1）大气环流因子的时空变异性

PDO 是以中纬度太平洋盆地为中心的强周期性海洋大气气候变化模式，可直接影响太平洋及其周边地区气候的年代际变化，1951～2018 年 PDO 整体发生了 3 次明显的正负位相交替，1951～1975 年处于负位相，最小值发生在 1956 年，1976 年由负位相转变为正位相，并在 1987 年上升至最大，此后至 2011 年 PDO 则整体呈下降趋势，其间有 1～7 年的负位相阶段交错分布，2014～2018 年 PDO 处于负位相；AMO 在 1964 年由正位相转变为负位相，至 1974 年 AMO 由下降转为上升趋势（0.126/10a），在 1994 年 AMO 出现了第二次正负位相交替（由负位相转变为正位相），此后进入了正负位上升阶段；厄尔尼诺/南方涛动（ENSO）是发生在横跨赤道附近太平洋的一种准周期气候类型，MEI 基于天空总云量等 6 个主要观测变量对其进行监测，1951～1977 年 MEI 距平值为负，在 1977 年距平值转为正值，呈持续快速上升趋势（达 0.431/10a）直至 1993 年，1994～2011 年呈持续下降趋势（-0.262/10a），之后 MEI 距平值上升至正值；AO 对中国北方地区的气候影响较大，1951～1987 年 AO 处于负相位，其间交替分布着 1～3 年的正相位，1988 年以后处于正相位，偶有 1～2 年的负相位出现，至 1991 年 AO 上升至最大后呈下降趋势（-3.624/10a），在 2011 年逐渐上升（图 5-1）。

PDO、AMO、MEI 在季节尺度上整体变化趋势基本一致，而 AO 在不同季节变化趋势存在较大差异。季节 PDO 距平值均呈微弱上升趋势（春季为 0.22/10a，夏季为 0.108/10a，秋季为 0.072/10a，冬季为 0.193/10a），并且 1976 年之前皆处于负位相，春季、夏

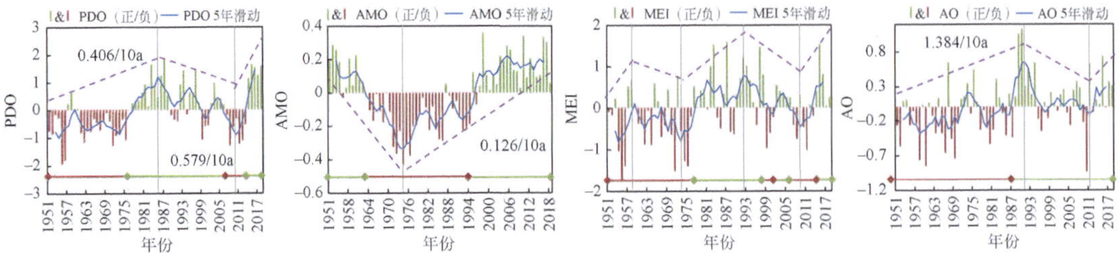

图 5-1 1951 ~ 2018 年年 PDO、AMO、MEI、AO 距平值时间序列

季、冬季 PDO 在 1976 ~ 2006 年处于正位相，2006 年以后发生了 4 ~ 6 年的位相交替（由负位相转为正位相）；秋季 PDO 在 1976 ~ 1997 年为正位相，1998 年以后转变为负位相，2013 ~ 2018 年呈正位相（图 5-2）。

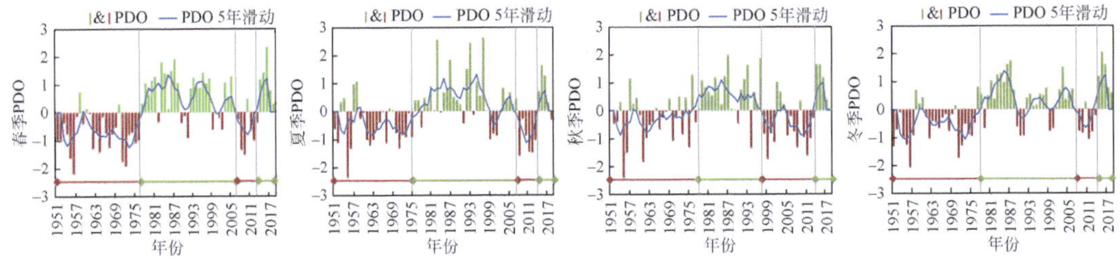

图 5-2 1951 ~ 2018 年季节 PDO 的距平值时间序列

季节 AMO 在 1951 ~ 2018 年经历了正位相→负位相→正位相的转变，第一次由正位相转负位相发生在 1963 年左右，第二次由负位相转正位相发生在 1997 年左右。自 1952 年 AMO 距平值处于逐渐下降趋势，春季、夏季、秋季在 1975 达到最小值，冬季在 1977 达到最小值，之后的季节距平值转为上升趋势，至 21 世纪初，上升趋势逐渐减弱，在 2015 年左右略有下降，但仍处于正位相（图 5-3）。

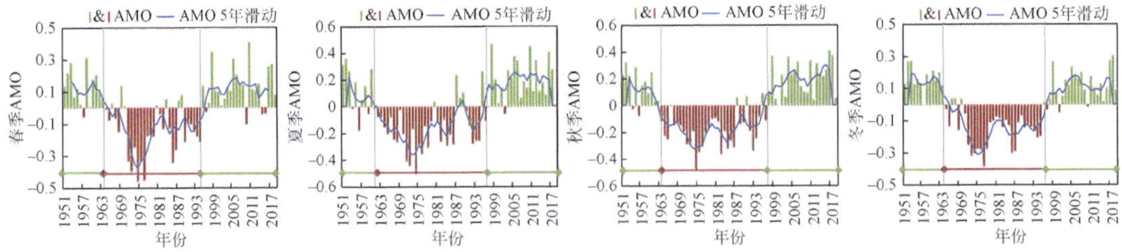

图 5-3 1951 ~ 2018 年季节 AMO 的距平值时间序列

季节 MEI 在时间序列上呈微弱的上升趋势，四季 MEI 在 1951 ~ 1992 年皆处于上升趋势阶段（0.393/10a），其中，1976 年距平值由负值上升为正值。1992 ~ 2008 年春季、夏季 MEI 距平值处于下降阶段（0.179/10a），在 2006 年下降至负值，之后略有上升，在 2013 年转为正值；秋季、冬季 MEI 的距平值在 1995 年之后以 5 年、6 年为周期交替上升/下降，并且该时段的距平值经历了负值→正值→负值→正值共 3 次转变（图 5-4）。

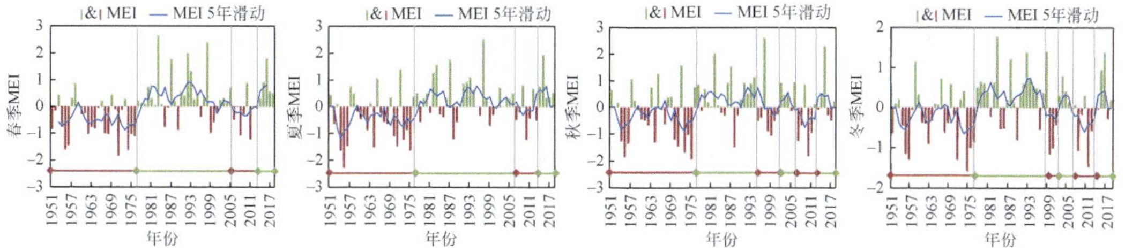

图 5-4 1951～2018 年季节 MEI 的距平值时间序列

AO 距平值时间序列在季节尺度上皆呈上升的变化趋势，冬季上升趋势（0.129/10a）>春季（0.095/10a）>秋季（0.035/10a）>夏季（0.023/10a），但时段内的变化趋势具有较大差异。春季 AO 距平值在 1951～1966 年、1982～1990 年、1996～2018 年为上升趋势，1967～1981 年、1991～1995 年为下降趋势；夏季 AO 距平值在 1958～1996 年为逐步上升阶段，2010～2018 年为迅速上升趋势，1951～1957 年为迅速下降阶段，1997～2009 年位于逐步下降趋势；秋季 AO 距平值在 1951～1989 年、1999～2008 年上升，在 1990～1998 年、2009～2018 年下降；冬季 AO 距平值波动最大，以 1969 年、1975 年、1980 年、1990 年、2011 年为转折点，依次呈下降、上升、下降等变化趋势（图 5-5）。

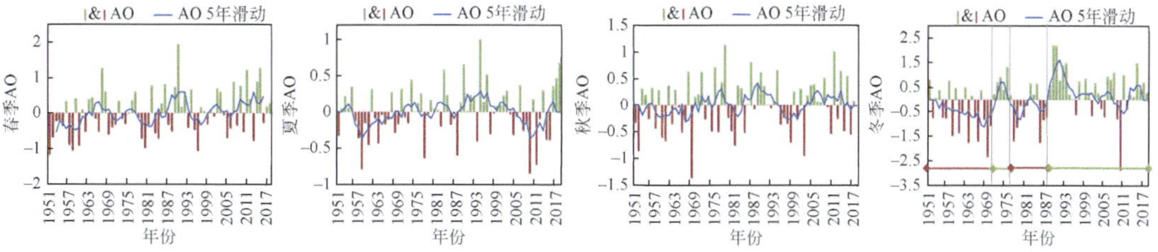

图 5-5 1951～2018 年季节 AO 的距平值时间序列

2）区域性气候因子的时空变异性

由图 5-6 可以看出，太阳总辐射距平值在 1978 年（由正变负）、2011 年（由负变正）经历两次明显的正负转换，1959～1989 年太阳总辐射呈快速下降的趋势［-30.881MJ/

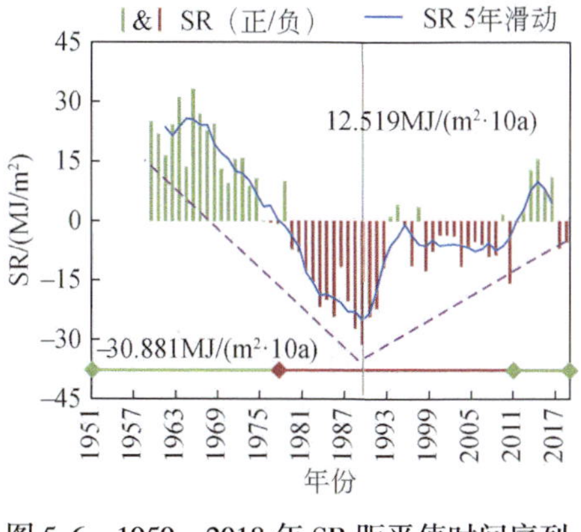

图 5-6 1959～2018 年 SR 距平值时间序列

$(m^2 \cdot 10a)$]，1989～1995年急剧上升，至2010年转为微弱的下降阶段[-4.99MJ/$(m^2 \cdot 10a)$]，2011年以后太阳总辐射再次进入快速上升阶段。

从风速时间序列变化的代表性示例来看，中国北方地区风速距平值在1951～1960年、1974～2004年为正，在1961～1973年、2005～2018年大多为负值，呈下降趋势[-0.016m/(s·10a)]；西南、长江流域及以南地区风速在20世纪70年代达到最大值，之后开始呈下降趋势，在1988年、2000年由正值区转为负值区（图5-7）。

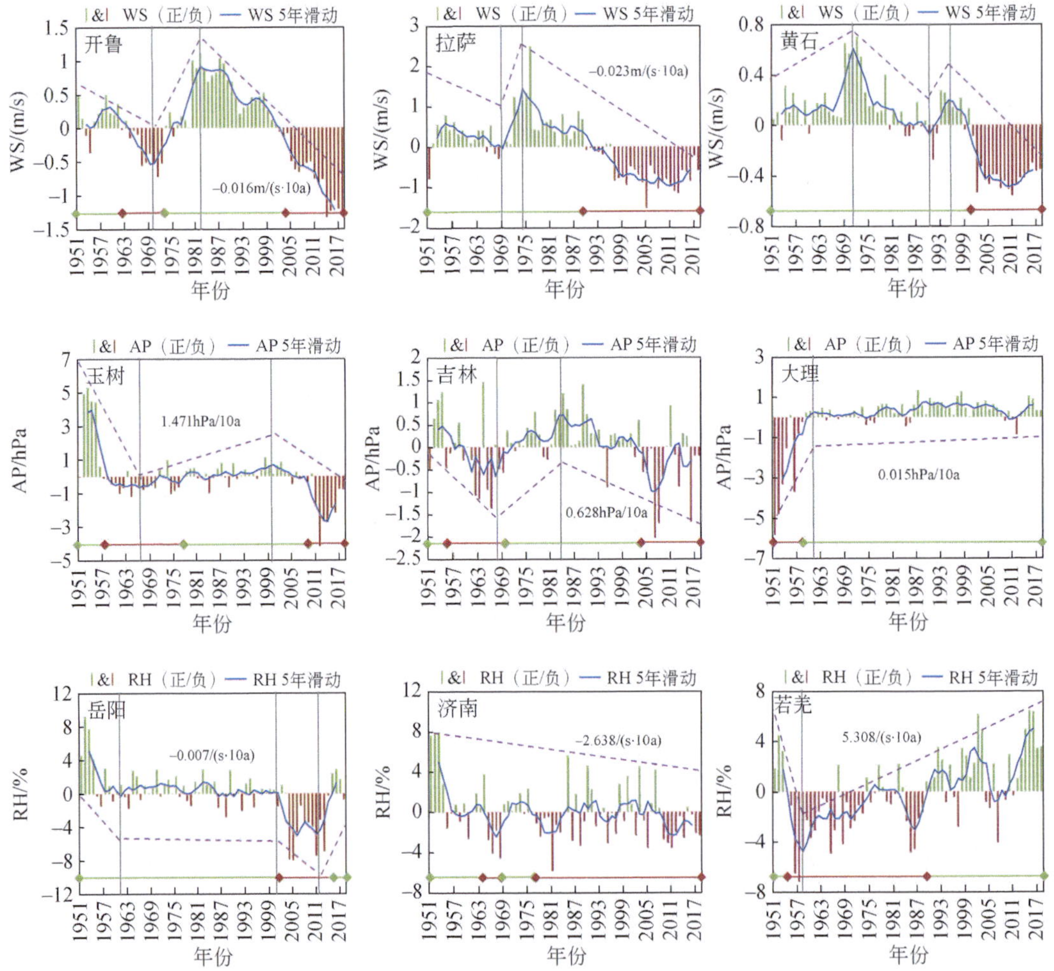

图5-7　代表性站点1951～2018年WS、AP、RH距平值时间序列

青藏高原地区自1951年大气压呈快速下降趋势（-2.149hPa/10a），至1966年大气压距平值开始逐步上升至正值（1.471hPa/10a），1999～2009年大气压距平值下降至负值；东北地区大气压变化趋势与青藏高原相似，经历了下降—上升—下降的趋势转变，在1951～1956年、1970～2004年为大气压、距平正值区，其余时段为大气压距平负值区；云贵高原以南等地区大气压在1951～1961年处于负值区的迅速上升阶段，1962年以后升至正值区至2018年，其间有1～2年大气压距平值为负（图5-7）。

相对湿度大的地区在 1951 ~2001 年处于距平值为正的阶段，其间存在 1 ~2 年的距平负值，2002 ~2018 年距平值为负，经历了下降—上升的趋势变化，最终由负值转为正值；相对湿度由大到小的过渡区域在整个时段内距平值呈下降趋势（−2.638/s · 10a），在 1951 ~1963 年、1969 ~1976 年处于正值区，其余时段大多为负值；相对湿度小的地区在 1951 ~1956 年距平由正值迅速下降为负值（−8.592/s · 10a），达到最低后逐渐上升至 2018 年（5.308/s · 10a），共经历了距平值正值→负值→正值两次转换（图 5-7）。

如图 5-8 所示，中国地区大气压空间上呈由西到东阶梯递增分布，与中国地势三级阶梯空间分布相似。以昆仑山脉、阿尔金山、祁连山、横断山为界的西部地区大气压最低，整体低于 750hPa，其中，青藏高原大气压（低于 632hPa）最低；此界至大兴安岭、太行山脉、巫山、雪峰山之间的区域大气压相对较低，在 751 ~900hPa；东北、东部及南部沿海地区大气压最高，在 928hPa 以上。

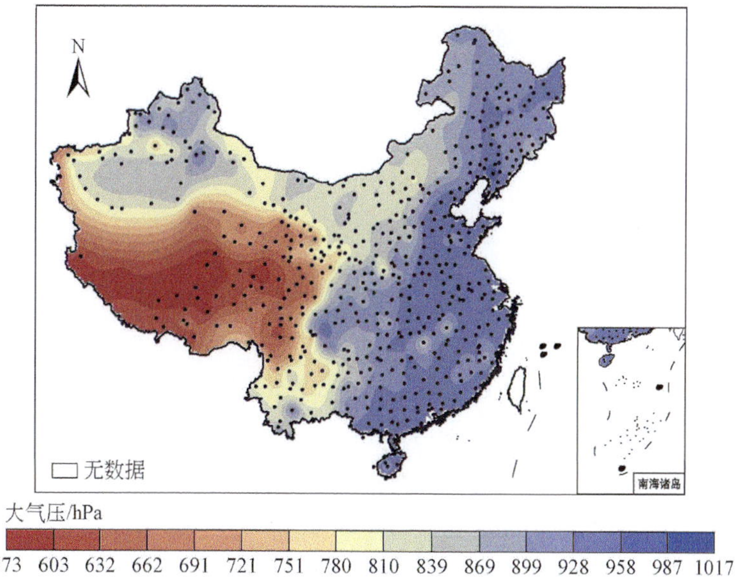

图 5-8　研究区 1951 ~2018 年大气压的空间分布

如图 5-9 所示，中国地区风速在空间上北方大于南方地区，内蒙古高原、阿尔金山和青藏高原西北部地区风速最大，高达 6.4m/s 以上，东北平原、华北平原地区风速在 4.87 ~6.4m/s，塔里木盆地、黄土高原、长江及以南地区风速最小，其中，四川盆地风速几乎为 0m/s，塔里木盆地次之，仅在 1.63m/s 左右。

如图 5-10 所示，研究区 1951 ~2018 年相对湿度呈由东南到西北逐级递增的空间分布特征，与风速的空间分布基本相反。相对湿度空间分布与气候区分布具有一定规律，亚热带季风气候区、热带季风气候区相对湿度大，范围为 66.7%~90.0%，温带季风气候区次之（47.0%~66.7%），温带大陆性气候区、高原山地气候区的相对湿度小，在 20.0%~53.7%。最小值区域在柴达木盆地，该盆地相对湿度低于 24.7%，而最大值区域在四川盆地、雪峰山、江南丘陵地区，相对湿度在 76.0% 以上。

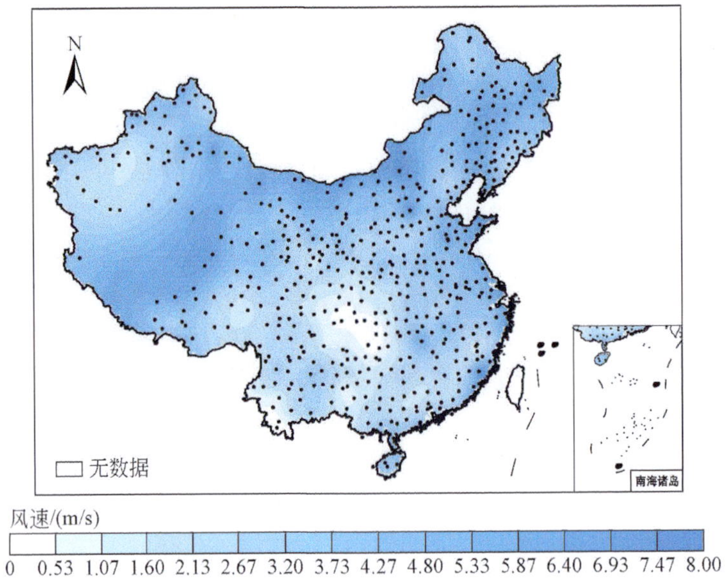

图 5-9 研究区 1951 ~ 2018 年风速的空间分布

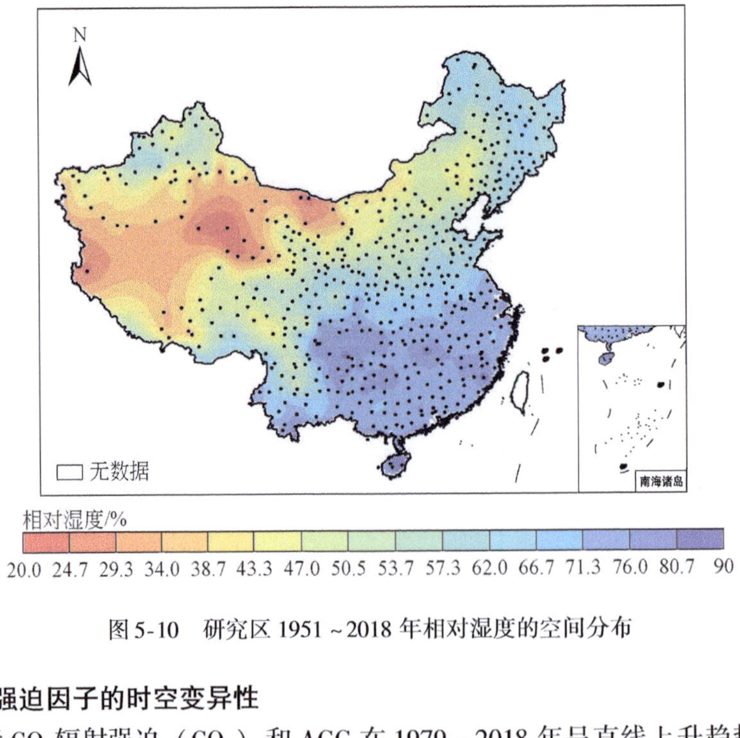

图 5-10 研究区 1951 ~ 2018 年相对湿度的空间分布

3）辐射强迫因子的时空变异性

全球年际 CO_2 辐射强迫（CO_2）和 AGG 在 1979 ~ 2018 年呈直线上升趋势，AGG 上升趋势较大，为 0.332W/(m^2 · 10a)，CO_2 上升趋势［0.251W/(m^2 · 10a)］较小，并且 1999 年为 AGG 和 CO_2 距平序列由负变正的转折年（图 5-11）。

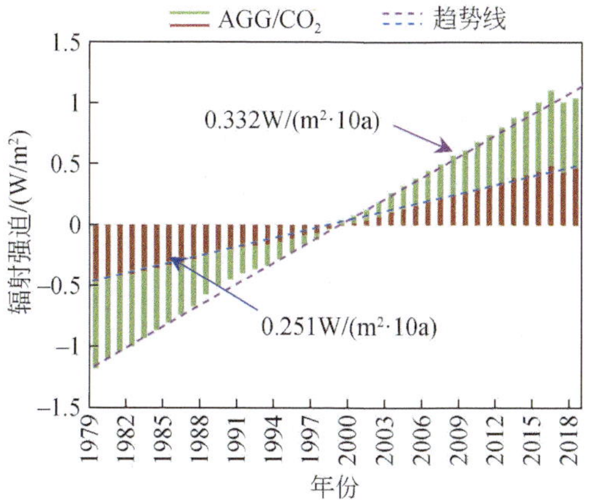

图 5-11　1951 ~ 2018 年年 CO_2、AGG 距平值时间序列

5.1.2　年降水量与气候因子关系分析

为了揭示中国地区气候因子对降水量年际变化的定性影响，我们对 1951 ~ 2018 年各站点降水量的时间序列进行了经验正交函数（EOF）分解。分解后的前 5 个 EOF 和相应的主成分（PC）通过了 North 检验，它们的累积方差贡献率达到 49.1%。由于 EOF 的前 3 个模态可以在很大程度上解释年降水量的变化，之后的每个模态年降水量方差贡献率不到 5%，并且这些降水量变异模态和大气环流状况之间的重要联系尚不明确，因此本研究分析降水量前 3 个主要模态的空间分布格局及其与气候因子间的响应关系（图 5-12 ~ 图 5-17、表 5-1）。

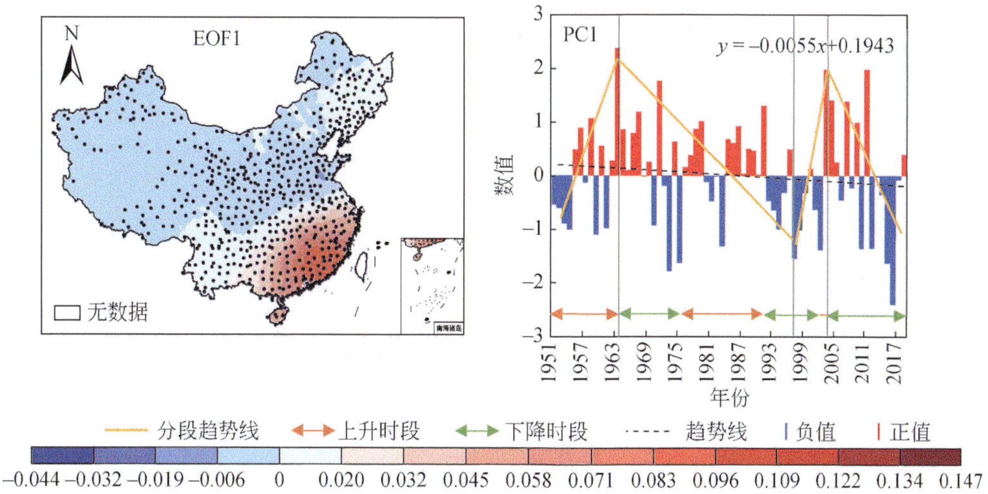

图 5-12　年降水量模态 1 特征向量空间分布及主成分的时间序列

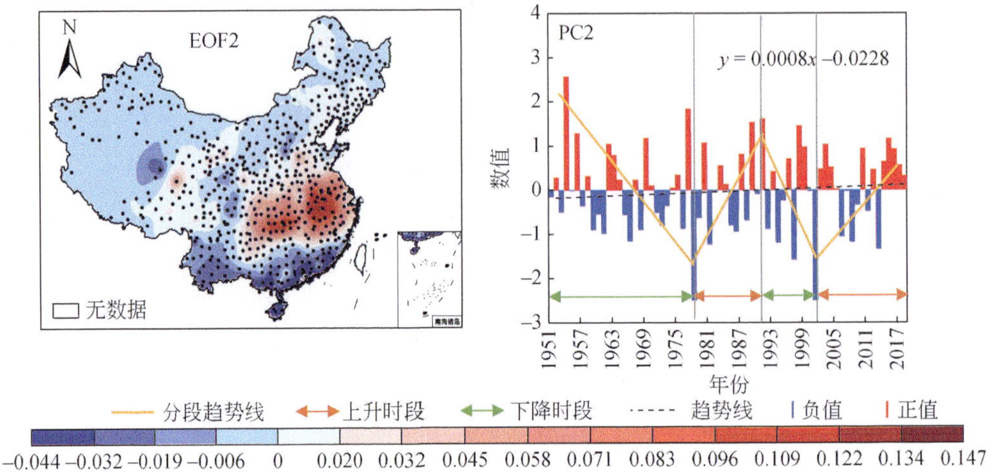

图 5-13　年降水量模态 2 特征向量空间分布及主成分的时间序列

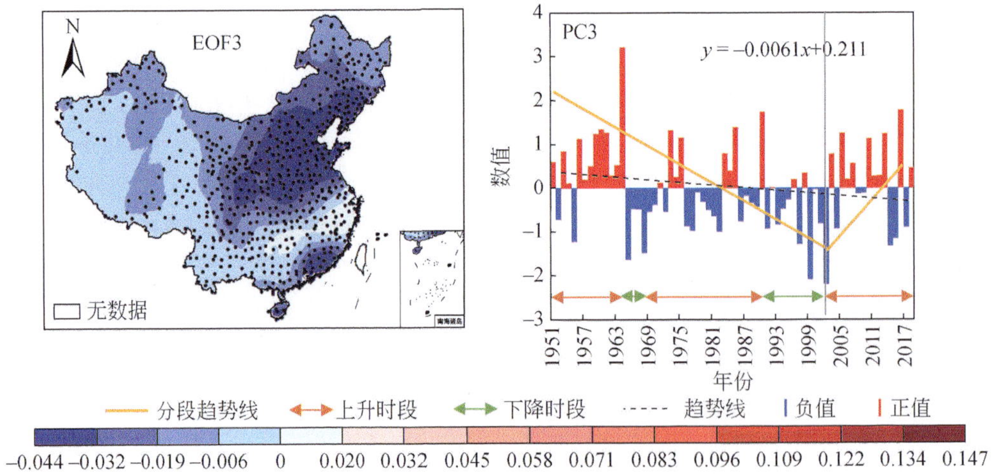

图 5-14　年降水量模态 3 特征向量空间分布及主成分的时间序列

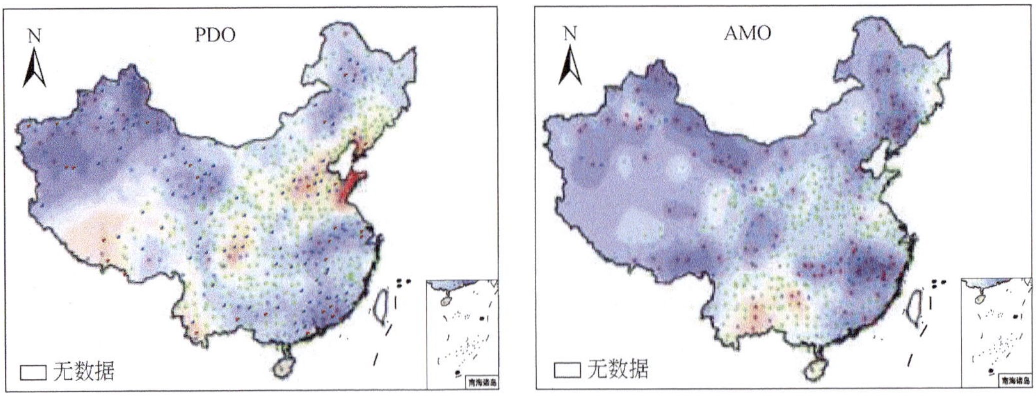

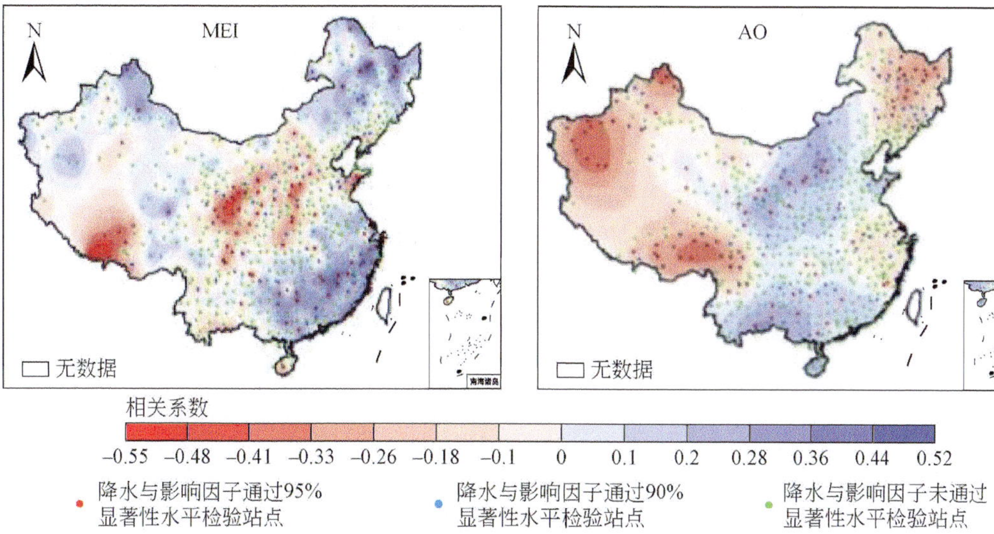

图 5-15　年降水量与 PDO、AMO、MEI、AO 相关性空间分布

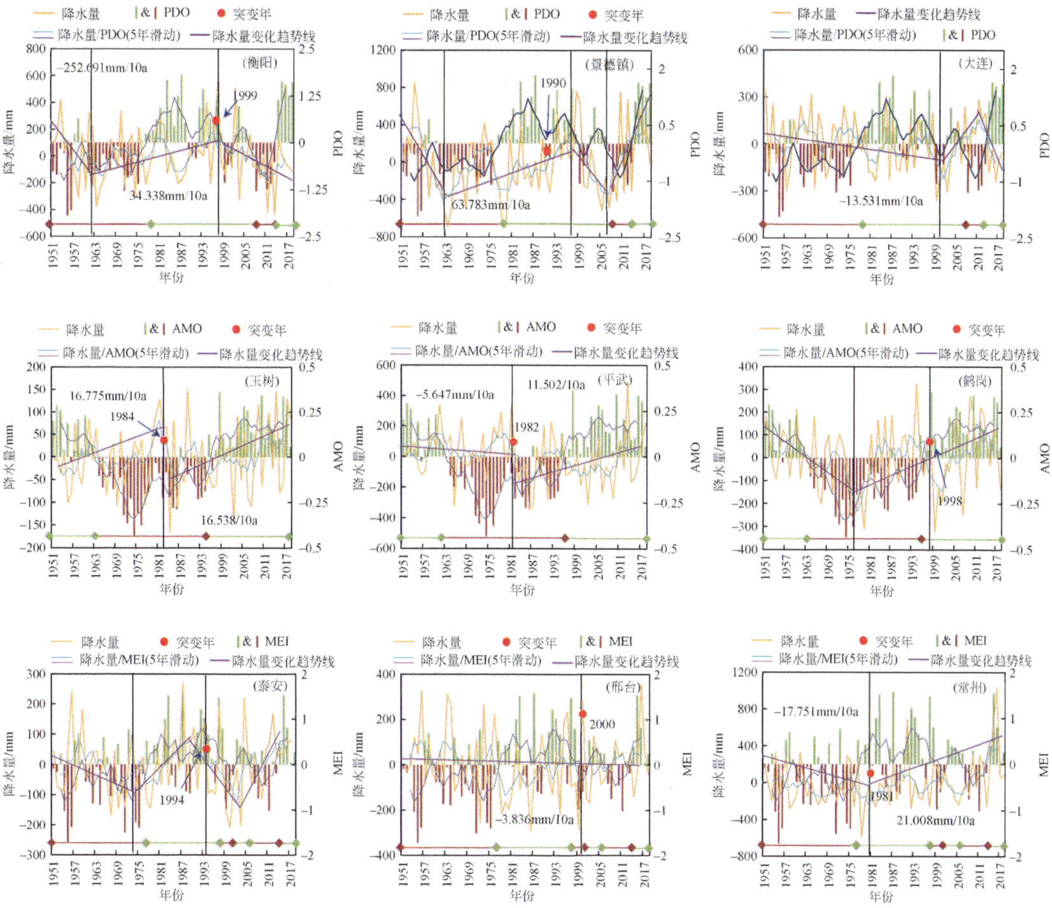

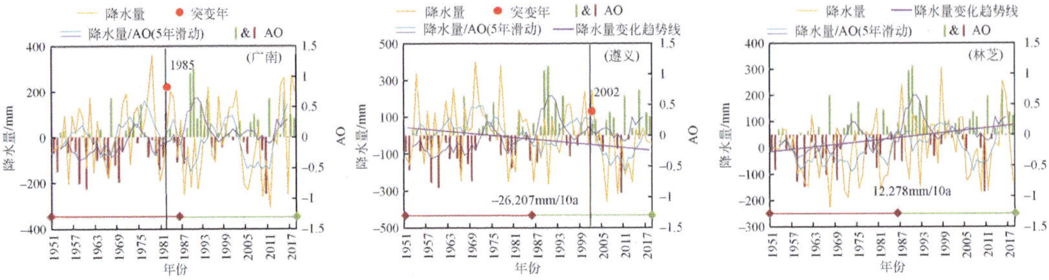

图 5-16　代表性站点年降水量与 PDO、AMO、MEI、AO 年际变化

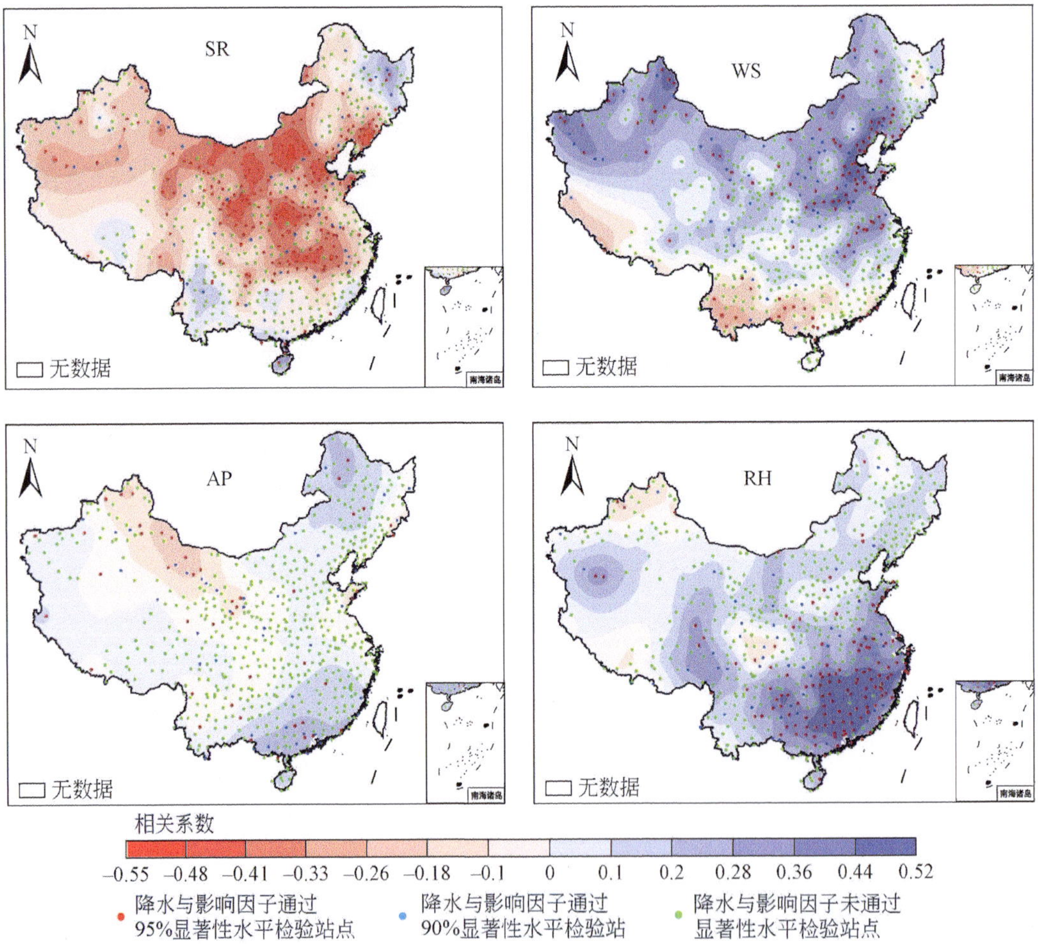

图 5-17　年降水量与 SR、WS、AP、RH 相关性空间分布

表 5-1　气候因子与年际降水量 EOF 分解的前 3 个模态的相关系数

模态	CO_2	AGG	MEI	SR	AO	AP	WS	RH	PDO	AMO
模态 1	-0.174	-0.176	0.363 *	0.008	-0.08	-0.127	0.089	-0.442 *	-0.238 *	-0.177

续表

模态	CO_2	AGG	MEI	SR	AO	AP	WS	RH	PDO	AMO
模态 2	0.079	0.079	-0.008	-0.253 *	-0.015	0.065	0.046	0.075	0.055	0.241 *
模态 3	0.132	0.114	-0.240 *	0.008	0.001	-0.102	0.289 *	-0.06	-0.112	0.146

* 通过95%显著性水平检验。

模态1占年降水量总方差的20.1%，由图5-12可知，以长江流域为界，向北大部分地区为负值区，向南大部分为正值区，正值中心出现在华东南部，整体呈现西北-东南反向分布模式，即要么中国长江流域以北降水量增多，以南降水量减少，要么长江流域以北降水量减少，以南降水量增多，以北的降水量变化程度远低于以南，长江中上游及东北地区则为过渡区。

时间系数代表了所对应特征向量空间分布模态的时间变化特征，系数符号决定模态的方向，正号表示与模态同方向，负号表示与模态反方向，并且系数绝对值越大，表明这一时刻此模态越典型。模态1的时间序列基本上揭示了中国降水量的年际变化，整体时间序列趋势斜率小于零，说明1951～2018年中国长江流域以北降水量有增多的趋势，以南降水量有减少的趋势。PC1的较高（较低）值定义为平均降水量以上（以下），1963年、1971年、2003年、2011年为偏高降水年，即标准化距平超过+1.5，同理地，1973年、1975年、1997年、2015年、2016年为偏低降水年，即标准化距平超过-1.5，中国长江流域以北降水量在1951～1963年呈下降趋势，在1964～1997年为上升趋势，后经历了6年的快速下降，又转为上升趋势至2018年，长江流域以南降水量变化趋势与之相反。从气候因子与降水量EOF分解的前3个模态的相关分析（表5-1）可以看出，PC1与MEI、RH、PDO通过了0.05显著性检验，表明中国地区降水量模态1与区域性气候因子中的RH相关性最好，大气环流因子中与MEI相关性最好，与PDO次之。

模态2占年降水量总方差的13.5%，由图5-13可知EOF2中国降水量的空间分布特征，其在中南北部、华东北部地区为正值区，在其他地区基本为负值区，正值中心位于中国南方边缘，负值中心出现在长江中下游平原地区，整体上自北向南呈负值—正值—负值的分布特征，并且南方的降水量变化程度远高于北方。模态2的时间序列趋势斜率大于零，说明自1951～2018年中国中南北部、华东北部地区降水量有增加的趋势，其余为减少的趋势。1954年、1977年、1989年、1991年为偏高降水年，1978年、1997年、2001年为偏低降水年，PC2整体呈下降—上升—下降—上升的趋势。PC2与SR、AMO通过了0.05显著性检验，表明区域性气候因子中SR主要影响了中国地区降水量模态2，大气环流因子中AMO对模态2的影响最大。

模态3占年降水量总方差的6.3%（图5-14），在全国范围内表现为单一的降水模式，负值中心位于华北平原地区，中国东部地区的降水量变化程度高于西部地区。模态3的时间序列趋势斜率小于零，1964年、1990年、2016年为偏高降水年，1965年、1999年、2002年为偏低降水年，2002年以前中国地区降水量呈上升趋势，之后呈下降趋势。中国地区降水量模态3与区域性气候因子中的WS相关性好，与大气环流因子中的MEI相关性好。

5.1.3 气候因子对年降水量定性影响的时空变异性

本研究基于相关分析法进一步分析了气候因子对降水量的定性影响空间分布。降水量与 PDO、AMO、AO 整体相关性较好（图 5-15），有一半站点通过了显著性检验，与 MEI 相关性次之，仅 1/3 站点通过显著性检验。降水量与 PDO 在西北、华东地区相关性较高，呈显著正相关，在渤海沿海地区呈显著负相关，在黄土高原等地区相关性较差。从各站点降水量与 PDO 时间序列变化及代表性示例（图 5-16）来看，1951 ~ 2018 年 PDO 发生了 3 次明显的正负位相交替，在 19 世纪 50 年代、80 年代，空间上相关性大于零的区域降水量与 PDO 在此时段都具有年际振荡反向性（当 PDO 逐年下降/上升时，降水量上升/下降），其余时段具有年际振荡同向性（降水量与 PDO 均为逐年上升或下降），相关性为负的区域降水量与 PDO 在整个时间序列上为年际振荡反向性。

研究区 90% 的站点降水量与 AMO 呈正相关，约有一半的正相关站点通过了 0.1 显著性水平检验，分布在祁连山北部、东北平原、横断山、江南丘陵等地区，仅在云贵高原呈不显著负相关。正相关系数较大区域的降水量与 AMO 逐年变化具有相似性，结合降水量 5 年滑动值序列变化情况来看，在 1951 ~ 1963 年、1994 ~ 2018 年 AMO 正位相阶段，与降水量具有年际震荡反向性，而 1964 ~ 1993 年具有年际振荡同向性；而相关系数小于或等于零区域的降水量与 AMO 整体上具有年际振荡反向性。

降水量与 MEI 呈正、负相关性分布地区各占一半，在东北、华东地区呈显著正相关，在黄河流域、青藏高原以南地区呈显著负相关，其余地区相关性并不显著。由图 5-16 可知，正相关地区降水量与 MEI 在全时间序列年际震荡具有同向性；而负相关及相关性较差的地区在 21 世纪 10 年代之前具有变化趋势反向性，2011 年之后降水量与 MEI 具有年际震荡同向性，皆呈上升趋势。

在中国海拔较高的青藏高原、西北地区的塔里木盆地和准噶尔盆地以及东北地区的降水量与 AO 呈显著负相关，而黄河流域、长江流域以南的地区降水量与 AO 呈显著正相关，整体上正（负）相关分布占总区域的一半。在 AO 负位相阶段，正相关地区和相关性小的地区降水量与 AO 呈年际振荡同向性，在 AO 正位相阶段，这些地区降水量与 AO 呈皆为年际振荡反向性；在 1951 ~ 2007 年，负相关地区降水量与 AO 具有年际震荡反向性，2008 年以后年际震荡同向，呈上升趋势。

由图 5-17 可知，年降水量与 SR 相关性>年降水量与 WS 相关性>年降水量与 RH 相关性>年降水量与 AP 相关性，并且降水量与 WS 的相关系数呈由北到南逐渐减小的分布特征，与 RH 的相关系数分布则与之相反。降水量与 SR 在西北、华北中部和长江中下游以北地区呈显著负相关，分布区域较为集中，仅在东北地区呈显著正相关，西南边缘地区呈不显著正相关。从各代表性站点降水量与 SR 时间序列变化来看，1959 ~ 1986 年 SR 迅速下降，降水量呈不同程度的下降趋势；1978 年以后，正相关地区降水量与 SR 具有趋势同向性，显著负相关、相关性小的地区存在 4 ~ 12 年的年际振荡同向性和年际振荡反向性周期交替变化。

中国地区有一半的气象站点降水量与 WS 相关性通过了 0.1 显著性水平检验，西北、华北、华东北部降水量与 WS 呈显著正相关，云贵高原及以南地区呈显著负相关，西南、中南、华东南部等地区降水量与 WS 相关性较差。从各代表性站点降水量与 WS 时间序列变化（图 5-18）来看，正相关显著地区的降水量与 WS 在 1951 ~ 1998 年具有年际振荡同向性，而在 21 世纪 10 年代为年际振荡反向性，2011 年以后转为年际振荡同向性，并且两者都表现为下降趋势；负相关显著区域的降水量与 WS 在 1951 ~ 2018 年为年际振荡反向性；相关性较小的地区的降水量与 WS 在 2005 ~ 2018 年呈同步上升趋势。

中国地区降水量与 AP 的相关性较差，大部分站点相关系数未通过显著性水平检验，仅在大兴安岭北部、中南地区的南部边缘区域呈显著正相关，西北地区的北部边缘地区呈显著负相关。结合图 5-17、图 5-18，可以发现降水量与 AP 显著正相关地区在 1951 ~ 1995 年变化趋势基本一致，1996 年之后为年际振荡反向性；负相关显著的地区在 20 世纪 50 年代、70 年代中期到 80 年代中期、21 世纪以后呈年际振荡反向性；其他相关性接近零的地区降水量与 AP 趋势多存在 5 ~ 20 年的年际振荡同向性和年际振荡反向性交替变化。

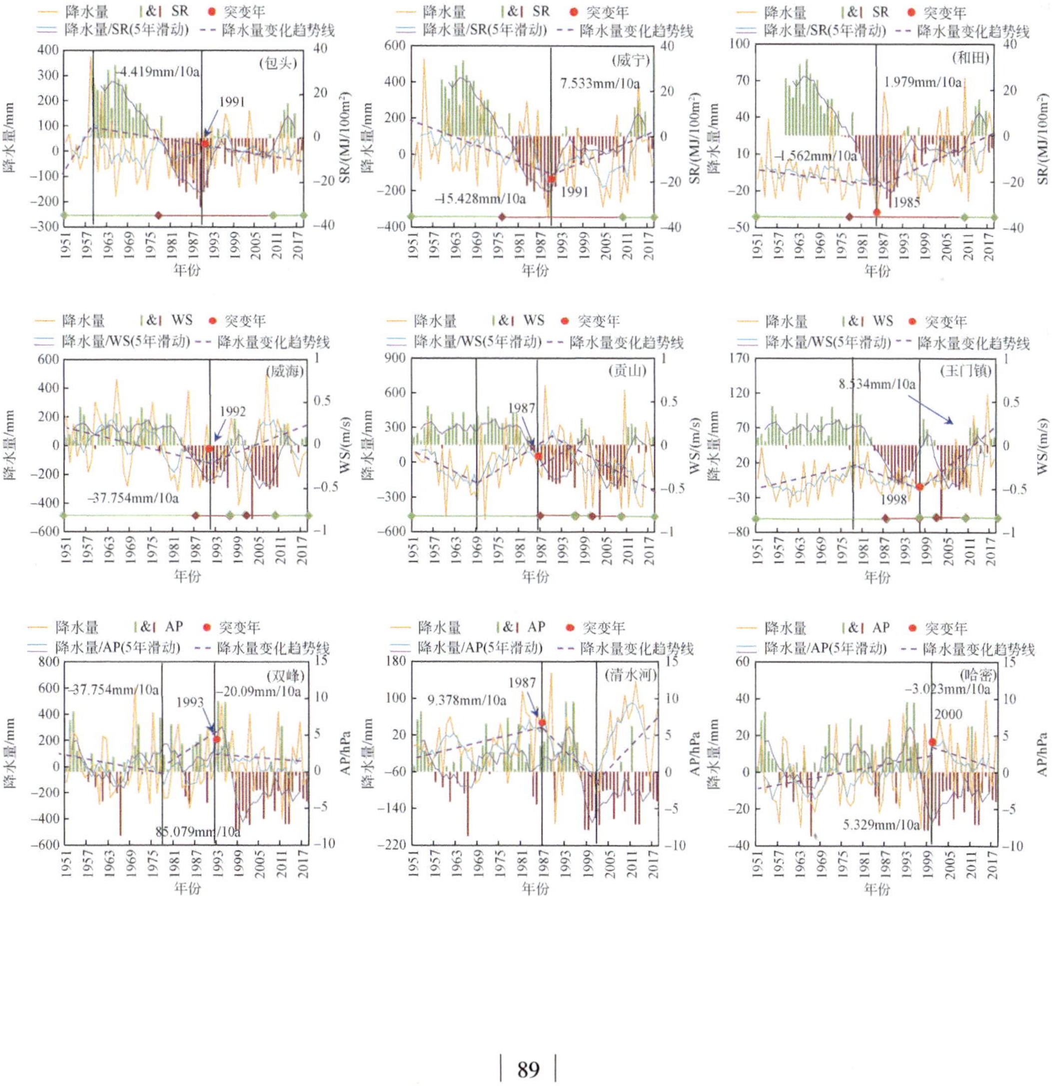

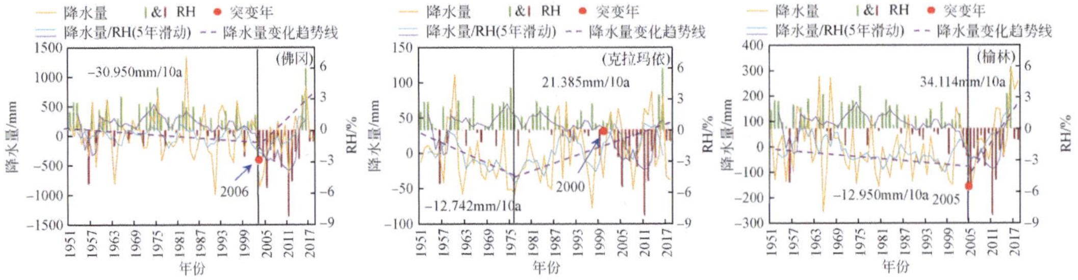

图 5-18　代表性站点年降水量与 SR、WS、AP、RH 年际变化

降水量与 RH 的相关系数由南到北逐渐减小，在中国南方地区呈显著正相关，并且有一大半的站点通过了 90% 显著性检验，在天山山脉以北呈不显著负相关。从代表性站点降水量与 RH 时间序列变化（图 5-18）来看，正相关显著地区在整个时间序列变化趋势具有同向性，负相关地区整体具有变化趋势反向性，相关性较弱的地区则存在正/反向性交替，1951 ~ 1959 年、1969 ~ 2003 年变化趋势一致，1960 ~ 1968 年、2004 ~ 2018 年变化趋势相反。

中国地区降水量与 AGG 相关性大于 CO_2，整个区域与 AGG 呈正相关、与 CO_2 相关性较差（图 5-19）。降水量与 AGG 的负相关由西北向东南逐渐减弱至中国地势第二、第三阶梯分界线，后又有所加强，在西北、西南北部、华东沿海地区呈显著负相关，这些地区降水量与 AGG 具有年际振荡同向性；整个研究区降水量与 CO_2 呈不显著正相关，仅西南东部地区降水量区与 CO_2 存在 3 ~ 17 年的年际振荡同向性。

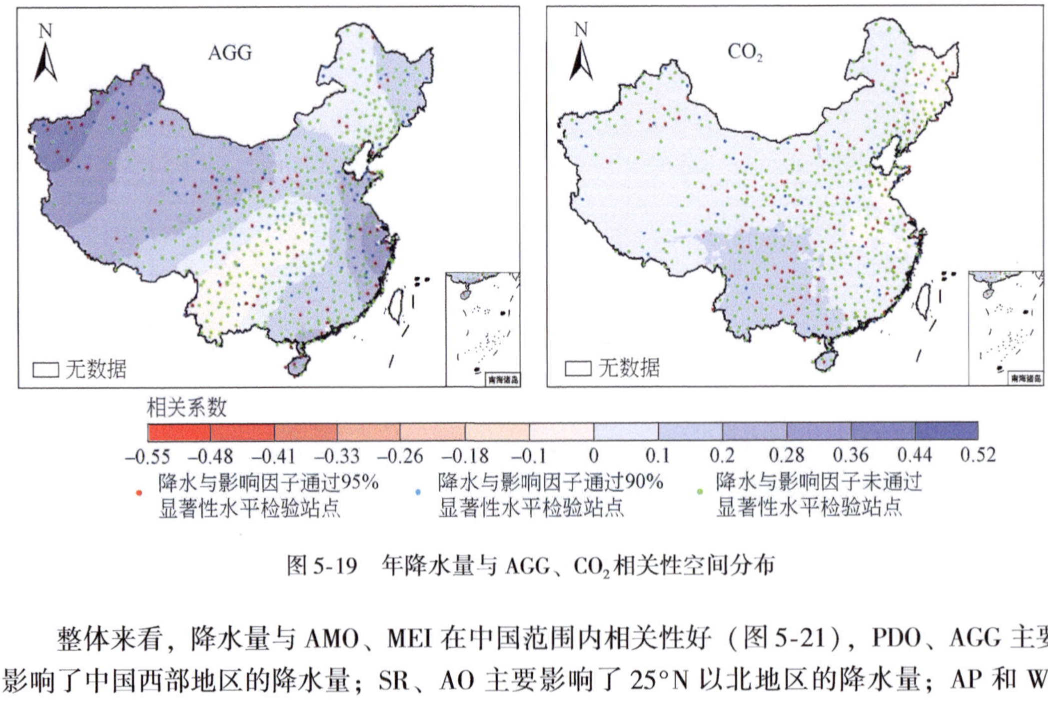

图 5-19　年降水量与 AGG、CO_2 相关性空间分布

整体来看，降水量与 AMO、MEI 在中国范围内相关性好（图 5-21），PDO、AGG 主要影响了中国西部地区的降水量；SR、AO 主要影响了 25°N 以北地区的降水量；AP 和 WS

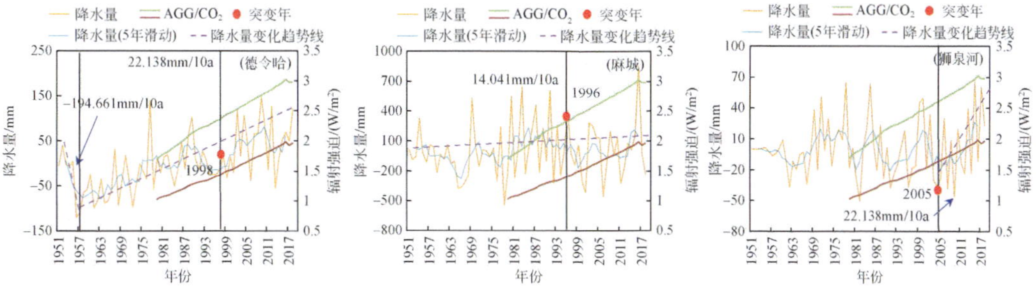

图 5-20　代表性站点年降水量与 AGG、CO_2年际变化

分别影响了东北地区和华北、西部地区的降水量；25°N 以南地区降水量与 RH 相应关系较好，中国降水量与 CO_2相关性最差。

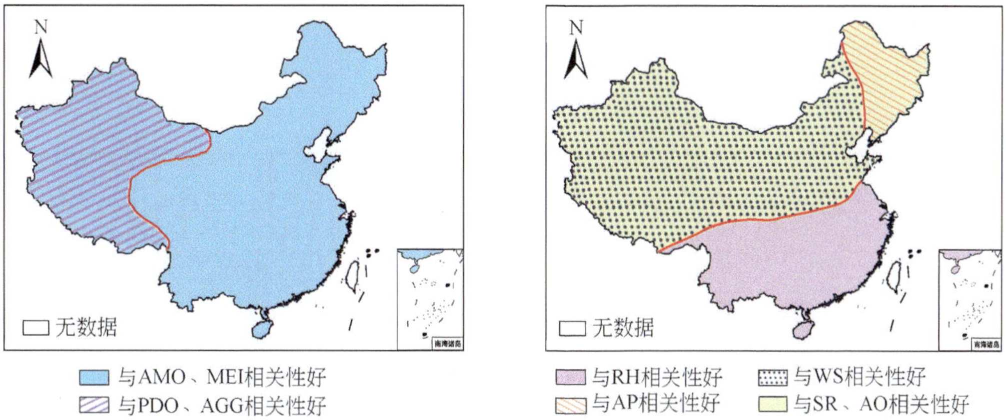

图 5-21　气候因子对年际降水量的定性影响空间分布

5.1.4　气候因子对季节降水量的定性影响

中国春季降水量模态 1、模态 2 与年降水量 EOF 模态 1、模态 2 空间分布基本一致。模态 1 占春季降水量总方差的 24.3%，由图 5-22 可知，长江中下游以南地区为正值区，其余地区为负值区，正值中心出现在浙闽丘陵，负值中心出现在长江中下游以北地区，整体呈现西北-东南反向分布，并且负值区的降水量变化程度远低于正值区。模态 1 的时间序列基本揭示了中国春季降水量的年际变化，斜率小于零说明 1951 ~ 2018 年中国长江流域中下游以南春季降水量减少，其余地区降水量增多，其中，1973 年、1975 年、1983 年、1992 年、2016 年为偏高降水年，1963 年、1971 年、2011 年为偏低降水年，正值区春季降水量在 1951 ~ 1963 年呈下降趋势，在 1964 ~ 1974 年呈快速上升趋势，后经历了 33 年的逐渐下降，又转为上升趋势至 2018 年，负值区变化趋势与之相反。从春季降水量 EOF 分解的前 3 个模态与气候因子间的相关分析（表 5-2）可以看出，PC1 与 MEI、RH 通过了 0.05 显著性检验，与 AO 通过了 0.1 显著性检验，表明中国地区春季降水量模态 1 与

MEI、RH、AO 相关性显著。

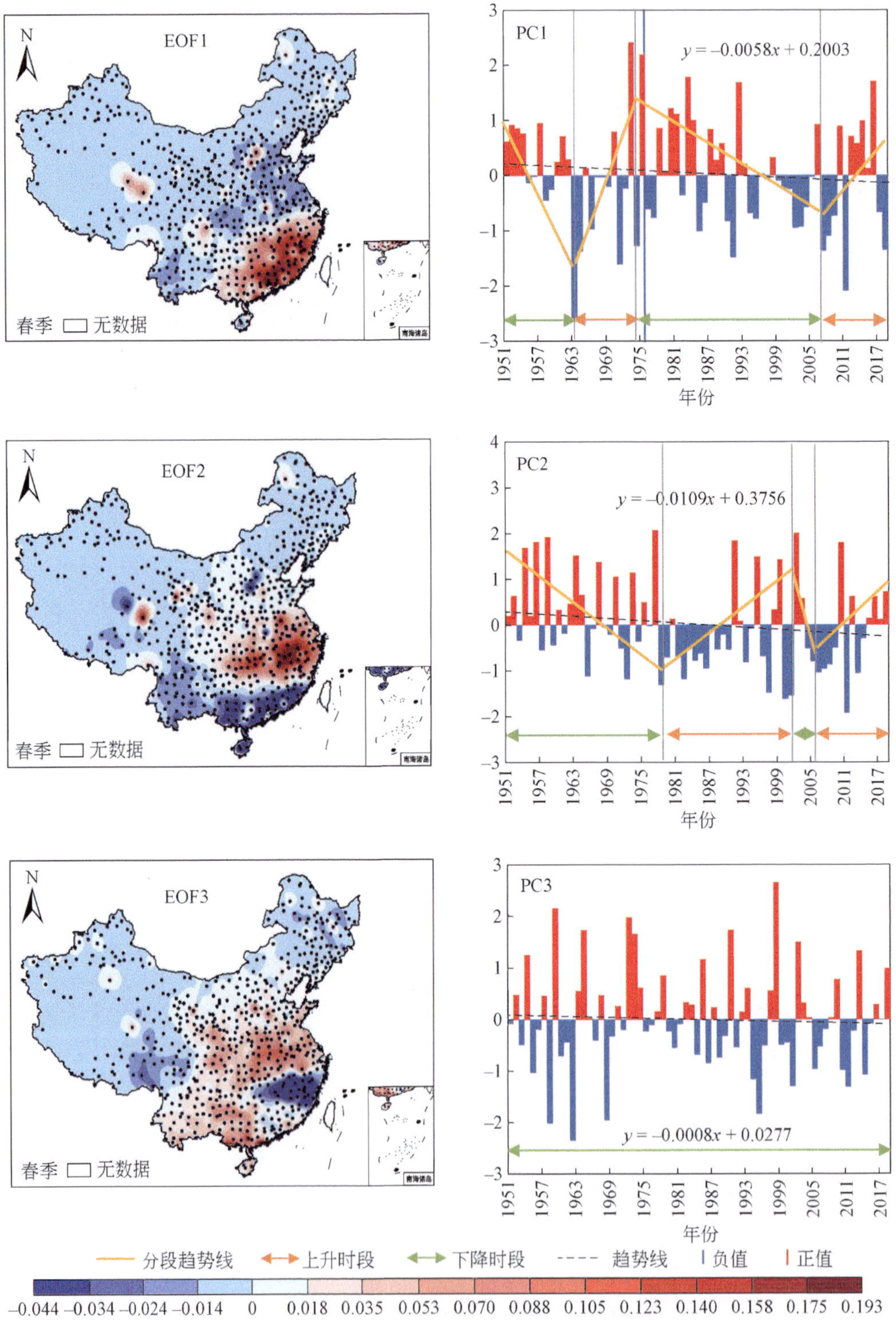

图 5-22　春季降水量前 3 个模态的特征向量空间分布及主成分的时间序列

表 5-2　气候因子与春季降水量 EOF 分解的前 3 个模态的相关系数

模态	CO_2	AGG	MEI	SR	AO	AP	WS	RH	PDO	AMO
模态 1	-0.074	-0.084	-0.311**	0.142	-0.224*	-0.003	0.107	-0.243**	-0.145	-0.069
模态 2	-0.199*	-0.217*	0.102	-0.003	0.012	0.088	0.051	-0.035	0.147	-0.081
模态 3	0.158	0.157	0.030	-0.076	0.265**	0.003	-0.134	0.021	0.197	-0.069

** 通过 0.05 显著性水平检验。

* 通过 0.1 显著性水平检验。

第二个 EOF 模态占春季降水量总方差的 13.9%，EOF2 正值区、负值区与年降水量的 EOF2 空间分布一致。春季降水量模态 2 的时间序列趋势斜率小于零，说明 1951 ~ 2018 年中国中南北部、华东北部地区降水量有下降的趋势，其余为上升的趋势。1954 年、1956 年、1958 年、1963 年、1977 年、1991 年、2002 年、2010 年为偏高降水年，2000 年、2001 年、2011 年为偏低降水年，PC2 整体呈下降—上升—下降—上升的趋势。PC2 与 AGG、CO_2通过了 0.1 显著性检验，表明春季降水量模态 2 受 AGG 影响大，与 CO_2次之。

第三个 EOF 模态占春季降水量总方差的 6.1%，正值中心位于湛江地区，负值中心位于江南丘陵及以南部分地区。模态 3 的时间序列趋势斜率小于零，在 1951 ~ 2018 年，正值区春季降水量整体呈下降趋势，负值区呈上升趋势。春季降水量模态 3 与 AO 的相关性好。

中国夏季降水量模态 1 占降水量总方差的 12.0%（图 5-23），长江中下游平原地区为正值区，其余地区为负值区，整体为自西北向东南呈负值—正值—负值分布。模态 1 的时间序列斜率大于零，说明 1951 ~ 2018 年长江中下游平原夏季降水量增加，其余地区降水量减少，其中，1954 年、1980 年、1983 年、1989 年为偏高降水年，1959 年、1966 年、1994 年、1997 年、2001 年为偏低降水年，1951 ~ 1968 年，正值区夏季降水量呈下降趋势，1969 ~ 1989 年呈上升趋势，1990 ~ 2018 年为轻微下降趋势，负值区变化趋势与之相反。根据 EOF 分解的前 3 个模态与气候因子间的相关分析（表 5-3），PC1 与 SR 通过了 0.05 显著性检验，与 AGG 通过了 0.1 显著性检验，表明中国地区夏季降水量模态 1 与 SR、AGG 相关性显著。

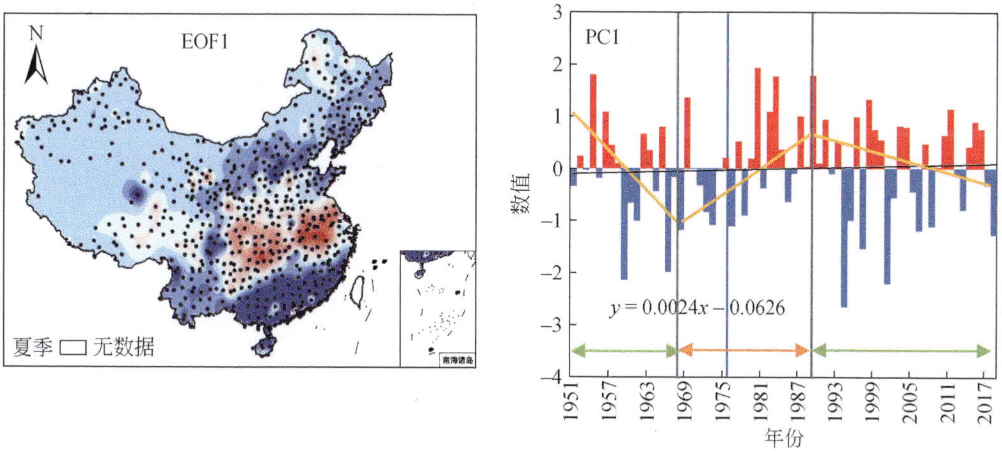

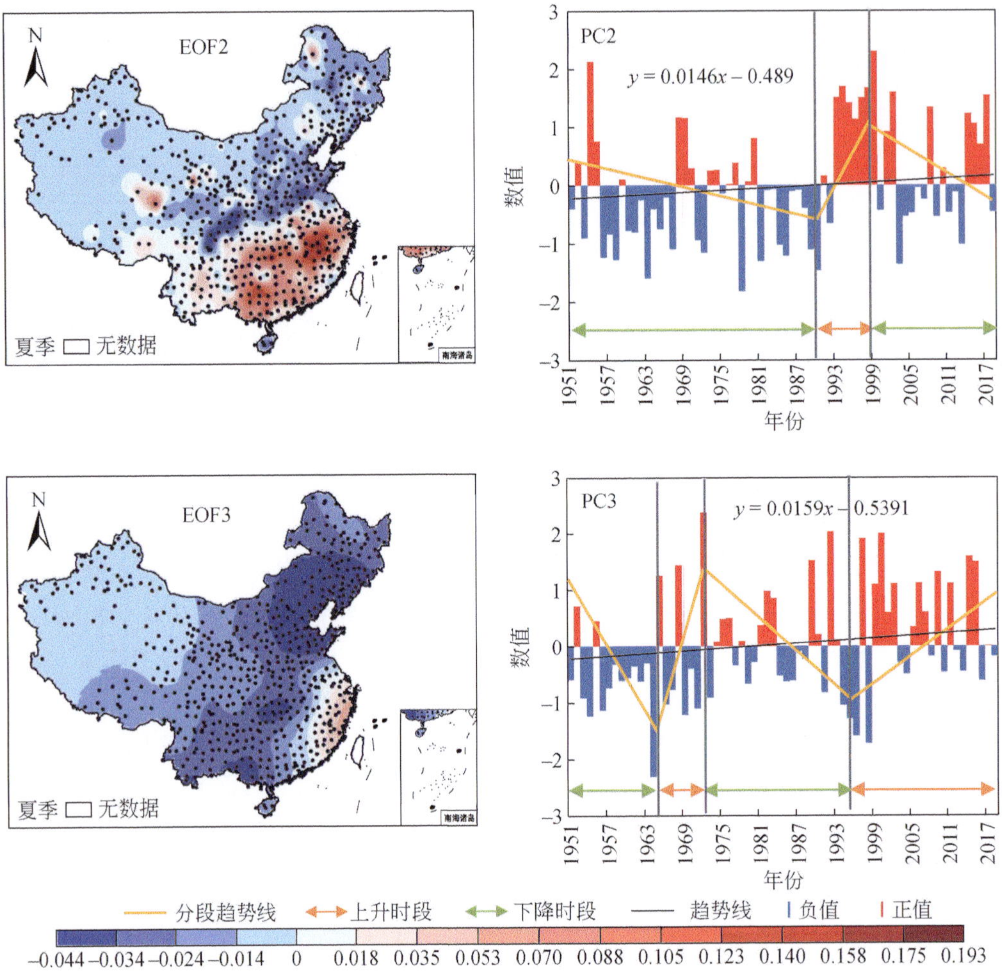

图 5-23　夏季降水量前 3 个模态的特征向量空间分布及主成分的时间序列

表 5-3　气候因子与夏季降水量 EOF 分解的前 3 个模态的相关系数

模态	CO_2	AGG	MEI	SR	AO	AP	WS	RH	PDO	AMO
模态 1	−0. 188	−0. 205 *	0. 062	−0. 349 **	−0. 006	0. 007	0. 027	−0. 023	0. 113	0. 082
模态 2	0. 180	0. 208 *	0. 098	−0. 024	−0. 014	0. 067	−0. 288 **	0. 134	0. 141	0. 175
模态 3	0. 148	0. 150	0. 231 *	−0. 065	0. 270 **	−0. 132	−0. 297 **	−0. 061	0. 086	−0. 097

** 通过 0. 05 显著性水平检验。

* 通过 0. 1 显著性水平检验。

第二个 EOF 模态占夏季降水量总方差的 10. 9%，EOF2 正值区、负值区与春季降水量的 EOF1 空间分布一致。夏季降水量模态 2 的时间序列趋势斜率大于零，说明中南、华东地区降水量有上升的趋势，其余为下降趋势。1954 年、1993 年、1994 年、1998 年、1999 年、2002 年、2017 年为偏高降水年，1963 年、1978 年为偏低降水年，PC2 整体呈下降—

上升—下降的趋势。PC2 与 WS 通过了 0.05 显著性检验，与 AGG 通过了 0.1 显著性检验，表明夏季降水量模态 2 与 WS 相关性显著，与 AGG 相关性次之。

第三个 EOF 模态占夏季降水量总方差的 6.5%，正值区位于华东沿海地区中部，其余地区皆为负值区，负值区中心位于渤海沿海至东北平原、内蒙古高原、华北平原等区域。模态 3 的时间序列趋势斜率大于零，正值区夏季降水量整体呈上升趋势，负值区呈下降趋势。夏季降水量模态 3 与 WS、AO、MEI 相关性显著。

秋季降水量模态 1 占降水量总方差的 17.3%（图 5-24），长江中下游平原以南地区为正值区，其余地区为负值区，研究区自西北向东南呈负值—正值分布。模态 1 的时间序列斜率大于零，说明长江中下游平原以南地区秋季降水量增加，其余地区降水量减少，其中，1953 年、1981 年、1982 年、2016 年为偏高降水年，1966 年、1991 年、1992 年、2004 年为偏低降水年。1951 ~ 2005 年，正值区秋季降水量呈轻微下降趋势，至 2006 年开始呈快速上升趋势，负值区变化趋势与之相反。从秋季 EOF 分解的前 3 个模态与气候因子间的相关分析（表 5-4）可以看出，PC1 与 RH 通过了 0.1 显著性检验，中国地区秋季降水量模态 1 与 RH 相关性显著。

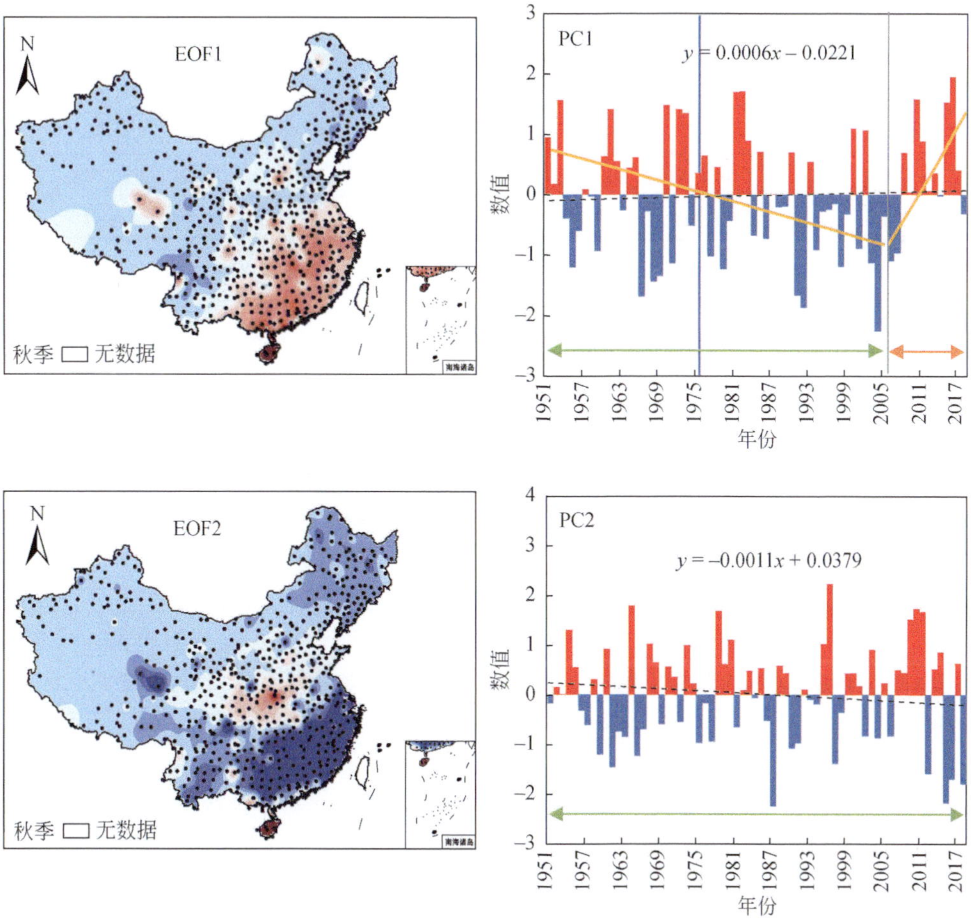

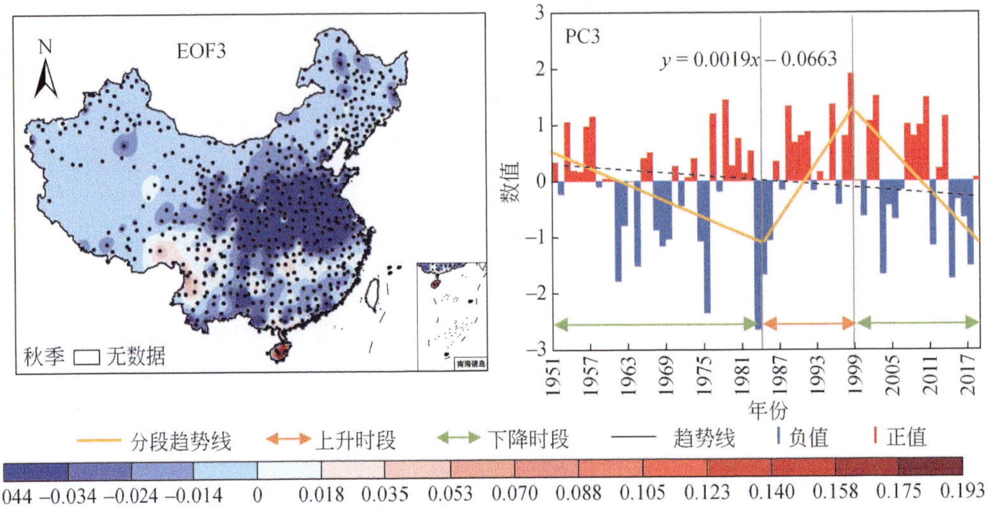

图 5-24 秋季降水量前 3 个模态的特征向量空间分布及主成分的时间序列

表 5-4 气候因子与秋季降水量 EOF 分解的前 3 个模态的相关系数

模态	CO_2	AGG	MEI	SR	AO	AP	WS	RH	PDO	AMO
模态 1	0. 161	0. 132	0. 029	0. 041	0. 081	0. 043	0. 054	0. 205 *	0. 025	0. 046
模态 2	−0. 079	−0. 075	−0. 433 **	−0. 095	−0. 105	−0. 008	0. 009	−0. 126	−0. 210 *	−0. 030
模态 3	−0. 056	−0. 034	0. 106	−0. 152	−0. 072	−0. 041	−0. 175	−0. 013	−0. 110	0. 136

** 通过 0. 05 显著性水平检验。

* 通过 0. 1 显著性水平检验。

第二个 EOF 模态占秋季降水量总方差的 10. 2%，仅在黄土高原以南的地区（约 25 个站点）、海南为正值区，其余为负值区。秋季降水量模态 2 的时间序列趋势斜率小于零，说明正值区降水量有下降的趋势，负值区降水量呈上升趋势。1964 年、1978 年、1996 年、2009 年、2010 年、2011 年为偏高降水年，1987 年、2012 年、2015 年、2016 年、2018 年为偏低降水年，PC2 数值在 0 值线上下均匀波动，无明显上升下降时段。PC2 与 MEI 通过了 0. 05 显著性检验，与 PDO 通过了 0. 1 显著性检验，表明秋季降水量模态 2 与 MEI 相关性好，与 PDO 相关性次之。

第三个 EOF 模态占秋季降水量总方差的 8. 1%，整个研究区基本为负值，仅海南岛、横断山脉西南侧极个别站点为负值。正值区中心位于黄土高原至长江中下游平原区域。模态 3 的时间序列趋势斜率小于零，负值区秋季降水量整体呈上升趋势。秋季降水量模态 3 与气候因子相关性皆未通过显著性检验。

冬季降水量模态 1 占降水量总方差的 44. 1%（图 5-25），并且特征向量皆为负值，自西北至东南呈由大到小分布。模态 1 的时间序列斜率小于零，说明研究区冬季降水量总体增加，1951 ~2018 年经历了上升—下降—上升—下降 4 次转变。其中，1960 年、1962 年、1963 年、1987 年、1999 年为偏高降水年，1965 年、1983 年、1990 年、1998 年为偏低降水年。由冬季 EOF 分解的前 3 个模态与气候因子间的相关分析（表 5-5）可以看出，PC1

与 MEI、RH 通过了 0.05 显著性检验，与 AO 通过了 0.1 显著性检验，表明 MEI、RH 对冬季降水量模态 2 的影响较大，AO 次之。

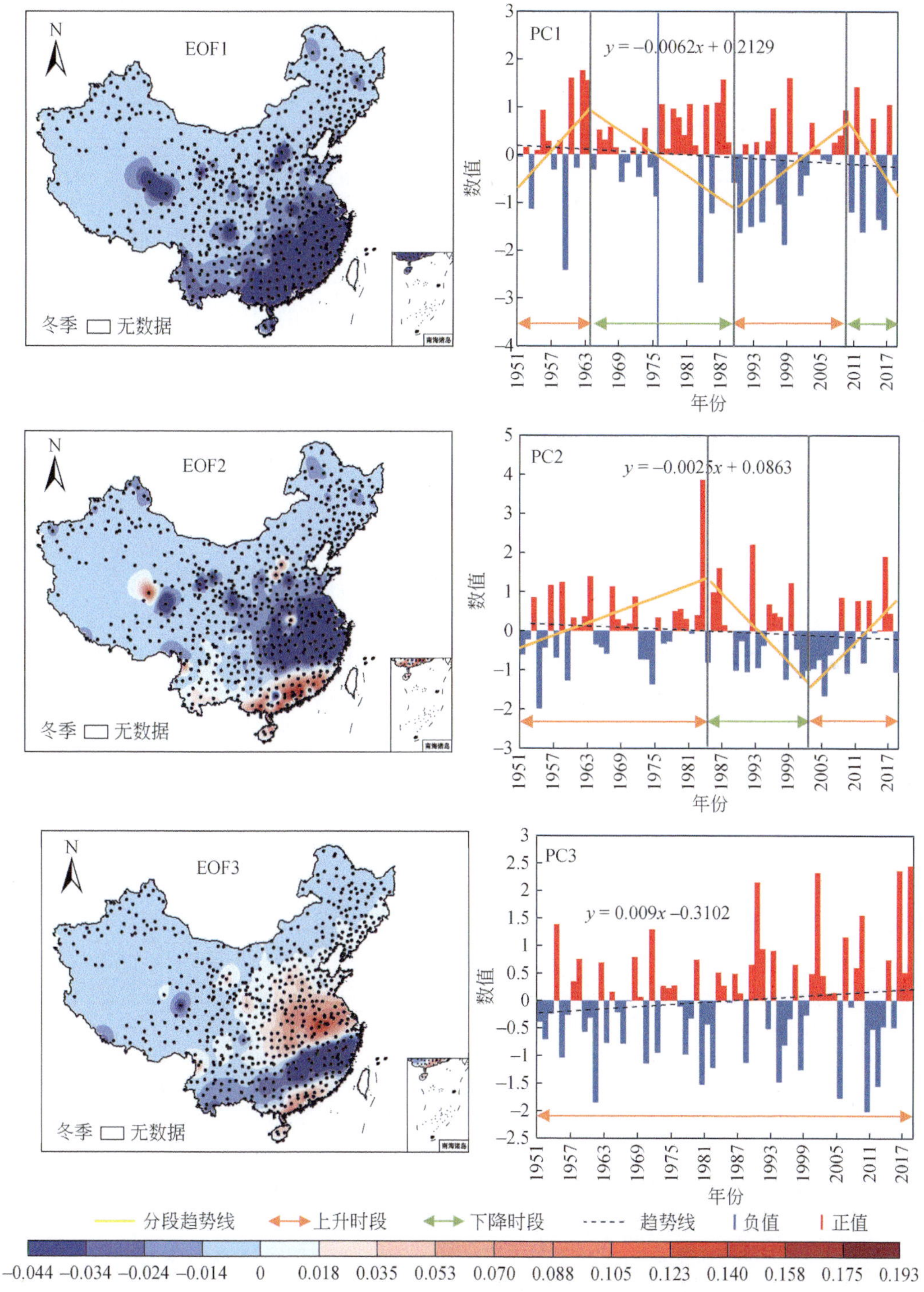

图 5-25 冬季降水量前 3 个模态的特征向量空间分布及主成分的时间序列

表 5-5　气候因子与冬季降水量 EOF 分解的前 3 个模态的相关系数

模态	CO_2	AGG	MEI	SR	AO	AP	WS	RH	PDO	AMO
模态 1	-0.074	-0.084	-0.311 **	0.142	-0.224 *	-0.003	0.107	-0.243 **	-0.145	-0.069
模态 2	-0.199 *	-0.217 *	0.102	-0.003	0.012	0.088	0.051	-0.035	0.147	-0.081
模态 3	0.158	0.157	0.030	-0.076	0.265 **	0.003	-0.134	0.021	0.197	-0.069

** 通过 0.05 显著性水平检验。

* 通过 0.1 显著性水平检验。

第二个 EOF 模态占冬季降水量总方差的 14.1%，仅在华东南部沿海地区为正值区，其余皆为负值区。冬季降水量模态 2 的时间序列趋势斜率小于零，说明负值区降水量有下降的趋势。1983 年、1986 年、1992 年、2016 年为偏高降水年，1954 年、2005 年为偏低降水年，负值区在整个时间序列上经历了下降—上升—下降的变化。PC2 与 CO_2、AGG 通过了 0.1 显著性检验，表明中国地区冬季降水量在时间序列上与 CO_2、AGG 相关性显著。

第三个 EOF 模态占冬季降水量总方差的 5.3%，长江中上游平原至黄土高原区域为正值区，其余地区为负值区。模态 3 的时间序列趋势斜率大于零，负值区冬季降水量整体呈下降趋势，正值区冬季降水量整体呈上升趋势。冬季降水量模态 3 与 AO 相关性通过 0.05 显著性检验。

5.1.5　气候因子对季节降水量定性影响的时空变异性

1）PDO、AMO、MEI、AO 对季节降水量影响的空间分布

中国地区季节降水量与 MEI、AO 等气候因子相关性显著，与 SR、AP 等因子未通过相关性检验，但不能说明其与选取的因子不具有相关性，本研究基于相关分析法进一步分析了气候因子与季节降水量间的相关性时空分布，由于研究区较大，仅展示部分代表性站点的时间序列图。季节降水量与 PDO 整体相关性较好（图 5-26），其相关性由好到差依次为秋季、冬季、夏季、春季。春季降水量与 PDO 在华东南部地区呈显著正相关，在云贵高原以南和雪峰山地区呈显著负相关，在东北和华北等地区相关性较差。根据各站点春季降水量与 PDO 时间序列变化情况及代表性示例图（图 5-27），正相关系数较大区域的春季降水量与 PDO 逐年变化具有相似性，但在 1968 ~ 1992 年具有年际振荡反向性；负相关地

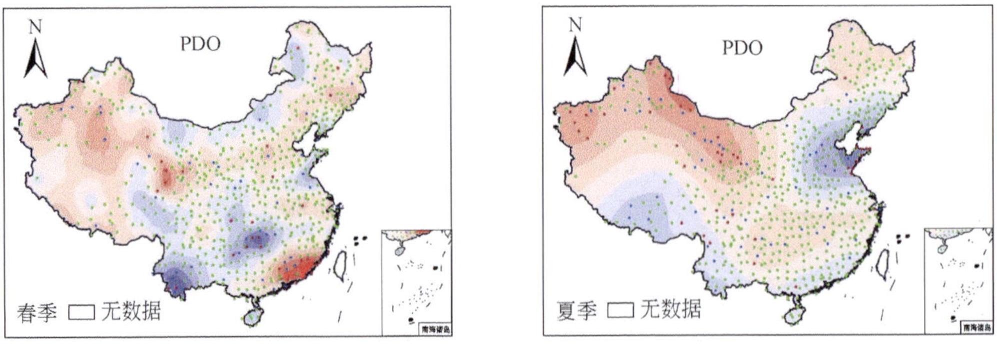

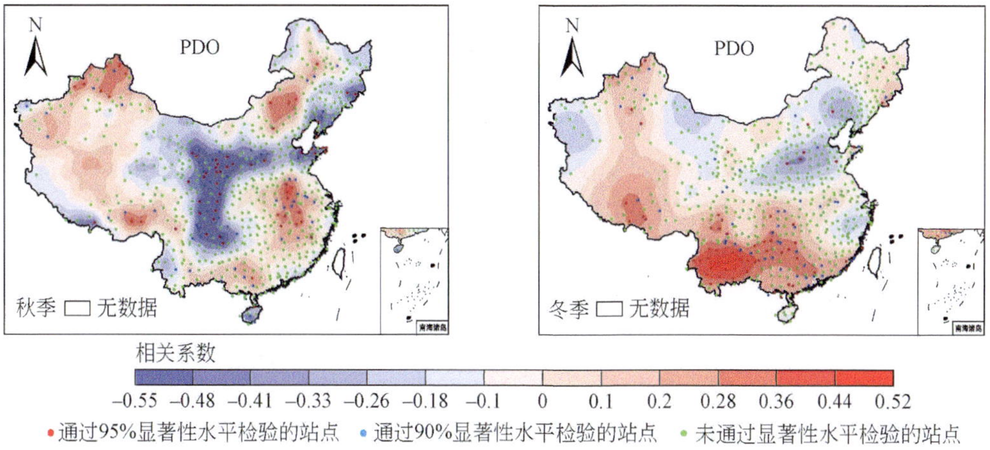

图 5-26 研究区季节降水量与 PDO 相关性空间分布

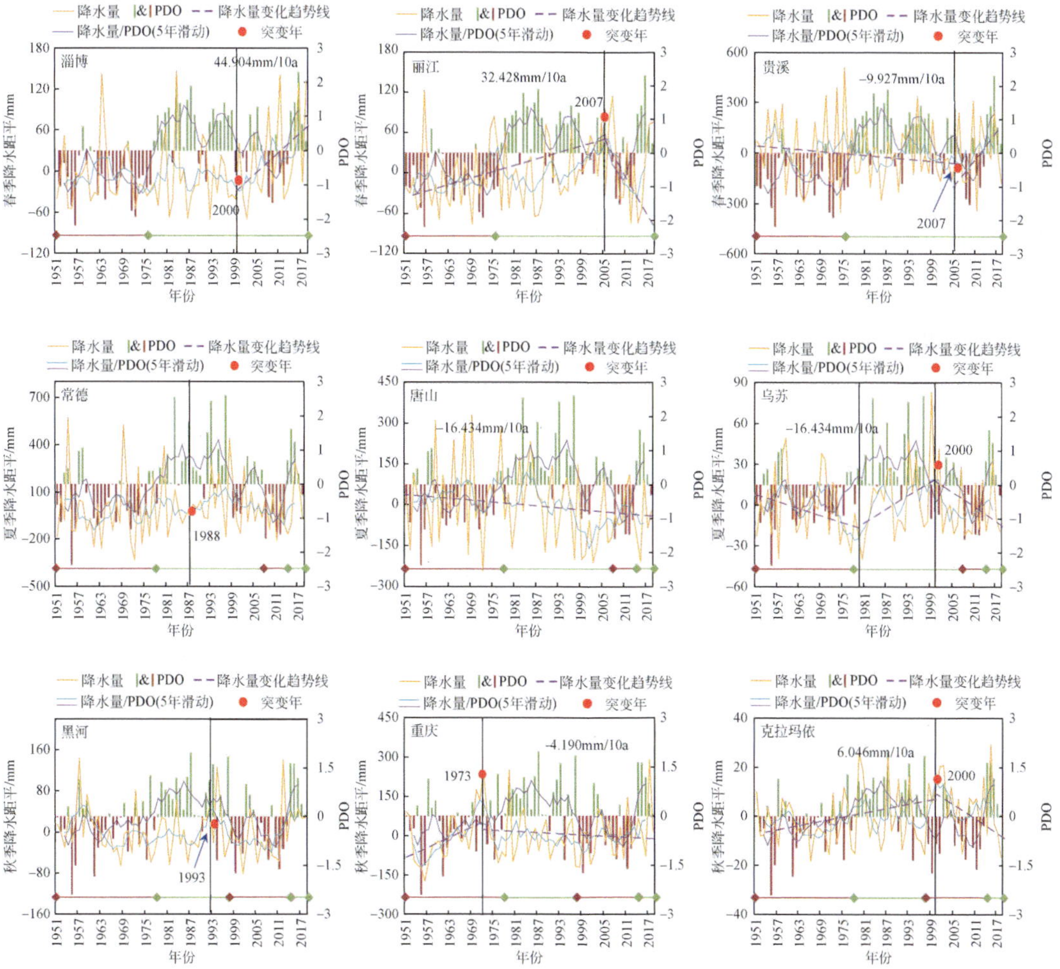

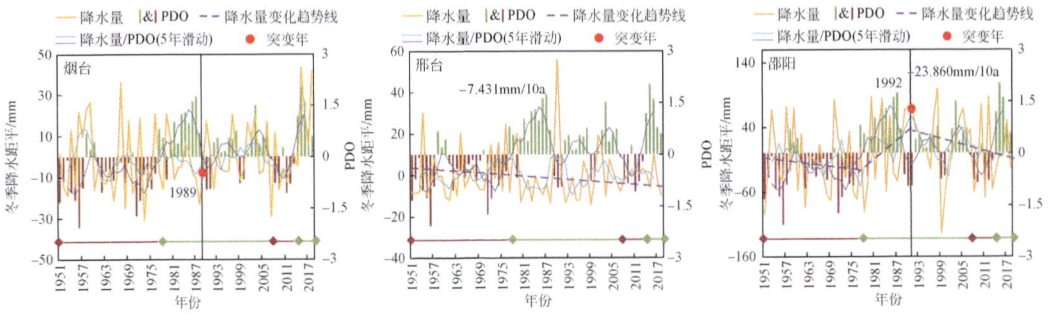

图 5-27　代表性站点季节降水距平与 PDO 年际变化

区春季降水量与 PDO 在大部分时段具有年际振荡反向性，仅在 1963～1972 年、2003～2014 年趋势一致。

夏季降水量与 PDO 在西北北部地区呈显著正相关，在渤海沿岸地区呈显著负相关，其余地区相关性较差。结合夏季降水量与 PDO 的 5 年滑动值时间序列变化情况来看，显著正相关地区在 2000 年之前具有趋势同向性，之后具有趋势反向性；显著负相关地区在 PDO 正位相时段具有趋势同向性，在 PDO 负位相时段具有趋势反向性；显著性较小的地区存在 4～30 年周期的年际振荡同向性、反向性。

研究区近三分之一的地区秋季降水量与 PDO 相关性通过了 0.1 显著性检验，在华东、华北中部、准噶尔盆地等地区呈显著正相关分布，在黄土高原至云贵高原区域呈显著负相关分布。正相关显著地区在 1981～1996 年具有年际振荡反向性，在其余时段具有年际振荡同向性；负相关显著地区的秋季降水量与 PDO 在负位相阶段变化趋势相反，在正位相阶段变化趋势一致。

雅鲁藏布江、云贵高原以南、雪峰山及其以南地区的冬季降水量与 PDO 呈显著正相关，而华北平原等地区呈正相关但并不显著。由图 5-27 可知，在正相关显著地区冬季降水量与 PDO 在 20 世纪 80 年代变化趋势相反，在其余时段变化趋势一致；而负相关显著地区负位相时段整体具有年际振荡同向性，正位相时段具有年际振荡反向性。

季节降水量与 AMO 相关性空间分布在中国大部分地区呈正相关，在小部分地区在不同季节呈负相关（图 5-28）。春季降水量与 AMO 相关性较其他 3 个季节好，在东北、西部地区呈显著正相关，在云贵高原以南呈显著负相关。由图 5-29 可知，正相关地区的春季降水量与 AMO 在 1951～1963 年变化趋势相反，其余时段变化趋势一致；负相关地区春季降水量与 AMO 在 1980～1993 年具有年际振荡同向性，之后具有年际振荡反向性；而相关性较小的地区存在 17～30 年周期的趋势同向性与相反性的交替变化。

夏季降水量与 AMO 在天山山脉以南、西南、江南丘陵地区呈显著正相关，在华北北部地区呈不显著负相关，其他地区相关性较差。根据各站点夏季降水量与 AMO 时间序列变化情况及代表性示例图（图 5-29），正相关地区在 2000 年之前变化趋势具有一致性，2000 年之后变化趋势明显相反；而负相关地区在整个时段变化趋势基本相反，其间偶有 3～16 年周期的趋势同向性和反向性交替出现。

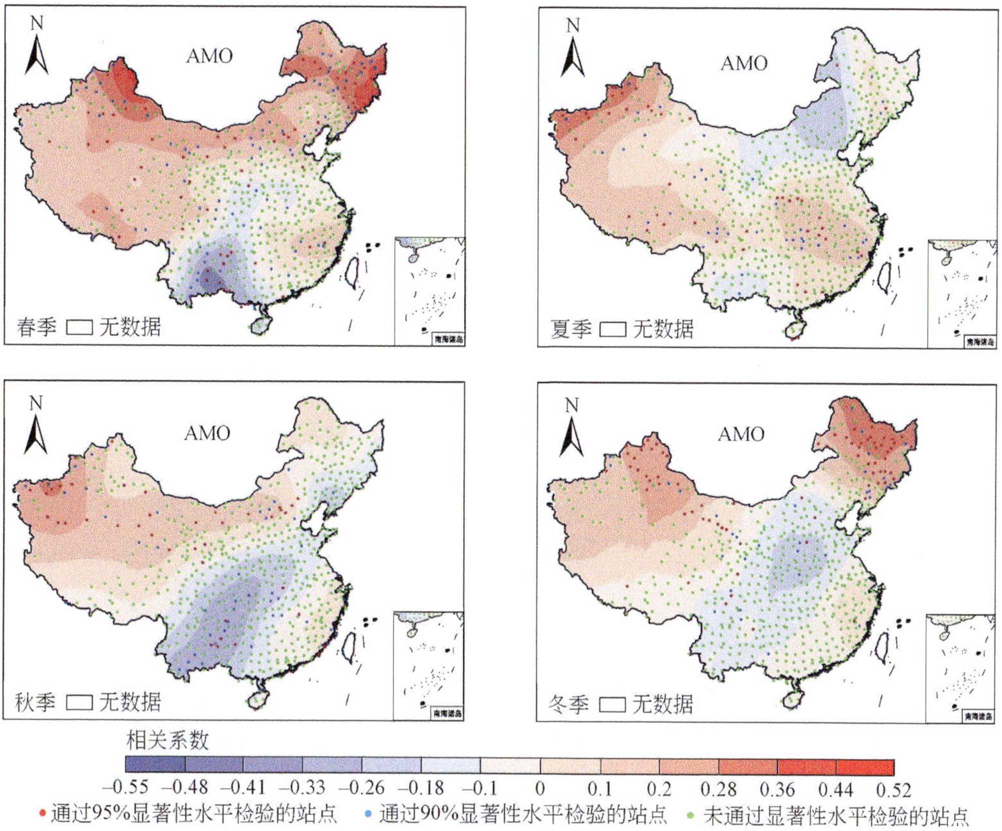

图 5-28 研究区季节降水量与 AMO 相关性空间分布

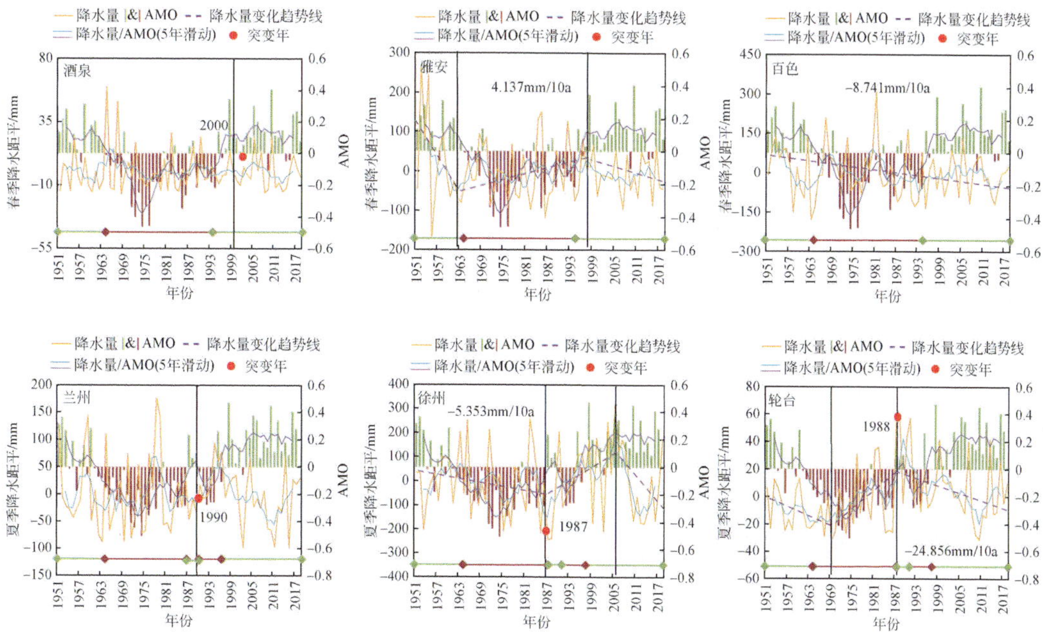

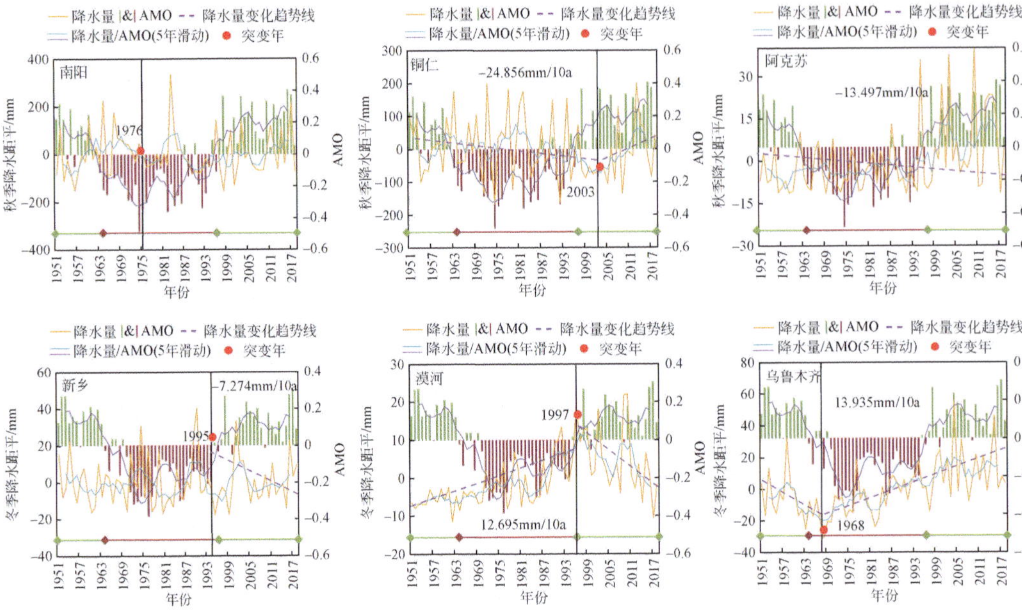

图 5-29　代表性站点季节降水距平与 AMO 年际变化

秋季降水量与 AMO 在塔里木盆地呈正相关，在云贵高原、四川盆地呈负相关，整体相关性比其他 3 个季节差。正相关显著地区仅在 1966 ~ 2018 年的正位相时段变化趋势一致，在其余时段的变化趋势相反；负相关显著地区的秋季降水量与 AMO 在负位相时段具有年际振荡同向性，在正位相时段具有年际振荡反向性；相关性较小的地区存在趋势同向性与反向性交替出现，例如华北平原地区在 1968 ~ 1975 年、1991 ~ 2018 年呈趋势同向性，在 1951 ~ 1967 年、1976 ~ 1990 年呈趋势反向性。

东北、西北北部地区的冬季降水量与 AMO 呈显著正相关，在华北平原呈不显著负相关，其余地区相关系数基本为零。由各站点冬季降水量与 AMO 时间序列变化情况及代表性示例图（图 5-30）可知，东北地区的正相关区域冬季降水量与 AMO 在 1970 年之前具有年际振荡反向性，在 1970 年之后具有年际振荡同向性；而西北北部地区的正相关区域在整个时段呈趋势同向性；负相关地区在 1951 ~ 1970 年、2000 ~ 2004 年存在变化趋势同向性，在其余时段呈趋势反向性。

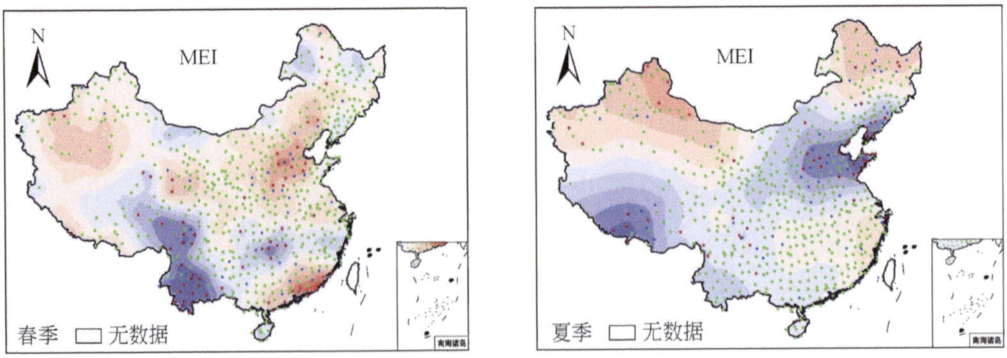

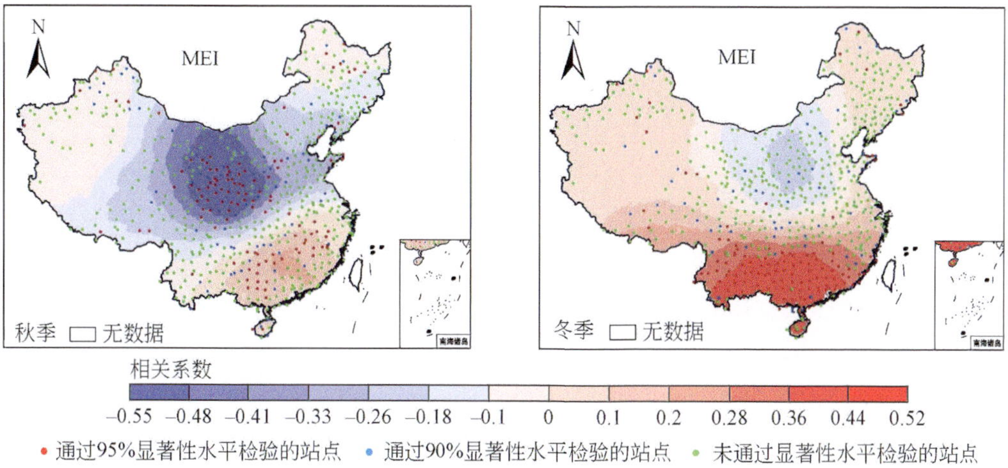

图 5-30　研究区季节降水量与 MEI 相关性空间分布

由图 5-30 可知，春季、夏季、秋季降水量在部分地区与 MEI 呈显著负相关，冬季降水量与 MEI 在中国地区基本呈正相关。在华北平原、珠江入海口等地区的个别站点的春季降水量与 MEI 呈显著正相关，在横断山脉和云贵高原以南地区呈显著负相关。如图 5-31 所示，春季降水量与 MEI 在正相关地区峰谷值变化具有一致性，逐年变化整体具有年际振荡同向性，其间存在 2～5 年的年际振荡反向性阶段与之交错分布；在负相关地区逐年变化整体具有年际振荡反向性，仅在 1975～1982 年、2000～2018 年具有年际振荡同向性。

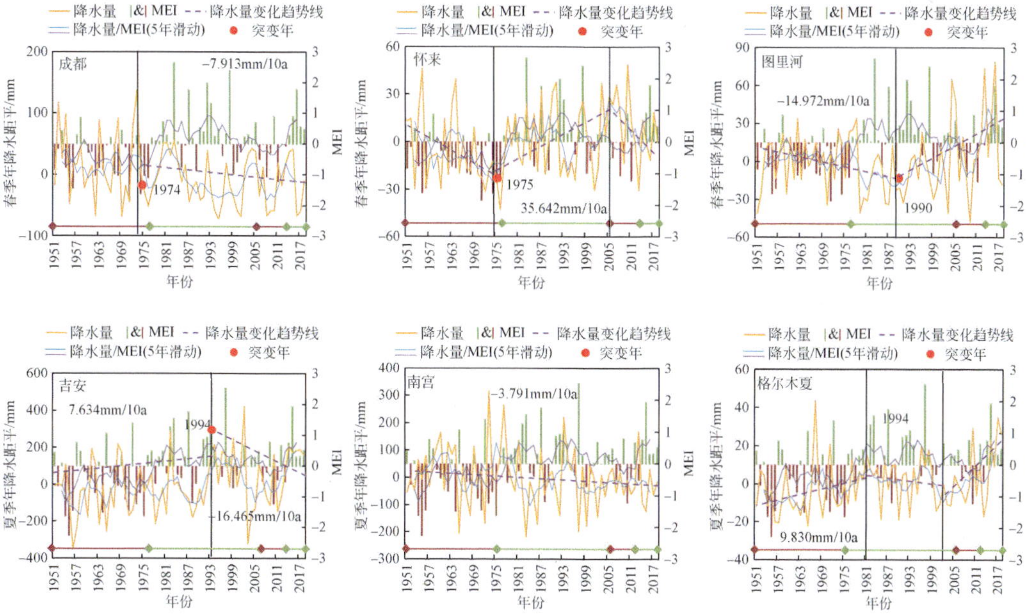

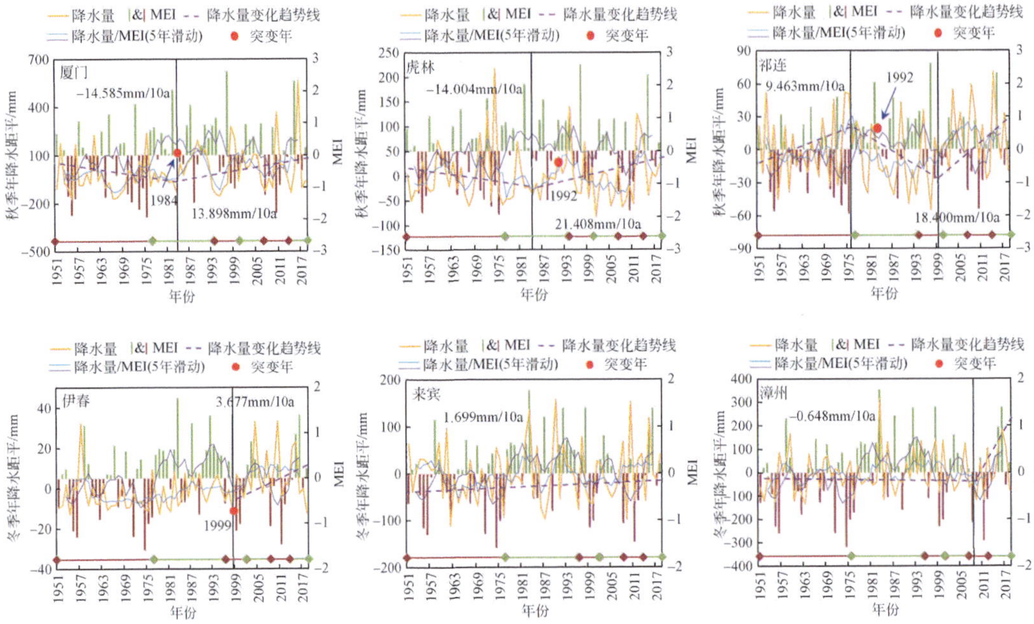

图 5-31　代表性站点季节降水距平与 MEI 年际变化

夏季降水量与 MEI 在小兴安岭、天山山脉以东地区呈不显著正相关，在青藏高原以南、太行山脉及其以东地区呈显著负相关。根据夏季降水量与 MEI 时间序列图，1974～1980 年、2000～2010 年两者在正相关地区变化趋势相反，其余时段变化趋势一致；负相关地区大部分时段为趋势反向性，在 1969～1976 年、1990～2001 年为趋势同向性；而西部相关性较差地区在正位相时段呈趋势同向性，而负位相时段呈趋势反向性。

中国一半的站点秋季降水量与 MEI 相关性显著，在长江中下游以南地区呈显著正相关，而在黄河流域反之，为显著负相关。显著正相关地区整体上秋季降水量与 MEI 下降趋势基本一致，但其中两者数值波动存在 3～5 年的趋势反向性；显著负相关地区秋季降水量与 MEI 在 20 世纪 50 年代、80 年代具有年际振荡同向性，在其余时段具有年际振荡反向性；其他相关系数接近 0 的地区趋势相同或相反交替出现，例如东北地区在 1951～1976 年、1999～2010 年呈趋势反向性，在其余时段呈趋势同向性。

冬季降水量与 MEI 在长江以南地区呈显著正相关，黄土高原以北地区为不显著负相关。由图 5-31 可知，显著正相关地区在整个时段具有年际振荡同向性；其余相关性较小的地区存在短时段的同向性、反向性以及不相关的变化趋势。

冬季降水量与 AO 相关性最好，夏季、春季次之，秋季相关性最差（图 5-32）。春季降水量与 AO 的相关系数由东北向西南方向递增，在云南呈正相关显著，在小兴安岭、准噶尔盆地以北和江南丘陵地区呈显著负相关。根据春季降水量与 AO 时间序列图，正相关地区在 1963～1970 年、1992～200 年具有趋势反向性，在其余时段具有趋势同向性；东南方向的负相关地区在 1951～1972 年、1982～1999 年变化趋势相反，在 1973～1981 年、2000～2018 年变化趋势相同；西北方向的负相关地区仅在 20 世纪 60 年代具有趋势同向性，在其余时段皆具有趋势反向性。

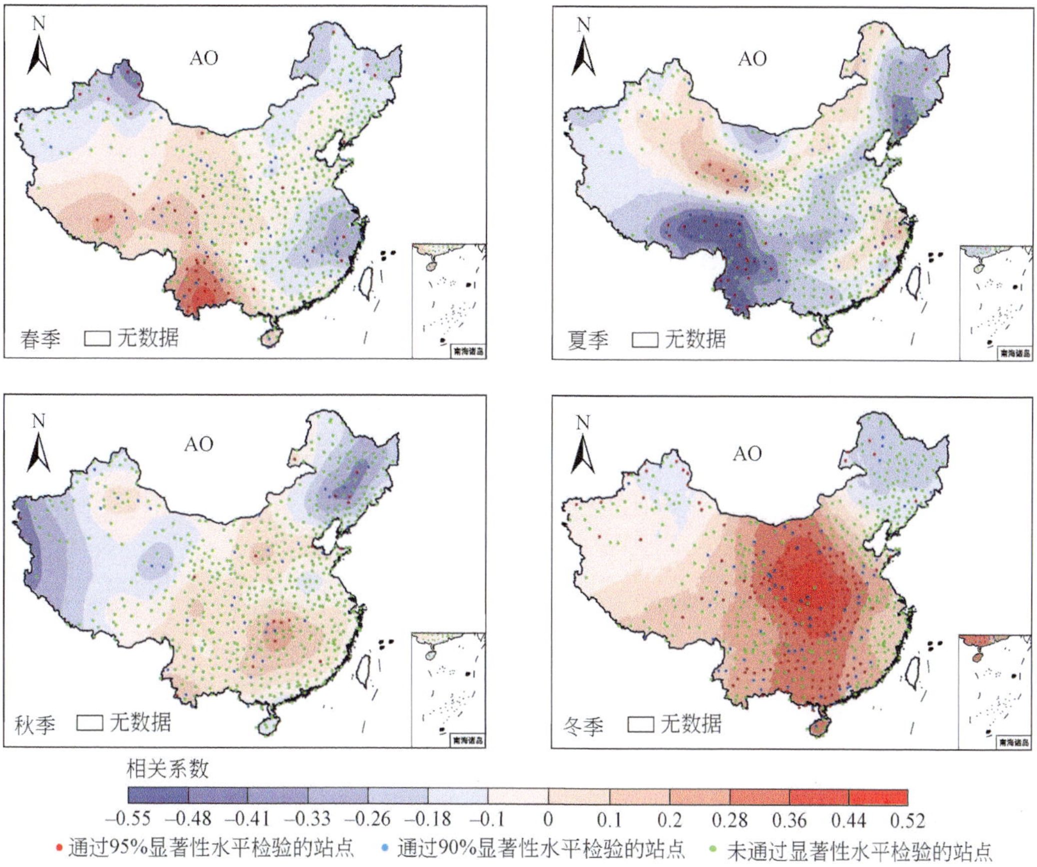

图 5-32　研究区季节降水量与 AO 相关性空间分布

有 70% 的站点夏季降水量与 AO 呈负相关，在西北中部地区夏季降水量与 AO 呈显著正相关，东北、西南地区夏季降水量与 AO 呈显著负相关，其余地区夏季降水量与 AO 的相关性较差。显著正相关地区的夏季降水量与 AO 在整个时间序列具有年际振荡同向性；显著负相关地区的夏季降水量与 AO 仅在 20 世纪 50 年代具有年际振荡同向性，在其余时段皆为年际振荡反向性；相关性差的地区趋势同向性和反向性交替出现，例如华东地区夏季降水量与 AO 以 1970 年、1996 年为界，呈反向性—同向性—反向性的变化趋势。

秋季降水量与 AO 相关系数由西部、东部向中部递增，在雪峰山及其以东地区呈显著正相关，东北、青藏高原西部地区呈显著负相关。由图 5-33 可知，正相关地区秋季降水量与 AO 在 1951 ~ 1963 年具有趋势反向性，在 1964 ~ 2018 年具有趋势同向性；负相关地区秋季降水量与 AO 在整个时间序列变化趋势基本相反；其余相关性较弱地区秋季降水量与 AO 变化趋势复杂，存在 3 ~ 25 年周期的振荡同向性/反向性。

中国地区一半的站点冬季降水量与 AO 相关性通过了显著性检验，相关系数由中部向东部、西部递减，在黄土高原、长江流域中部地区呈显著正相关，在东北、华北北部地区呈显著负相关。正相关地区各站点冬季降水量与 AO 在 1951 ~ 2018 年具有年际振荡同向性，相关性较差地区降水量与 AO 存在 5 ~ 20 年的年际振荡同向性和年际振荡反向性周期交替变化。

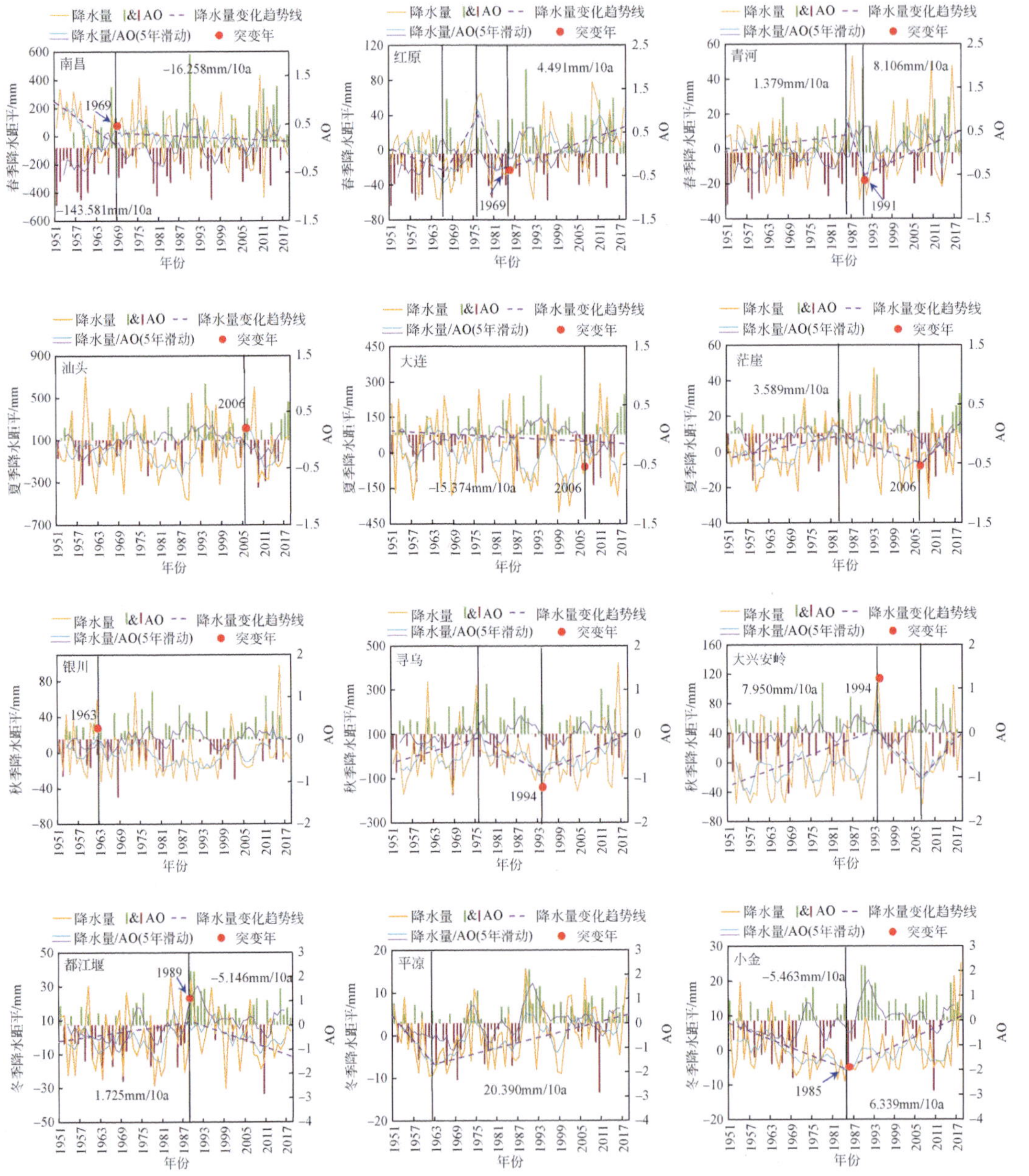

图 5-33　代表性站点季节降水距平与 AO 年际变化

2）SR、WS、AP、RH 对季节降水量影响的空间分布

春季降水量与 SR 相关性最好，有 1/3 地区的站点通过了 0.1 显著性水平检验，冬季次之，夏季、秋季降水量与 SR 相关性最差（图 5-34）。春季降水量与 SR 相关性较好，在太行山、塔里木盆地、横断山、浙闽丘陵等中国大部分地区呈显著负相关，仅在大兴安岭西部、四川盆地南部地区呈显著正相关。由各站点春季降水量与 SR 的时间序列变化及代表性示例（图 5-35）可以看出，正相关地区在 1976 年之前具有年际振荡反向性，在 1977 年之后具有年际振荡同向性；负相关地区在 1959 ~ 1980 年呈趋势同向性，在其余时段皆呈趋势反向性。

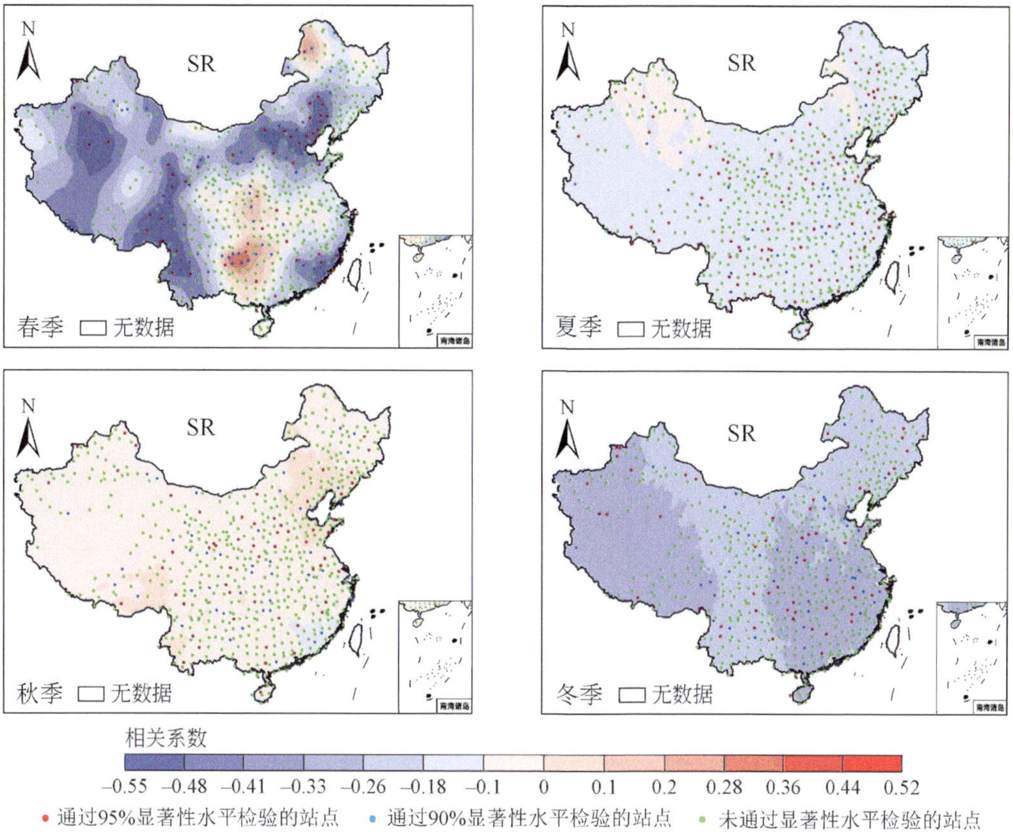

图 5-34 研究区季节降水量与 SR 相关性空间分布

夏季降水量与 SR 在全国范围内呈不显著负相关，相关系数分布均匀。西部地区在 1959 ~ 1973 年、2004 ~ 2018 年具有年际振荡反向性，在 1974 ~ 2003 年具有年际振荡同向性；中国南方地区在 1981 ~ 2010 年变化趋势一致，在其余时段变化趋势相反；东北地区在大部分时段呈趋势同向性，仅在 20 世纪 80 年代、21 世纪 10 年代之后呈趋势反向性。

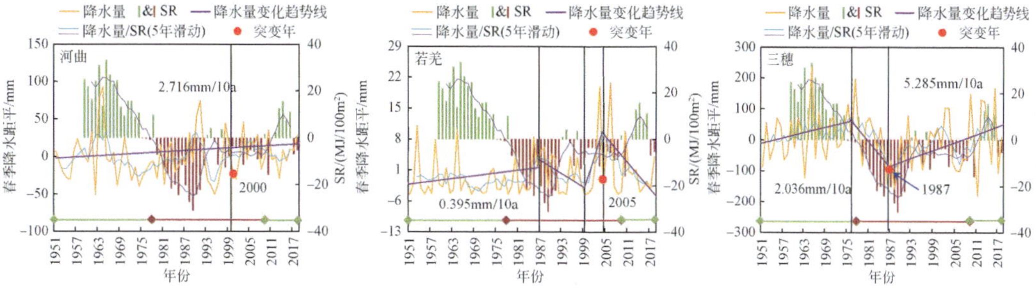

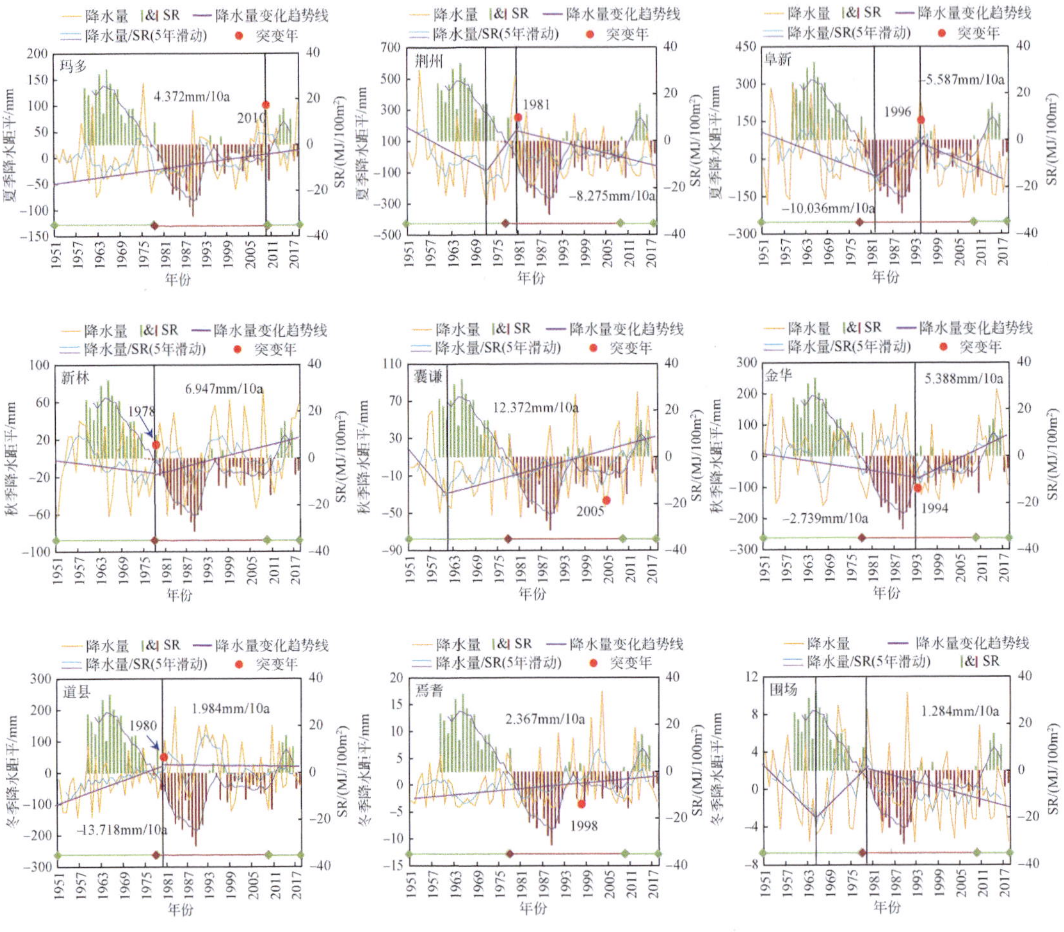

图 5-35　代表性站点季节降水距平与 SR 年际变化

秋季降水量与 SR 整体呈不显著正相关，相关系数在 0～0.2。由代表性站点秋季降水量与 SR 年际变化图可知，东北地区秋季降水量与 SR 的年代际振荡特征基本同夏季一致；西南地区在 1959～1976 年、1982～1994 年变化趋势相反，在其余时段变化趋势一致；而华东地区以 1994 年为界，此年之前具有趋势反向性，之后具有趋势同向性。

中国地区冬季降水量与 SR 呈负相关，中国西部、东南部地区相关性高于其他地区。由图 5-35 可知，相关性高的地区在 1981 年之前具有年际振荡反向性，在 1981 年之后具有年际振荡同向性；相关性相对较低的地区存在 4～12 年的年际振荡同向性和年际振荡反向性交替出现。

春季降水量与 WS 相关性最好（图 5-36），在长江中下游平原的部分站点呈显著正相关，在西南、东北以及华北北部地区呈显著负相关，在其余地区相关性较差。从各站点降水量与 WS 的时间序列变化及代表性示例（图 5-37）来看，正相关地区在大部分时段变化趋势具有同向性，仅在 1966～1977 年、2010～2018 年具有趋势反向性；负相关地区降水量与 WS 在 1985～1995 年、2008～2018 年变化趋势一致，在其余时段变化趋势皆相反。

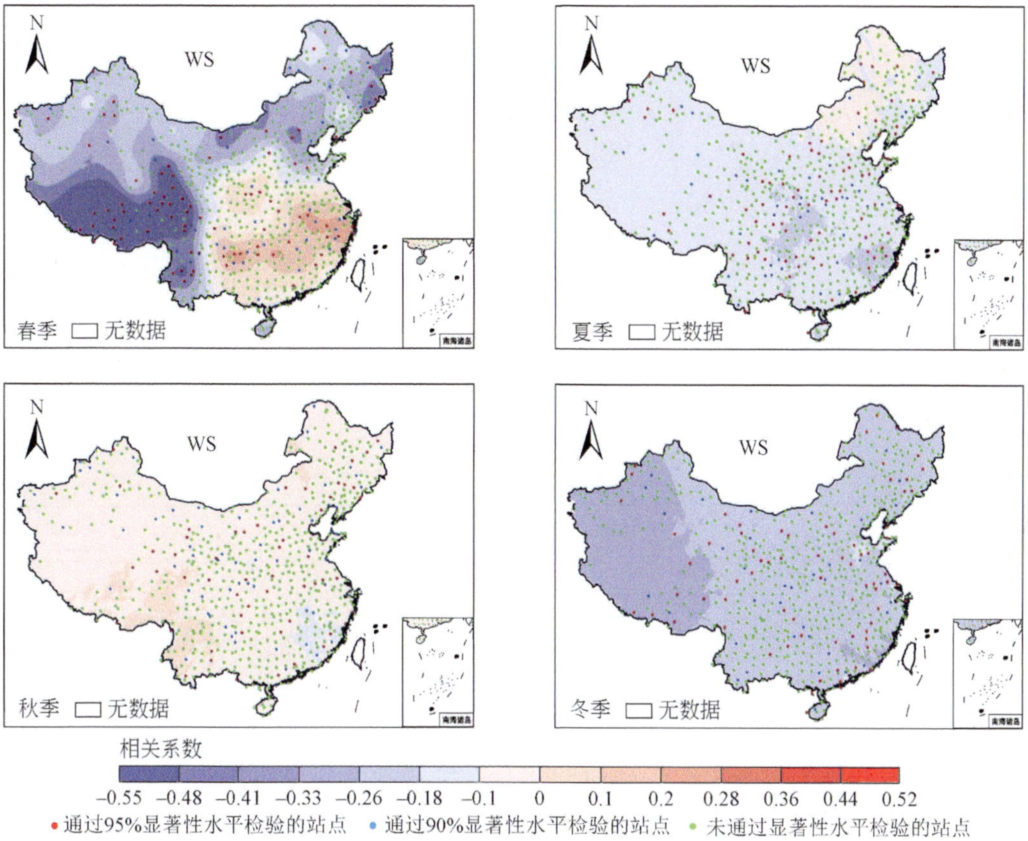

图 5-36 研究区季节降水量与 WS 相关性空间分布

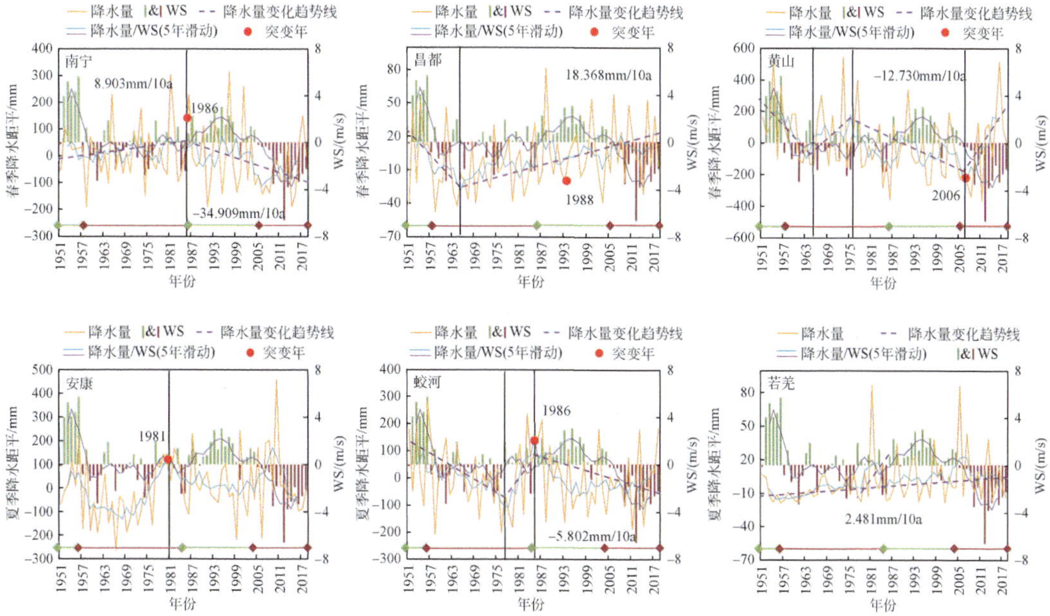

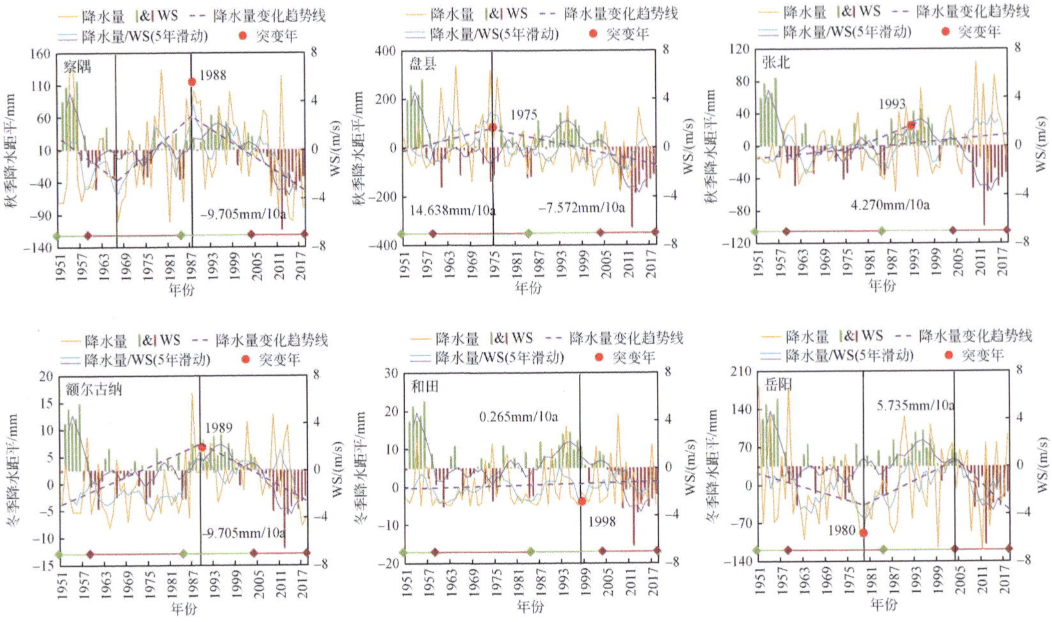

图 5-37　代表性站点季节降水距平与 WS 年际变化

大部分站点夏季降水量与 WS 呈不显著负相关。由图 5-36 可以看出，东部地区夏季降水量与 WS 在 1976 年之前具有年际振荡同向性，在 1980 年之后具有年际振荡反向性；西部地区在 1975 ~ 1998 年、2007 ~ 2018 年具有年际振荡同向性，在其余时段具有年际振荡反向性。

在全国范围内秋季降水量与 WS 整体呈不显著正相关，相关系数分布均匀。中国大部分地区秋季降水量与 WS 在时间序列上变化趋势基本一致，其间存在 4 ~ 21 年的年际振荡同向性与年际振荡反向性交替变化，而东北、华北地区秋季降水量与 WS 在 20 世纪 70 ~ 90 年代变化趋势一致，在其余时段变化趋势相反。

冬季降水量与 WS 的相关性次于春季降水量与 WS 的相关性，除中国西部地区呈显著负相关以外，其余地区皆呈不显著负相关。显著负相关地区的冬季降水量与 WS 在整个时段具有年际振荡同向性；相关性不显著的北部地区的冬季降水量与 WS 在 1968 ~ 1992 年、2000 ~ 2006 年具有趋势同向性，在其余时段具有趋势反向性；相关性不显著的南部地区的冬季降水量与 WS 在 1985 年之前变化趋势相反，在 1986 年之后变化趋势一致。

本次选取的气候因子中季节降水量与 AP 相关性最差（图 5-38），仅春季小部分地区降水量与 AP 相关性显著，夏季、秋季、冬季皆呈不显著相关的分布特征。春季降水量与 AP 在中南、华北地区呈不显著正相关，在东北地区呈显著负相关，而在西部地区呈不显著负相关。从各站点春季降水量与 AP 的时间序列变化及代表性站点图（图 5-39）可以看出，两者在正相关地区具有年际振荡同向性；显著负相关地区春季降水量与 AP 在 1973 ~ 1998 年具有趋势同向性，在其余时段具有趋势反向性；而不显著负相关地区春季降水量与 AP 在 1989 年之前变化趋势相反，在 1989 年之后变化趋势一致。

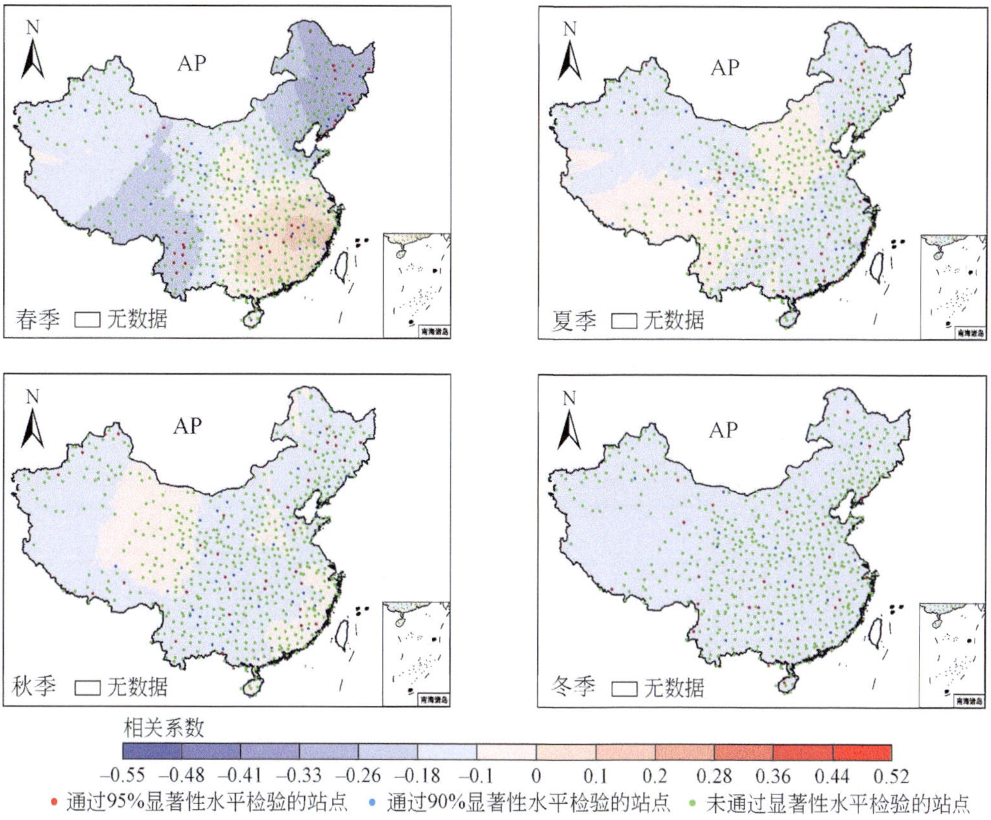

图 5-38 研究区季节降水量与 AP 相关性空间分布

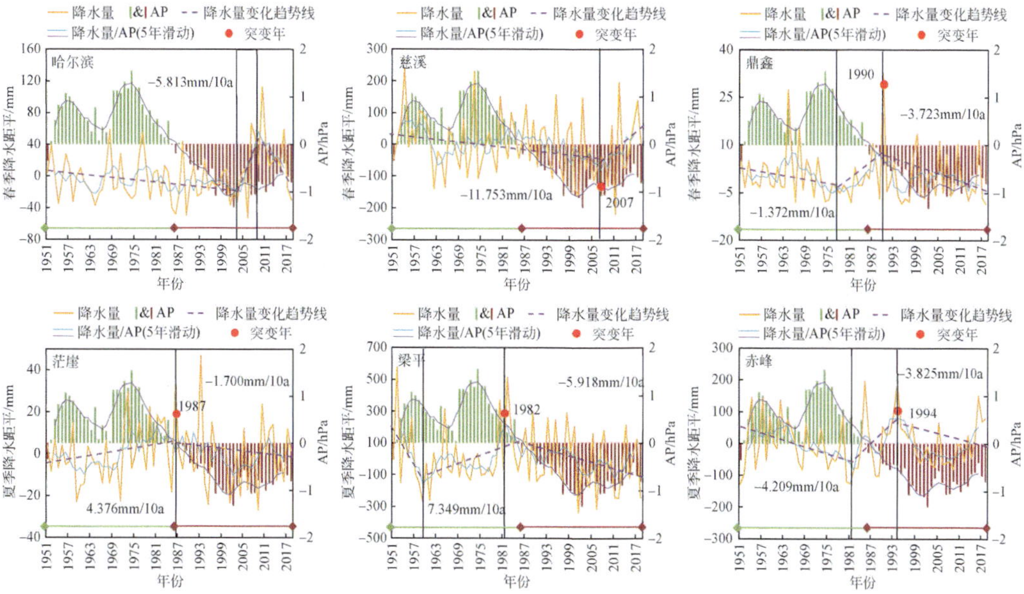

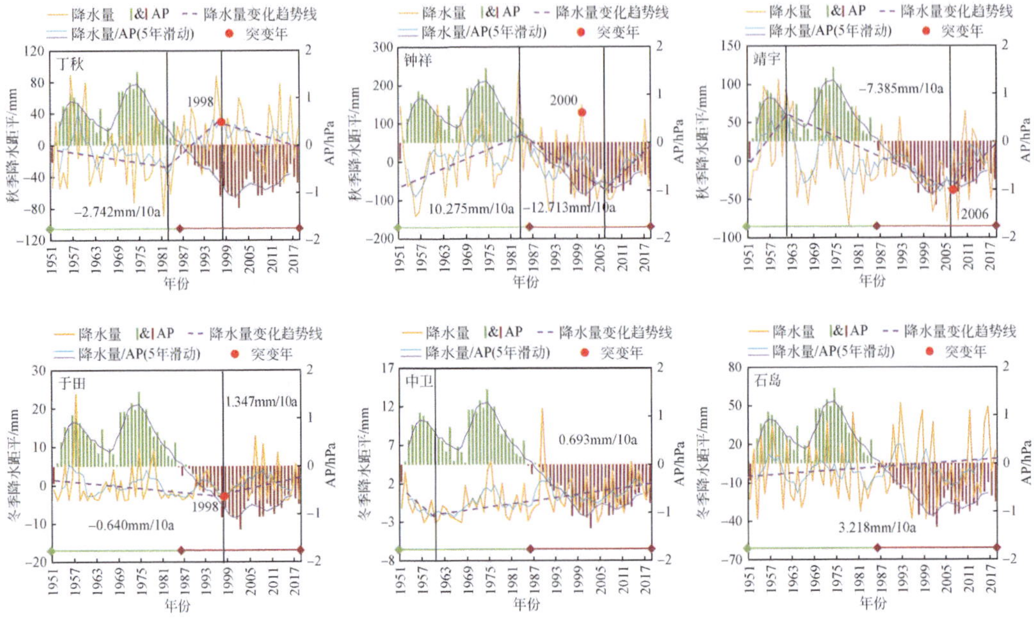

图 5-39　代表性站点季节降水距平与 AP 年际变化

夏季、秋季降水量约 1/3 站点与 AP 呈不显著正相关，其余 2/3 站点呈不显著负相关。从时间序列来看，各站点夏季、秋季降水量与 AP 具有年际振荡同向性和年际振荡反向性交替变化的特征，例如北方地区夏季降水量与 AP 在 1975 ~ 1981 年、1994 ~ 2018 年具有年际振荡同向性，在 1951 ~ 1974 年、1982 ~ 1993 年具有年际振荡反向性；西南地区秋季降水量与 AP 在 1951 ~ 1969 年、1975 ~ 1984 年、2010 ~ 2018 年具有年际振荡同向性，在其余时段具有年际振荡反向性。

中国范围内的冬季降水量与 AP 相关系数在-0. 1 ~ 0。由图 5-39 可以看出，西南地区冬季降水量与 AP 在 1962 ~ 1974 年、1999 ~ 2018 年具有趋势反向性，在 1951 ~ 1961 年、1975 ~ 1998 年具有趋势同向性；黄河及以南的部分地区冬季降水量与 AP 在 1951 ~ 1968 年、1979 ~ 1999 年具有趋势反向性，在其余时段为同向性；而东部地区冬季降水量与 AP 在 1985 ~ 2005 年变化趋势相反，在 1951 ~ 1984 年、2006 ~ 2018 年变化趋势一致。

季节降水量与 RH 相关性分布规律类似（图 5-40），春季相关系数在空间上由东北、西南向中部地区逐渐增加，夏季、秋季、冬季降水量与 RH 无显著相关的区域。在长江中下游以南地区，春季降水量与 RH 相关性呈显著正相关，在中国西部、东北地区呈显著负相关，在其他地区相关性较差。从春季降水量与 RH 的时间序列（图 5-41）可以看出，两者在显著正相关地区大部分时段具有年际振荡同向性，仅在 1962 ~ 1969 年、1999 ~ 2004 年具有年际振荡反向性；而显著负相关区域中的东北地区春季降水量与 RH 在 1983 年之前具有趋势同向性，在 1983 年之后具有趋势反向性；显著负相关区域中的西部地区春季降水量与 RH 在 1978 ~ 1990 年、2005 ~ 2018 年变化趋势相同，在其余时段变化趋势相反。

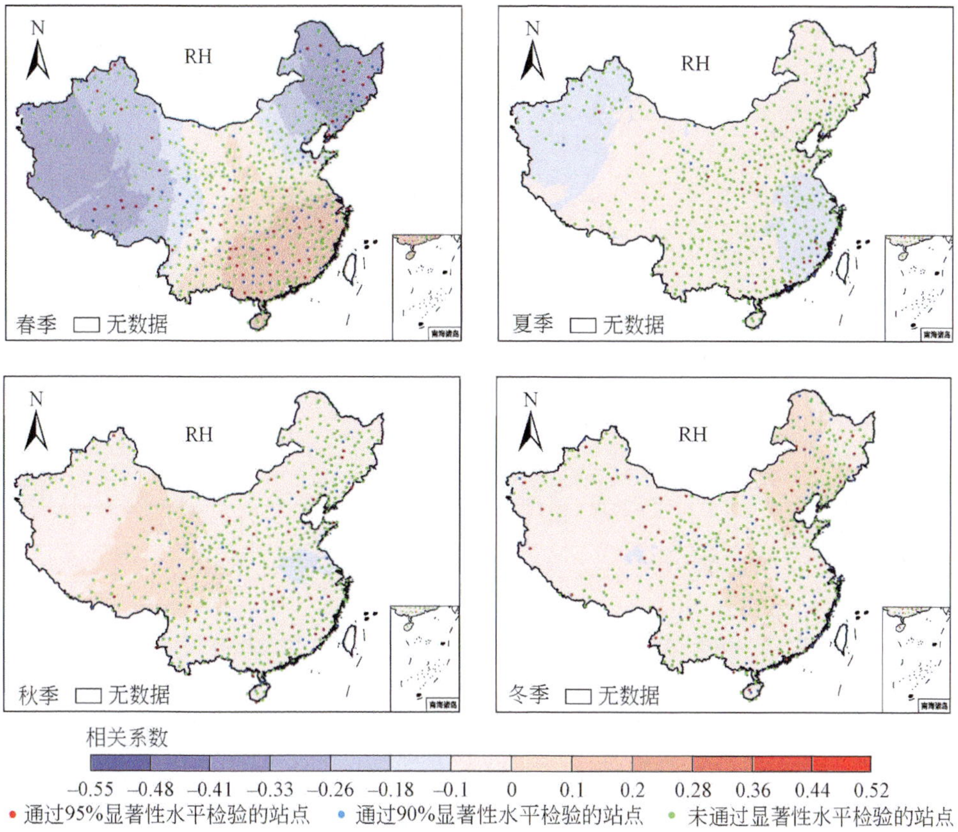

图 5-40 研究区季节降水量与 RH 相关性空间分布

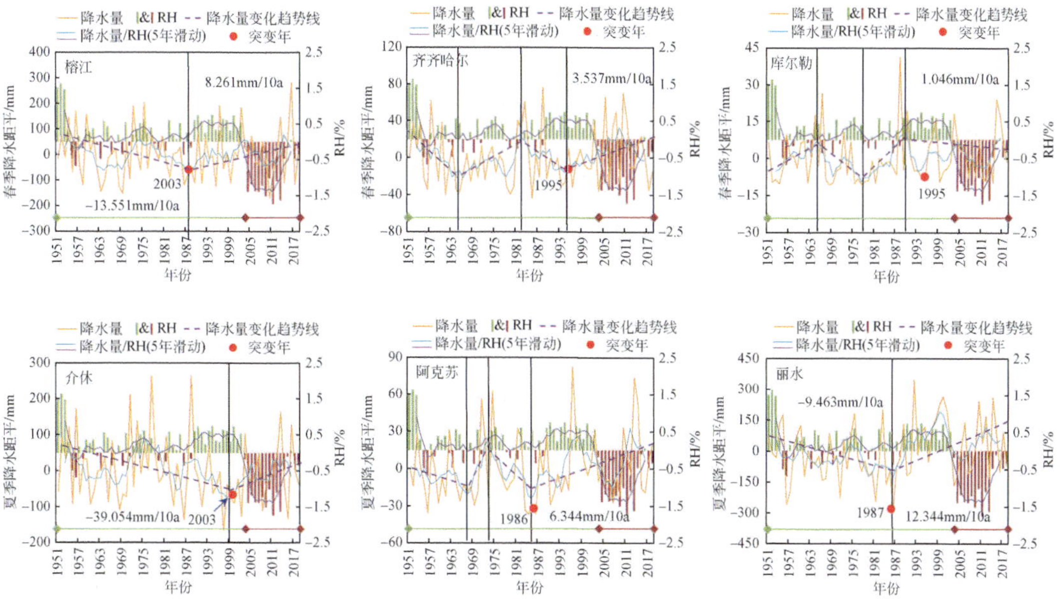

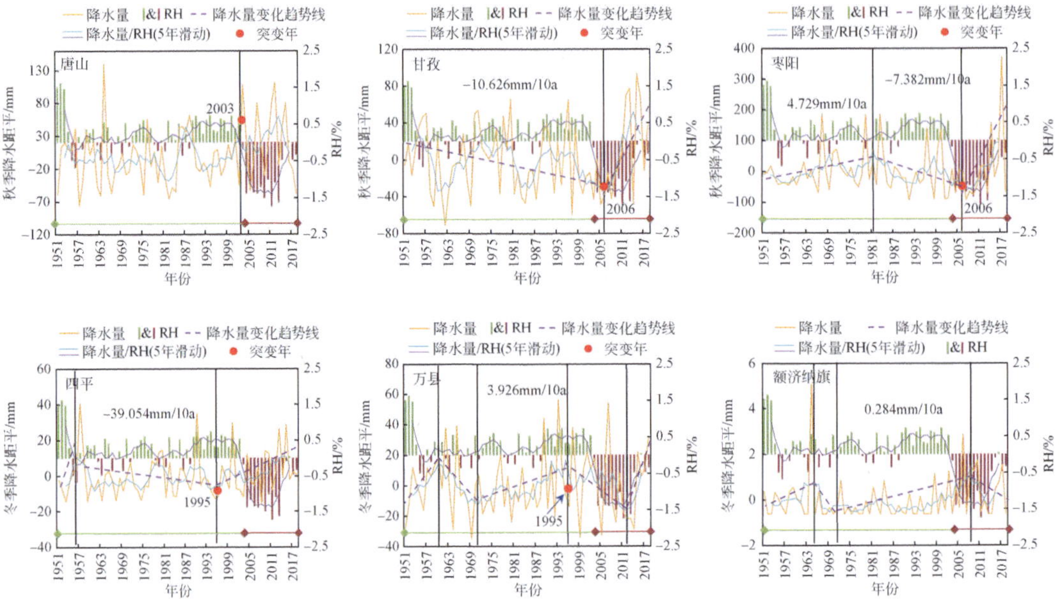

图 5-41　代表性站点季节降水距平与 RH 年际变化

夏季降水量与 RH 相关系数范围为−0.1～0.1，在西北西部、华东地区呈负相关，在其余地区呈正相关。在负相关区域中的西北西部地区，夏季降水量与 RH 在 1951～1979 年、1999～2006 年具有趋势同向性，在 1980～1998 年、2007～2018 年具有趋势反向性；而负相关区域中的华东地区夏季降水量与 RH 在 21 世纪之前变化趋势基本一致，在 21 世纪之后具有明显的变化趋势反向性；正相关地区如华北中部地区夏季降水量与 RH 在 1967～1980 年、2005～2018 年具有年际振荡同向性，在其余时段具有年际振荡反向性。

秋季降水量和冬季降水量与 RH 呈不显著正相关。从秋季降水量与 RH 的时间序列可以看出，黄海沿岸地区在 1980 年之前具有年际振荡同向性，在 1981 年之后具有年际振荡反向性；西南地区与黄海沿岸地区变化趋势相反；中南地区在 1951～1970 年、1998～2018 年具有趋势同向性，在其余时段变化趋势相反。冬季降水量与 RH 在东北地区 1951～2000 年具有年际振荡反向性，在 2001 年之后具有年际振荡同向性；长江中部地区在 1951～1962 年、1997～2010 年变化趋势相反，在其余时段变化趋势一致；西北地区冬季降水量与 RH 在 1951～1981 年、2000～2018 年呈趋势反向性，在 1982～1999 年呈趋势同向性。

3）CO_2、AGG 对季节降水量影响的空间分布

从图 5-42～图 5-44 可以看出，季节降水量与 CO_2、AGG 相关性在空间分布上规律相似，并且相关性皆由大到小依次为春季、冬季、秋季、夏季。春季降水量与 CO_2、AGG 相关性空间分布一致，约有 95% 的站点呈正相关，在东北、华北北部和西南地区呈显著正相关，仅在华东沿海地区呈显著负相关；夏季降水量和秋季降水量与 CO_2、AGG 相关性较差；中国西部地区冬季降水量与 CO_2、AGG 的相关性略高于其他地区，个别站点通过了显著性检验。从各站点季节降水量与 AGG、CO_2的时间序列变化及代表性示例（图 5-44）来看，1995 年之后降水量呈上升趋势的站点季节降水量与 AGG、CO_2 都具有年际振荡同向性，降水量呈下降趋势的站点季节降水量与 AGG、CO_2 都具有年际振荡反向性。

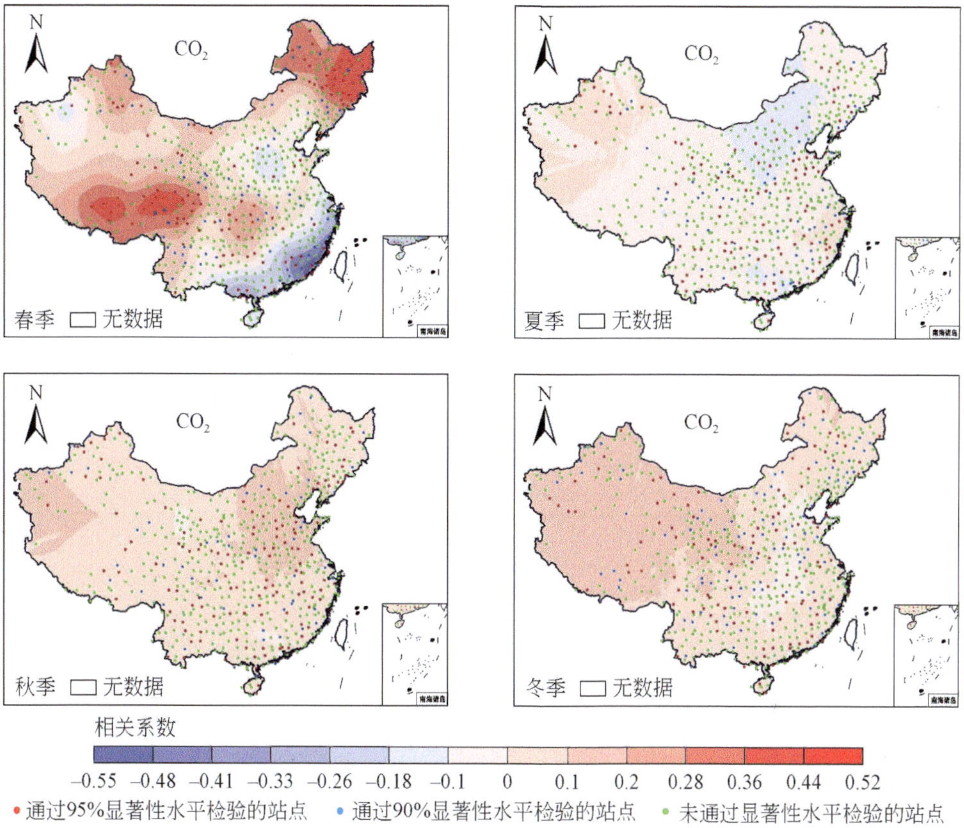

图 5-42　研究区季节降水量与 CO_2 相关性空间分布

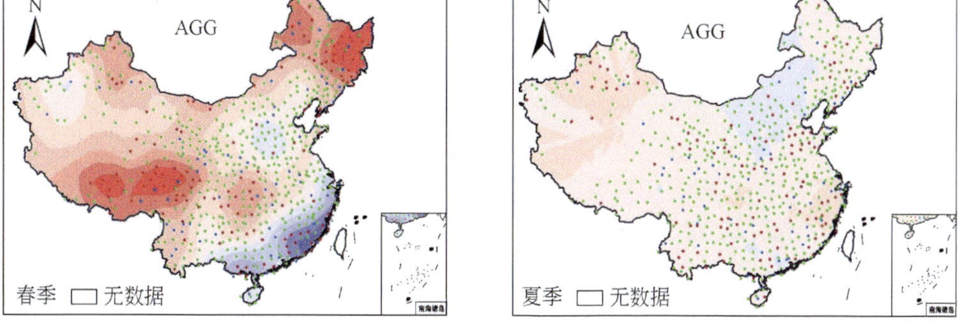

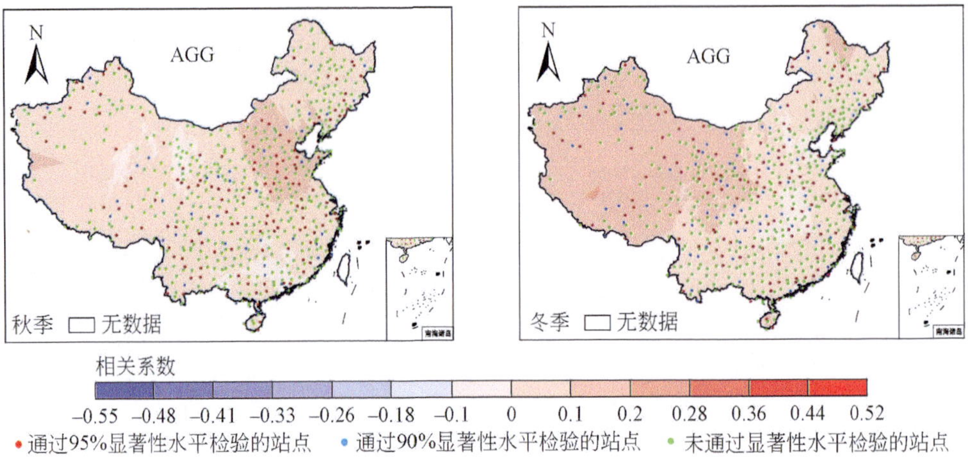

图 5-43 研究区季节降水量与 AGG 相关性空间分布

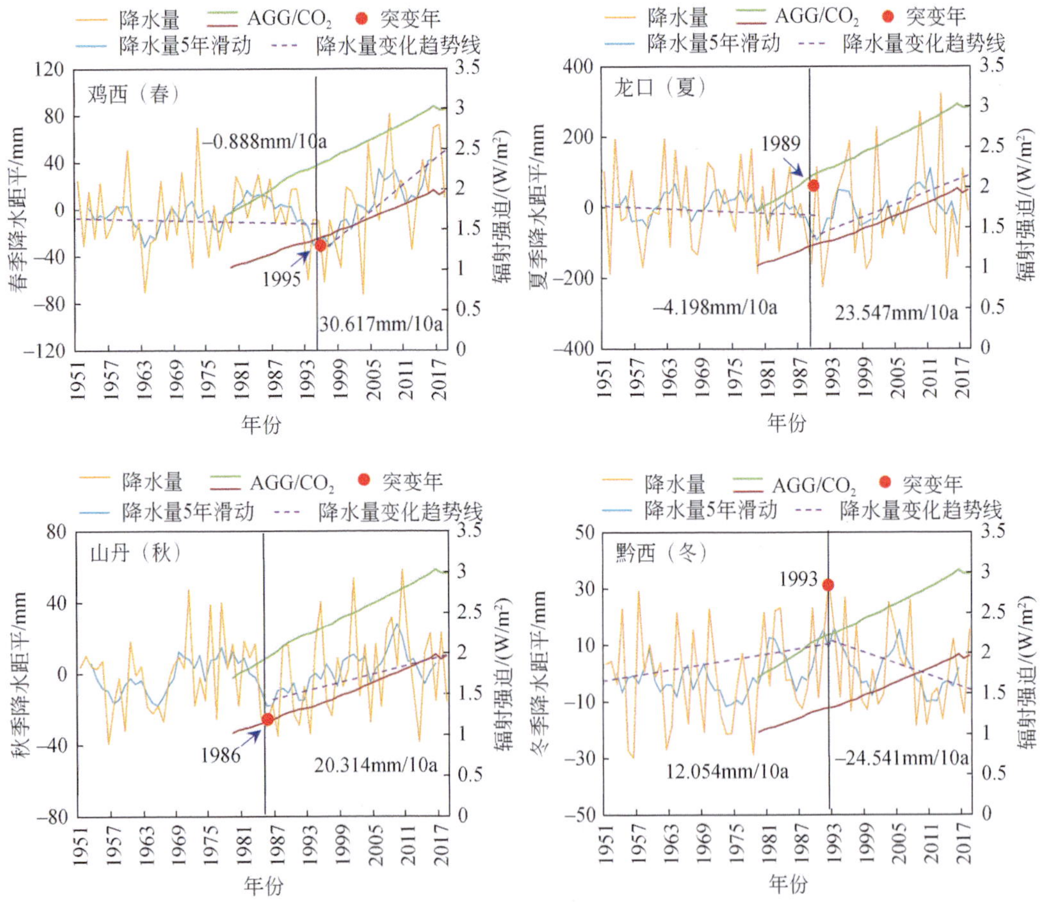

图 5-44 代表性站点季节降水距平与 CO_2、AGG 年际变化

中国地区气候因子对季节降水量的定性影响空间分布具有区域性，将季节降水量与气候因子相关性显著的区域划分出来（图5-45），可以看出，AGG、CO_2、RH在全国范围内对春季降水量的影响较大，而AMO、SR、WS、AP对东北、华北、西北和西南中西部等地区春季降水量有所影响，MEI、AO也影响了西南中西部地区的春季降水量；夏季降水量与气候因子的相关性在华北北部、中南南部、华东、青藏高原北部等地区较差，相关系数在-1.8~0.1，在西北北部夏季降水量与AMO、PDO的相关性较为显著，AO影响了东北、青藏高原以南、横断山脉及云贵高原等地区的夏季降水量，MEI与华北平原、西北北部、青藏高原以南等地区夏季降水量的相关性显著；东北及华北北部地区秋季降水量与PDO、AO的相关性好，新疆和西藏的西部地区秋季降水量与AMO、AO的相关性显著，MEI、PDO、AMO对中国中部、南部区域秋季降水量有所影响；冬季降水量与AMO的相关性在东北和华北北部地区、新疆、西藏西部等地区好，AO主要影响了中国中部和南部地区的冬季降水量，西南东部、中南南部、华东南部等地区降水量也与PDO、MEI的相关性较好。

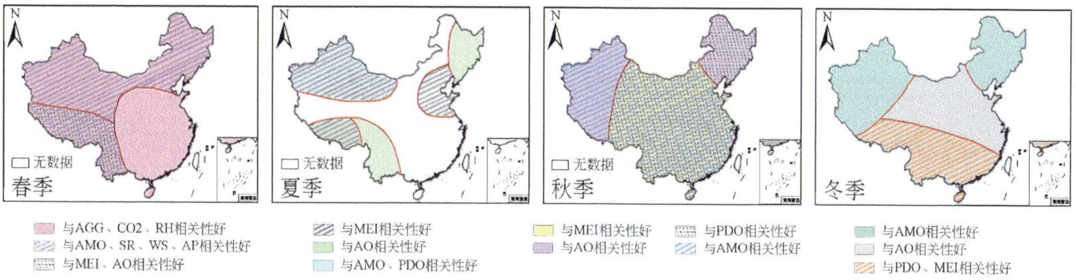

图5-45　气候因子对季节降水量的定性影响空间分布

5.1.6　气候因子对年降水量定量影响贡献的计算

降水量的变化受多个因子共同影响作用，观测数据中包含有气候系统内部自然变率、自然和人为因素外强迫的影响。为了分析自然变率对降水量的贡献大小，我们选取了8个第六次国际耦合模式比较计划（CMIP6）气候系统输出的模式数据，将模式数据提取对应到中国地区619个气象站点，并将所有站点的观测数据与模式数据进行相关性分析，由图5-46可以看出，中国地区降水量观测序列和模式模拟序列虽然存在偏差，但波动特征整体一致，二者相关性均通过了显著性水平检验（$R^2=0.602$），可见模式对中国地区降水量的趋势模拟较好。根据去趋势方法，利用模式序列去除中国地区619个站点降水量中人

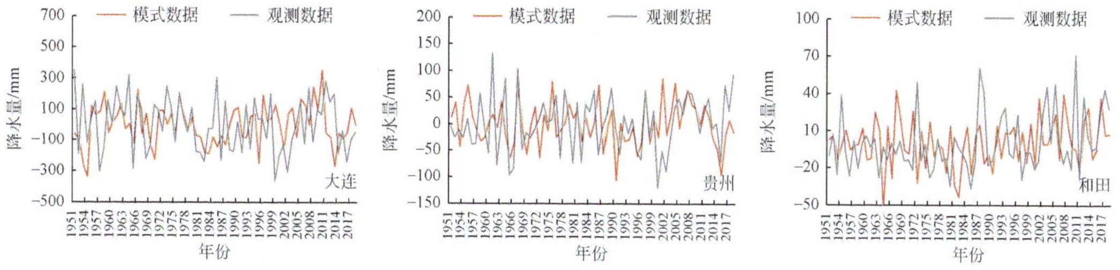

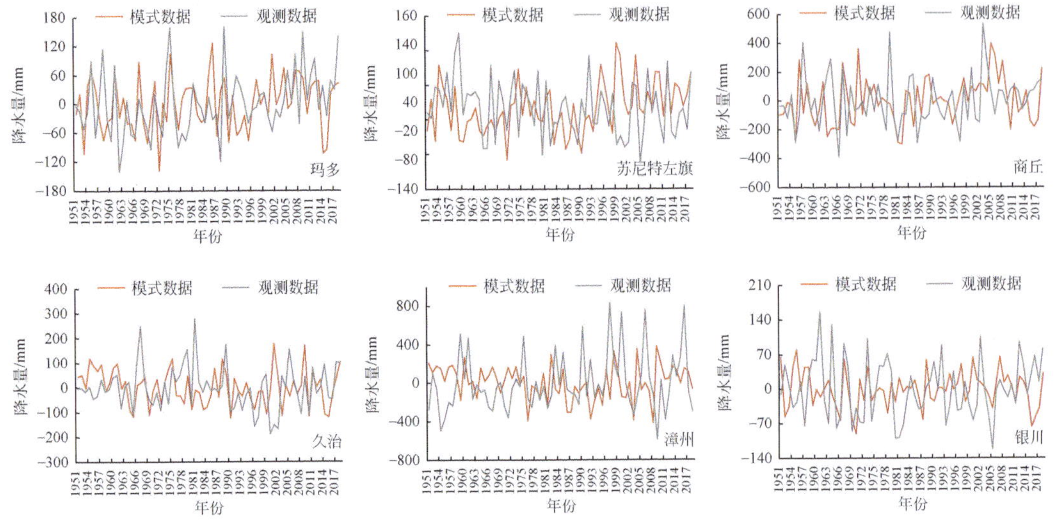

图 5-46　代表性站点年降水量观测数据与模式数据距平序列

类活动的贡献，得出自然变率所贡献的降水量变化。

为了定量说明本次选取的气候因子对降水量的贡献，采用集合经验模态分解（EEMD）方法对中国自然变率所贡献的降水量序列、气候因子时间序列进行分解，获取时间尺度的本征模态函数，然后将本征模态函数运用基于线性模型的冗余分析（RDA），定量分析气候因子对降水量的贡献率。全国 619 个气象站点降水量均采用上述计算，以一个站点详细计算过程为例：气候因子分为两大类，第一类为大气环流因子，包括 PDO、AMO、MEI、AO，第二类为区域性气候因子，包括 RH、SR、WS、AP。从图 5-47 第一组可以看出，大气环流因子对气降水量的贡献率为 26.8%，区域性气候因子对降水量的贡献率为 20.4%。

根据以上计算过程，可以得出各气候因子对中国地区年降水量贡献率的空间分布（图 5-48、图 5-49），大气环流因子中 AMO 对年降水量的整体贡献率最大，其次是 MEI 和 PDO，AO 对年降水量的整体贡献率最小；区域性气候因子中 SR 对年降水量的整体贡献率最大，其次是 WS、RH，AP 对年降水量的贡献率最小。

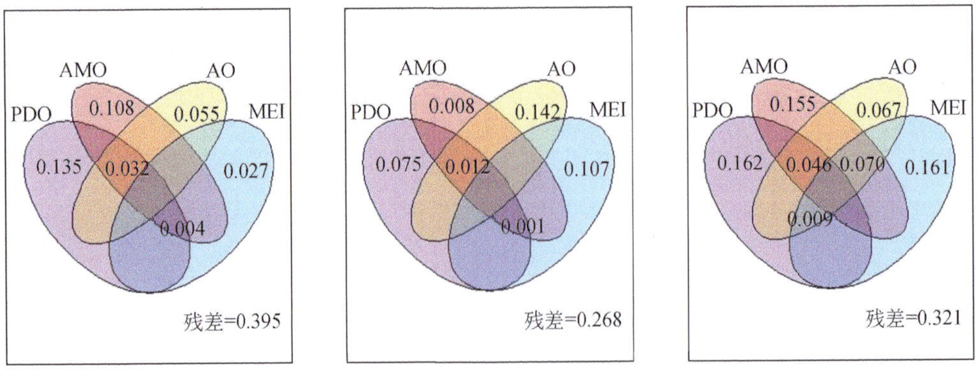

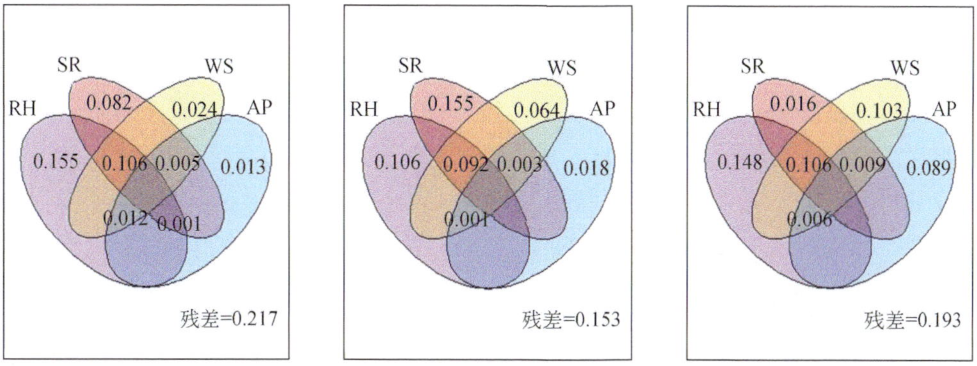

图 5-47　基于偏冗余分析的影响年降水量的气候因子方差分析

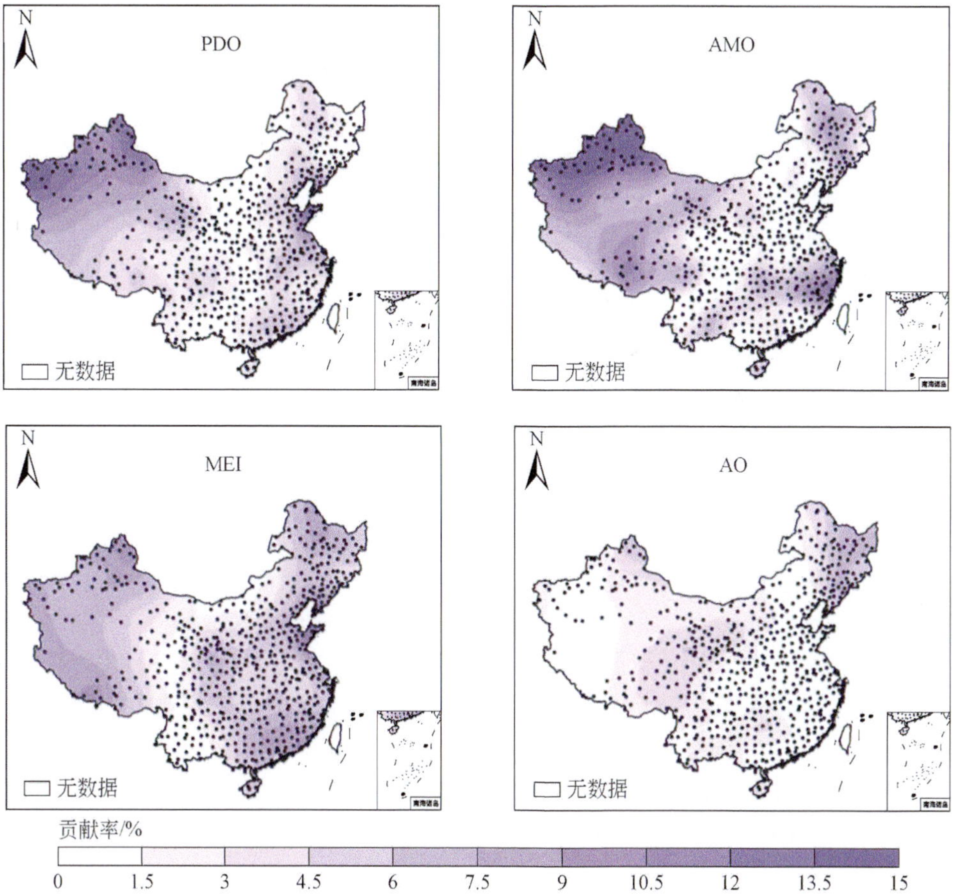

图 5-48　PDO、AMO、MEI、AO 对年降水量贡献率的空间分布

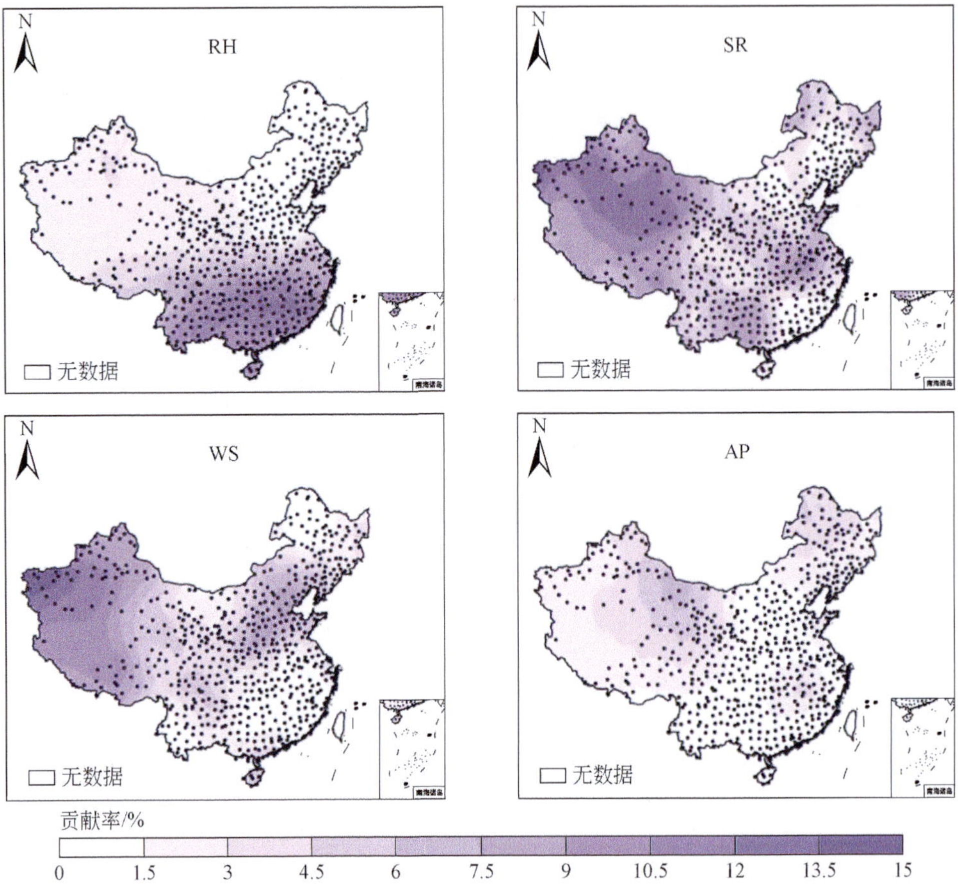

图 5-49　RH、SR、WS、AP 对年降水量贡献率的空间分布

PDO 对年降水量贡献率较大的区域集中在中国西北地区，其中塔里木盆地北部地区 PDO 对年降水量的贡献率（约 14.2%）最高；在中国中部地区，PDO 对年降水量的贡献率最小，黄土高原地区 PDO 对年降水量的贡献率仅在 0.8% 左右；而东部地区 PDO 对年降水量的贡献率逐渐增大，增加速度较为缓慢，在靠近黄海的陆地范围内，PDO 对此地区年降水量的贡献率仅次于中国西北地区，约为 12.0%；在东北、华南地区 PDO 对年降水量的贡献率在 1.5%~7.5%。AMO 对年降水量的贡献率与 PDO 相似，皆由西向东呈减少—增加的变化趋势，在中国西部地区 AMO 对年降水量的贡献率较大，准噶尔盆地 AMO 对年降水量的贡献率最大在 15% 左右；而东北和华东中部地区 AMO 对年降水量的贡献率次之，在 7.5%~10.5%；AMO 对年降水量的贡献率在内蒙古高原东部、华北平原、四川盆地、祁连山以北地区几乎为 0%。

MEI 对内蒙古高原、祁连山以南至横断山、云贵高原以南地区年降水量的贡献率几乎为 0%，以该区域为界分别向东、西方向逐渐增大，对中国西部年降水量的贡献率在 3.0%~8.8%；而东北、中南、华东地区 MEI 对年降水量的贡献率高于西部地区，在 4.5%~13.5%，其中，渤海沿岸地区 MEI 对年降水量的贡献率（在 12.6% 以上）最大。由图 5-48 可以看出，AO 对中国地区年降水量整体贡献率不大，占自然变率的 5.0% 以下，

AO 的主要活动中心位于北极，因此 AO 对北方地区年降水量的贡献率高于南方地区，AO 对东北地区（贡献率约 8.7%）、柴达木盆地和横断山（贡献率约 3.5%）等地区的年降水量有所贡献，而对华北地区、西北西部、西南西部、中南、华东地区的年降水量贡献率几乎为 0%。

由图 5-49 可以看出，RH 对中国地区年降水量贡献率较大的区域集中在长江流域以南地区，贡献率最高达 15.0%，向北贡献率逐渐减小；对黄土高原、横断山脉附近地区贡献率范围在 3.0%~6.8%；而西部地区 RH 对年降水量贡献率约为 2.2%，在东北、华北地区，RH 对年降水量贡献率基本为 0%。SR 对中国地区年降水量贡献率呈西多东少的分布特征，在西部阿尔山地区 SR 对年降水量贡献率最大，高达 12%；东北地区、长江中下游平原、云贵高原及以东地区次之，贡献率在 4.5%~10.5%；华北中部、华东南部地区 SR 对年降水量贡献率（约为 1.5%）小。

WS 对中国西部边缘地区年降水量贡献率较大，其中，塔里木盆地高达 12.7%；对华北中部地区年降水量贡献率次之，在 4.5%~10.5%；WS 对东北、内蒙古高原西部、长江中下游以南地区年降水量贡献率（小于 1.5%）基本较小。本研究选取的影响因子中 AP 对中国地区年降水量的贡献率最小，整体小于 5%，祁连山以北和大兴安岭北部等地区 AP 对年降水量的贡献率较高，其余地区 AP 对年降水量的贡献率基本为 0%。

综合来看，降水量的归因十分复杂，既有自然因素的影响，又有人类的活动，同时气候系统本身又具有内在的运动规律，本研究选取的气候因子对其的贡献率空间差异较大，其中个别气候因子对中国部分地区年降水量几乎没有贡献。除 RH 外，本研究选取的气候因子对 100°E 以西、东北地区的年降水量贡献率较高，AMO、MEI、RH、SR 等气候因子皆对长江以南地区年降水量有所贡献，其中，RH 贡献率（12% 左右）最大，AO 和 AP 对整个中国年降水量的贡献率不大，均在 5% 左右。

整体上，气候因子对中国地区年降水量的综合贡献率呈西大东小的分布特征（图 5-50），以 100°E 为界，以西地区气候因子对年降水量的综合贡献率由北向南递减，塔里木盆地以

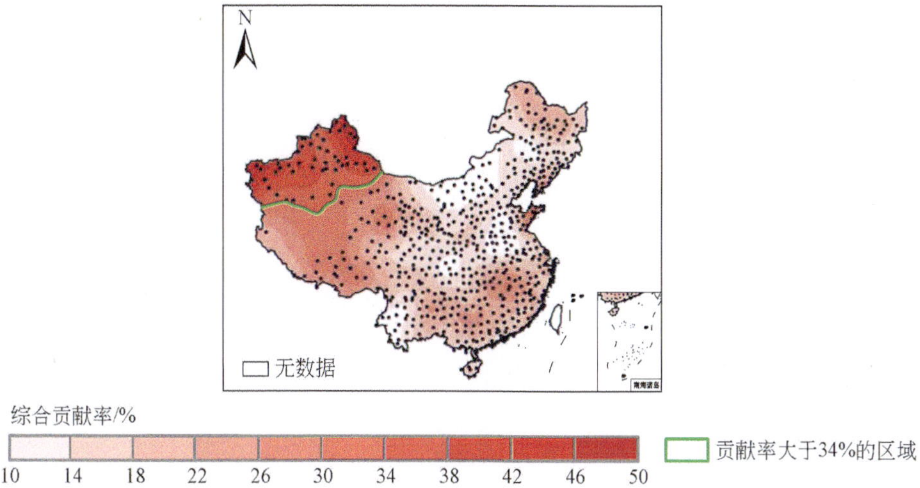

图 5-50 气候因子对年际降水量的综合贡献率空间分布

北地区气候因子对年降水量的综合贡献率高达38%以上，其中，AMO、SR、WS对年降水量的贡献率均在8%以上，PDO对年降水量的贡献率在6.5%以上；100°E以东地区气候因子对年降水量的综合贡献率由北方和南方向中部地区递减，选取的气候因子对内蒙古高原地区的年降水量综合贡献率（在10%左右）最小。

5.1.7 气候因子对季节降水量的定量影响贡献

将季节降水量的模式数据提取对应到中国地区619个气象站点，并将所有站点季节降水量的观测数据与模式数据进行相关性分析，由图5-51可以看出，中国地区季节降水量观测序列各模式模拟序列虽然存在偏差，但波动特征整体一致，季节相关性均通过了显著

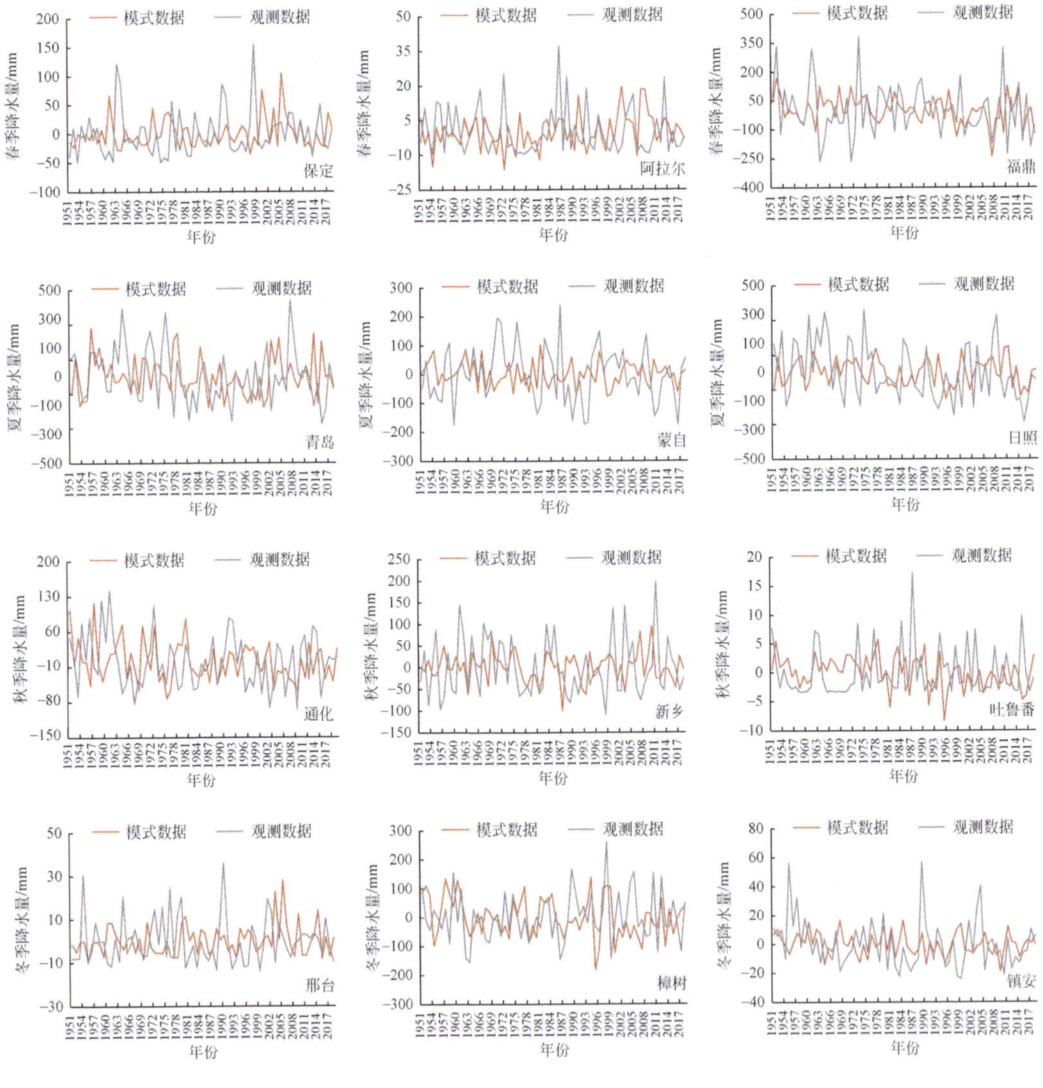

图5-51 代表性站点季节降水量观测数据与模式数据距平序列

性水平检验，可见模式对中国地区季节降水量的趋势模拟较好，因此，本研究利用模式序列去除了中国地区619个站点季节降水量中人类活动的贡献，得出自然变率所贡献的季节降水量变化。

为了定量说明本研究选取的气候因子对季节降水量的贡献率，本研究采用EEMD方法对中国地区季节降水量观测场序列、气候因子时间序列进行分解，获取时间尺度的本征模态函数，然后将本征模态函数运用基于线性模型的冗余分析，定量分析气候因子对降水量的贡献率（图5-52）。全国619个气象站点的季节降水量均采用上述计算：将选取的气候因子分为两大类，第一类为大气环流因子，包括PDO、AMO、MEI、AO，第二类为区域性气候因子，包括RH、SR、WS、AP。从图5-52可以看出，以部分站点详细计算过程为例，

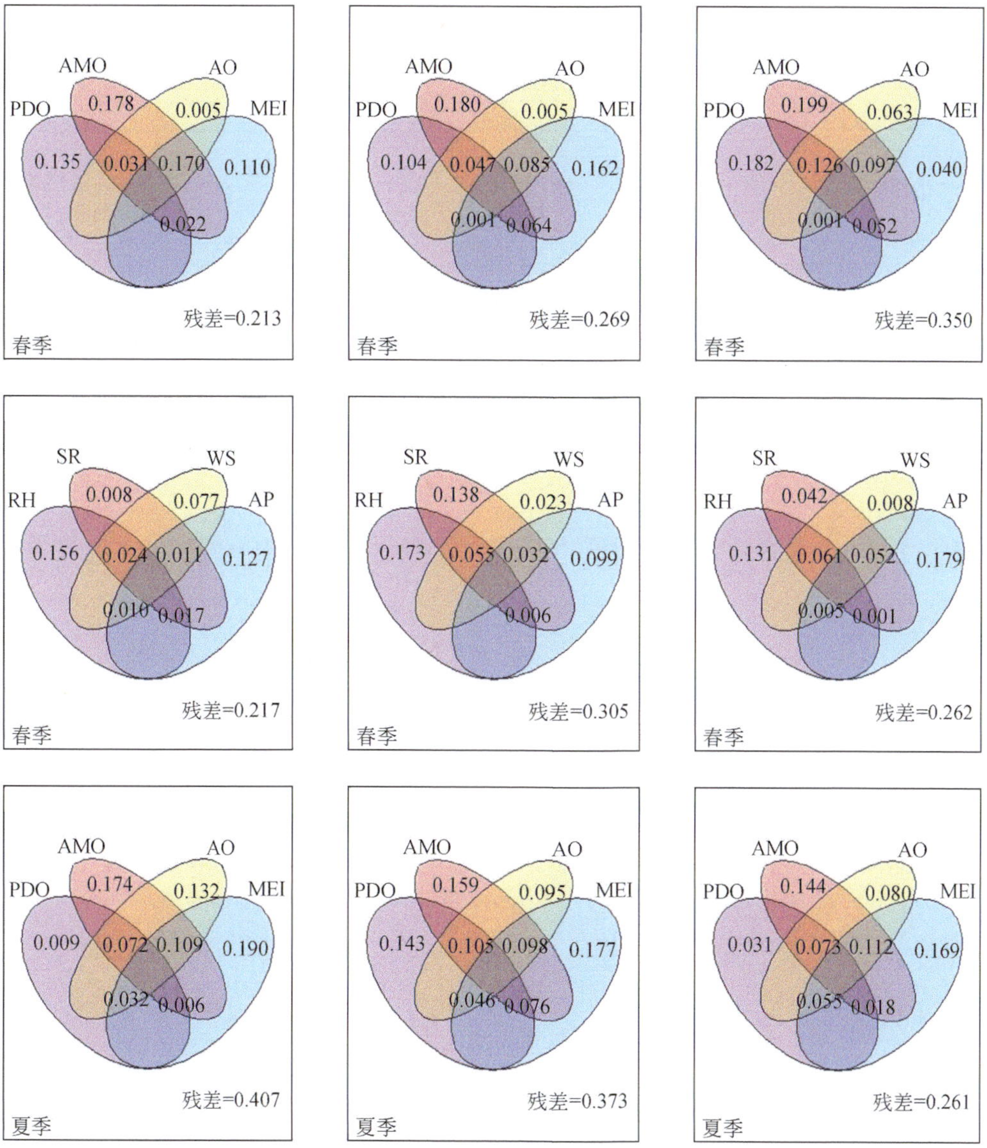

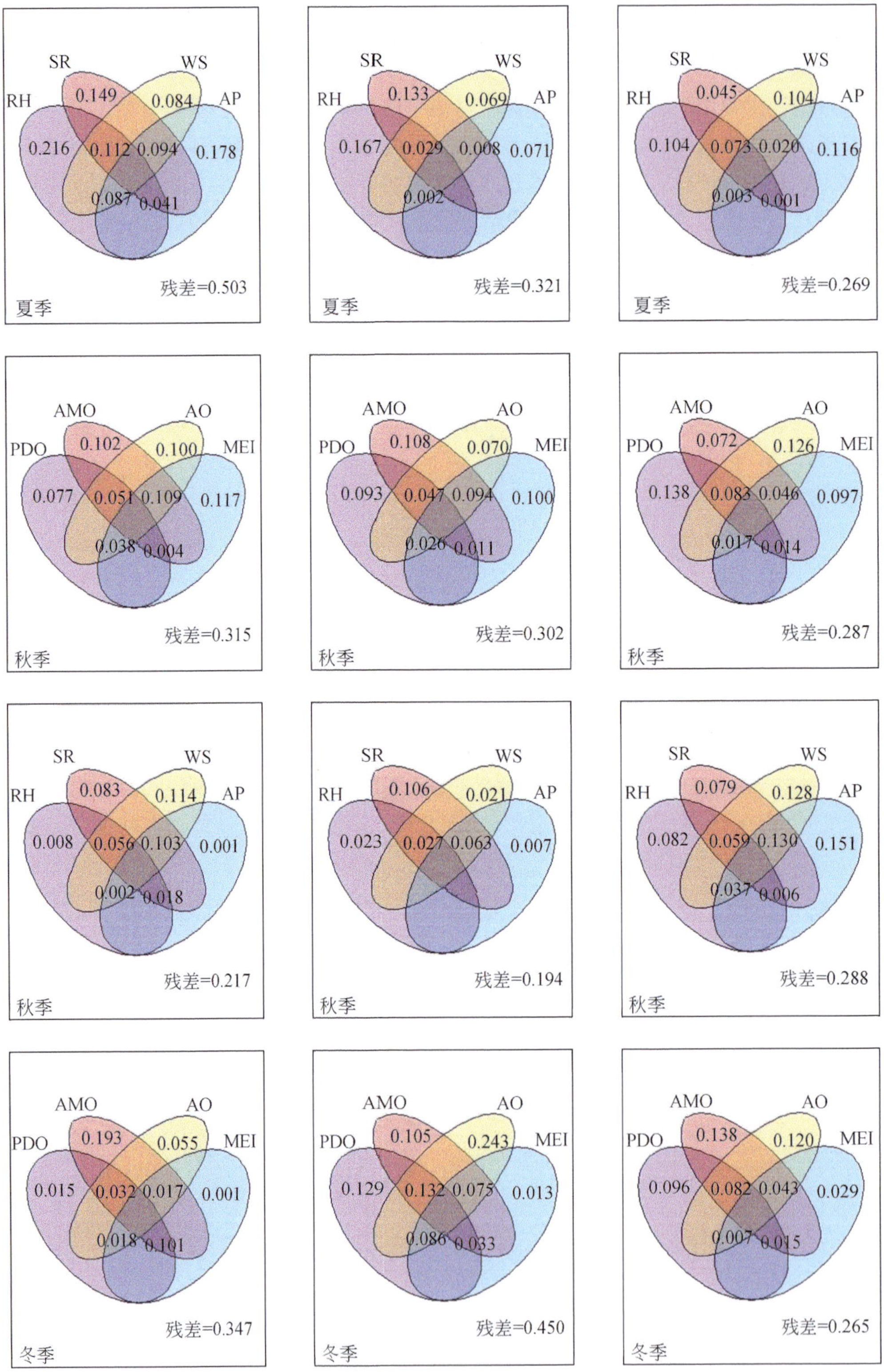
SR
WS
RH
AP
0.149
0.084
0.216
0.112
0.094
0.178
0.087
0.041
残差=0.503
夏季
SR
WS
RH
AP
0.133
0.069
0.167
0.029
0.008
0.071
0.002
残差=0.321
夏季
SR
WS
RH
AP
0.045
0.104
0.104
0.073
0.020
0.116
0.003
0.001
残差=0.269
夏季
AMO
AO
PDO
MEI
0.102
0.100
0.077
0.051
0.109
0.117
0.038
0.004
残差=0.315
秋季
AMO
AO
PDO
MEI
0.108
0.070
0.093
0.047
0.094
0.100
0.026
0.011
残差=0.302
秋季
AMO
AO
PDO
MEI
0.072
0.126
0.138
0.083
0.046
0.097
0.017
0.014
残差=0.287
秋季
SR
WS
RH
AP
0.083
0.114
0.008
0.056
0.103
0.001
0.002
0.018
残差=0.217
秋季
SR
WS
RH
AP
0.106
0.021
0.023
0.027
0.063
0.007
残差=0.194
秋季
SR
WS
RH
AP
0.079
0.128
0.082
0.059
0.130
0.151
0.037
0.006
残差=0.288
秋季
AMO
AO
PDO
MEI
0.193
0.055
0.015
0.032
0.017
0.001
0.018
0.101
残差=0.347
冬季
AMO
AO
PDO
MEI
0.105
0.243
0.129
0.132
0.075
0.013
0.086
0.033
残差=0.450
冬季
AMO
AO
PDO
MEI
0.138
0.120
0.096
0.082
0.043
0.029
0.007
0.015
残差=0.265
冬季

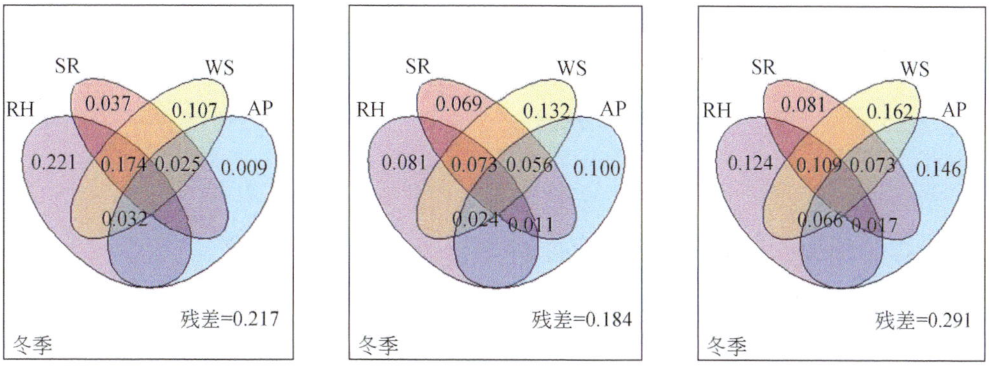

图 5-52　基于偏冗余分析的影响季节降水量的气候因子方差分析

第一列站点春季大气环流因子对降水量的贡献率为 42.8%，区域性气候因子对降水量的贡献率为 36.8%，夏季大气环流因子对降水量的贡献率为 50.5%，区域性气候因子对降水量的贡献率为 21.7%，秋季大气环流因子对降水量的贡献率为 39.6%，区域性气候因子对降水量的贡献率为 20.6%，冬季大气环流因子对降水量的贡献率为 26.4%，区域性气候因子对降水量的贡献率为 37.4%。

根据以上计算过程，可以得出各个气候因子对中国地区季节降水量贡献率的空间分布图（图 5-53 ~ 图 5-60），大气环流因子中 AMO 对春季降水量的整体贡献率>MEI>AO>PDO，区域性气候因子中 WS 对春季降水量的整体贡献率>RH>SR>AP；各气候因子对夏季降水量的贡献率差距较小，大气环流因子对夏季降水量的整体贡献率由大到小依次为 PDO、MEI、AMO、AO，区域性气候因子对夏季降水量的整体贡献率由大到小依次为 WS、SR、AP、RH；大气环流因子中 MEI 对秋季降水量的整体贡献率最大，其次是 PDO 以及 AMO，AO 对秋季降水量的贡献率最小，区域性气候因子中 WS 对秋季降水量的整体贡献率>SR>RH>AP；大气环流因子中 AO 对冬季降水量的整体贡献率最大，其次是 MEI、PDO、AMO，区域性气候因子对冬季降水量的整体贡献率由大到小依次为 RH、WS、SR、AP，各气候因子对冬季降水量的贡献率之间差距较大。

PDO 对夏季降水量的贡献率最大，其次是秋季降水量和冬季降水量，对春季降水量的贡献率最小（图 5-53）。PDO 对中国地区春季降水量的贡献率在空间上分布较为均匀，对长白山、柴达木盆地、云南西部、闽浙丘陵等区域春季降水量的贡献率较高，在 8.8%~12.1%，祁连山以北、黄土高原西部和江南丘陵地区 PDO 对春季降水量的贡献率低于 3.0%；PDO 对夏季降水量的贡献率由东南向西北方向逐渐递增，在西北部地区 PDO 对春季降水量的贡献率较大（范围为 9.0%~13.6%），在华北中部、华东沿海地区相对较小，仅在 2.8%左右；PDO 对秋季降水量的贡献率由中国中部地区（贡献率约为 7.7%）向四周减少，减少程度微弱，整体贡献率的减少幅度在 3%左右；PDO 对冬季降水量的贡献率呈由南向北递减的变化特征，贡献率较大的区域集中在四川盆地及其以南地区，贡献率在 8.3%以上，其中云贵高原以南地区贡献率最大达 11.9%，PDO 对黄河中游、长江上游以南地区冬季降水量的贡献率小，低于 3.2%。

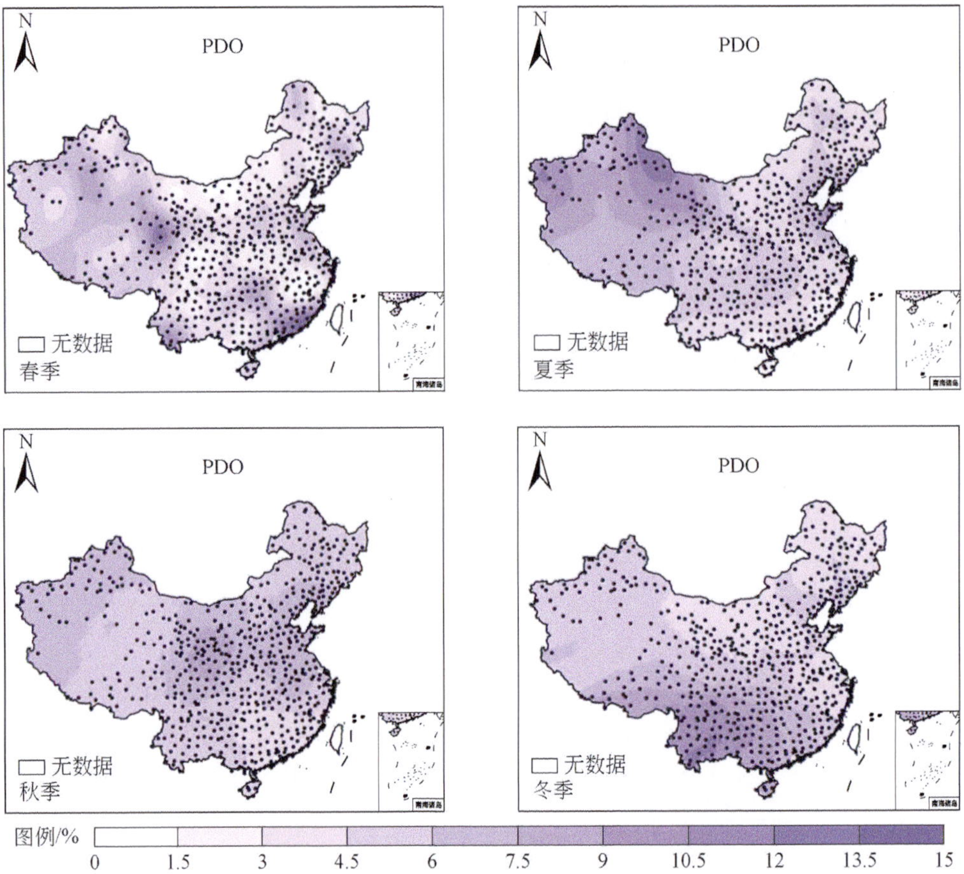

图 5-53　PDO 对季节降水量贡献率的空间分布

由图 5-54 可知，AMO 对中国地区季节降水量贡献率在空间上北方地区大于南方地区，对北方地区降水量的贡献率由大到小的季节依次为冬季、春季、夏季、秋季，对南方地区降水量的贡献率则依次为夏季、秋季、春季、冬季。AMO 对中国地区春季降水量的贡献率南小北大，对东北地区春季降水量的贡献率最大，在 10.9% 左右，对西北西部、云贵高原以南地区春季降水量的贡献率次之，在 7.5%~9.0%，华北西部、中南、华东地区 AMO 对春季降水量的贡献率较小；AMO 对夏季降水量的贡献率呈西大东小的分布特征，贡献率相对较大的地区在天山山脉，贡献率约为 10.2%，对长江中下游平原地区贡献率在 6.4%~7.7%，而东北、华北中部、中南南部、华东南部地区 AMO 对夏季降水量的贡献率相对较小，基本小于 4.8%；在塔里木盆地、内蒙古高原和云贵高原及以南地区 AMO 对秋季降水量的贡献率（约为 10.5%）较大，在东北、青藏高原东部、华东地区 AMO 对秋季降水量的贡献率相对较小，小于 4.5%；AMO 对冬季降水量的贡献率较大的区域集中在西北北部、东北地区，贡献率在 12%~15%，其余地区贡献率空间分布较为分散，约一半站点贡献率在 0~3%，另一半站点贡献率则在 3%~7.5%。

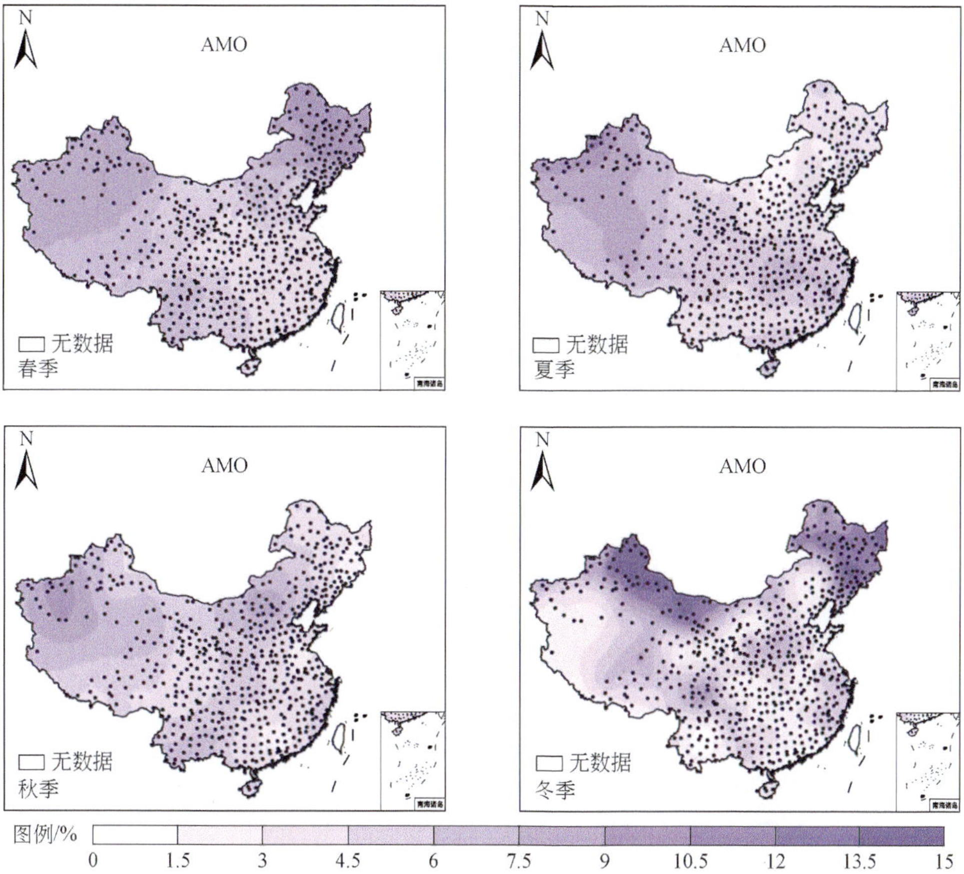

图 5-54　AMO 对季节降水量贡献率的空间分布

MEI 对秋季降水量的贡献率最大，对冬季、夏季降水量的贡献率仅次于秋季降水量，MEI 对春季降水量的贡献率最小（图 5-55）。在太行山、横断山和云贵高原等地区 MEI 对春季降水量的贡献率大，而对长白山和四川盆地地区秋季降水量的贡献率较小；MEI 对夏季降水量的贡献率稍大的区域集中在塔里木盆地地区，贡献率约为 7.5%，向东其贡献率

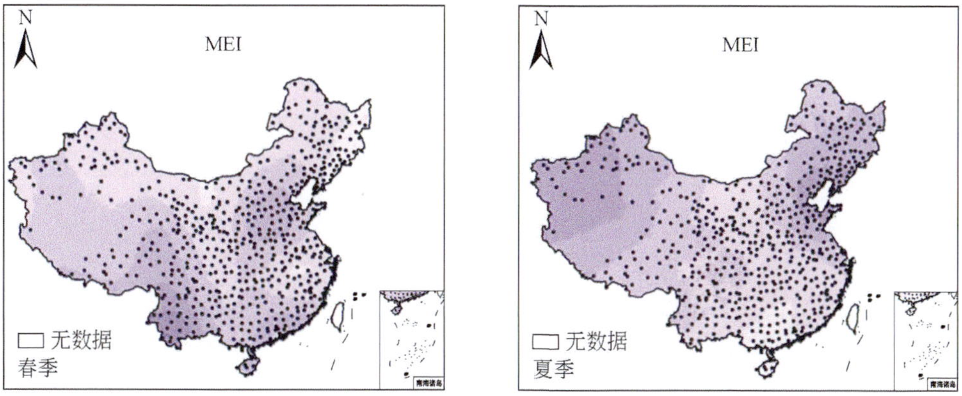

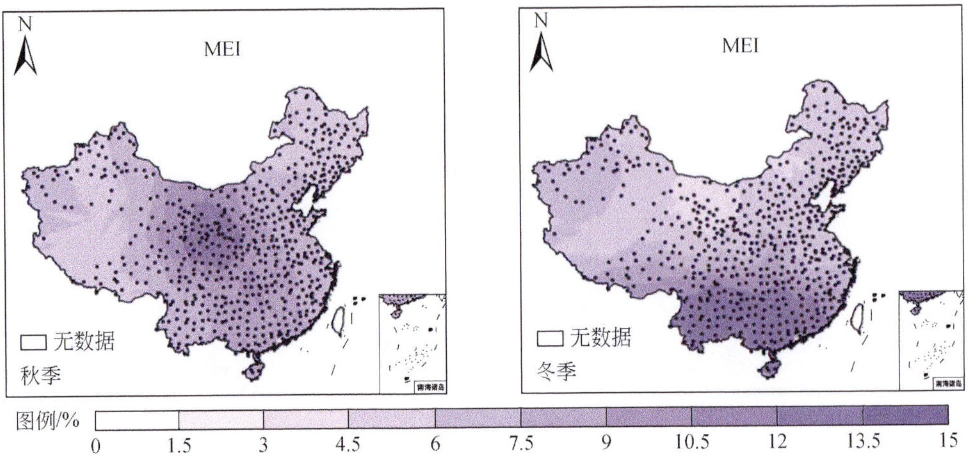

图 5-55　MEI 对季节降水量贡献率的空间分布

逐渐减少，至黄土高原地区，MEI 对夏季降水量的贡献率仅在 3% 左右，继续向东贡献率逐渐增大，在渤海以北地区贡献率达 9% 以上；中国中部地区 MEI 对秋季降水量的贡献率较大，其中，黄土高原以南地区 MEI 对秋季降水量的贡献率最大，在 13.2% 左右，该区域向东、西方向贡献率有所减小，至东北、西部边缘地区减少到 5.1% 左右；MEI 对冬季降水量的贡献率在长江以南地区高达 12% 以上，向北逐渐减小，其中对内蒙古高原西部地区冬季降水量的贡献率（3.8%）最小。

从图 5-56 可以看出，AO 对中国地区冬季降水量的贡献率>春季>夏季>秋季。AO 对春季降水量的贡献率由天山以北、小兴安岭、云贵高原以南、浙闽丘陵分别向 110°E 地区减小，对云贵高原以南地区春季水量的贡献率（12.5% 左右）最大，107°E～114°E、塔里木盆地地区 AO 对春季降水量的贡献率（约为 1.2%）最小；AO 对东北平原、横断山脉、青藏高原以南地区夏季降水量的贡献率相对较高，在 6.4%～8.9%，对黄土高原向南至南海沿岸地区夏季降水量贡献率较小；AO 对东北平原南部、雪峰山、黄土高原、祁连山等地区的秋季降水量夏季贡献率相对较高，在 8.1% 以上，对其余地区秋季降水量夏季贡献率低于 4.5%；AO 对冬季降水量夏季贡献率大的区域分布在 102°E～112°E，贡献率

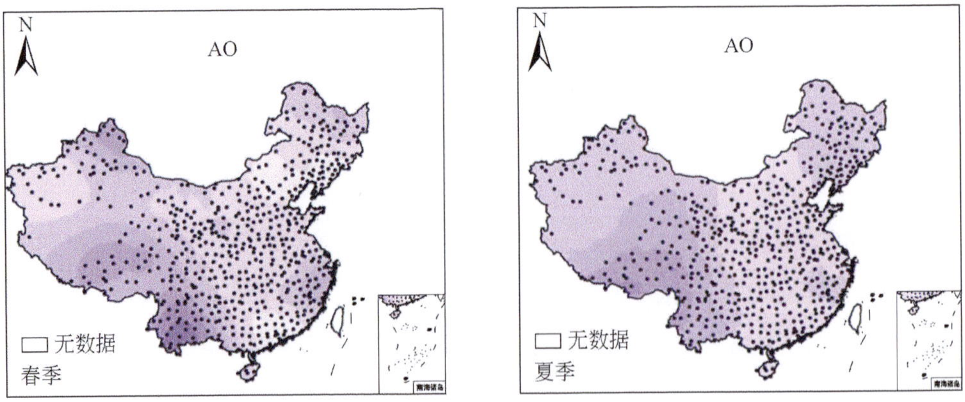

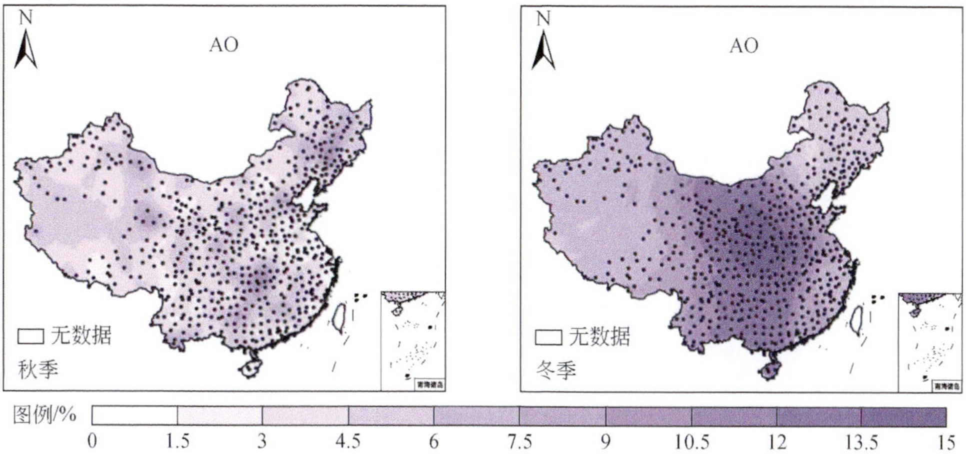

图 5-56　AO 对季节降水量贡献率的空间分布

在 14.7% 左右，该区域分别向东、西方向贡献率减小，西部地区贡献率约为 6.7%，东北、华北北部地区贡献率低于 5.4%。

SR 对四季降水量的贡献率在 1.5%~9.4%，空间分布规律有所差异（图 5-57）。SR 对华北中部和青藏高原地区的春季降水量的贡献率较大，在 7.5%~9.1%，对东北、中南和华东地区春季降水量的贡献率较小，低于 3.5%，对其余地区贡献率在 3.5%~9.0%；SR 对夏季降水量的贡献率在中南北部和华东北部地区最大（最高达 12.7%），对中国西部边缘、中南南部、华东南部地区夏季降水量的贡献率次之，在 6%~7.9%，而 SR 对东北、西北中部、西南中部地区夏季降水量的贡献率较小，贡献率低于 5.8%；SR 对秋季降水量的贡献率在东北、天山北部、黄土高原北部相对较大（在 8.6% 左右），在华北中部、祁连山以南和华东地区相对较小，为 1.5%~4.5%，在其余地区为 4.6%~8.5%；在大兴安岭北部、阿尔金山、青藏高原和黄土高原地区 SR 对冬季降水量的贡献率（最高达 9.4%）较大，在华北中部、昆仑山脉西部和四川盆地地区 SR 对冬季降水量的贡献率相对较小，低于 4.5%。

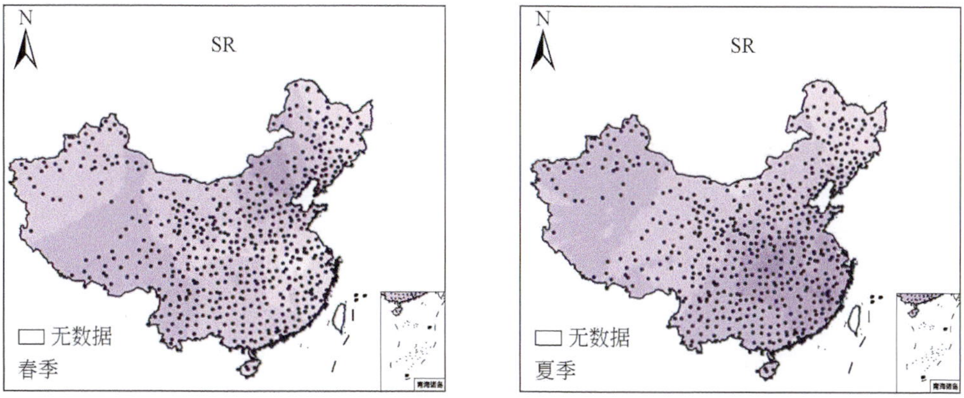

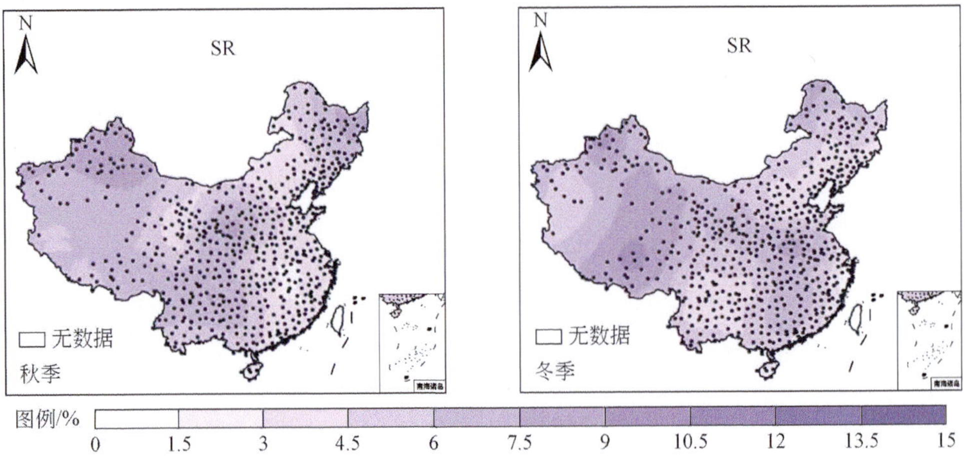

图 5-57　SR 对季节降水量贡献率的空间分布

由图 5-58 可以看出，WS 对四季降水量的贡献率差别不大。WS 对春季降水量的贡献率较大的区域集中在西南，贡献率在 12%~13.5%，华东北部地区次之，贡献率在 8.1% 左右，对内蒙古高原、雪峰山以南地区贡献率最小，低于 6%；在华北中部、华东地区 WS 对夏季降水量的贡献率最大，在西北地区西部 WS 对夏季降水量的贡献率次之，在东北、西北地区东部、西南地区 WS 对夏季降水量的贡献率最小，在 3%~5.8%；WS 对秋季降水量的贡献率在空间上由东部、西部向中部递减，东北平原南部贡献率（15% 左右）最大，昆仑山脉西部地区次之，对太行山脉以西、雪峰山以南地区的秋季降水量贡献率最小；WS 对冬季降水量的贡献率北方地区大于南方，尤其是大兴安岭北部、天山山脉以北的准噶尔盆地地区对冬季降水量的贡献率高达 13.5%，对阿尔金山、华北平原、云贵高原以南地区冬季降水量的贡献率较低。

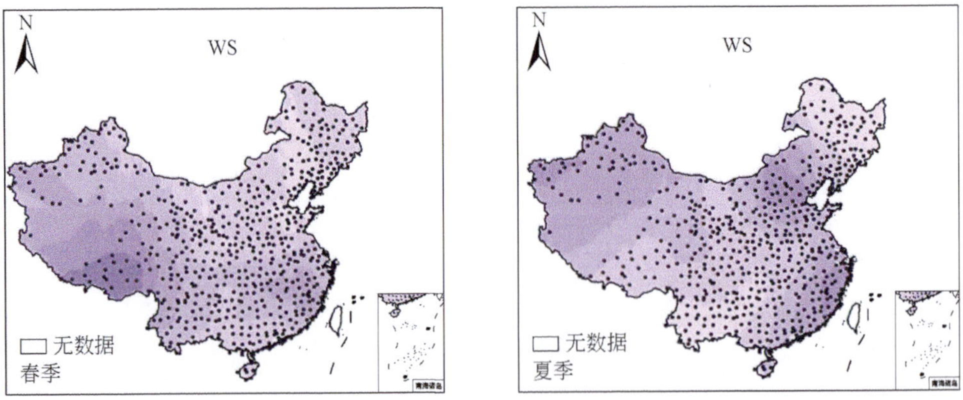

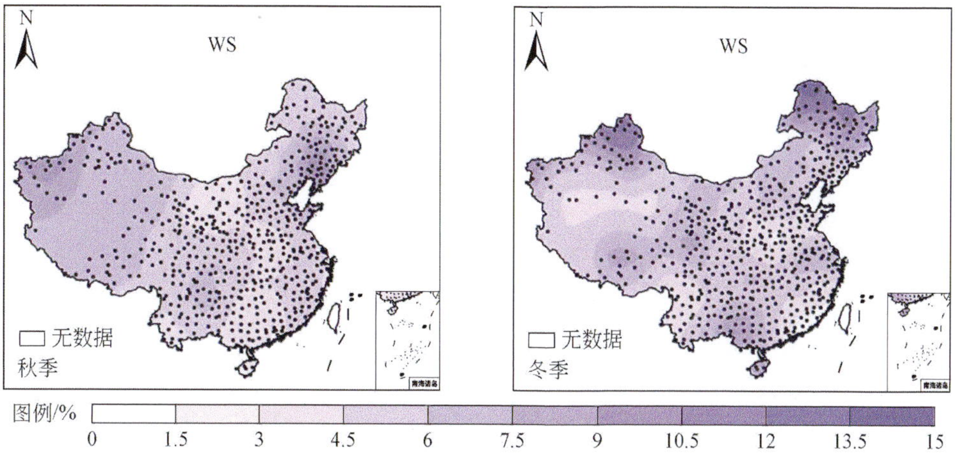

图 5-58　WS 对季节降水量贡献率的空间分布

AP 对中国地区季节降水量的贡献率在选取的气候因子中最低，整体不超过 6%，春季、夏季、秋季贡献率大小相差不多，而冬季贡献率最小（图 5-59）。AP 对东北平原、长白山、长江流域以南地区的春季降水量的贡献率较大，在 6%~8.4%，AP 对西北、西南、黄土高原及以北地区春季降水量的贡献率在 3%~6%，AP 对华北中部地区春季降水量的贡献率最小，基本低于 3%；以黄河为分界线，AP 对夏季降水量的贡献率在黄河以北地区大于以南地区，但相差不大，黄河以北地区 AP 对夏季降水量的贡献率在 4.5%~7.5%，而黄河以南地区 AP 对夏季降水量的贡献率在 3%~4.5%；AP 对秋季降水量的贡献率在柴达木盆地及其向北部分地区最大，达到了 9% 以上，而大兴安岭、黄河上游地区次之，贡献率在 6%~7.5%，长江中下游平原以南、雅鲁藏布江以南地区 AP 对秋季降水量的贡献率最小，仅有 2.8%；AP 对冬季降水量的贡献率在东北、西北中部地区最大（约为 5.7%），在太行山脉、京杭运河、浙闽丘陵等地区最小，在 1.5%~3%。

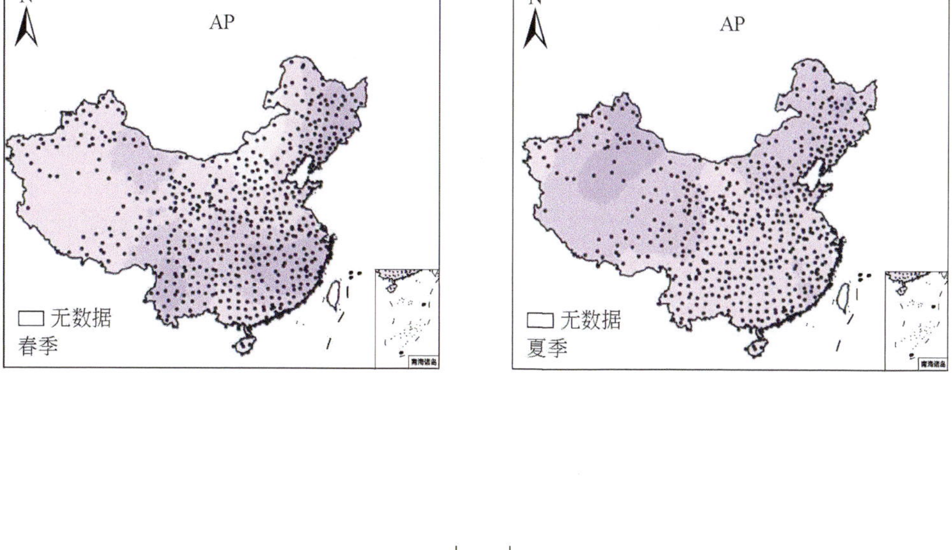

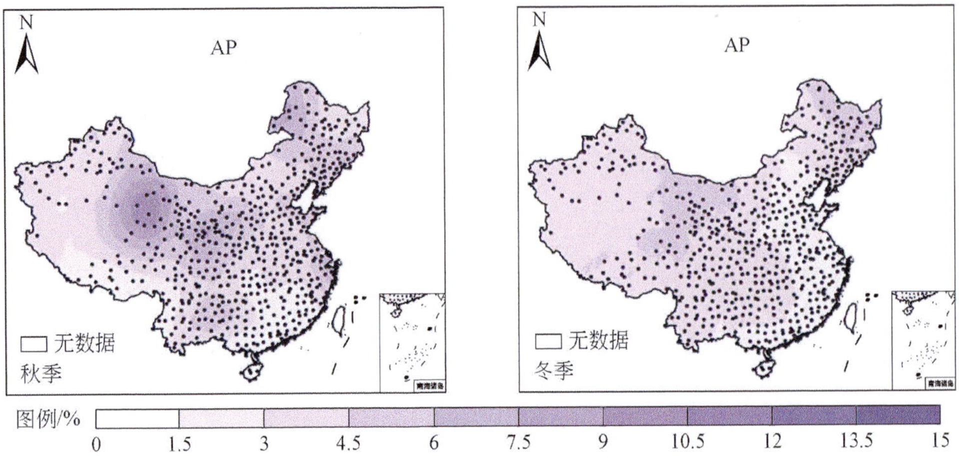

图 5-59　AP 对季节降水量贡献率的空间分布

在整个研究区，RH 对季节降水量的贡献率由大到小依次为春季、冬季、秋季、夏季（图 5-60）。RH 对春季降水量贡献率较大的区域集中在东北平原、青藏高原南部、长江中下游平原以南的区域，贡献率最高达 10.5%，RH 对华北中部地区春季降水量的贡献率最小，在 1.5%~3.0%，对其余地区春季降水量的贡献率在 3%~9%；RH 对夏季降水量贡献率在空间上分布均匀，研究区贡献率在 1.5%~6.0%，其中，横断山脉贡献率略高，华北平原贡献率最低；RH 对中国地区秋季降水量的贡献率在空间上呈南大北小的分布特征，其中，华东地区贡献率（在 9% 左右）最高，向北贡献率逐渐减小，华北、东北地区贡献率最小，在 4.5% 以下；RH 对冬季降水量的贡献率整体偏大，有 1/3 站点对冬季降水量的贡献率超过 9.5%，东北、中南、华东地区 RH 对冬季降水量的贡献率较大，而中国西部、华北中部 RH 对冬季降水量贡献率较小，在 3%~6%。

由图 5-53 ~ 图 5-60 可以看出，选取的气候因子对季节降水量的贡献率空间差异较大，其中个别气候因子对中国部分地区的季节降水量贡献率很小。大气环流因子中 MEI 对中国地区季节降水量的贡献率>AO>AMO>PDO，区域性气候因子中 WS 对季节降水量的整体贡献率>SR>RH>AP。本研究选取的气候因子对中国西部地区的春季、夏季降水量的贡献率

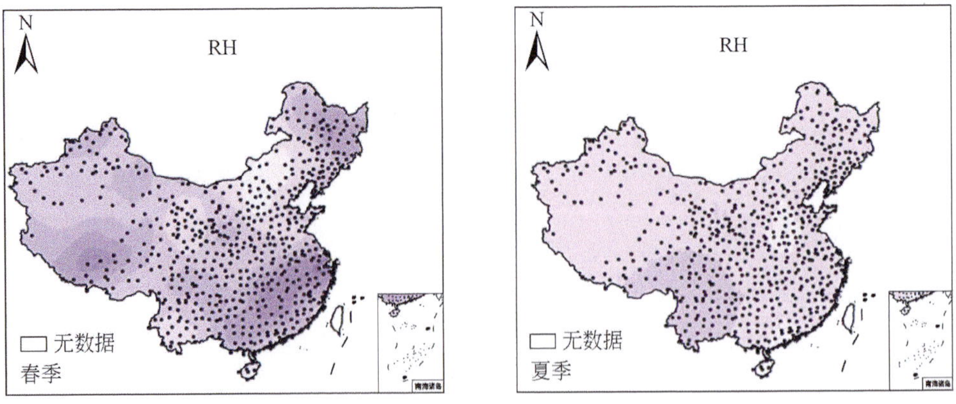

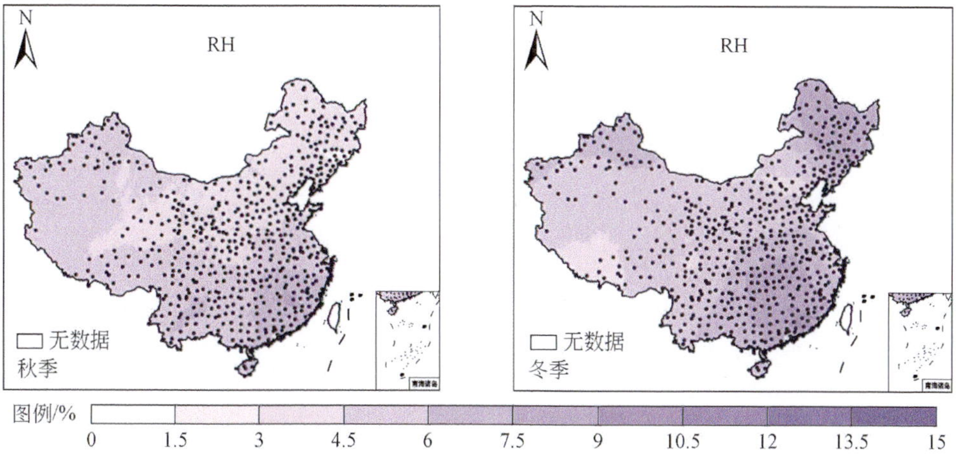

图 5-60 RH 对季节降水量贡献率的空间分布

较高；对中国中部地区秋季降水量的贡献率大；而对冬季降水量贡献率高的区域较为集中，AMO、WS 贡献率在北方地区较大，PDO、MEI、RH 贡献率在南方地区大，AO 贡献率在中部地区高。

整体上，多气候因子对中国地区春季、冬季降水量的综合贡献率在不同地区具有差异性（图 5-61），而对夏季和秋季降水量的综合贡献率在空间上差异不大。小兴安岭、青藏高原、云贵高原以南地区气候因子对春季降水量的综合贡献较大，在 34%~38%，内蒙古高原、黄土高原地区气候因子对春季降水量的综合贡献率相对较低，仅有 10% 左右；气候因子对夏季降水量的综合贡献率由西、东方向向中部轻微减少，并且西部整体略大于东部，塔里木河以西、天山山脉以东的小部分区域最高（约 34%），黄河内蒙古段、珠江流域最低（18%）；研究区内气候因子对秋季降水量的综合贡献率差别较小，变化范围不超过 10%，在东北平原、准噶尔盆地、黄土高原以北地区相对较高，约为 32%，在华北中部、中南、华东、西南南部边缘地区较低（在 22% 左右）；气候因子对冬季降水量的综合贡献率由北、南方向中部地区递减，在 40°N 以北地区和 25°N 以南地区大，在 34%~42%，在 25°N~40°N 区域相对较小，为 18%~30%。

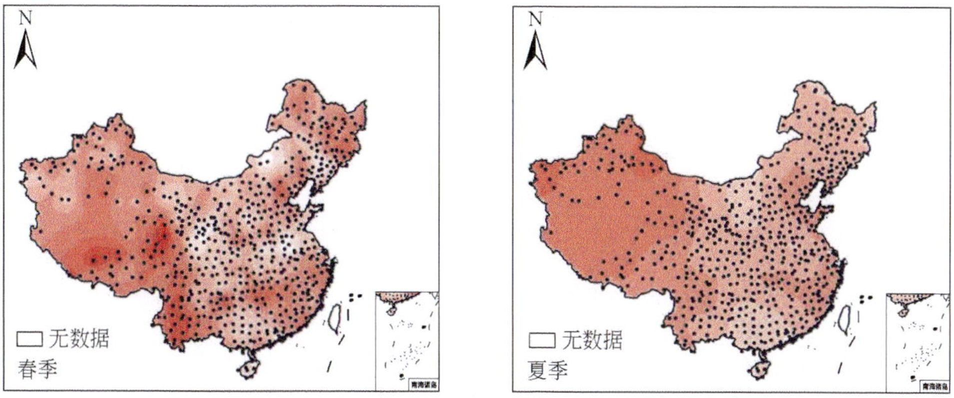

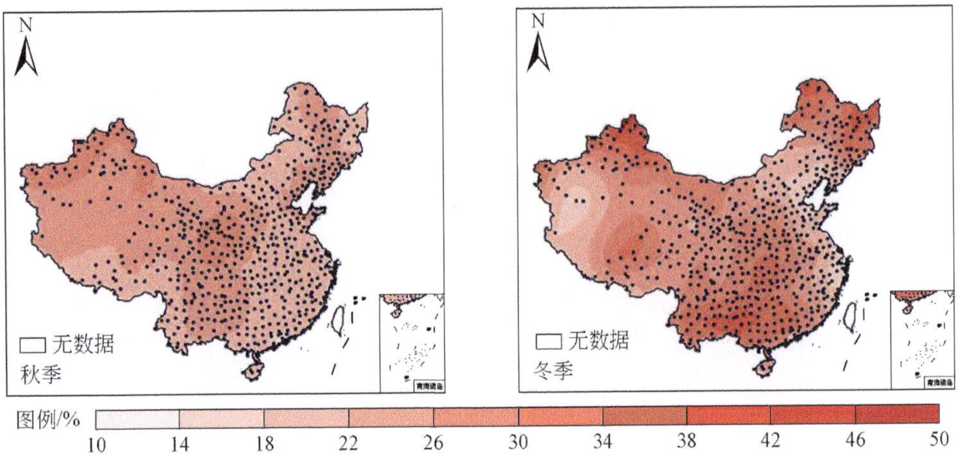

图 5-61　气候因子对季节降水量的综合贡献率空间分布

5.2　气温突变与变暖停滞研究

5.2.1　年际气温突变与变暖停滞年份的确定

本章对全国范围内 622 个站点三类气温突变和变暖停滞年份进行了确定，以中国六大地理地区（华北、东北、华东、中南、西南、西北）各自代表站点平均气温图示给出(图 5-62 前两列)。全国大部分站点都发生了气温突变与变暖停滞，另外还有极少部分站点气温变暖停滞结束后出现上升趋势，停滞结束年份集中在 2012 ~ 2015 年（图 5-62 第三列)，由于数据序列太短，无法判断气温变暖停滞是否真正结束，并且发生这种气温变暖停滞结束的站点较少，集中在北方地区，因此在此不进行单独讨论。

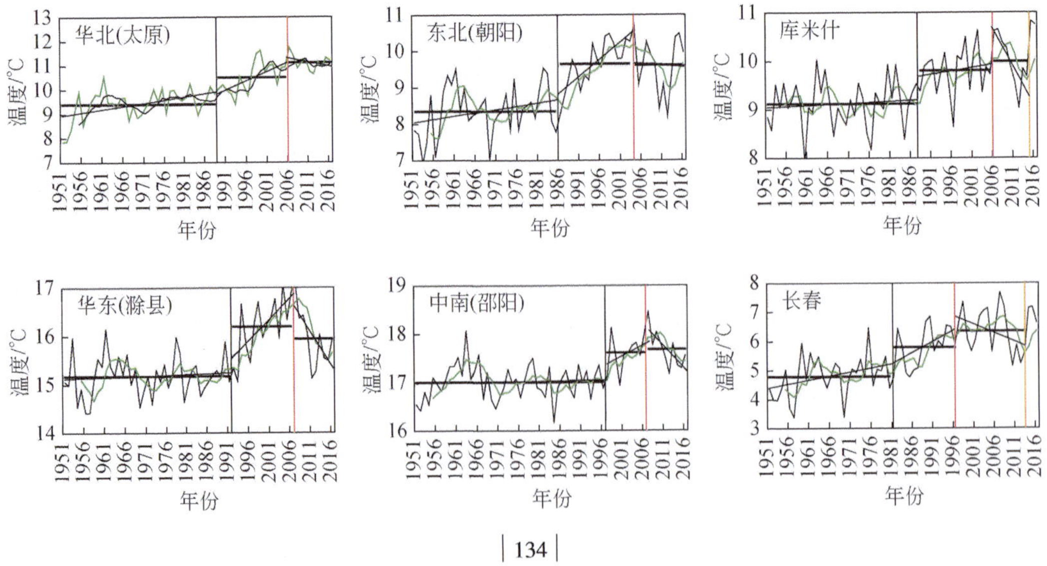

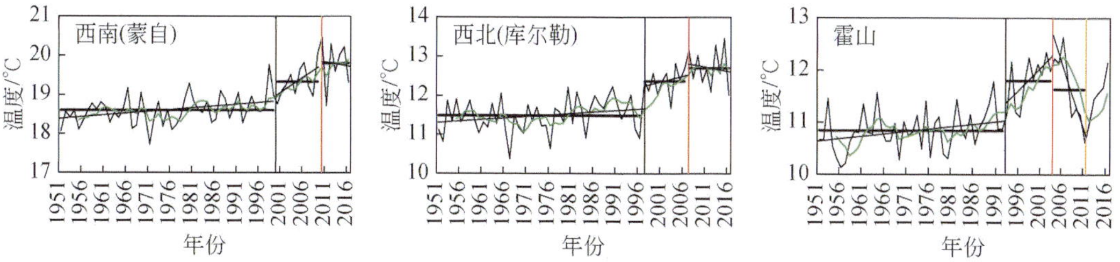

图 5-62　代表站点平均气温年际突变与变暖停滞、停滞结束年份时间序列变化

5.2.2　年际气温突变与变暖停滞年份的时空变异性

图 5-63 ~ 图 5-65 分别为平均最低气温、平均气温、平均最高气温突变与变暖（冷）停滞年份及突变至变暖（冷）停滞周期空间分布情况。

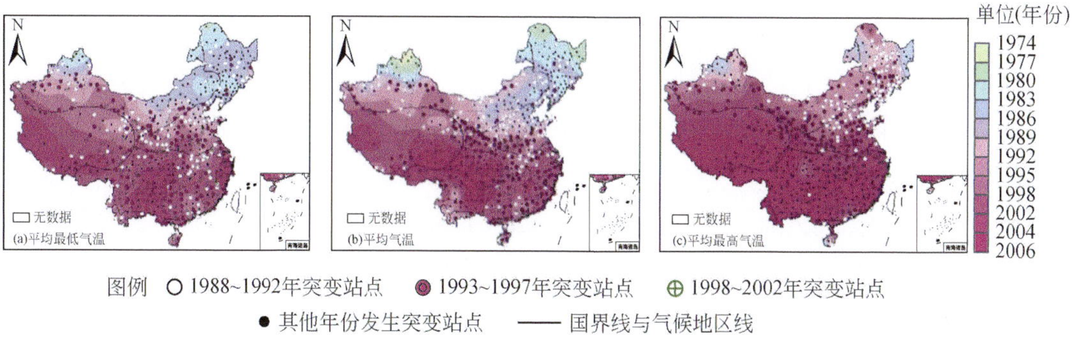

图 5-63　研究区三类气温突变年份空间分布

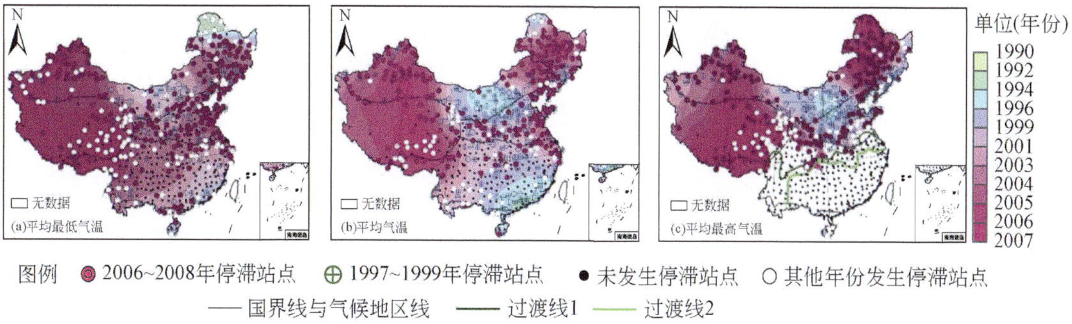

图 5-64　研究区三类气候变暖停滞年份空间分布

全国大部分站点平均最低气温发生了突变，仅有集中在西南地区的 13 个站点没有发生突变，其多年平均最低气温呈微弱上升趋势，而其中的云南屏边苗族自治县则呈下降趋势。突变最早发生在内蒙古东北部、黑龙江北部以及新疆北部（1974 ~ 1980 年），高海拔

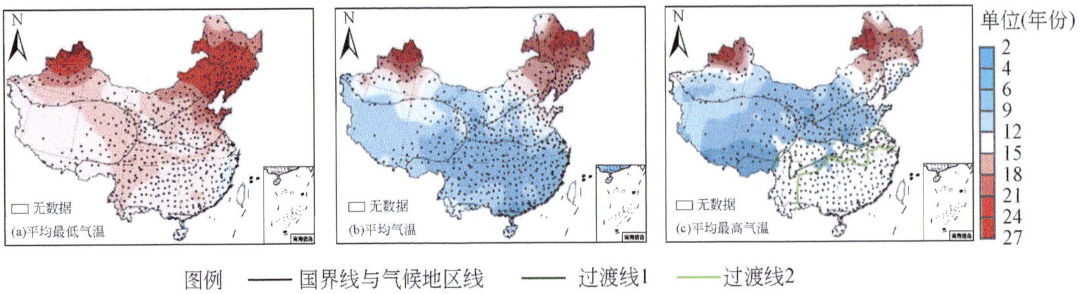

图 5-65　研究区三类气温突变至变暖停滞周期的空间分布

的青藏高原南部、云贵高原及东南沿海浙闽丘陵突变最晚（1998～2002 年）。中国地区在 20 世纪 90 年代突变最广泛（30°N～40°N），其面积约占全国面积的 1/3 以上，20 世纪 80 年代发生突变的区域集中在东北、西北地区东部以及天山山脉以北。温带季风与温带大陆气候区（1977～1983 年）突变时间整体早于高原山地与亚热带季风气候区（1992～2002 年），热带季风气候区突变时间早于周边地区（1989～1995 年），而东北、华北、西北地区突变时间依次变晚，西南、中南、华东地区突变时间均较晚。突变后平均最低气温升温加快，在一定周期后上升速率又明显减慢接近于零，甚至气温开始下降，出现变暖停滞，也有将近 1/3 站点没有出现这种现象，集中在中南与西南地区。

突变后变暖停滞最早发生在内蒙古中西部及北部、黑龙江省北部以及东南沿海地区（1994～1996 年），向内陆逐渐变晚，东北平原、淮河、长江流域等平原地区变暖停滞时间（1999～2003 年）稍晚，西南地区西部、青藏高原发生停滞时间（2005～2007 年）最晚。变暖停滞时间集中在 1998 年及 2007 年的站点居多。整体上变暖停滞时间在高原山地气候区与温带大陆气候区西部最晚（2004～2007 年）。东北，西北、西南地区停滞时间由东向西逐渐变晚，中南、华南地区则由东南向西北逐渐变晚，华北地区最晚停滞发生在中东部，向东、向西逐渐变早。青藏高原地区突变与变暖停滞时间均较晚。突变至变暖停滞周期均较长，达 15～27 年，浙闽丘陵一带周期（9～12 年）最短。

平均气温在新疆准噶尔盆地以北突变时间（1974～1977 年）最早，东北、内蒙古东北部略晚（1977～1986 年），青藏高原东部、云贵高原及四川盆地中部最晚（2002～2006 年），洪柳河、隆子、越西 3 个站点平均气温没有发生突变，其多年呈微弱上升趋势。全国大多数站点平均气温发生突变时间集中在 20 世纪 80 年代后期及 90 年代前期，占全国站点的 2/3 左右，整体上华北与东北地区平均气温突变时间由东向西逐渐变晚，西北地区规律与之相反，西南、中南、华东地区平均气温突变时间大体上由南、北两个方向向中间逐渐变晚。平均气温突变后快速升温，直到 20 世纪 90 年代开始，华北、东南沿海地区开始出现变暖停滞，而华东、中南地区部分站点没有发生变暖停滞，气温呈波动性上升趋势，在黑龙江、吉林与内蒙古东部接壤处以及新疆、西藏、青海接壤处发生变暖停滞时间（2005～2007 年）最晚，以这两个区域为中心，向四周延伸，变暖停滞时间逐渐提前。山东半岛、江苏及长江中下游变暖停滞时间晚于周边地区（2001～2005 年）。变暖停滞时间集中在 1998 年和 2007 年的站点居多。整体上在东北、西北、西南地区变暖停滞时间最晚，华北中部、中南与华南地区南部变暖停滞时间最早。不同气候地区突变与变暖停滞时间规律与平均最低气温一致。而突变至停滞周期随着纬度降低而缩短，四川中部、福建、江西、浙江接壤处周期（4～7 年）最短，黑龙江及新疆北部地区周期（22～27 年）最长，云南突变至停滞周期长于周边地区（15～18 年），西北、东北、华北地区周期由海拔较高的 15～18 年逐渐向海拔较低的 24～27 年递增。

全国大部分站点平均最高气温发生了突变，但与其他两类气温不同的是平均最高气温突变后有升有降。黑龙江东部及内蒙古东北、新疆北部首先发生突变（1980～1983 年），黄土高原及天山山脉以南大部分地区突变时间在 2002 年以后。研究区 20 世纪 80 年代前后发生突变的站点较少，仅有 15 个站点，90 年代发生突变的区域集中在华北、东北以及西南地区北部。东北、华北和西北地区北部突变整体早于其余地区，值得注意的是，黑龙江北部漠河、塔河附近其他两类气温突变最早，而平均最高气温在该地区发生突变时间却晚于周边地区（1992～1995 年）。突变后在亚热带季风气候区北界线南北附近小范围，气温呈微弱上升趋势，但该范围内大部分站点没有发生变暖停滞，此范围以南的地区大部分站点气温则呈微弱下降趋势，突变后气温下降区域大部分集中在 100°E 以东，30°N 以南，多为丘陵和平原地区，均属于亚热带及热带季风气候，根据突变后平均最高气温的变化速率（图 5-65），将区域主体变化速率-0.02～0℃/10a 和-0.04～-0.02℃/10a 等值线分别在图 5-64 画出，并在图 5-63 示出，两条界线中间区域认为是气温下降速率加剧的过渡地带，-0.02～0℃/10a 倾向率等值线定义为过渡线 1，-0.04～-0.02℃/10a 倾向率等值线定义为过渡线 2，过渡线 1 以南区域突变后气温呈下降趋势且没有发生变冷停滞。突变后升温区域的变暖停滞最早发生在内蒙古中西部及山西、河北、山东等地区（1994～1999 年），三江平原、东北平原以东变暖停滞时间（1996～2002 年）也相对较早，最晚出现在青藏高原、青海南部及内蒙古东北部与黑龙江接壤处（2005～2007 年）。与其他两类气温相比，东北变暖停滞时间较晚区域向北扩大，西北变暖停滞时间较晚区域却向西缩小。平均最高气温变暖停滞年份集中在 2000 年以后。整体上华北地区西部及东北地区东部最早发生变暖停滞（1994～1999 年），西南、华北及东北地区东部变暖停滞时间（1999～2007 年）最晚。突变至停滞周期大体上从东西两个方向逐渐向中部变短，并且纬度越低的区域周期（3～6 年）越短。

中国地区在 20 世纪 70 年代气温开始小范围发生突变，80 年代以后大范围突变且存在区域差异，整体上随纬度降低突变时间变晚，平均最低气温、平均气温、平均最高气温突变时间（1974～2002 年、1974～2006 年、1980～2006 年）整体依次变晚，并且均在东北、内蒙古中东部以及新疆北部地区最早发生突变（1974～1983 年），突变时间以天山山脉、祁连山山脉和黄土高原为界，80～90 年代平均最低气温和平均气温在此界线以北发生突变，以南在 90 年代后发生突变。平均最高气温以此为界线，时间节点在 2000 年前后，即以北发生突变时间早于 2000 年，以南大部分区域在 2000 年以后发生突变。平均最高气温在北方地区突变时间相对其他两类气温滞后 3～5 年，南方突变时间整体上滞后 4～10 年，南方地区发生突变时间较晚可能是受海洋气候和内陆欧亚环流同时影响，以及人口密度较大城市效应的影响也不能忽略不计。突变后平均气温变暖停滞年份整体上最早，平均最高气温略晚，平均最低气温发生变暖停滞时间最晚，大部分站点在 1998 年和 2007 年左右发生了变暖停滞，这与之前认可的发生变暖停滞时间基本相一致。1998 年是一个显著的 ENSO 变化年，这一年全球大部分地区气候均发生剧烈的变化，这有可能证明气温变暖停滞与全球大气和海洋环流有一定的联系，中国地区对全球变暖停滞存在一定的响应，部分地区在时间上超前或滞后，可能是受中国地区复杂的下垫面影响。整体上看，高海拔地区气温突变与变暖停滞时间均滞后，这与之前的研究结果一致。

5.2.3 年际气温突变与变暖停滞前后特征值时空变异性

将平均最低气温、平均气温、平均最高气温的研究时段划分为 3 个时段，第一时段（T_1）为 1951 年至突变年，在插值分析过程中，剔除了此时段没有发生突变的少量站点。第二时段（T_2）为突变年至变暖停滞年，对于部分没有变暖（冷）停滞的站点，将突变年至 2018 年统一为 T_2 时段。第三时段（T_3）为变暖停滞年至停滞结束年，多数站点直至 2018 年停滞也未结束，停滞未结束站点的 T_3 时段为变暖停滞年至 2018 年，北方个别站点停滞结束于 2012 ~ 2015 年，之后气温又呈上升趋势，由于此类情况站点较少且停滞结束后数据较短，本研究没有将变暖停滞结束后气温上升时段进行单独分析。对于突变与变暖停滞前后特征值，其中气候倾向率的正负反映气温变化趋势（图 5-66），其绝对值越大，升（降）温速率越快。变异系数反映了气温对均值的离散程度，绝对值越大，则离散程度越大，气温变化越剧烈，部分站点计算出的变异系数为负值，为体现变化剧烈程度的空间分布情况，使用变异系数绝对值进行空间插值。当站点气温平均值接近 0℃时，微小变动也会对变异系数产生较大扰动，得出的结论不合理，因此将均值介于 -1 ~ 1℃的站点剔除后进行克里金插值，三类气温在 T_1、T_2、T_3 时段变异系数空间插值如图 5-67 所示。

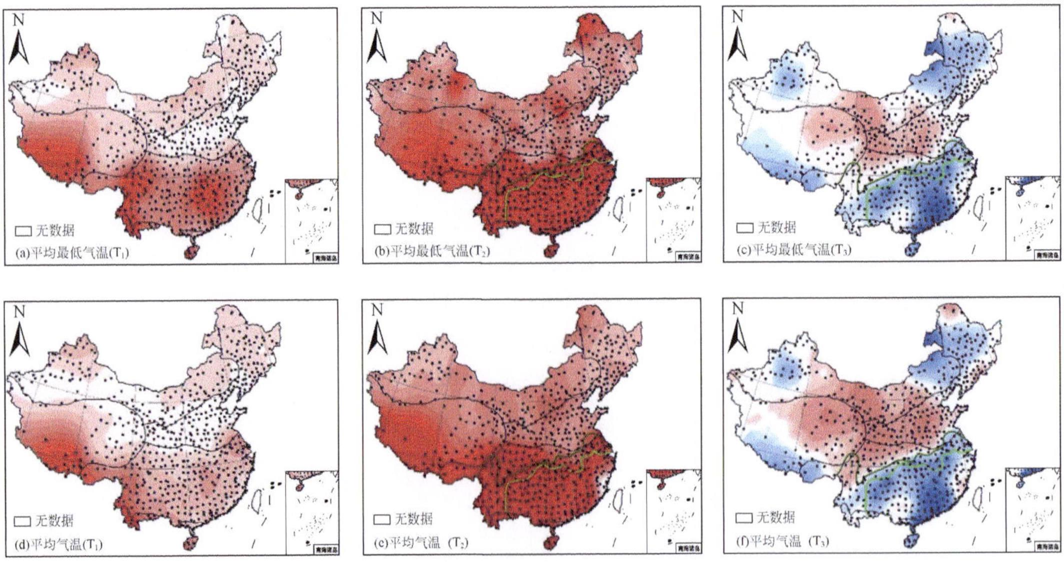

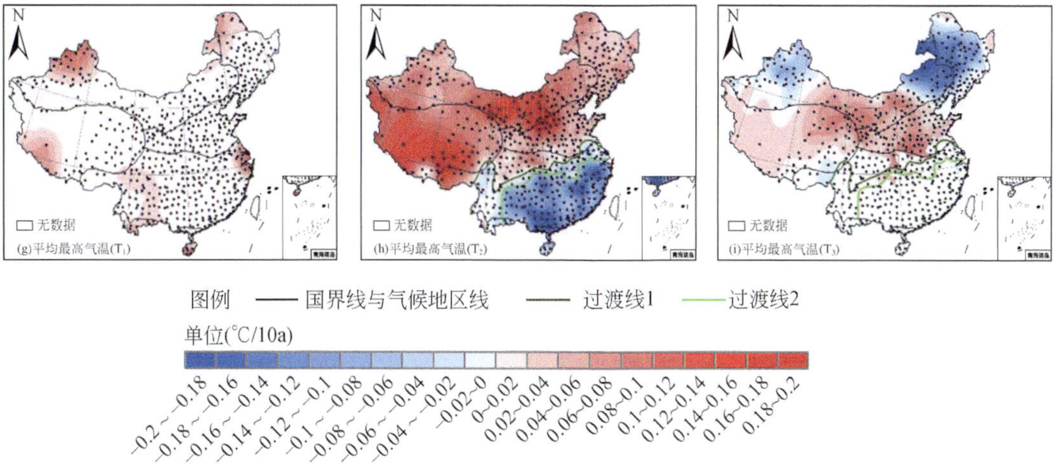

图 5-66　研究区三类气温各时段倾向率空间分布

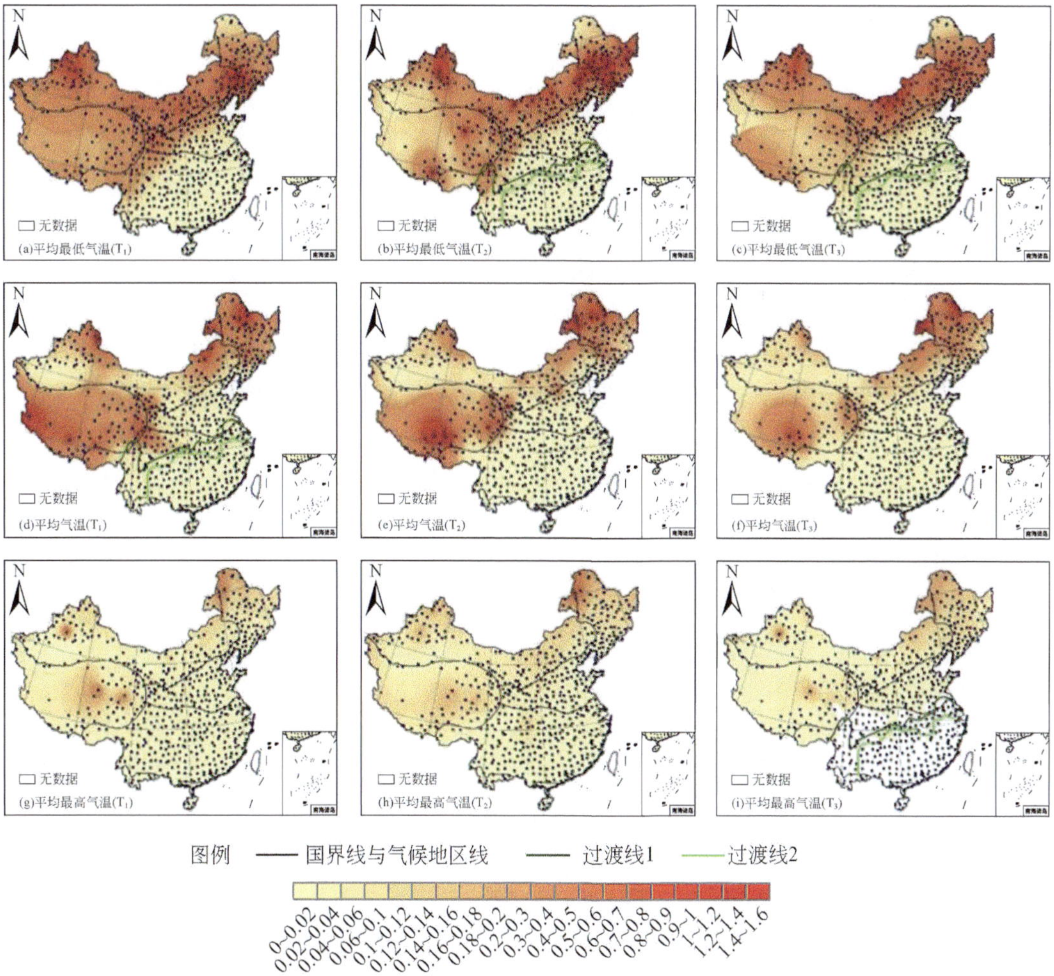

图 5-67　研究区三类气温各时段变异系数空间分布

在气温突变前这一时段（T_1 时段），平均最低气温、平均气温、平均最高气温均呈上升趋势，整体上升速率较慢，三类气温只有西北地区西南部升温速率（0.16～0.18℃/10a）较快且变化剧烈。平均最低气温上升速率（0～0.18℃/10a）最快且变化最剧烈，平均气温升温速率（0～0.16℃/10a）次之，平均最高气温上升速率（0～0.08℃/10a）最慢且变化程度最弱，三类气温均在亚热带及热带季风气候区变化最不剧烈。平均最低气温在高原山地、亚热带季风及热带季风气候区升温速率（0.12～0.18℃/10a）较快，而平均气温在这些范围内的升温速率相对其余地区也较快，但与平均最低气温相比，快速升温范围缩小，平均最高气温升温速率空间分布规律则与其他两类气温明显不同，大体上由研究区东、南、西、北（0.06～0.08℃/10a）向中间逐渐变小，明显慢于其余两类气温，并且变化不剧烈。

平均最低气温以山东至甘肃一带为中心，升温速率（0～0.02℃/10a）最小且变化不剧烈，向南向北升温速率逐渐加快，向北升温速率变化（0.02℃/10a 增至 0.04℃/10a）较小但变化剧烈，向南升温速率变化（0.02～0.18℃/10a）较大而变化却不剧烈，整体上除高原山地气候区气温变化速率快且剧烈外，其余气候类型区气温变化速率与变化剧烈程度呈反向规律，即升温速率较快地区气温变化反而不剧烈，升温速率较慢地区气温变化却较剧烈。平均气温则是在青藏高原及云南西南部向北变化速率由大逐渐减小，直至天山-祁连山山脉-黄土高原为止，变化速率（0～0.02℃/10a）达到最小，该变化速率最小区域与平均最低气温变化速率最小区域吻合，但范围明显扩大，继续向北其变化速率（0.02～0.06℃/10a）又略微变快且变化相对剧烈。

突变后至变暖（冷）停滞前这一时段（T_2 时段），三类气温升温速率（0.06～0.2℃/10a）明显加快，但平均最高气温在研究区南部部分地区则呈降温趋势（-0.2～0℃/10a）。三类气温随纬度降低升（降）温速率加快（平均气温浙江除外），在 30°N 以南地区升（降）温速率（±0.2℃/10a）达到最大，气温变化相对剧烈的地区集中在温带大陆、高原山地以及温带季风气候区北部。与气温突变前相比，平均最高气温突变后升温区域升温速率加速最快，达到突变前升温速率的 2～8 倍，而平均最低气温与平均气温升温速率则是突变前升温速率的 2～5 倍，变化剧烈程度空间分布情况与突变前变化不大，由东南向西北变化趋于剧烈，但与突变前相比气温变化剧烈的区域相对缩小，与突变前的气温均值差随纬度降低而减小（图 5-68），并且平均最高气温与突变前气温均值差最小。

此时段平均最高气温升温速率由华北中部以及青藏高原西南部向四周逐渐减慢，至亚热带季风气候区北界线附近接近于 0℃/10a，到过渡线 1 为 0℃/10a 并开始下降，向南至过渡线 2 后平均最高气温开始大范围快速下降（-0.2～-0.04℃/10a），广西、江西、浙江等地平均最高气温下降速率（-0.2～-0.16℃/10a）达到最快，但该区域平均最高气温变化并不剧烈，与突变前均值差相对其余地区也较小，而西藏日喀则附近在此时段平均最高气温变化速率也接近 0℃/10a，相对突变前没有剧烈的升温或降温。平均最低气温与平均气温在亚热带季风气候区北界线至过渡线 1 附近规律与平均最高气温相反，该地区升温开始加快，过渡线 1 以南地区气温升温速率（0.18～0.2℃/10a）达到最大，但变化（0～0.04℃）依然不剧烈，升温速率是突变前的 3～5 倍，并且此区域升温速率与平均最高气温降温速率绝对值基本相同，与突变前均值差相对研究区其余地区较小（0.8～1.3℃）。

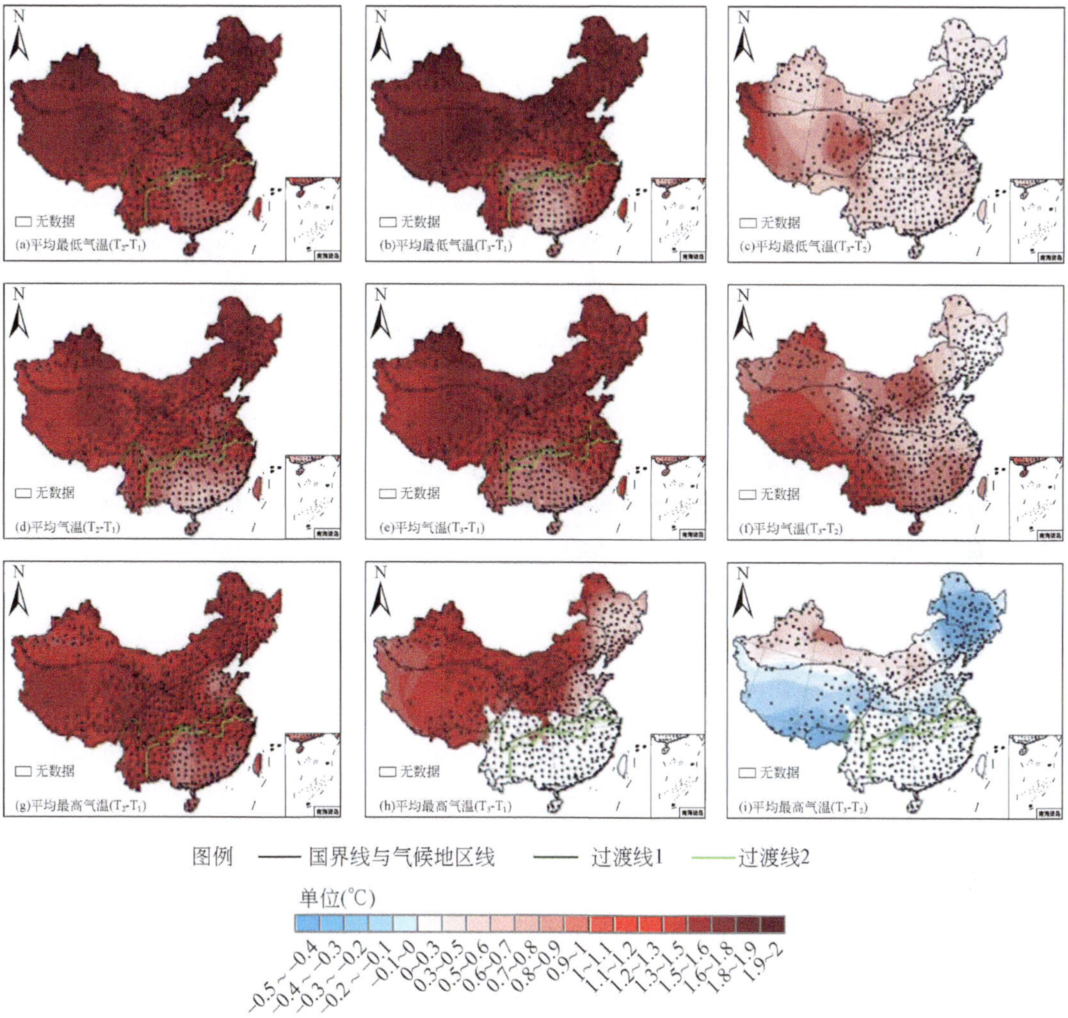

图 5-68 研究区三类气温在 3 个时段平均值差值的空间分布

另外，三类气温在海拔较高地区，如青藏高原、内蒙古高原等升温速率（0.18～0.2℃/10a）均相对较快且气温变化（1.2～1.6℃）剧烈，升温速率是突变前升温速率的 2～3 倍，与突变前气温均值差也较大（1.6～2℃）。

气温变暖（冷）停滞后这一时段（T_3 阶段），平均最高气温部分地区没有发生变暖（冷）停滞，故没有对这些区域特征值进行插值，平均最低气温、平均气温、平均最高气温变化速率均减慢至接近 0℃/10a 或小于 0℃/10a（-0.2～0.1℃/10a），并且变化速率呈现明显的纬度差异性，在 30°N 以南地区，气温均呈下降趋势（-0.2～0℃/10a），30°N～40°N 大部分地区气温则呈微弱上升趋势（-0.04～0.1℃/10a），到 40°N 以北气温又呈微弱下降趋势（-0.2～0.02℃/10a），该区域气温变化最剧烈。同时，三类气温均在华东、云贵高原南部以及内蒙古阿尔山、乌兰浩特周边气温下降速率（-0.18～-0.2℃/10a）达到最大，新疆准噶尔盆地气温下降速率也快于周边地区（-0.18～-0.16℃/10a）且变化剧烈。与 T_1 时段相比，气温在 T_3 时段呈上升趋势的区域，在 T_1 时段该区域升温速率（0.02～0.06℃/10a）较慢，升温速率在 T_3 时段是 T_1 时段的 1～1.5 倍，整体上气温变化剧烈程度相对 T_1 时段减弱，与 T_1 时段的均值差在过渡线 1 以南区域相对研究区其余地区较小，研究区其余地区均值差较大。与 T_2 时段相比，此时段气候变化速率明显减小，T_3 时段升温区域的升温速率变缓，较 T_2 时段减慢，平均最低气温与平均气温在过渡线 1 以南地区降温速率与其在该范围内 T_2 时段升温速率绝对值（0.14～0.2℃/10a）大体相同，气温变化剧烈程度与 T_2 时段相差不大。T_3 与 T_2 时段均值差与 T_3 与 T_1 均值差空间分布差异较大，平均最低气温与平均气温 T_3 与 T_2 时段均值差大体上由东北向西南逐渐增大，但平均气温均值差整体大于平均最低气温均值差，平均最高气温仅在温带大陆性气候大部分区域内 T_3 与 T_2 时段均值差大于0℃，其余地区均值差则为负，即停滞后气温均值小于突变后至停滞前这一时段气温均值。另外，平均最低气温与平均气温在过渡线 1 附近变化速率为0℃/10a，向南这两类气温大部分区域呈下降趋势，下降速率与平均最高气温突变后的下降速率（-0.2～0℃/10a）保持一致，但在浙江、广西、云南地区此时段变化速率为0℃/10a 或呈极微弱的上升趋势（0～0.04℃/10a），该区域气温变化一直不剧烈，与 T_1 时段均值差相对较小，与 T_2 时段相比，平均气温均值差整体大于平均最低气温均值差。

5.2.4 季节气温突变与变暖停滞年份的确定

图 5-69 为 1951～2018 年各季节平均最低气温、平均气温、平均最高气温突变年份空间分布情况，研究区大部分站点均发生了突变，只有极少数站点未突变，集中在 30°N 附近及以南地区，这与之前研究结果吻合，夏季平均最高气温未突变站点数（38 个）最多，春季平均气温未突变站点数（6 个）最少。冬季三类气温及秋季平均最低气温与平均气温突变时间整体上由北向南逐渐变晚；其中，温带大陆性气候区与温带季风气候区突变由东北向西南逐渐变晚；高原山地气候，与整体突变规律一致，均由北向南逐渐变晚；亚热带季风气候区与热带季风气候区突变时间较为接近且较晚，集中在 2000 年之后。春季三类气温在华北东北部首先发生突变，并且平均气温、平均最低气温、平均最高气温突变较早，范围依次逐渐缩小。夏季平均气温与平均最高气温则是在长江中下游平原首先突变，而其平均最低气温与秋季平均最高气温突变时间空间分布相似，但后者整体晚于前者。整体上各季节三类气温发生突变先后顺序不同，春季和秋季平均气温、平均最低气温、平均最高气温先后发生突变，夏季则是按平均最高气温、平均气温、平均最低气温的顺序突变，冬季平均气温突变早于平均最高气温早于平均最低气温。三类气温各季节发生突变早晚顺序也有差异，平均最低气温按冬季、春季、秋季、夏季的顺序先后突变，平均气温和平均最高气温则分别按冬季、秋季、夏季、春季及冬季、夏季、春季、秋季先后顺序突变，由此看来，各季节三类气温突变在时空上均具有较大差异性。

最早发生突变的冬季三类气温突变时间集中在 20 世纪 70～90 年代，东北地区突变略早于 1986 年，可能是使用数据时间序列长度不一致所致；另外，本研究检测出青藏高原突变时间晚于我国其他地区，但也有学者指出青藏高原气候变化具有超前性，是中国乃至世界气候变化的敏感区和启动区，与本研究结果不同可能是由于检测突变年份方法不同；

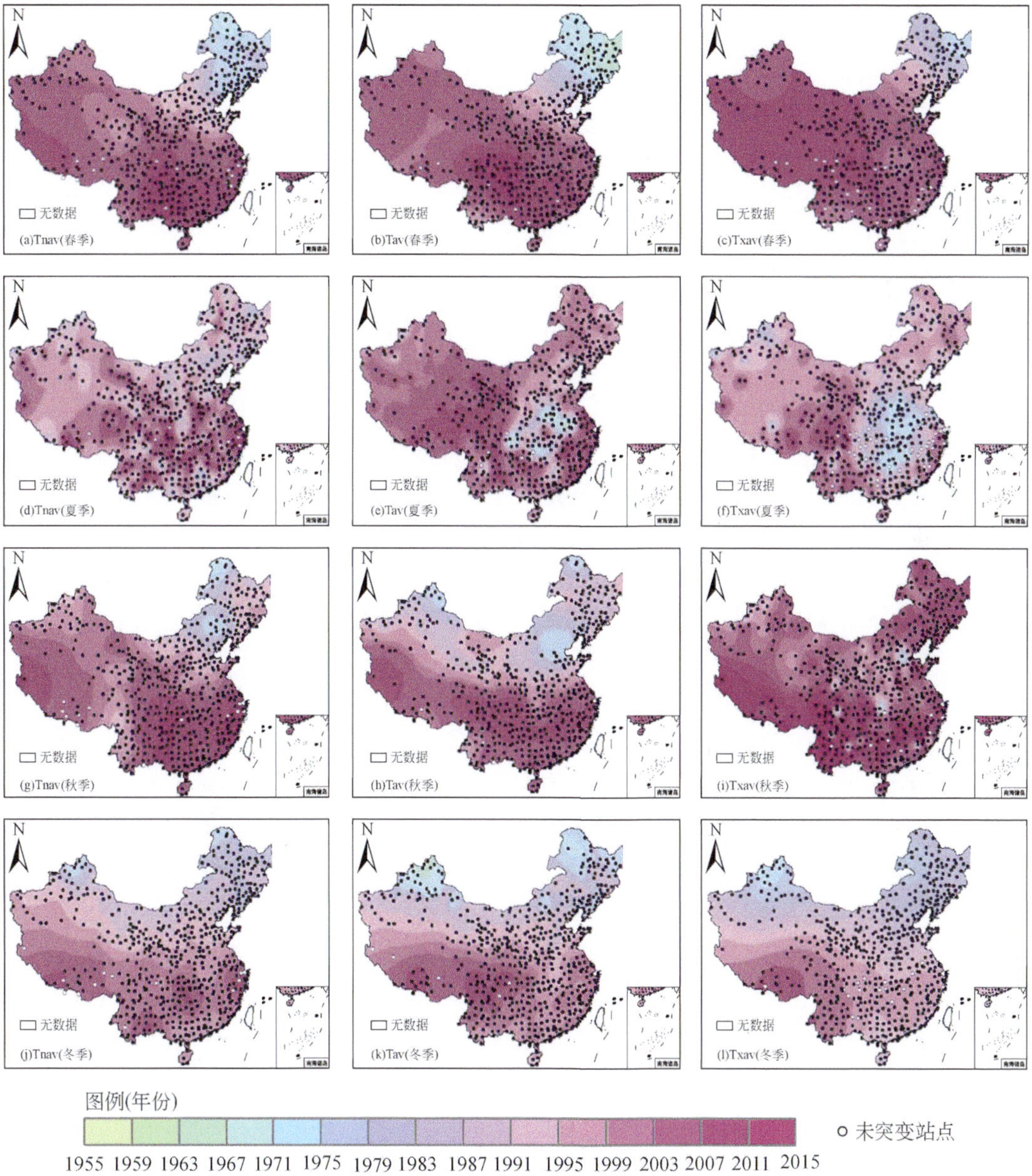

图 5-69　研究区各季节三类气温突变年份空间分布

三类气温由高海拔的藏南谷地向四周突变时间逐渐提前；东北、华北、西北地区先后发生突变，华东、华中地区突变略晚，西南地区突变最晚。秋季平均最低气温与平均气温在华北东北部最先突变，东北、西北与西南地区突变略晚，中南和华东地区突变最晚；80 年代中期宁夏地区平均气温发生突变，向北突变提前，向南突变较晚；平均最高气温整体突变均较晚（90 年代后），只有在河北北部及湖北南部少部分地区突变较早（1967～1975 年）。春季三类气温除东北及华北东部突变较早外（120°E 以东，1967～1983 年），其余地区突变集中在90年代后且时间较接近，以四川盆地、青藏高原西南部为中心向四周突变逐渐提前。夏季三类气温突变年份空间规律较特殊，平均气温与平均最高气温在长江中下游平原突变最早（1955～1971年），并且平均最高气温突变较早，范围略大；平均气温在研究区东北部1991～1995年发生突变，与之前的研究结果一致，东北、华北西部与两广南部突变较早（1983～1991年）。整体来看，在全球气候变暖背景下，未发生明显突变的站点集中在中国南方地区，北方地区突变趋势明显，其冷暖突变可能是受到东亚乃至全球大气环流的影响。

图5-70为各季节平均最低气温、平均气温、平均最高气温变暖（冷）停滞年份空间分布情况，气温突变后，各季节三类气温迅速上升（下降），20世纪80年代末开始，部分地区陆续升温（降温）速率趋缓，发生变暖（冷）停滞，停滞站点数占研究区站点总数的一半以上，停滞时间存在空间差异。各季节三类气温在不同区域内也存在未发生变暖（冷）停滞区域，这些地区不参与空间插值，称为未停滞区，少数未停滞站点与大范围停滞站点交错分布时，将发生停滞站点年份进行空间插值，未停滞站点在图中示出。综合各未发生变暖（冷）停滞区域，将其叠加画出未停滞最北界线，由图可知未发生变暖（冷）停滞最北界线基本沿高原山地气候区与亚热带季风气候区北边界分布。各季节三类气温在界线以南不同范围均存在未停滞区，以北地区先后发生了变暖（冷）停滞，并且停滞时间较早。三类气温发生变暖（冷）停滞后，部分站点气温并没有一直呈下降趋势或变化速率小于或等于0.1℃/10a，而是在2013～2017年某年后，气温再次呈明显上升趋势（大于或等于0.1℃/10a），变暖（冷）停滞结束，出现停滞结束的站点数为150～180个，集中在中国北方地区，南方地区也有零星分布，不同季节、不同气温类型停滞结束站点空间分布情况不同。变暖（冷）停滞至停滞结束持续时间在9～17年，各季节三类气温多表现为北方停滞结束持续周期长于南方停滞结束持续周期。平均最低气温整体上按冬季、秋季、春季、夏季的先后顺序发生气温变暖（冷）停滞；平均气温与平均最高气温则是按冬季、春季、秋季、夏季的顺序发生变暖（冷）停滞；三类气温均表现出冬季停滞时间最早，夏季停滞时间最晚的规律，并且冬季发生变暖（冷）停滞时间随纬度的降低而变晚。春季、夏季与冬季平均最高气温首先发生变暖（冷）停滞，平均气温略变暖（冷）停滞晚，平均最低气温变暖（冷）停滞最晚；秋季则是平均最低气温变暖（冷）停滞时间早于平均气温变暖（冷）停滞早于平均最高气温变暖（冷）停滞。

春季三类气温在内蒙古东北部及黑龙江北部变暖（冷）停滞时间（1989～1995年）最早，向南、向西逐渐变晚，西北地区最晚（2007～2013年）；阴山山脉以东、以北地区变暖（冷）停滞时间在2000年左右及以前，其余地区在2000年之后；平均气温与平均最高气温在根河以北地区相对其他季节及气温发生变暖停滞最早（1989～1992年）；平均最高气温未停滞区域面积大于平均气温未停滞区域面积，平均最低气温未停滞区域面积最小。

夏季三类气温大体上由东向西停滞时间逐渐变晚，到昆仑山脉-华北地区西边界，停滞时间有所提前；平均最低气温在未停滞最北界线以北部分地区存在未发生变暖（冷）停滞区域，分布在新疆东部、内蒙古西部及东北地区北部；平均气温在西部高原与东部平原部分地区存在未停滞区域，由东西两个方向向内陆停滞时间逐渐变晚；平均最高气温在青

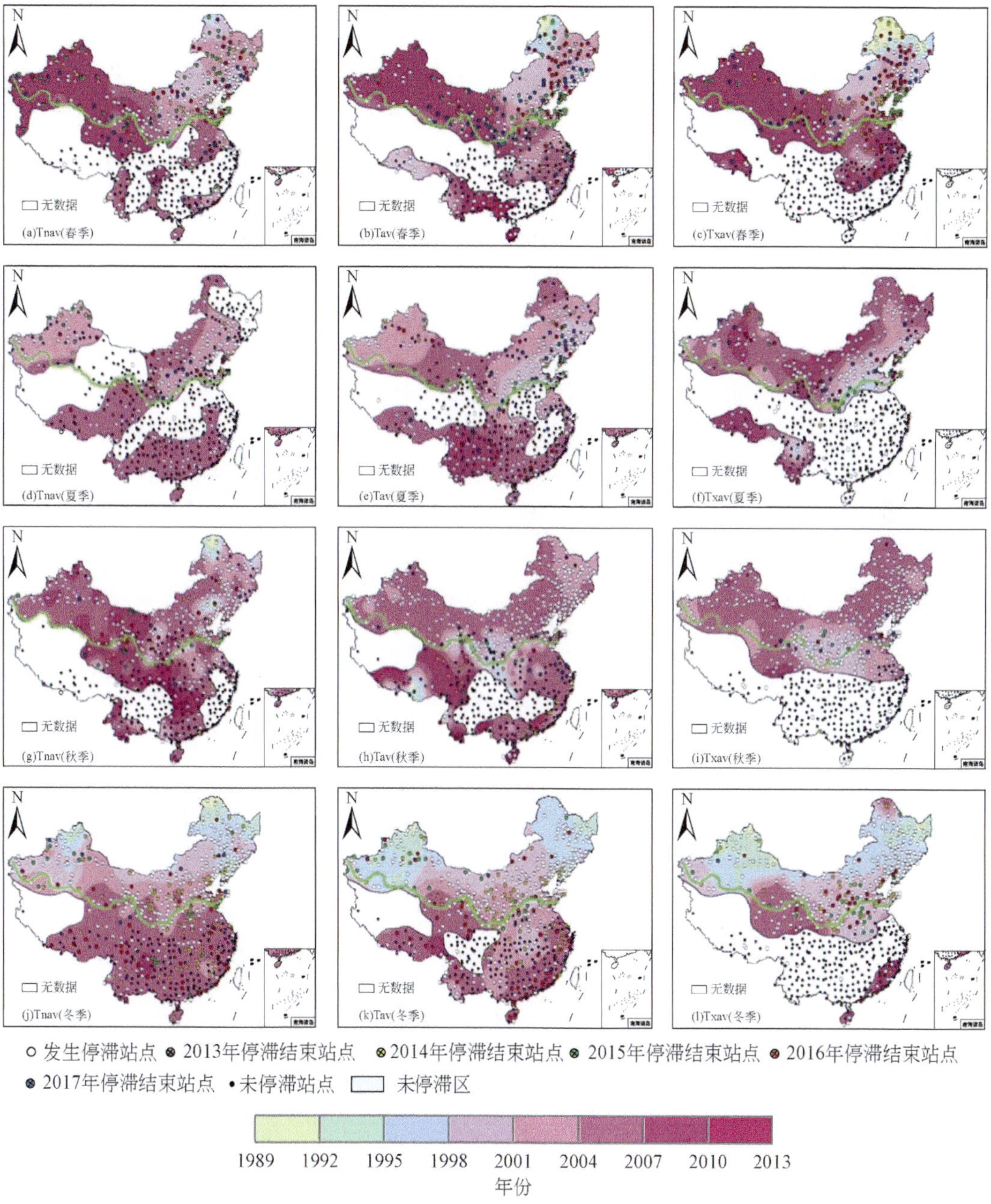

图 5-70　研究区各季节三类气温变暖（冷）停滞年份空间分布

藏高原与云贵高原交界保山附近停滞时间早于周边地区（1995～1998 年），未停滞范围较大，区域北部基本与未停滞界线重合，但在喜马拉雅山脉至云贵高原部分区域发生变暖（冷）停滞。秋季平均最低气温在内蒙古东北部最早发生变暖（冷）停滞（1989～1998 年），辽西走廊附近停滞时间也较早（1992～1998 年），其余大部分地区停滞时间在 2000 年以后，并且空间上呈早晚交错分布，大部分未停滞区域集中在高海拔的青藏高原及云贵高原，小部分分布在低海拔的浙闽丘陵；平均气温在日喀则附近及黄土高原以南地区首先发生变暖（冷）停滞，最北停滞界线以北地区在2001～2007年发生变暖（冷）停滞，以南地区在2007年之后发生变暖（冷）停滞，且停滞结束站点也集中在此区域，但变暖（冷）停滞至停滞结束周期（5～9年）较短，未停滞范围相对平均最低气温缩小；平均最高气温在华北地区东北部首先发生变暖（冷）停滞，向四周停滞时间逐渐变晚，30°N以南基本未发生变暖（冷）停滞，未停滞范围最大。冬季三类气温在东北、华北及西北地区北部首先发生变暖（冷）停滞（1989～1998年），向南停滞时间逐渐变晚（1998～2004年），中国北方地区变暖（冷）停滞表现出高海拔地区晚于低海拔地区，低纬度地区晚于高纬度地区的规律；平均最低气温在四川盆地附近变暖（冷）停滞时间相对较晚，与气温停滞时间由南向北逐渐变早的整体规律相悖，可能与较低地势有关；未停滞范围较小，集中在青藏高原西部；平均气温西北地区北部停滞较早区域相对平均最低气温向南扩大至塔里木盆地；东南沿海停滞时间（2007～2010年）最晚，长江三峡附近停滞时间早于周边地区（1995～1998年），未停滞范围相对平均最低气温也有所扩大；除青藏高原西部外，云贵高原及四川盆地大部分区域未发生停滞；平均最高气温在黑龙江北部小部分地区变暖停滞时间（2004～2007年）较晚，其余两类气温此区域停滞时间（1989～1998年）均较早，北方停滞较早范围大于其余两类气温，未停滞范围也最大，除浙闽丘陵及海南外，南方大部分地区均未发生变暖（冷）停滞。

5.2.5 季节气温突变与变暖停滞前后特征值时空变异性

图5-71为各季节平均最低气温、平均气温、平均最高气温突变前气候倾向率空间分布情况，各季节三类气温既有升温区域，又有降温区域范围，总体上升温区域范围大于降温区域范围，最大升温速率为1.0℃/10a，降温速率较慢，最大仅为-0.2℃/10a。气温下降区域集中在西北、中南、华东地区，秋季平均最低气温及冬季平均最高气温在东北也存在气温下降区域。三类气温除秋季平均最低气温和冬季平均最高气温外，其余均表现出突变时间越早，升温速率越快的规律，突变时间较晚区域气温变化速率较慢且有升有降。春季平均气温变化速率快于平均最低气温变化速率，平均最高气温变化速率最慢，三类气温均在东北及华北地区东北部升温较快（0.8～1.0℃/10a），向西、向南升温速率逐渐减慢，甚至呈下降趋势；夏季则是按平均最高气温、平均气温、平均最低气温的快慢顺序变化，平均气温与平均最高气温以长江中下游平原地区为快速升温区，向四周变化速率为负，直至西北、西南地区西部及东北地区气温又呈微弱上升趋势；秋、冬季平均最低气温变化速率最快，平均气温变化速率次之，平均最高气温变化速率最慢。从气温类型来看，平均最低气温与平均气温均是冬季变化速率最快，其次分别是春季、夏季、秋季，平均最高气温变化速率按夏季、春季、冬季、秋季的顺序逐渐减慢。春季三类气温均在研究区东北部升温速率（0.8～1.0℃/10a）最快，并且在不同范围内存在气温下降区域，平均最低气温在东北平原北部及大兴安岭北麓、柴达木盆地、准噶尔盆地以北变化速率（0.5～0.9℃/10a）较快，向四周升温速率逐渐减慢，至黄土高原-长江中下游以南及塔里木盆地以西地区微弱下降（-0.1～0℃/10a）；平均气温相对平均最低气温快速上升区域范围在东北地

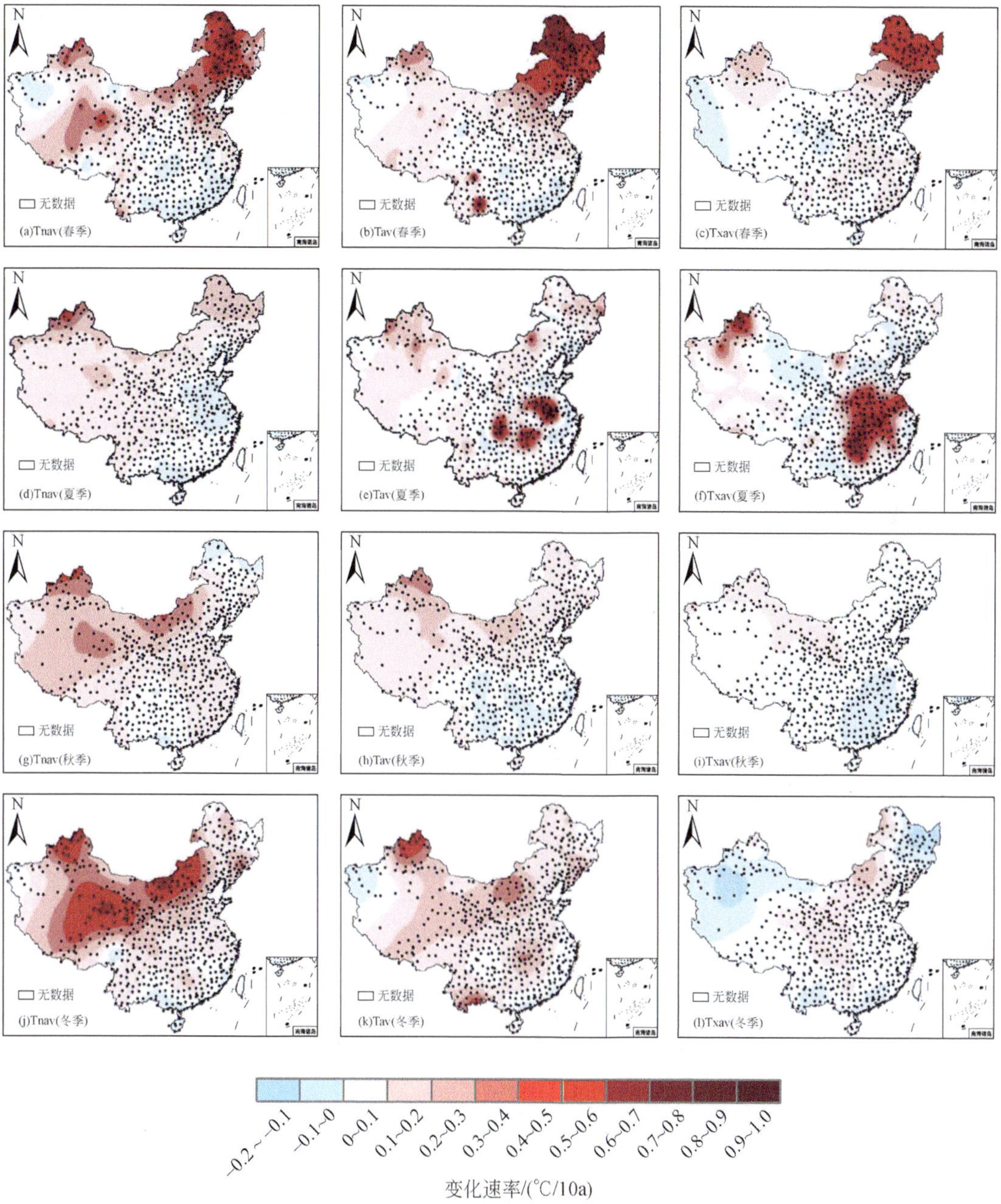

图 5-71　研究区各季节三类气温 T_1 时段变化速率空间分布

区有所扩大，云贵高原南部玉溪附近及青藏香格里拉附近有两个明显快速升温中心，向四周升温速率减慢，甚至下降，气温下降区域范围相对平均最低气温缩小；平均最高气温在祁连山脉、新疆与西藏西部地区微弱下降（-0.1～0℃/10a），其余大部分区域升温速率也较缓慢（0～0.4℃/10a）。此时段夏季三类气温变化速率空间规律与春季明显不同，平均最低气温在中国地势第三阶梯大部分区域内呈下降趋势（-0.1～0℃/10a），在其余地区微弱上升，新疆最北部升温速率（0.3～0.5℃/10a）较快；平均气温与平均最高气温在长江中下游平原升温速率（0.8～1.0℃/10a）最快，温带大陆性气候区的变化速率由东部、西部向中部逐渐减慢，高原山地气候区则是由东向西变化速率加快，温带季风气候区由北向南增温速率加快，亚热带季风气候区的规律与之相反。秋季三类气温相对其他季节升温速率（-0.1～0.4℃/10a）最慢，平均最低气温在东北部及两广地区呈微弱下降趋势（-0.1～0℃/10a），整体上变化速率由西北向东南逐渐减慢；平均气温升温速率大体上由北向南逐渐减慢，直至华东、中南大部分地区呈微弱下降趋势；平均最高气温则是在江浙一带呈微弱下降趋势，其余地区气温变化速率接近于0℃/10a。冬季平均最低气温整体由西北向东南升温速率逐渐减小，青海柴达木盆地、内蒙古高原中部以及准噶尔盆地以北地区升温速率（0.6～0.8℃/10a）均较快，横断山脉、两广丘陵、浙闽丘陵部分地区气温下降；平均气温在新疆最北部小部分区域升温速率（0.5～0.6℃/10a）相对较快，云南南部、湖南湖北接壤处以及内蒙古中部升温速率快于周边地区（0.5～0.6℃/10a），降温区集中在西北地区西部及两广丘陵；平均最高气温降温范围最大，由东、西、南边界降温区域向内陆逐渐升温，但升温速率较慢，最快为0.2℃/10a左右。

由图5-72可知，T_2时段的升温速率明显加快，最快达3.8℃/10a，是T_1时段升温速率的4倍左右，也有部分区域气温呈下降趋势，如各季节平均最高气温，最快降温速率达-2.2℃/10a。之前有研究指出中国气温突变后在四川盆地和两广丘陵等地呈下降趋势，由于使用数据序列长度不同，本研究中突变后降温范围与之前有所不同，但均证实中国气温突变后既存在变暖区域，又存在变冷区域。

将平均最高气温突变后的变冷区域叠加，将降温区域最北界线在图中示出，此界线与未发生变暖（冷）停滞最北界线相交于85°E附近，85°E以西气温下降边界在未发生停滞边界北部，85°E以东气温下降边界在未停滞边界南部，至100°E附近以西，沿阿尼玛卿山—秦岭—黄河中国下游两条界线基本重合。另外，将快速升温区域和快速降温区域分别在图中标出，两区域之间为升温和降温的过渡带，过渡带多年变化速率在-0.2～0.2℃/10a。从整体来看，各季节三类气温变化速率呈北快南慢的分布，各季节平均最高气温变化速率最快，平均气温变化速率次之，平均最低气温变化速率最慢。各季节平均最低气温变化速率快慢顺序为冬季、春季、夏季、秋季，平均气温与平均最高气温变化速率则按冬季、春季、秋季、夏季快慢顺序。

春季平均最低气温变化速率在0.2～1.4℃/10a，内蒙古东北部、东北地区与突变前升温速率相差不大（0.6～1.0℃/10a），新疆西部及河北升温速率（1.0～1.4℃/10a）最快，向四周升温速率逐渐减慢，向南减慢速率变化幅度最大（0～1.4℃/10a）；平均气温北方升温速率快于南方，在新疆北部升温速率（1.0～1.8℃/10a）达到最快，华东南部升温速率较慢的区域在T_1时段气温呈微弱下降趋势；平均最高气温最快升温速率达3.0～3.8℃/10a，交错分布在华北东部、西北西部及华东、中南地区，西南地区东部平均最高气温则呈明显下降趋势（-2.2℃/10a）；另外，四川小部分地区平均气温在T_1、T_2时段均呈微弱下降趋势，下降速率一直保持在0.2℃/10a左右。夏季三类气温变化速率空间分布与春季不同，平均最低气温整体升温速率较突变前增快3倍左右（达0.2～1.4℃/10a），东部平原丘陵地区升温速率（0～0.2℃/10a）最慢；平均气温大体上由北向南变化速率逐渐减

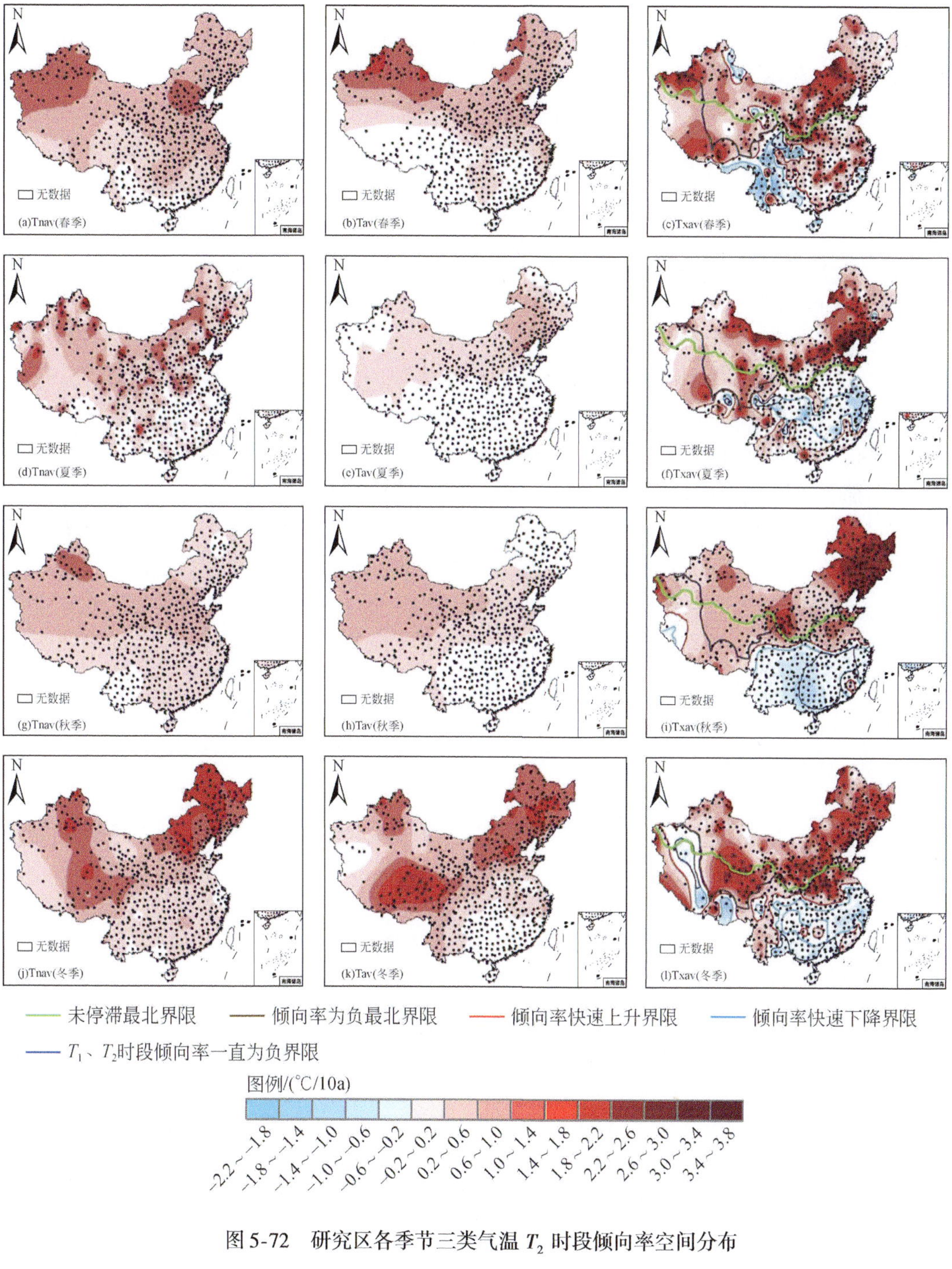

图 5-72　研究区各季节三类气温 T_2 时段倾向率空间分布

小，30°N 以南地区气温变化速率接近 0℃/10a，此区域在 T_1 时段升温速率（0.8～1.0℃/10a）较快，虽然 T_2 时段气温变化速率为正，但与 T_1 时段相比仍相对降温，说明此范围内气温也是转冷突变；平均最高气温在东北、华北大部分地区升温速率（3～3.8℃/10a）

较快，黄土高原以南大部分地区域气温下降速率（-1.8～-0.6℃/10a）较快，也存在 T_1、T_2 时段均下降区域，分别集中在四川盆地西部、云贵高原及青藏高原南部，与春季相比范围有所扩大。秋季平均最低气温与平均气温变化速率空间分布情况大体一致，由西北向东南逐渐减小，平均最低气温在准噶尔盆地附近升温速率快于周边地区（1.0～1.4℃/10a）；平均最高气温在东北及华北地区东部升温速率（3.4～3.8℃/10a）最大，长江中下游以南地区平均最高气温呈明显下降趋势（-0.8～-0.2℃/10a），T_1、T_2 时段降温范围均继续扩大至30°N以南及110°E以东大部分区域。冬季三类气温相对于其他季节变化速率最快，均在研究区东北部、柴达木盆地附近升温速率达到（2.6～3.8℃/10a）最大，平均最高气温在长江中下游以南及以西南地区西南部呈下降趋势（-1.0～-0.2℃/10a），下降速率慢于秋季，但平均最高气温下降范围有所增大，整体上由北向南升温速率减慢，蒙古高压的减弱可能是冬季大陆增温由北向南逐渐减弱的重要原因之一；平均最高气温在 T_1、T_2 时段均呈显著下降区域集中在青藏高原西部、云贵高原东南部及两广丘陵。

突变后气温快速上升（下降），部分站点在一定周期后增温（降温）趋缓，发生变暖（冷）停滞，进入 T_3 时段（图5-73）。冬季三类气温下降速率最快，秋季次之，春季和夏季气温下降速率较慢。从气温类型来看，平均最高气温下降速率最快，平均最低气温下降速率次之，平均气温下降速率最慢。各季节三类气温在华北、东北及西北地区快速降温范围较大，研究区腹部平原地区气温变化速率集中在0～0.1℃/10a，基本上北方降温速率快于南方，秋季、冬季平均最低气温降温速率分别在横断山脉中段及准噶尔盆地西侧达-4.5℃/10a，其是各季节三类气温降温速率最快区域。

春季三类气温变化速率空间分布情况差异较大，平均最低气温变暖（冷）停滞后均呈下降趋势，下降速率在-0.9～-0.3℃/10a，100°E附近有一条贯穿研究区南北气温下降速率较慢地带，30°N以南地区降温速率也（-0.6～-0.3℃/10a）较慢；平均气温在新疆西南部、云南及广西南部下降速率（-3.3～-2.4℃/10a）较快，向四周逐渐呈微弱升温趋势（0～0.1℃/10a）；平均最高气温大体由东北向西南下降速率逐渐加快，内蒙古最北端气温变化速率（0～0.1℃/10a）较慢区域在 T_2 时段升温速率较快。夏季平均最低气温、平均气温变化速率空间分布情况类似，但平均最低气温整体上变化速率快于平均气温，变化速率快慢交错分布于整个研究区，在江浙一带气温呈上升趋势（0～0.1℃/10a）；平均最高气温则在蒙古高原以南及西北、西南地区西部下降速率（-1.5～-1.2℃/10a）较快。大部区域秋季平均最低气温呈下降趋势，在丽江附近平均最低气温下降速率（-4.5～-3.6℃/10a）最快，东北延吉附近平均最低气温呈微弱上升趋势；大部分地区平均气温变化速率相对趋缓，105°E以东、黄土高原以北地区快速降温（-1.8～-1.5℃/10a）；平均最高气温在内蒙古中东部、青海南部下降速率（-3.7～-3.3℃/10a）最快，以黄土高原及小兴安岭北部地区缓慢升温区域为中心，气温向四周逐渐下降。冬季东北与华北地区降温速率（-3.0～-2.1℃/10a）相对较快，西北地区降温速率由西向东逐渐加快，西南地区规律与之相反；平均最低气温也是在东北与华北地区平均最低气温下降速率最快，但在东北平原南部沿海地区呈微弱上升趋势，中国地势第一阶梯与第二阶梯接壤处气温呈微弱上升趋势，向东气温下降，直至浙闽丘陵气温再次呈微弱上升；平均气温变化速率相对其他两类气温趋于平缓，并且缓慢升温范围有所扩大；平均最高气温均呈下降趋势，在内蒙

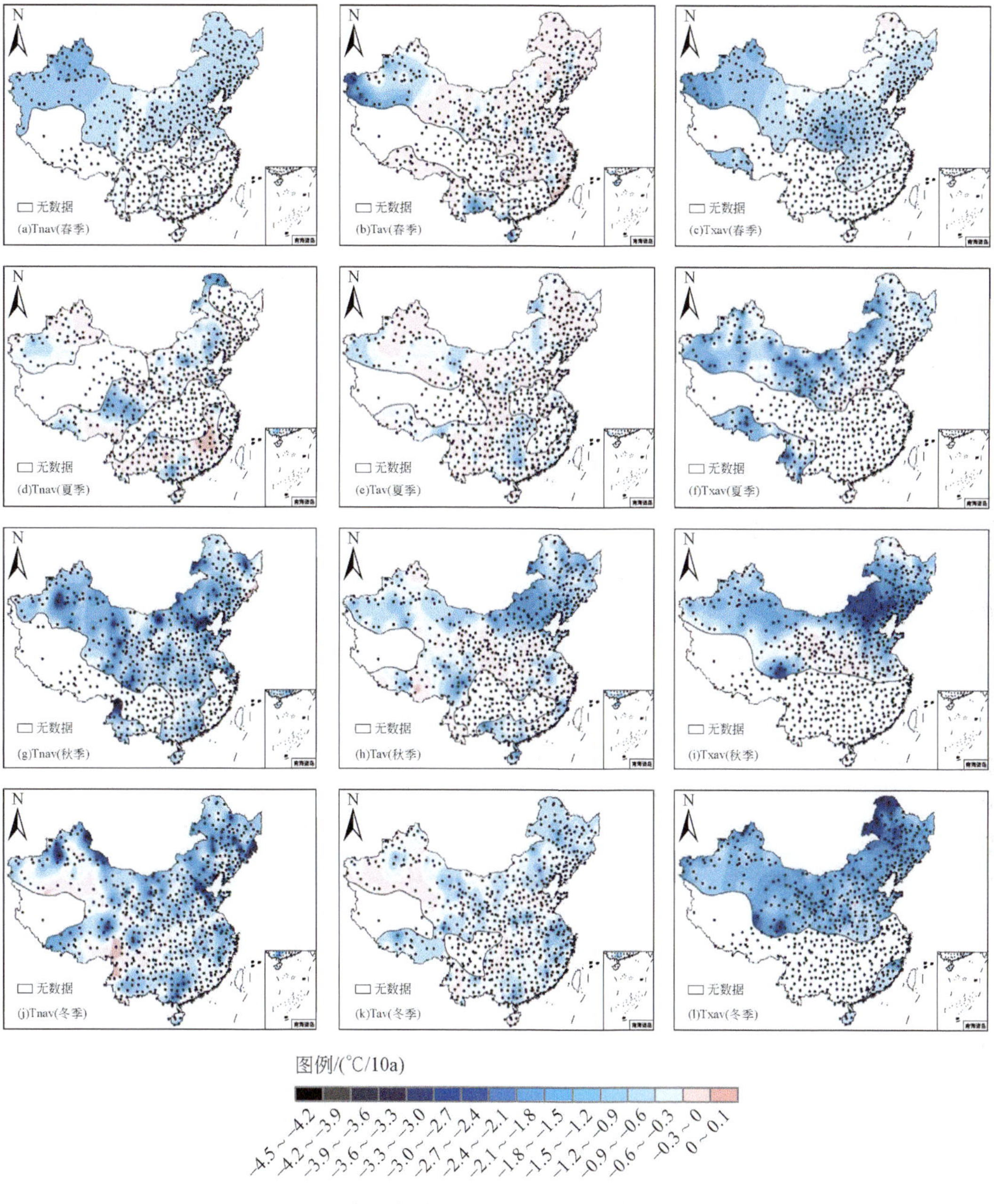

图 5-73　研究区各季节三类气温 T_3 时段倾向率空间分布

古东北部降温速率（-3.9～-3.0℃/10a）达到最大。

5.2.6　年际气温突变与变暖停滞机制

气温突变与变暖停滞主要受人类活动和自然年代际变率影响，由于 CMIP6 模式数据反映外强迫的影响，主要代表人类活动的影响，本研究利用 CMIP6 模式数据分离中国地区气温中人类活动和自然变率所贡献的温度场，进一步计算人类活动和各影响因子对气温突变与变暖停滞的贡献率。

首先将中国地区三类气温观测序列与模式模拟序列进行对比分析，由图 5-74 可以看出，中国地区三类气温观测序列和模式模拟序列虽然存在偏差，但波动特征整体一致，20世纪 90 年代以后的模式模拟序列略高于观测序列，二者相关性均通过了显著性水平检验（Tav：0.824 Tnav：0.882 Txav：0.763），可见，模式对中国地区三类气温的趋势模拟较好（对人类活动贡献的温度上升趋势模拟较好），利用模式模拟序列分析中国地区三类气温中人类活动和自然变率分别对气温突变与变暖停滞的贡献率。

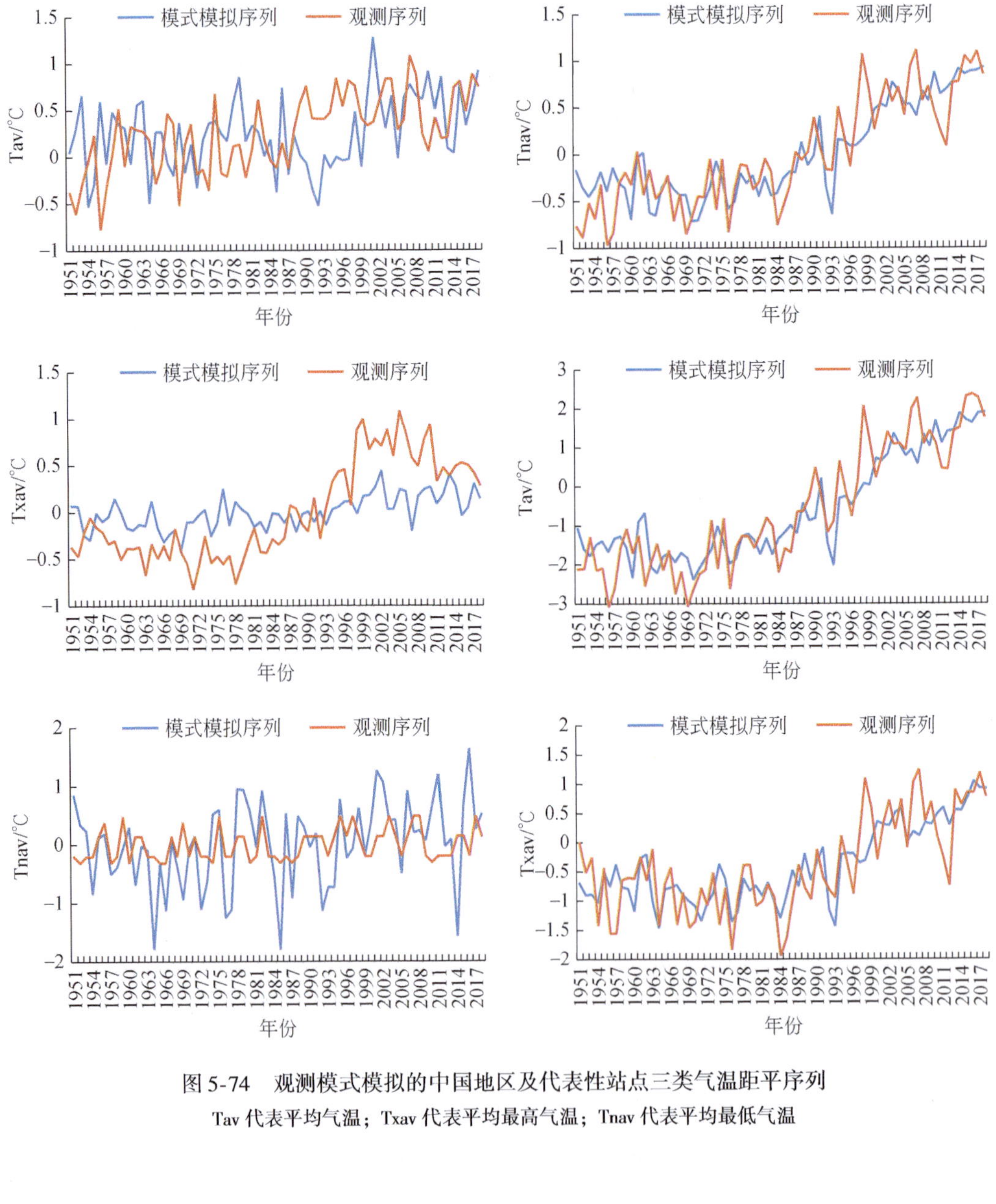

图 5-74　观测模式模拟的中国地区及代表性站点三类气温距平序列

Tav 代表平均气温；Txav 代表平均最高气温；Tnav 代表平均最低气温

为研究影响因子对气温突变与停滞的贡献，将 622 个站点气温以突变和停滞年为基准，划分突变时段与停滞时段（图 5-75），划分原则是以突变和停滞年为基准，此年份前后发生明显转折趋势为时段时间节点，划分出各站点的突变时段与停滞时段，分别计算人类活动和内部变率各因子对气温发生突变和变暖停滞时的相对贡献率。将气温中人类活动所贡献的温度场与气温突变与变暖停滞时段进行对比，由图 5-76 可以看出，人类活动对气温突变的影响是不可忽略的，其对气温突变的贡献率最大达 30%，尤其在城市建设较多的东南地区，人类活动的影响最大，在西部部分人类活动较少的区域，其对气温突变的贡献率也相对较小。人类活动对东北地区气温突变的影响也较大，对气温突变的贡献率在 12%~21%，整体来看，人类活动对平均最高气温突变的影响最大，对平均最低气温突变的影响最小。

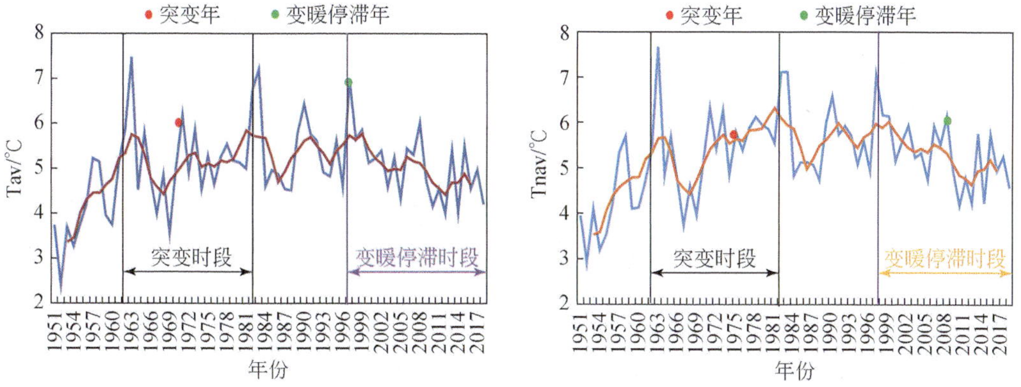

图 5-75　代表性气象站点气温突变与变暖停滞时段划分

政府间气候变化专门委员会（IPCC）第三次评估报告（AR3）报告认为，20 世纪以来气温的变暖基本不可能仅仅是由于气候系统的内部变率，并且认为 1951 ~ 2000 年，大部分观测到的变暖可能有 66%~90% 是人类活动造成的温室气体浓度增加所致。到了 IPCC 第六次评估报告（AR6）已经得到证实，1951 ~ 2000 年，全球迅速升温很可能（>90%）是人类活动排放温室气体增加造成的。已有研究表明，温室气体导致中国地区迅速增温 0.5 ~ 2.0℃，尤其在中国北方地区，气温增温幅度在 1℃ 以上，其中，华北北部的增温幅度超过了 2℃，这是人类活动的影响使气温发生突变的重要的原因之一。

人类活动对气温变暖停滞的影响也较大，对变暖停滞的贡献率最大达 18% 左右。人类活动对平均最低气温变暖停滞影响较大的区域集中在东南地区，对变暖停滞的贡献率在 9%~12%，其余地区变暖停滞则受人类活动影响较小。平均气温变暖停滞受人类活动影响较大的区域相比平均最低气温扩大，贡献率在 6%~12%。平均最高气温变暖停滞在中国西南地区受人类活动的影响相对较小，其余地区人类活动对变暖停滞的贡献率在 9% 左右。人类活动排放的温室气温对气温升高的作用不可忽略，而排放的硫和人类活动产生的气溶胶增多，对降温起到了不可忽略的作用。整体来看，无论是气温发生突变或变暖停滞，人类活动的影响整体上表现出东部大于西部的空间分布特征，这与中国东部地区大范围的城市建设关系密不可分。

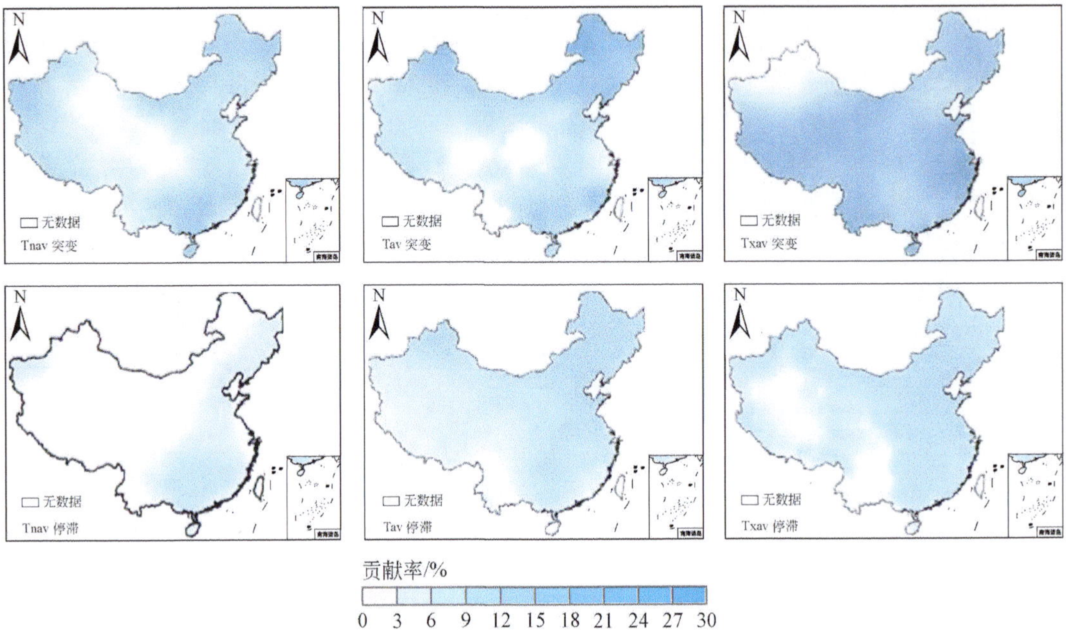

图 5-76　人类活动对气温突变与变暖停滞的贡献率空间分布

5.2.7　自然变率对年际气温突变与变暖停滞的影响

气温突变与变暖停滞主要受人类活动和自然年代际变率影响，在自然变率影响因子的选取方面，考虑到因子的时间序列长度和对气温的影响程度，本研究选取 8 个自然变率影响因子，揭示气温突变与变暖停滞的机制。为证明所选取的因子能代表自然变率的主要模态，进一步将去人类活动影响后的三类气温序列进行 EOF 分解，表 5-6 是 EOF 分解后前 4 个模态的方差贡献率，Tav、Tnav、Txav 累计方差贡献率分别达到 66.33%、56.29%、59.96%，基本可以代表主要的自然变率模态所贡献的温度变化。三类气温第一模态方差贡献率分别达到 39.25%、30.13%、31.85%，是主要的自然变率模态。

表 5-6　去趋势后三类气温 EOF 分解的前 4 个模态的方差贡献率　　（单位:%）

平均气温（Tav）			平均最低气温（Tnav）			平均最高气温（Txav）		
模态	方差贡献	累计方差贡献率	模态	方差贡献	累计方差贡献率	模态	方差贡献	累计方差贡献率
EOF1	39.25	39.25	EOF1	30.13	30.13	EOF1	31.85	31.85
EOF2	14.61	53.86	EOF2	12.96	43.09	EOF2	16.29	48.14
EOF3	7.53	61.39	EOF3	7.37	50.46	EOF3	7.28	55.42
EOF4	4.94	66.33	EOF4	5.83	56.29	EOF4	4.54	59.96

将本研究选取的自然变率影响因子分别与去趋势后的温度场 EOF 分解前 4 个模态进行相关性分析，可知，去趋势后温度场前 4 个模态与选取的影响因子相关性较未去趋势温度场有所提高，并且前 4 个模态基本可以涵盖本研究选取影响因子对三类气温变化产生的贡献（表 5-7）。

表 5-7　去趋势后三类气温 EOF 分解的前 4 个模态与自然变率影响因子间的相关系数

Tav	PDO	AMO	MEI	SR	大气压	风速	相对湿度	AO
模态 1	0. 29 *	0. 08	0. 31 *	−0. 14	−0. 25 *	−0. 43 *	−0. 19	0. 39 *
模态 2	0. 004	−0. 503 *	−0. 12	−0. 11	0. 45 *	0. 037	−0. 02	0. 31 *
模态 3	0. 17	0. 27 *	−0. 03	−0. 09	−0. 06	−0. 19	0. 23 *	0. 11
模态 4	−0. 23 *	0. 005	−0. 18	−0. 43 *	0. 008	−0. 007	−0. 05	0. 005
Tnav	**PDO**	**AMO**	**MEI**	**SR**	**大气压**	**风速**	**相对湿度**	**AO**
模态 1	0. 35 *	0. 11	0. 35 *	−0. 34 *	−0. 18	−0. 508 *	−0. 11	0. 420 *
模态 2	−0. 013	−0. 50 *	−0. 07	−0. 13	0. 36 *	0. 049	−0. 15	0. 197
模态 3	−0. 04	0. 23	−0. 18	−0. 53 *	−0. 037	−0. 16	0. 06	0. 08
模态 4	−0. 14	−0. 05	0. 04	−0. 30 *	0. 104	0. 07	−0. 139	−0. 16
Txav	**PDO**	**AMO**	**MEI**	**SR**	**大气压**	**风速**	**相对湿度**	**AO**
模态 1	0. 145	0. 493 *	0. 298	0. 057	−0. 474 *	−0. 395 *	−0. 158	0. 119
模态 2	−0. 071	0. 399 *	−0. 019	0. 093	−0. 268 *	0. 037	0. 043	−0. 47 *
模态 3	0. 047	−0. 200	0. 175	0. 140	−0. 074	0. 082	−0. 278 *	−0. 17
模态 4	−0. 145	−0. 026	−0. 154	0. 462 *	−0. 141	0. 225	−0. 157	−0. 15

注：* 通过 0. 05 显著性水平检验。

为进一步定量说明本研究选取的影响因子对三类气温突变与变暖停滞的贡献，采用 EEMD 方法对中国地区三类气温观测场序列、影响因子时间序列进行分解，获取不同时间尺度的本征模态函数，图 5-77 为整个研究时段影响因子对气温变化的贡献率，然后将本征模态函数划分出气温突变前后时段及变暖停滞前后时段，运用基于线性模型的冗余分析，定量分析影响因子对气温突变与变暖停滞时段的贡献率。以上计算过程以中国地区代表性站点为例。将选取的影响因子分为两大类：第一类为大气环流因子，包括 PDO、AMO、MEI、AO，第二类为区域性影响因子，包括 RH、SR、WS、AP。从图 5-77 可以看出，大气环流因子对气温三类变化的贡献率在 31. 5%~43. 2%；区域性影响因子对三类气

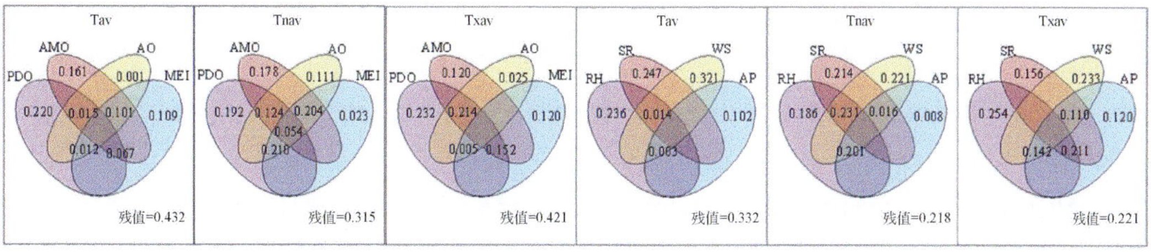

图 5-77　基于冗余分析的气温影响因子方差

温变化的贡献率在21.8%~33.2%。

由图5-78可知，气温突变时段，大气环流因子对气温突变的贡献率在39.9%~50.1%，大于整个时段对气温的贡献率，区域性影响因子对气温突变的贡献率在23.2%~35.7%，大于整个时段对气温的贡献率。气温停滞时段，大气环流因子对气温突变的贡献率在22.3%~40.4%，小于整个时段对气温的贡献率，区域性影响因子对气温停滞的贡献率在19.2%~33.3%，小于整个时段对气温的贡献率。

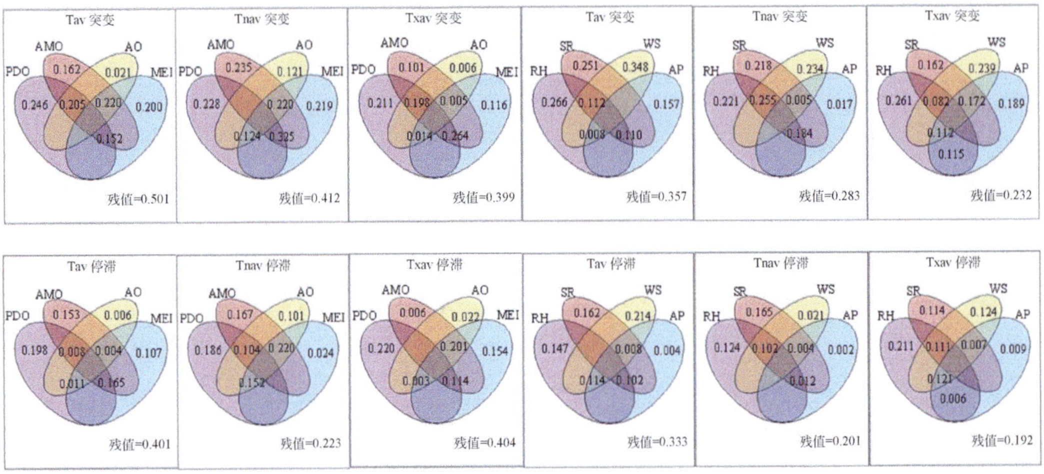

图5-78　基于偏冗余分析的影响气温突变、变暖停滞的影响因子方差分析

根据以上计算过程，将每个影响因子对中国622个站点气温突变及停滞时段的贡献率插值在空间上，从而得出影响因子对气温突变与变暖停滞贡献的空间分布。由图5-79可以看出，PDO对Tav突变的整体贡献率>Tnav>Txav，对Tnav变暖停滞的贡献率>Tav>Txav。气温发生突变时，PDO对三类气温突变的影响整体上由东北向西南减弱，尤其在青藏高原地区PDO对气温突变的贡献率较低。在内蒙古高原西部、华北平原及东北平原，PDO对Tav突变的贡献率最大，占自然变率对气温突变贡献的10.5%~12.6%；PDO对Tnav突变贡献率较大的区域集中在中国的东北、华北及华东地区，占自然变率对气温突变贡献的9.6%~11.4%，四川盆地Tnav突变则受PDO影响较小，其贡献仅占自然变率的0.2%左右；Txav发生突变时，PDO对其贡献率相对其他两类气温较小，仅在东北平原南部贡献率略大，占自然变率对气温突变贡献的10.5%~11.9%。气温发生变暖停滞时，PDO对三类气温停滞的贡献率明显下降，对Tav、Tnav停滞的贡献率在西南地区相对较高，对Txav停滞的贡献率整体较小。气候系统内部的年代际变率导致了冷却效应。很多研究关注了热带太平洋海温的异常变冷以及伴随的风场和降水量的变化，这些赤道太平洋的海温异常变冷以及相应的气候变化是泛太平洋结构的一部分，属于内部变率太平洋多年代际振荡。

AMO对Txav突变的整体贡献率>Tnav>Tav，对Txav变暖停滞的贡献率>Tnav>Tav（图5-79）。气温发生突变时，除东北地区外，AMO对三类气温突变的贡献率均较大，在8.4%~10.5%，整体贡献率呈由东北向西南逐渐增大的趋势。青藏高原东部至华北平原，

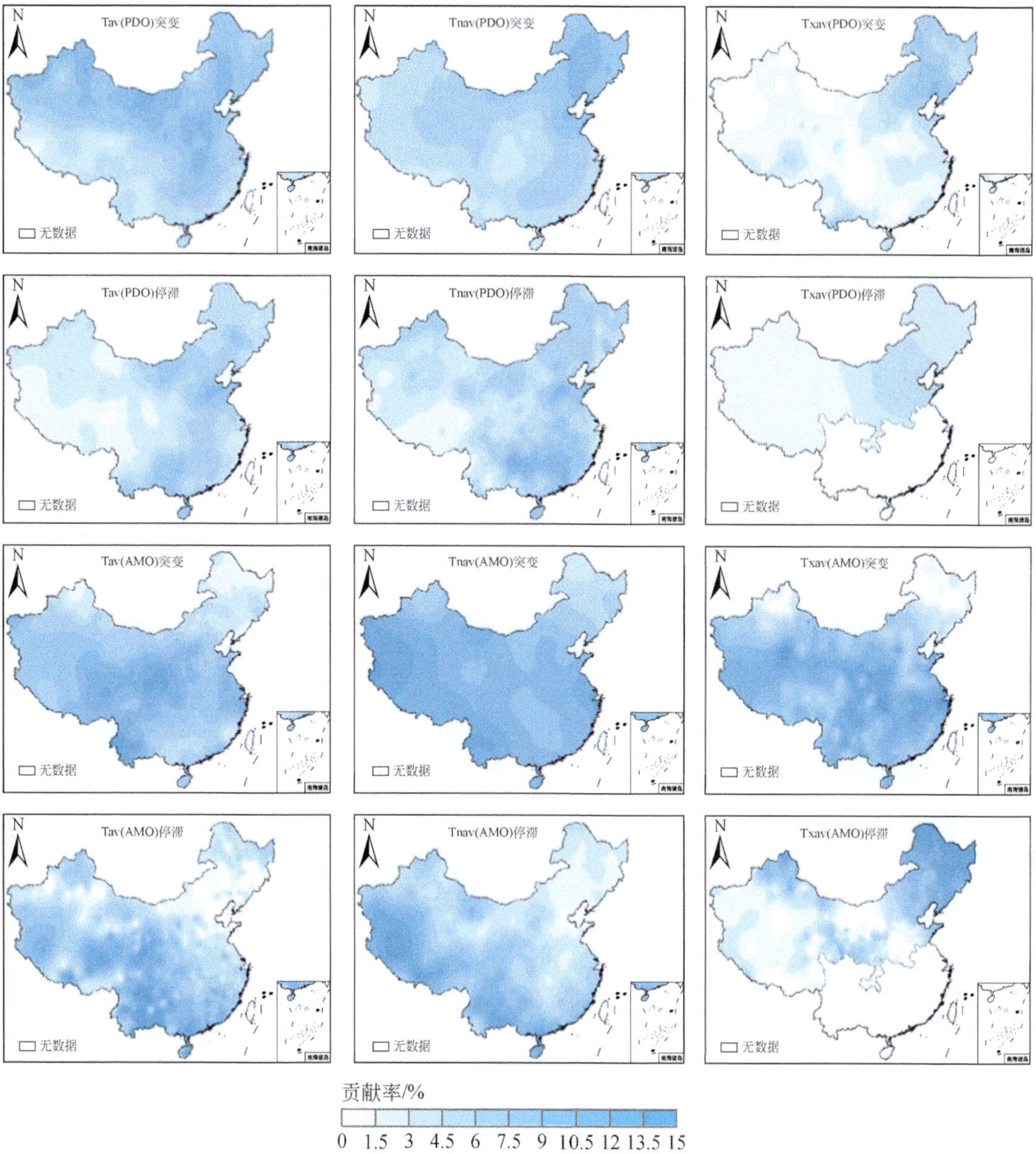

图 5-79　PDO、AMO 对三类气温突变与变暖停滞的贡献率空间分布

AMO 对 Tav 突变的贡献率相对较大，占自然变率对其贡献的 13.3%~14%，向周边地区贡献率逐渐减小，东北地区最小，仅占自然变率贡献的 0.5% 左右；AMO 对 Tnav 突变贡献率较大的区域集中在青藏高原西部，贡献率达 14%，向西其贡献率逐渐减少；AMO 对 Txav 突变的贡献率在东北和西北地区北部较小，占自然变率的 0.5% 左右，在其余地区贡献率较大。当气温发生变暖停滞时，AMO 对气温停滞的贡献率略大于气温发生突变时的贡献率。AMO 对 Tav 变暖停滞贡献率较大的区域集中在青藏高原东部及云贵高原，占自然变率对气温停滞贡献的 11.2%~12.6%，对东北地区气温停滞的贡献率基本为 0%；相对

Tav 变暖停滞，AMO 对 Tnav 变暖停滞的贡献率较大，并且影响范围亦较大；AMO 对 Txav 变暖停滞贡献率空间分布情况与其对气温突变时贡献率空间分布类似，但在停滞时段的贡献率要略大于其在突变时的贡献率。

MEI 对 Tav 突变的贡献率大于 Tnav>Txav，对 Tnav 变暖停滞的贡献率>Txav>Tav（图 5-80）。当气温发生突变时，在温带大陆性气候中西部，MEI 对 Tav 突变贡献率较大，占自然变率的 10.5%~12.6%，在青藏高原西部及东北地区北部，Tav 突变基本不受 MEI 的影响；MEI 对 Tnav 突变贡献率增大的区域分布在内蒙古高原中部及两广丘陵地区，贡献

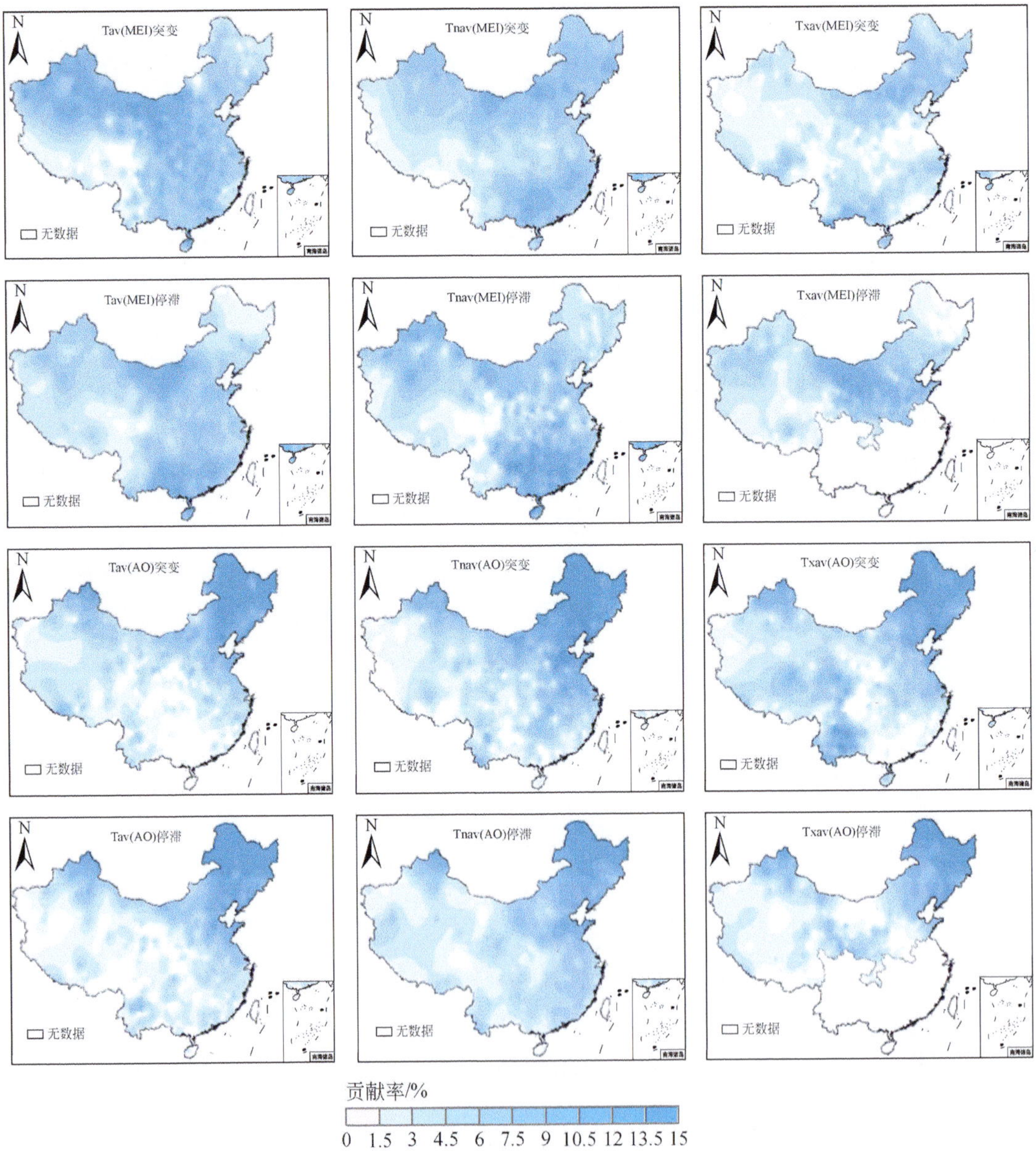

图 5-80 MEI、AO 对三类气温突变与变暖停滞率的贡献率空间分布

率占自然变率的8.4%~9.8%，对青藏高原西部 Tnav 突变基本没有新贡献；Txav 突变受 MEI 的影响整体较小，仅在内蒙古中东部略大，占自然变率贡献的13.3%左右。当气温发生变暖停滞时，MEI 对其贡献率与气温发生突变时贡献率基本持平，Tav 变暖停滞时，MEI 对内蒙古高原及云贵高原与两广丘陵接壤处影响较大，其贡献率占自然变率的7.7%~9.3%，同样在停滞时段，MEI 对青藏高原大部分地区没有影响；MEI 对 Tnav 影响较大的区域集中在长江中下游以南地区，占自然变率贡献的 8.4%~10.5%；对 Txav 变暖停滞，则是在内蒙古西部影响相对最大，占自然变率贡献的 9.1%~11.2%，其余地区影响均较小，占自然变率贡献的 7%以下。

AO 对 Txav 突变贡献率>Tnav>Tav，对 Tnav 变暖停滞的贡献率>Tav>Txav（图 5-80），三类气温发生突变与变暖停滞时，AO 对中国东北地区的贡献率均较大，占自然变率的 12.6%~14%。当气温发生突变时，AO 对东北地区及准噶尔盆地以北地区气温发生突变的贡献较大，其贡献占自然变率的 11.2%~14%，对两广丘陵大部分地区基本没有影响；AO 对 Tnav 突变贡献率范围较大区域范围相对 Tav 增加，其贡献率依然在 11.2%~14%，但其相对贡献率向南逐渐减小至 7%以下；与其余两类气温类似，Txav 发生突变时，在中国东北地区及西北地区北部，AO 对其发生突变的贡献率较大，并且在云贵高原，AO 影响也相对较大（贡献率在 13.3%左右）。当气温发生变暖停滞时，AO 对发生变暖停滞的贡献率相对小于发生突变时的贡献率，但总贡献率的整体空间分布与气温发生突变时的贡献率高度一致。AO 的主要活动中心位于北极，由图 5-80 可以看出，其对气温突变和变暖停滞的影响也是由北向南减弱，而 AO 与波流的关系较为密切，在平流层，AO 可能受到行星波与纬向流相互作用影响，在对流层，AO 又受到天气尺度波与纬向波的共同作用[80]。另外，AO 指数与东南亚季风呈现显著的负相关，当 AO 为正位相时，东亚冬季风相对减弱，北半球大气质量再分配，这个过程改变了气压场的经向梯度，从而导致中纬度的西风异常，显著影响了北半球的气温变化。这种变化可在季节内和年际尺度上影响气温。

RH 对 Tav 突变及变暖停滞的贡献率>Tnav>Txav（图 5-81），当气温发生突变时，RH 对 Tav 突变在华北平原及长江中下游附近的贡献率最大，占自然变率的 4.2%~7%，向北贡献率逐渐减小，但减小的程度不大，贡献率在 10%左右，向西贡献率减小的幅度较大，影响 Tav 突变的程度较小；RH 对 Tnav 发生突变的贡献率空间分布与 Tav 类似，但在中国西南地区，其对 Tnav 突变的贡献率大于其对 Tav 的贡献率；RH 对 Txav 发生突变的贡献率相对其余两类气温较小，尤其是祁连山脉至天山山脉以南地区，RH 对这个区域气温突变的贡献率基本为 0%。当气温发生变暖停滞时，RH 对三类气温变暖停滞的贡献率明显较小，整体不到 7%，仅在华北平原地区贡献率相对略大，但也不超过自然变率的 9%。从空间分布来看，RH 对 Tav 发生变暖停滞的贡献率仅在华北平原中部及西北地区最北部相对较大，其余地区较小；对 Tnav 变暖停滞的贡献率整体较小，对东北部分区域、青藏高原西部及四川盆地部分区域没有贡献；RH 对 Txav 变暖停滞仅在华北平原中部部分区域影响相对较大（5.6%~7%）。

太阳的入射辐射影响地球的能量收支和气候系统，地球的大气和地表特征影响太阳的出射辐射并受气候反馈的影响。SR 对三类气温突变的贡献率 Tnav>Tav>Txav，气温变停滞时贡献率 Txav>Tnav>Tav（图 5-81），整体上，SR 对三类气温突变与变暖停滞影响的空间

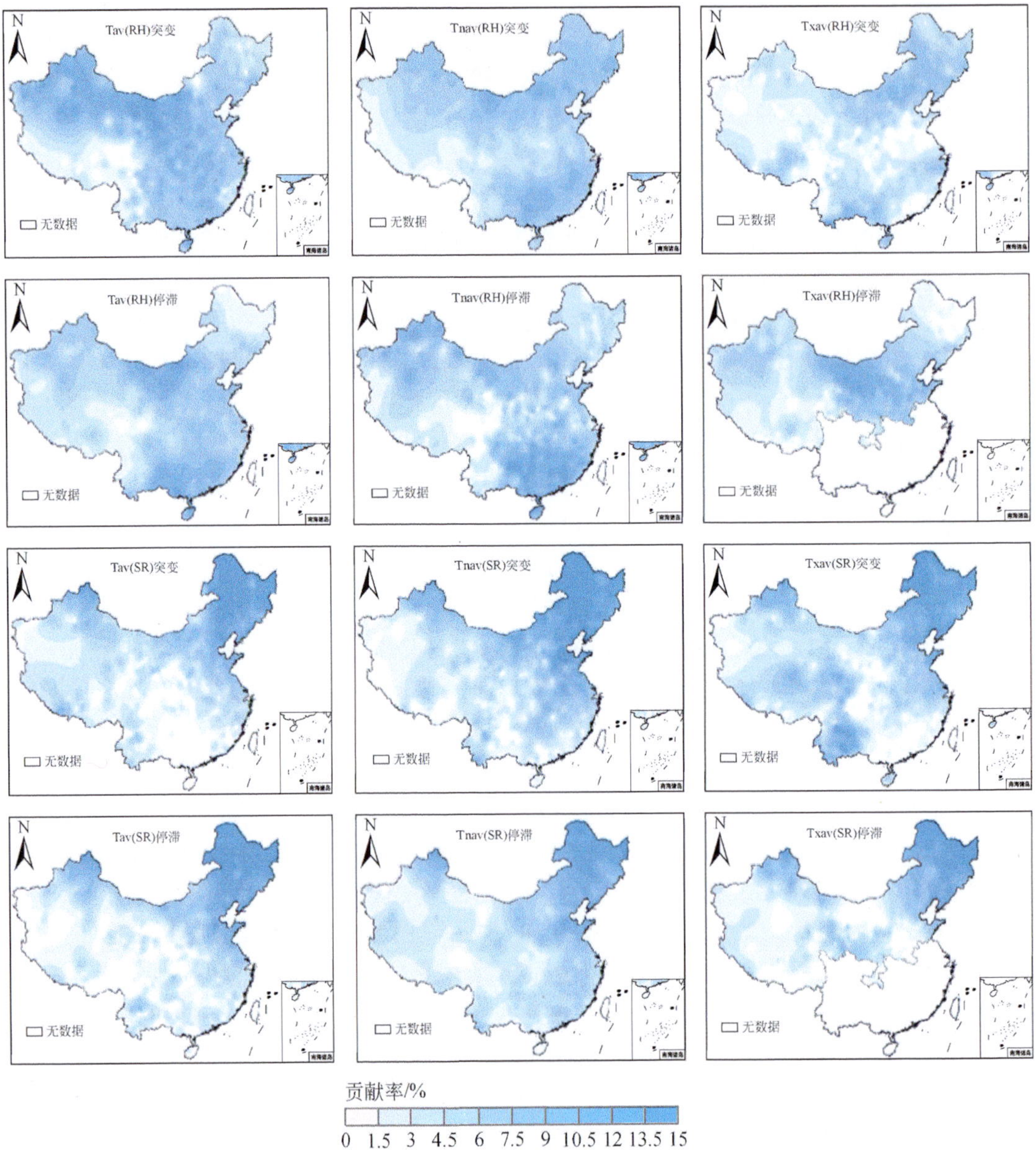

图 5-81 RH、SR 对三类气温突变与变暖停滞的贡献率空间分布

差异较大。当气温发生突变时，SR 对除了亚热带季风气候区 Tav 突变影响较小外，对中国其他地区 Tav 突变影响相对较大，尤其在东北地区北部及祁连山与内蒙古高原交界处，SR 对其突变的影响占自然变率的 5.6%~7.7%；SR 对 Tnav 突变在青藏高原、云贵高原及东北地区贡献率较大，占自然变率贡献的 11.2%~14%；Txav 突变受 SR 影响相对较小，尤其在东北部分地区及华北平原地区，SR 对 Txav 突变贡献率基本为 0%。当气温发生变暖停滞时，SR 对其的影响整体更小，基本占自然变率的 2% 以下，只有对 Tnav 在青藏高原大部分地区、Txav 在长江中下游地区附近贡献率略大，占自然变率的 3%~5%。

WS 对 Tnav 突变贡献率>Tav>Txav，对 Txav 变暖停滞贡献率>Tnav>Tav，WS 整体上对中国东部地区气温突变与变暖停滞影响较大（图 5-82）。当气温发生突变时，WS 对 Tav 突变贡献率较大区域集中在青藏高原西部及云贵高原东部，其贡献率占自然变率贡献的 5.6%~7%，WS 对 Tav 突变在四川盆地附近基本没有影响；WS 对 Tnav 突变整体贡献率相对较大，仅在浙闽丘陵及四川盆地附近影响较小，约占自然变率贡献的 0.8%~5%；Txav 突变时，WS 对华北平原及东北地区的影响相对较大，其贡献占自然变率贡献的 4%~6%。当气温发生变暖停滞时，WS 此时段的贡献率明显低于气温发生突变时的贡献率，对 Tax 的影响集中在 100°E 以东地区，与其对 Txav 变暖停滞的影响空间分布类似；WS 对 Tnav

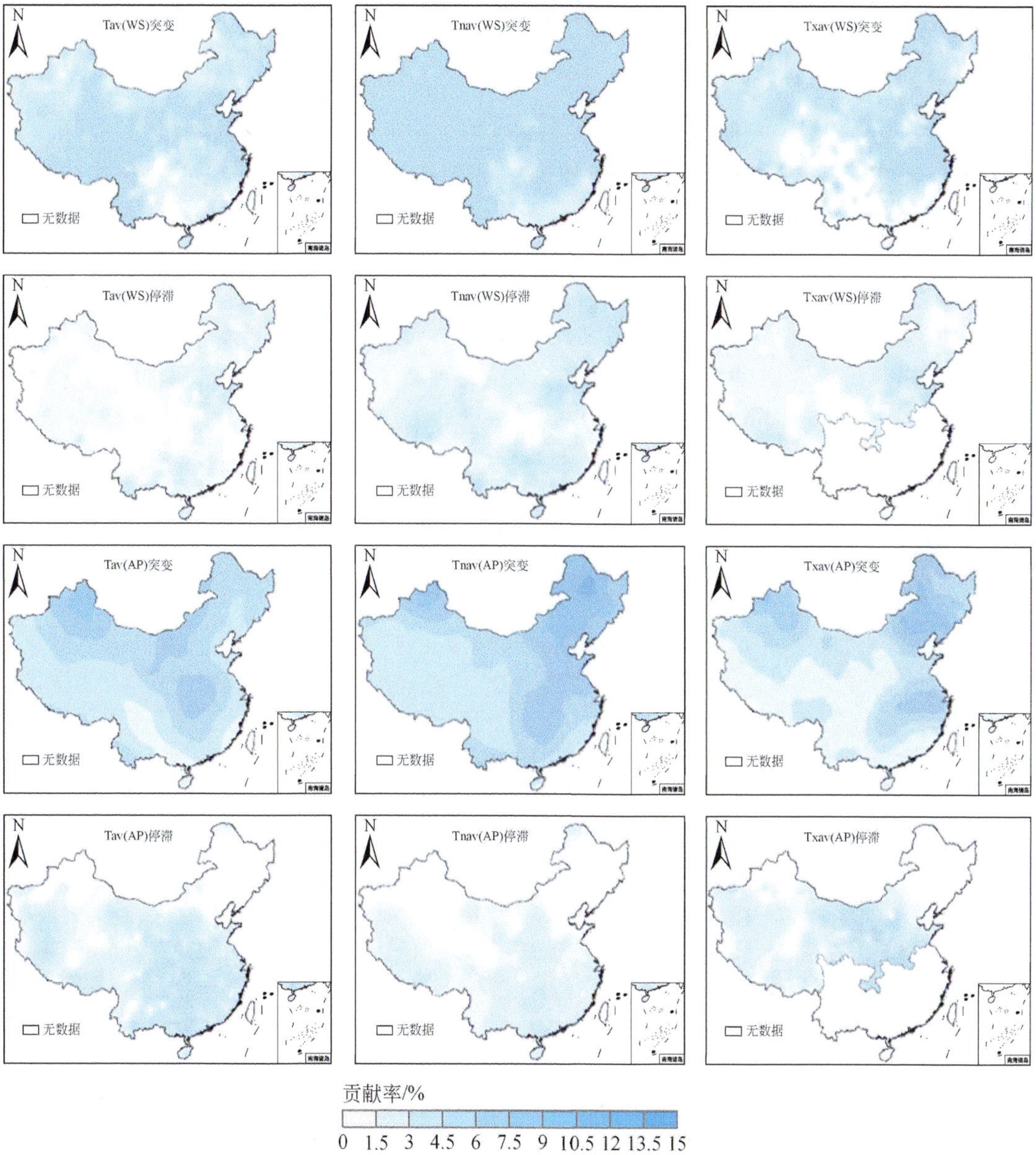

图 5-82　WS、AP 对三类气温突变与变暖停滞的贡献率空间分布

变暖停滞的影响相对较大区域集中在两广丘陵附近。

AP 对 Txav 突变的贡献率>Tnav>Tav，对 Txav 变暖停滞的贡献率>Tav>Tnav，对气温突变贡献率空间分布整体上由东北向西南减弱，对气温变暖停滞的贡献率则均在东北地区最低（图 5-82）。当气温发生突变时，AP 对 Tav 的影响较大的区域集中在长江中游及西北地区北部，其对突变的贡献占自然变率贡献的 5.5%~7%；对 Tnav 突变贡献率较大的区域则在中国第一阶梯范围内，占自然变率贡献的 4.2%~6.8%；对 Txav 突变的贡献率空间分布与 Tnav 类似，但贡献率相对较大的区域范围有所扩大。当气温发生变暖停滞时，此时段 AP 对气温的贡献率大于突变时段，说明气温发生变暖停滞时，一定程度上受 AP 的影响。Tav 与 Txav 变暖停滞受 AP 影响较大的区域集中在中国第二阶梯的位置，Txav 变暖停滞受 AP 的影响相对更大，占自然变率的 8.4%~10.5%，Tnav 变暖停滞受 AP 影响相对其他两类气温较小。

本研究选取与气温变化密切相关的多个影响因子，定性定量分析中国地区三类气温变化及突变-变暖停滞与影响因子间的响应关系。中国地区三类气温与影响因子变化间存在不同程度的响应关系，除 AMO、RH，均是平均最低气温与影响因子间响应关系最好，平均最高气温与影响因子间响应关系较差。空间上差异明显，三类气温与 AGG、CO_2整体响应关系最好，在东北地区响应关系相对较差；与 PDO、MEI 在青藏高原响应关系相对较差；以 40°N 为界，向北气温与 AO 响应关系越来越好，向南与 AMO 响应关系越来越好；与 RH 在西南地区响应关系较好，其余地区与 WS 响应关系较好；与 AP 在东南地区响应关系较好，其余地区与 SR 响应关系较好（图 5-83）。

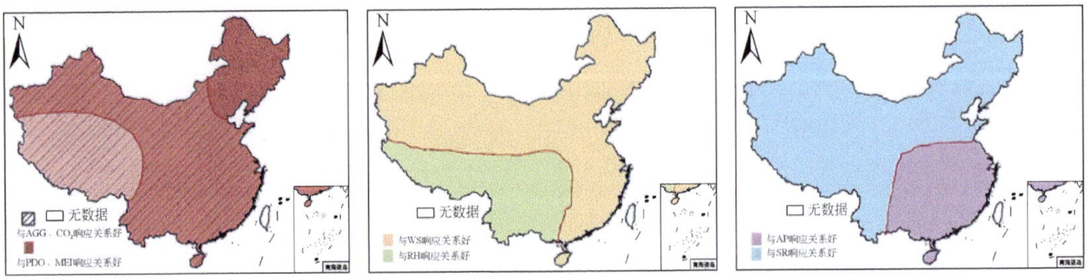

图 5-83　气温与影响因子整体响应关系空间分布

气温突变-变暖停滞与影响因子间响应关系方面，多数地区的气温突变时间在二者显著共振周期内，与影响因子变化间响应关系显著，部分地区变暖停滞时间未在显著共振周期内，但从时间上看，与部分影响因子变化趋势高度一致，其在一定程度上影响气温发生变暖停滞。由图 5-84、图 5-85 可知，气温突变及其前后时段，与本研究选取的影响因子变化间关系均显著，中国长江、黄河源头三江源附近及东南地区与气温响应关系较好的影响因子数量最多，可能对水资源产生一定影响，东北地区影响因子数量较少。SR、AMO、MEI、PDO 对三类气温突变显著影响范围最大，影响整个中国的 80% 以上区域，尤其对平均气温突变的显著影响覆盖整个中国地区，受 RH、AO 显著影响区域占 60% 以上，其余影响因子显著影响范围在 30% 以上。AO 主要影响北方地区气温发生突变；AGG、CO_2 主要影响除东北以外其他地区的气温突变；RH、WS、AP 影响气温突变范围相对较小且影响区域不集中。平均最高气温突变后呈下降趋势且未发生变冷停滞的区域与 AMO、MEI、SR、WS、AP 响应关系显著。另外，当气温发生突变时，人类活动对其最大影响在 30%，尤其在东南沿海及东北地区，人类活动影响相对较大，本研究选取的自然变率影响因子贡献率最大，占自然变率的 15%，但贡献率的空间差异较大，其中不乏个别影响因子对中国部分地区气温突变没有贡献，大气环流因子中，AMO 对三类气温突变整体的贡献>MEI>PDO>AO，图 5-84 为影响因子对中国气温突变与变暖停滞贡献率在 10% 以上的区域，除 AMO 外，40°N 以北地区气温突变受本研究选取的影响因子影响最大，所有影响因子对气温突变综合贡献率在 70% 以上，西南高原地区气温突变主要受 AMO 的影响，贡献率在 12% 左右；WS 对中国气温突变贡献率的空间变化不大，其贡献率均在 7% 左右；30°N 以南地区气温突变受本研究选取的较少的影响因子影响，并且影响范围也较小，只有 AO、MEI、SR 对浙闽丘陵、云贵高原等地区气温突变综合贡献率在 9%~11%。

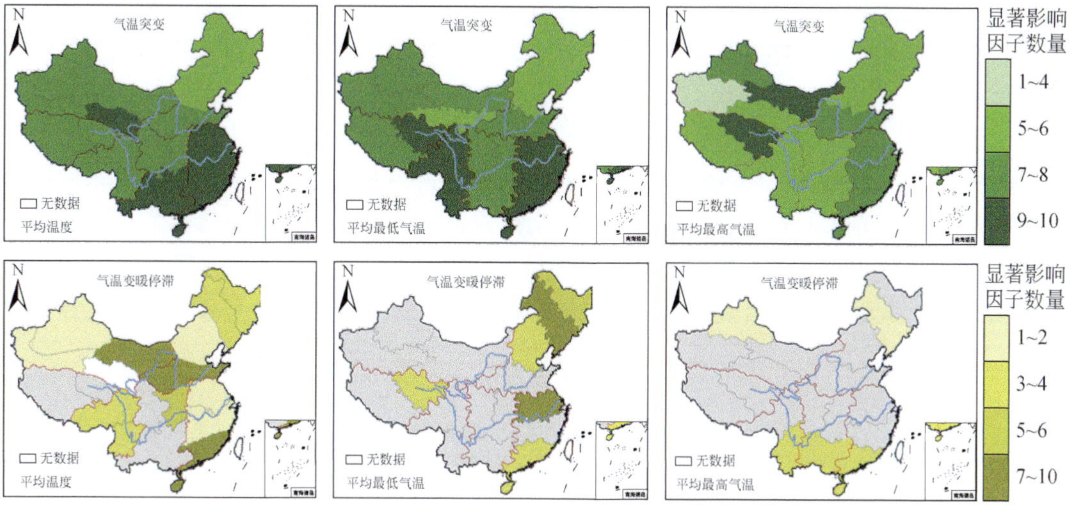

图 5-84　气温突变-变暖停滞及其前后时段与其关系通过 95% 显著性水平检验影响因子数量

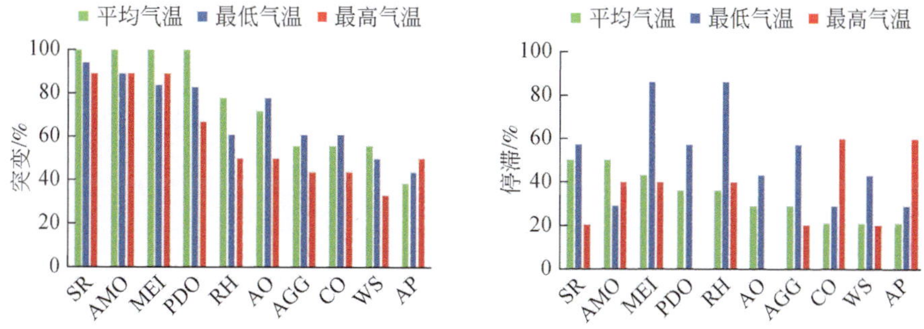

图 5-85　气温突变-变暖停滞及其前后时段与其关系通过 0.05 显著性水平检验影响因子地区占比

变暖停滞及其前后时段，气温与相对较少的影响因子关系显著，尤其在柴达木盆地西北侧平均气温与本研究选取的所有影响因子关系均不显著，MEI、PDO 影响气温变暖停滞区域面积最大，占发生变暖停滞区域面积的80%以上，其余影响因子显著影响区域面积占60%以下；南方变暖停滞均受SR影响，北方均受AP影响。20世纪90年代尤其是1998年以后，随着AMO上升趋缓，PDO下降或处于负位相，MEI与SR下降，各地区WS、AP、RH持续下降/上升及之后的趋势转变，当持续一段时间并达一定倾向率或值时气温发生变暖停滞。另外，从本研究选取的自然变率影响因子来看，对气温变暖停滞综合贡献率最大在50%以上，并且大气环流因子对气温突变的贡献率超过10%，区域性影响因子对中国地区气温变暖停滞的贡献率较小，从图5-85可以看出，PDO主要影响中国110°E以东地区的气温变暖停滞，其对平均最高气温变暖停滞的贡献率也较小，AMO主要影响西南高原地区平均气温与平均最低气温的变暖停滞，贡献率超过10%，MEI对内蒙古高原中西部及两广丘陵地区三类气温变暖停滞的贡献率较大，AO主要影响东北地区的气温变暖停滞，贡献率在7%~11%。人类活动对气温变暖停滞的最大贡献在17%左右。综合来看，选取的自然变率影响因子对中国地区气温变暖停滞贡献率空间差异性较大，同一地区受多种影响因子共同影响的区域较少，仅在东北地区气温变暖停滞受PDO及AO的共同影响，综合贡献率在21%左右。

气温突变-变暖停滞与影响因子间的物理关系复杂且尚未明确，结合前人研究及本研究分析来看（图5-86），当PDO为正位相时，北太平洋区域到东欧大陆有明显自东向西的波动通量，阿留申低压增强，抑制冬季风向南推进，使得中国地区整体升温，引起气温突变，PDO为负位相时反之，导致气温变暖停滞；气温与厄尔尼诺现象关系密切，一般在厄尔尼诺年冬季东亚冬季风偏弱、东亚地区气温偏高，在拉尼娜年冬季东亚冬季风偏强、东

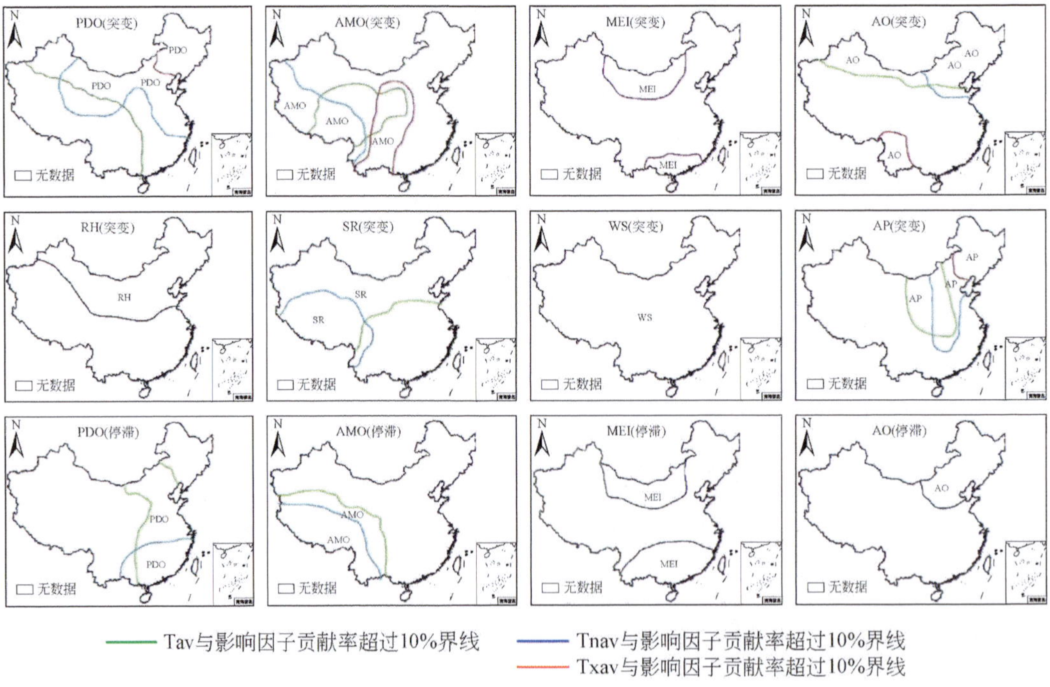

图5-86 影响因子对三类气温突变-停滞贡献率超10%的定量响应范围

亚地区气温偏低，MEI 变化与气温突变与变暖停滞具有相同趋势；暖位相的 AMO 增强东亚夏季风，减弱冬季风，冷位相则相反，引起气温突变与变暖停滞；AO 处于正位相时，极地地表压力较低，有助于中纬度急流从西向东强烈而持续地吹，从而将寒冷的北极空气锁在极地地区，负位相的 AO 表明极地地区的压力相对较高，有利于较弱的纬相风和寒冷的空气进入中纬度地区，天气变得寒冷。高原山地气候区气温突变与变暖停滞与区域 WS、AP 及 RH 等关系较强，气温与 WS、AP、RH 变化可能存在作用及反作用关系，中国地区三类气温突变与变暖停滞均有直接或间接不同程度的响应。

5.2.8 季节气温突变与变暖停滞机制

将中国地区三类气温观测序列与模式模拟序列进行对比分析，中国地区三类季节气温观测序列和模式模拟序列虽然存在偏差，但波动特征整体一致，可见模式对中国地区三类季节气温的趋势模拟较好（对人类活动贡献的温度上升趋势模拟较好），利用 CMIP6 模式序列分离中国地区三类气温人类活动和自然变率温度场，分别计算人类活动与自然变率对气温突变与变暖停滞的贡献率。

将分离出的气温中人类活动所贡献的温度场与季节气温突变与变暖停滞时段进行对比，计算其对各季节气温突变与变暖停滞的贡献率，由图 5-87 可以看出，气温突变时段，人类活动对各季节三类气温影响较大的区域均在东北、东南地区，最大贡献率在 30%。人类活动对春季平均最低气温突变的贡献率整体上空间差异性较小，贡献率在 12%~15%，

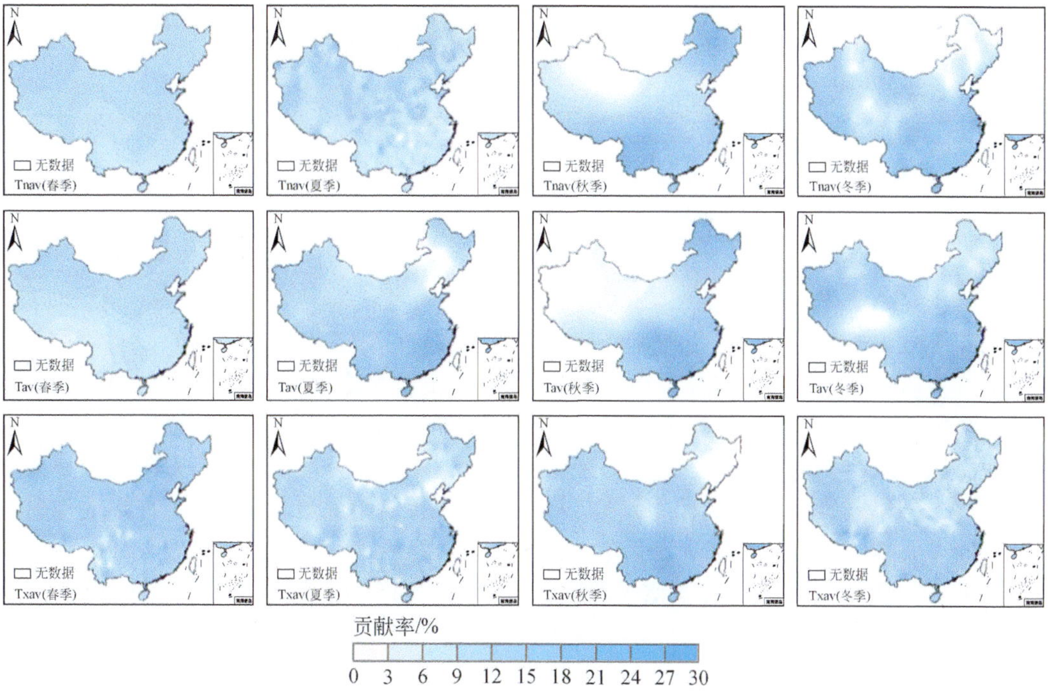

图 5-87 人类活动对各季节三类气温突变贡献率空间分布

对夏季平均最低气温突变整体影响较小，只有在中国零星地区贡献率达到15%，对秋季平均最低气温突变贡献率较大的区域集中在东南和东北地区，贡献率在15%~18%，对冬季平均最低气温突变影响较大的区域依然集中在南方地区。人类活动对平均气温冬季突变影响最大，贡献率最大在18%左右，对秋季平均气温突变影响空间差异性较大，其对东部地区的影响明显大于西部地区。人类活动对平均最高气温的影响空间差异性均较小，贡献率在12%~18%。当气温发生变暖停滞时，人类活动对其影响程度整体相对较小，并且由于各季节三类气温在中国范围内并不是所有的站点均发生的气温变暖停滞现象，人类活动对气温变暖停滞的贡献率空间差异性也较小（图5-88）。

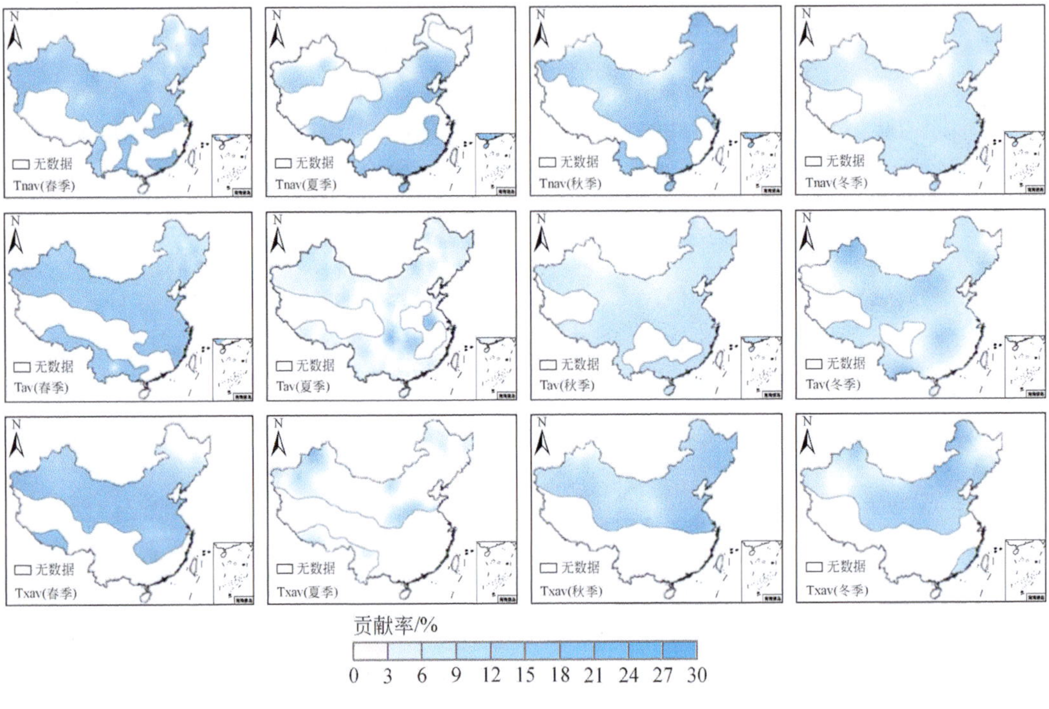

图5-88　人类活动对各季节三类气温变暖停滞贡献率空间分布

与年际气温突变与变暖停滞机制的分析方法相同，计算各自然变率影响因子对季节气温突变与变暖停滞时段的贡献率，由图5-89可以看出，整体上PDO对春季气温突变的贡献率>冬季>夏季>秋季，从气温类型来看，PDO对Tnav突变的贡献率>Tav>Txav；从PDO对三类气温季节突变的贡献率空间分布来看，PDO对中国北方地区气温突变的贡献率大于南方地区，但不同类型气温在不同季节差异明显。PDO对中国东北及黄土高原以北地区春季气温突变贡献率相对较大，贡献率在6%~8%；对夏季Tav、Txav影响较大的区域向东南和西北方向移动，对Tnav影响增大的区域则向南移动至两广丘陵一带，相对PDO对春季气温突变的贡献率整体减小，贡献率在2%~5%；PDO影响秋季气温突变的贡献率相对春季和夏季更小，对中国50%以上地区几乎没有影响，影响相对较大的区域集中在黄土高原以北地区，占所选取影响因子贡献率的1%左右；冬季，PDO对除青藏高原南部及云贵高原部分地区气温突变影响较小外，对其余地区气温突变的影响相对其他季节最大，贡献

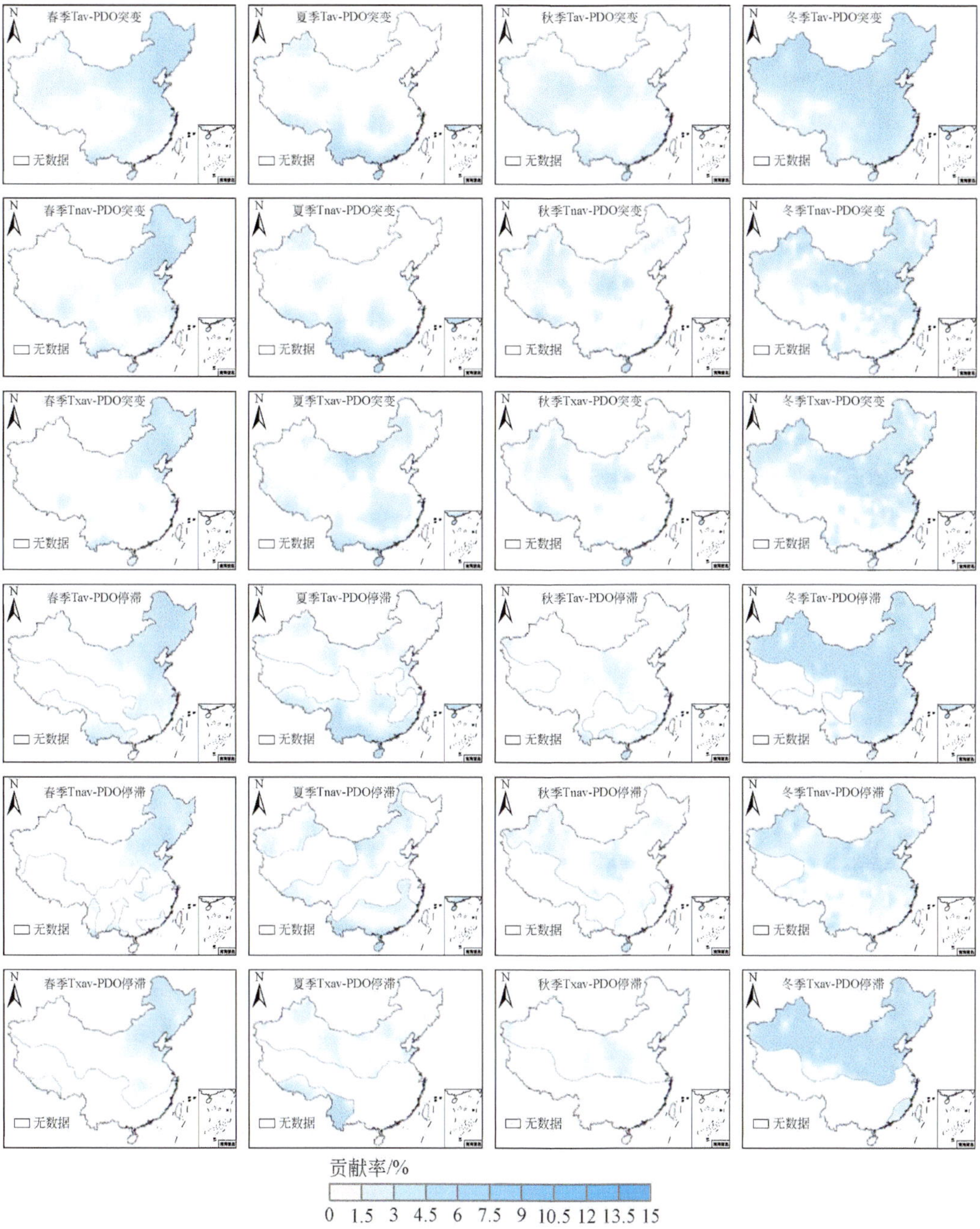

图 5-89　PDO 对三类气温突变与变暖停滞的贡献率空间分布

率在 7%~10.5%。PDO 对冬季气温变暖停滞的影响程度>春季>夏季>秋季，三类气温对各个季节变暖停滞的影响程度类似。PDO 对春季气温变暖停滞影响较大的区域集中在中国东北地区，贡献率在 6.3%~7.5%，对中国西北地区气温突变基本没有影响；PDO 对夏季三类气温变暖停滞贡献率相对较大的区域集中在黄土高原以北及长江中下游平原地区，贡献率在4%~5%，对东北地区的贡献率相对春季明显减小，对西北地区的影响依然较小；对秋季三类气温变暖停滞的贡献率相对其他季节小，仅在内蒙古高原中部受PDO的影响略大，贡献率在2.5%~5%；对冬季气温变暖停滞的影响最大，贡献率最高达11%。由此可以看出，PDO对气温突变和变暖停滞的贡献率空间分布较为相似，并且均对冬季影响最大，对秋季影响最小，但对气温突变的贡献率高于变暖停滞。

整体上，AMO对三类气温突变的贡献率明显高于PDO的作用，从气温类型来看，AMO对三类气温突变的贡献率类似，并且对各季节季气温突变的贡献率空间分布差异性较小，对秋季气温突变的贡献率>夏季>春季>冬季（图5-90）。AMO对春季三类气温突变的贡献率均在东北地区及西北地区北部接近0%，对其余地区突变贡献率较大，占所选影响因子贡献率的8.5%~10.5%；夏季AMO对气温突变影响较小的区域转移到华北平原及长江中下游平原地区，AMO对其气温突变的贡献率仅为2%~5%，对西北地区北部气温突变贡献率依然较小；AMO对秋季气温突变贡献率的空间分布与春季相似，但整体上贡献率大于其对春季的贡献率，在7%~8.5%；对冬季气温突变贡献率较小的区域在40°N以北区域以及两广丘陵附近，AMO对其突变贡献率仅在1%左右，对其他区域贡献率在5.5%~6.5%。AMO对春季气温变暖停滞贡献率的空间情况与其对气温突变影响的空间情况相似，但整体小于其对突变的影响，贡献率在4%~5%；AMO对夏季三类气温变暖停滞影响较大的区域集中在内蒙古高原西部、吐鲁番盆地以西地区以及青藏高原至云贵高原以南，贡献率在7.5%~9%，其余地区气温变暖停滞则受AMO影响较小，贡献率均低于3%；AMO对秋季和冬季气温变暖停滞的影响空间情况与其对气温突变影响空间情况类似，但其影响小于气温发生突变时的影响。由此可以看出，AMO对气温突变和变暖停滞影响的空间变化情况基本类似，但对突变的影响大于对变暖停滞的影响。

从气温类型来看，MEI对三类气温突变的影响程度基本相同，但在季节上差异明显，对冬季气温突变的贡献率>春季>秋季>夏季（图5-91）。MEI对春季三类气温突变影响较小的区域集中在30°N~35°N，此区域以南和以北地区气温突变均受MEI影响较大，贡献率在5.5%~7%；对夏季气温突变影响整体较小，仅在云贵高原南部地区影响相对较大，贡献率在3%~5%；MEI对秋季气温突变影响区域集中在黄土高原与内蒙古高原地区，贡献率最大在4%左右，对其余地区气温突变贡献率较小，甚至对东北及西北部分地区没有影响；MEI对冬季气温突变的影响较大，仅有青藏高原南部部分区域气温突变不受MEI的影响，MEI对其余地区气温突变的贡献率在6.5%~9%。MEI对中国北方冬季气温变暖停滞贡献率最大，接近7%，对各季节气温变暖停滞的贡献率空间分布情况与其对气温突变的空间分布情况相似，但对气温变暖停滞的影响均小于对气温突变的影响。

从气温类型来看，AO对Tav突变的影响>Tnav>Txav，从季节来看，AO对春季气温突变的影响>冬季>春季>秋季>夏季，并且整体上AO对东北地区气温突变的影响均较大，贡献率在8.5%左右（图5-92）。AO对春季气温突变在东北地区贡献率在4.5%~7%，对华北平原及西北地区北部气温突变影响也较大，贡献率在4.5%~7.5%，对青藏高原、黄土高原及浙闽丘陵大部分地区的气温突变影响较小；AO对夏季气温突变整体影响相对春季减弱，贡献率不超过5.6%，对云贵高原地区气温突变的贡献率增大；对秋季气温突变影响范围增大，但对气温突变的贡献率减小，整体贡献率在3%~5%；冬季AO对气温突变

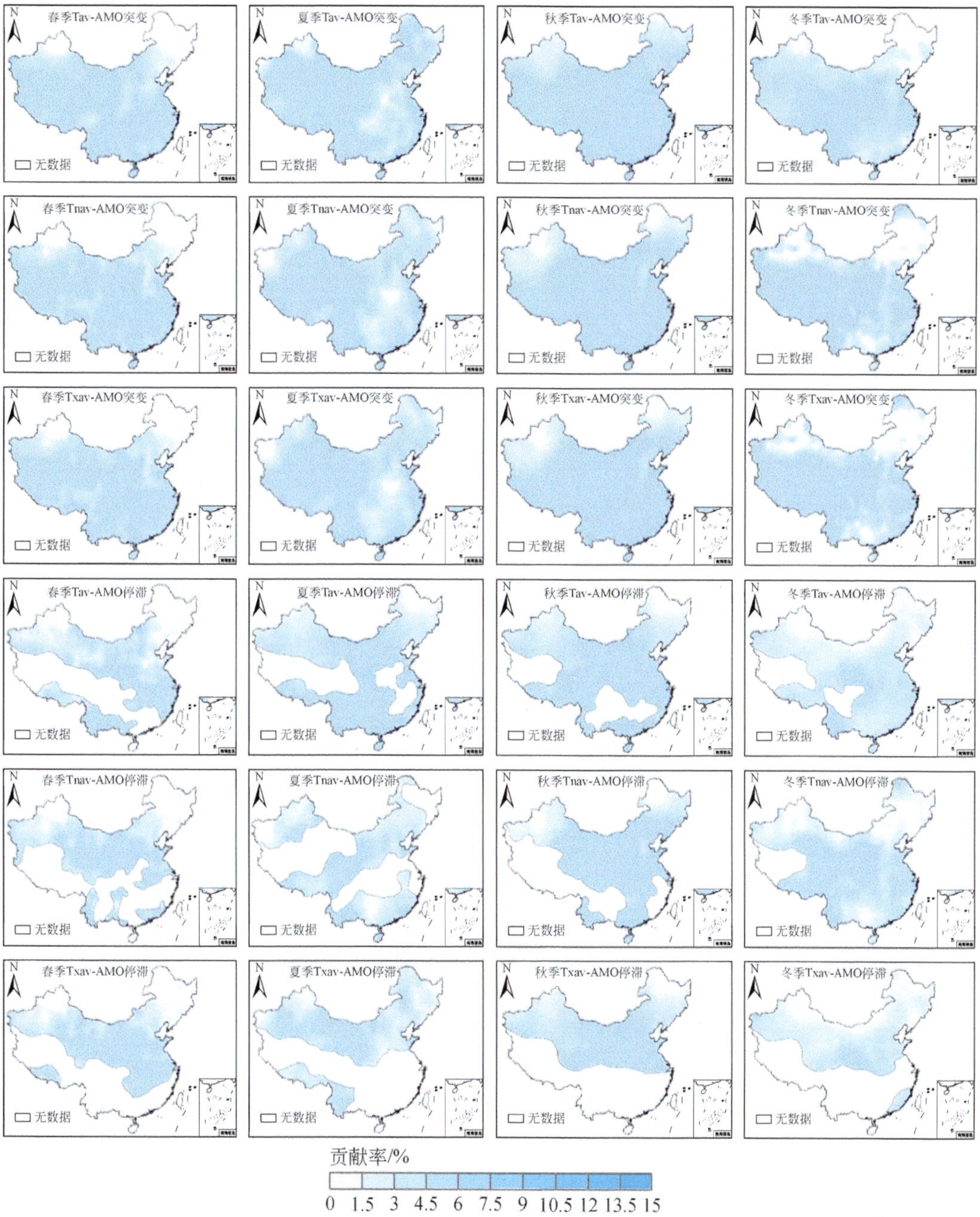

图 5-90　AMO 对三类气温突变与变暖停滞的贡献率空间分布

的影响最大，其影响区域集中在中国东北地区，贡献率最高达 9%，黄土高原以南地区冬季气温突变基本不受 AO 影响。AO 对春季气温变暖停滞影响范围与程度略大于其对气温突变的影响，贡献率在 7%~10%；对夏季气温变暖停滞的贡献率空间分布情况与其对气温突变的贡献率相似；而 AO 对秋季气温变暖停滞的影响相对其对气温突变的影响减弱，

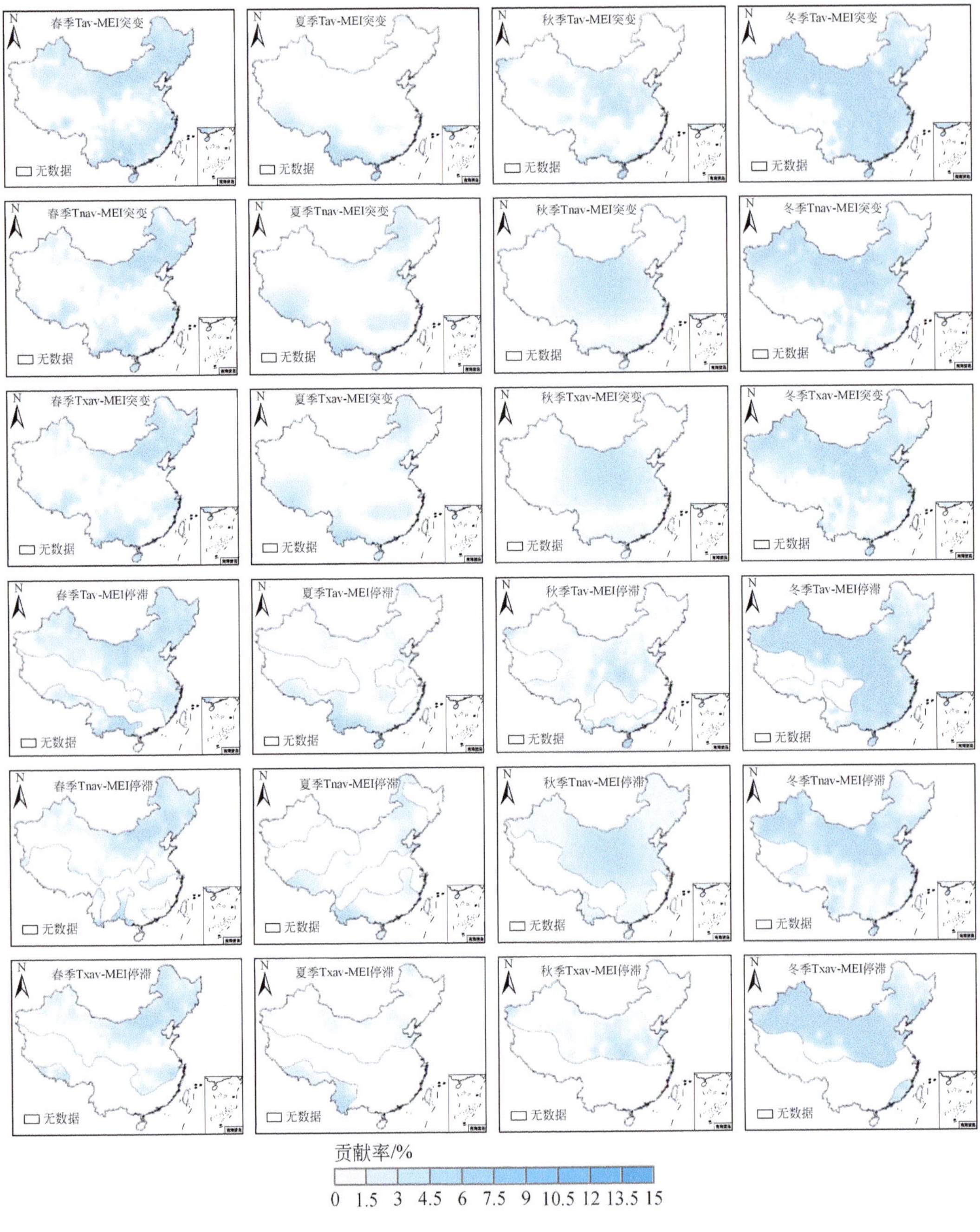

图 5-91 MEI 对三类气温突变与变暖停滞的贡献率空间分布

空间分布类似；AO 对冬季气温变暖停滞的影响大于其对气温突变的影响，尤其是对东北地区，贡献率接近 8.5%。由此可以看出，AO 对中国东北地区冬季气温变暖停滞的影响较大，对夏季气温突变与变暖停滞的影响均较小。主导气温突变的因子位于中高纬度大陆地区，气温突变由北向南推进，因此气温突变最晚的纬度带偏南。

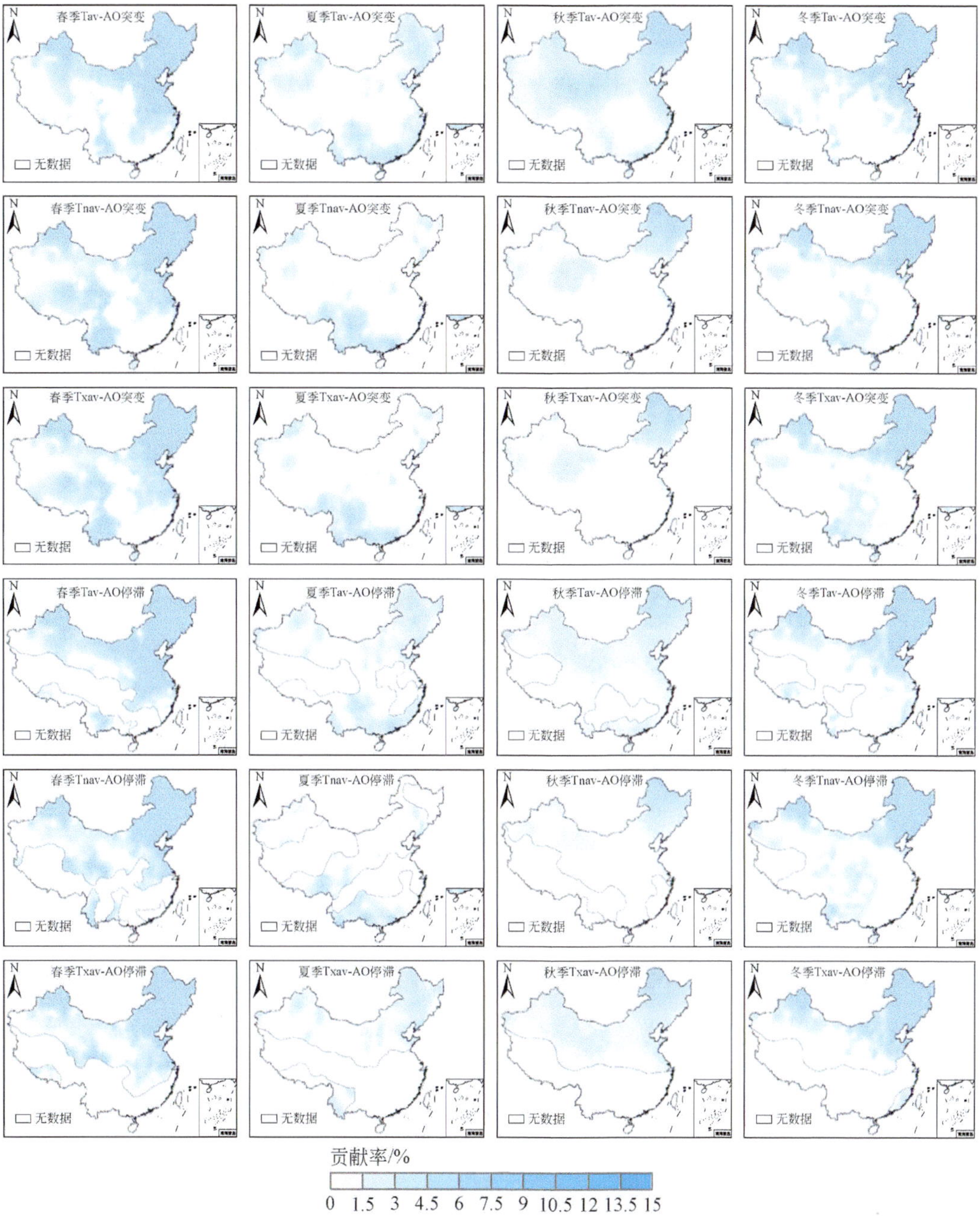

图 5-92　AO 对三类气温突变与变暖停滞的贡献率空间分布

RH 对 Tav 突变贡献率>Tnav>Txav，对气温突变的影响整体上由东向西减小（图 5-93）。RH 对青藏高原气温突变影响较小，主要影响范围集中在除青藏高原以外的区域，对气温突变的贡献率在 7%~8.5%；RH 对夏季气温突变影响较小的区域相对春季向长江流域转移，在长江与黄河之间的区域气温突变受 RH 影响较小，其余地区气温突变受 RH 影响相对较大，贡献率为 5%~7%；RH 对秋季 Tav 突变贡献率大于对其余两类气温突变贡献率，仅对青藏高原东部影响较小，其余地区贡献率在 3.5%~5%，对其余两类气温突变的贡献率均低于 3.5%；RH 对冬季气温突变在青藏高原和云贵高原地区较小，其余地区贡献率在 3.5%~5%。RH 对春季气温变暖停滞贡献率较大的区域集中在长江中下游平原

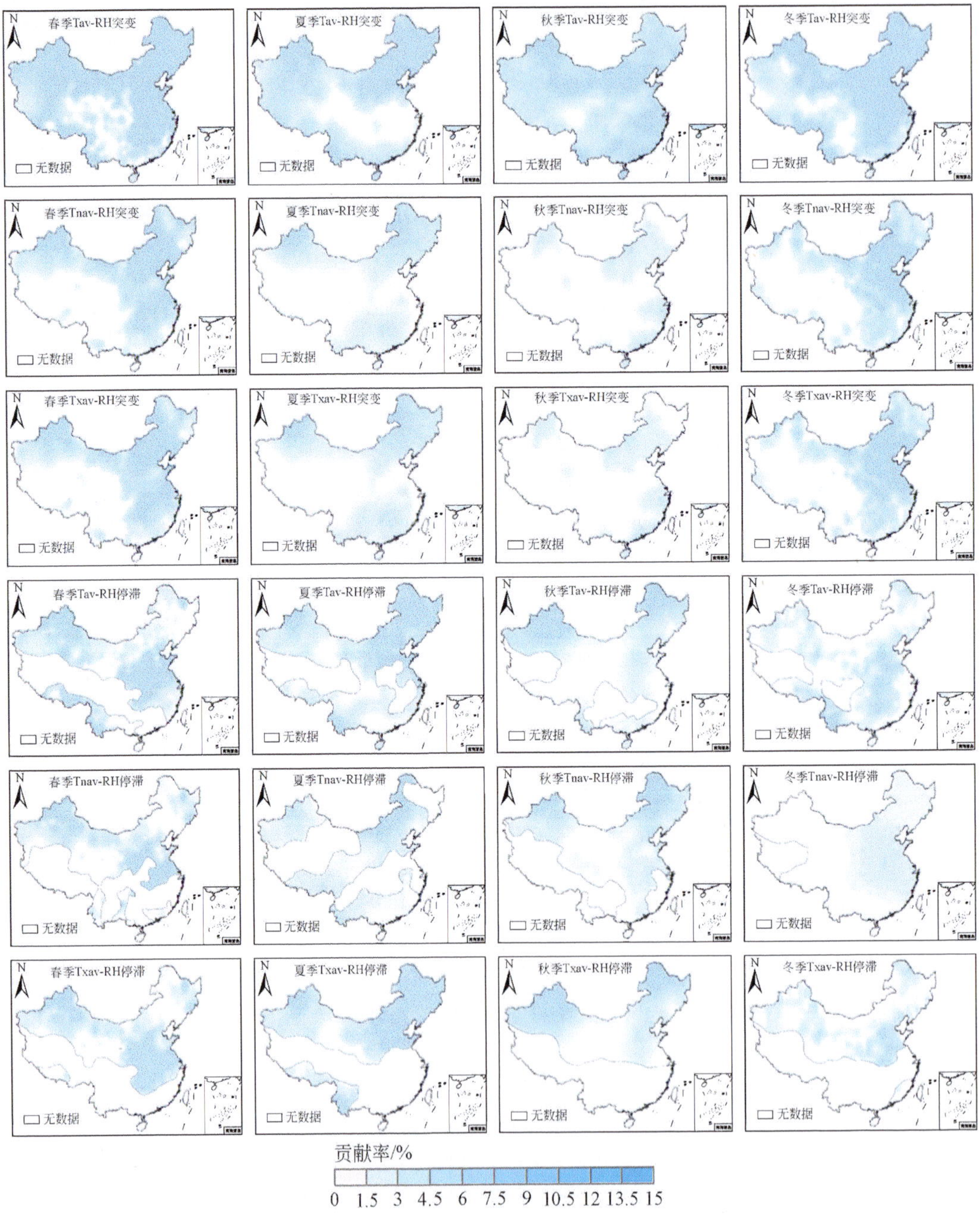

图 5-93　RH 对三类气温突变与变暖停滞的贡献率空间分布

附近，贡献率在 2%~3.5%；对春季气温变暖停滞的影响大体上由东北向西南逐渐减小；RH 对秋季气温变暖停滞的影响较大区域集中在东北和西北地区，贡献率在 2%~4%；对冬季气温变暖停滞的影响则相对更小，贡献率低于 3%。

SR 对春季 Txav 突变的影响>Tnav>Tav，对其他季节气温突变的影响则是 Tnav>Tav>Txav（图 5-94）。与其他影响因子不同，SR 对各季节三类气温突变贡献率的空间差异较

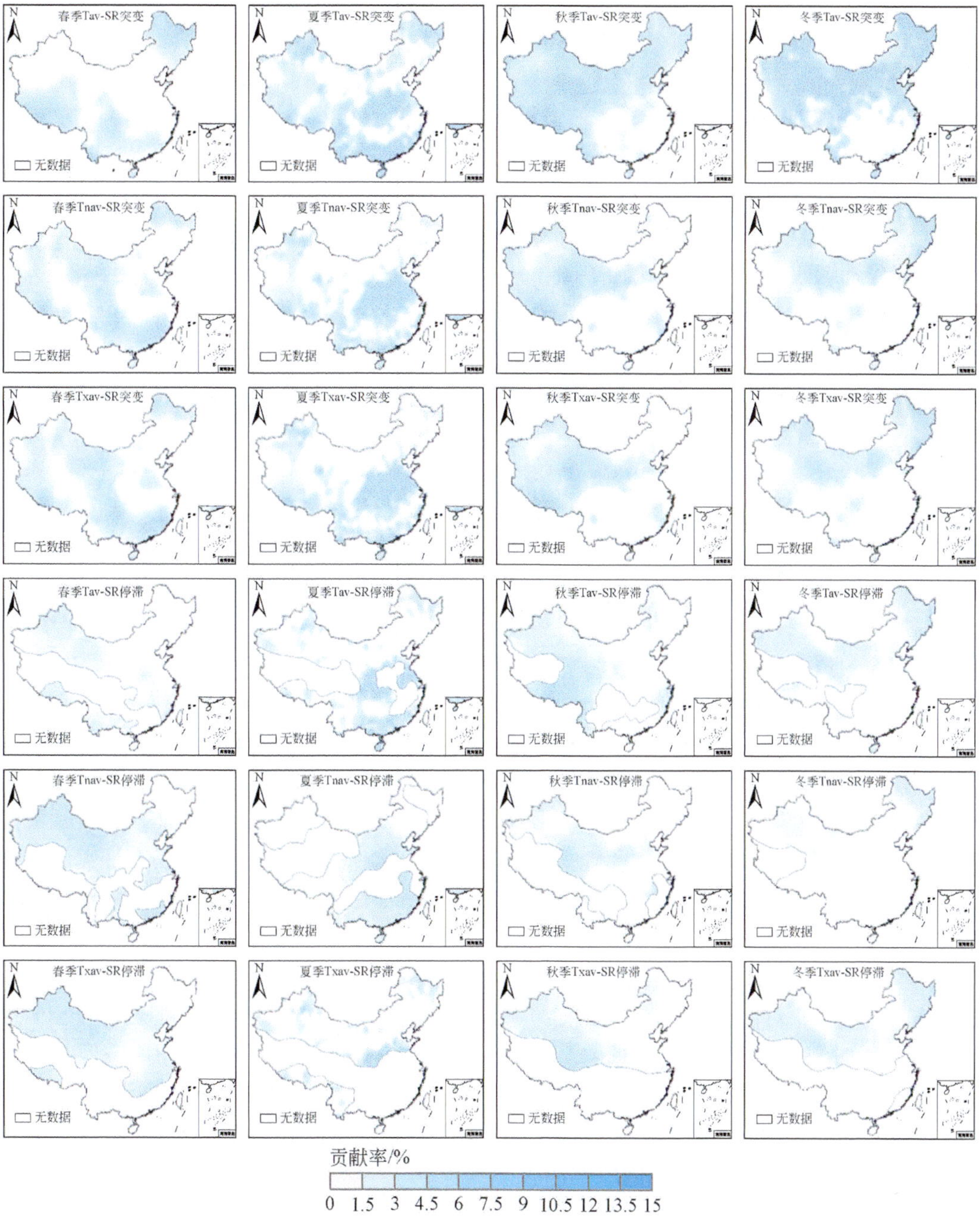

图 5-94　SR 对三类气温突变与变暖停滞的贡献率空间分布

大，对春季 Tav 突变影响较大的区域集中在东北地区北部以及青藏高原、云贵高原和两广丘陵地区，贡献率在 3.5%~5%，而 Tnav 受 SR 影响较大的区域则集中在浙闽丘陵及云贵高原地区，贡献率在 3.5% 左右，对春季 Txav 突变影响较小的区域集中在青藏高原；SR 对夏季 Tav、Tnav 突变的贡献率空间分布类似，贡献率较大的区域集中在长江中下游平原地区，贡献率在 4.5%~6.5%，对夏季 Txav 影响较大的区域集中在东北、西北及长江中下游以南地区，贡献率在 3%~4%；SR 对秋季 Tav、Tnav 突变影响在空间上由西北向东南减小，长江中下游以南地区基本不受 SR 影响，而 Txav 仅在内蒙古高原东部受 SR 影响，贡献率在 3% 左右；冬季 Tav 在长江中下游以南地区基本不受 SR 的影响，Tnav 则受 SR 影响整体较小，SR 对 Txav 突变影响较大的区域集中在东北及华北平原地区，贡献率在 4.5%~5%。SR 对各季节气温变暖停滞的贡献率空间分布与其对气温突变的贡献率空间分布类似，但整体贡献率减小。

WS 对中国地区突变与变暖停滞的贡献率在区域性影响因子中最大，对各季节气温突变与变暖停滞的影响程度相似（图 5-95）。WS 对春季气温突变的贡献率整体上北方大于南方，对两广丘陵及云贵高原附近影响最小，其余地区贡献率在 5.5%~7.5%；对春季气温突变的影响在长江中下游平原地区较小，其余地区气温突变贡献率在 5.5%~7%；WS 对秋季气温突变的贡献率空间分布与夏季类似，但整体上小于对夏季的影响，对秋季的贡献率在 4%~6.5%；对冬季气温突变的贡献率相对略弱，尤其对长江中下游以南及西北部分地区基本没有影响，其余地区贡献率在 5.5%~7%。WS 对春季气温变暖停滞在青藏高原、四川盆地以南及两广丘陵地区影响较小，其余地区贡献率在 4%~5%；对夏季气温变暖停滞的贡献率在内蒙古高原中东地区较大，贡献率在 5.5%~7%；对秋季气温变暖停滞的贡献率空间分布与其对气温突变的贡献率空间分布相似，但贡献率相对较小，在 4%~5%；对冬季气温变暖停滞影响区域集中在东北平原、华北平原及内蒙古高原东部地区，贡献率在 5.5%~7%。

AP 对气温突变的贡献率相对其他区域性影响因子较小，从各季节来看，对冬季气温突变的贡献率>春季>夏季>秋季（图 5-96）。AP 对春季气温突变影响较大的区域集中在长江中下游、东北及西北地区，贡献率在 3%~6%，对其他区域气温突变影响较小；对夏季气温突变影响较大的区域集中在云贵高原西部，贡献率在 4% 左右，对东北地区、长江中下游地区气温突变基本没有影响；AP 对秋季气温突变整体影响最小，贡献率最大不超过 3%；对冬季气温突变的影响呈现由北向南减小的分布，贡献率在 2%~6%。AP 对各季节气温变暖停滞的贡献率大于对气温突变的贡献率，对春季气温变暖率停滞影响较小的区域集中在东北及青藏高原南部地区，其余地区贡献率在 5%~7%；对夏季气温变暖停滞影响较小的区域面积相对春季变大，长江以南及东北地区气温变暖停滞均受 AP 影响较小，对其余地区气温变暖停滞的贡献率在 4%~6%；AP 对冬季气温变暖停滞的影响空间分布与其对气温突变的影响空间分布相反，呈现北低南高的分布，贡献率在 3%~7%。

本研究选取与气温变化密切相关的多个影响因子，定性定量分析中国地区三类气温季节变化及突变-停滞与影响因子间的响应关系及机制。中国地区各季节气温整体变化与影响因子间的响应关系存在较大差异，其中，冬季气温受 PDO、MEI、AO 影响范围最大且最显著，春季气温受 AGG、CO_2、RH、AP 影响较大，秋季气温则对 WS 较为敏感，夏季

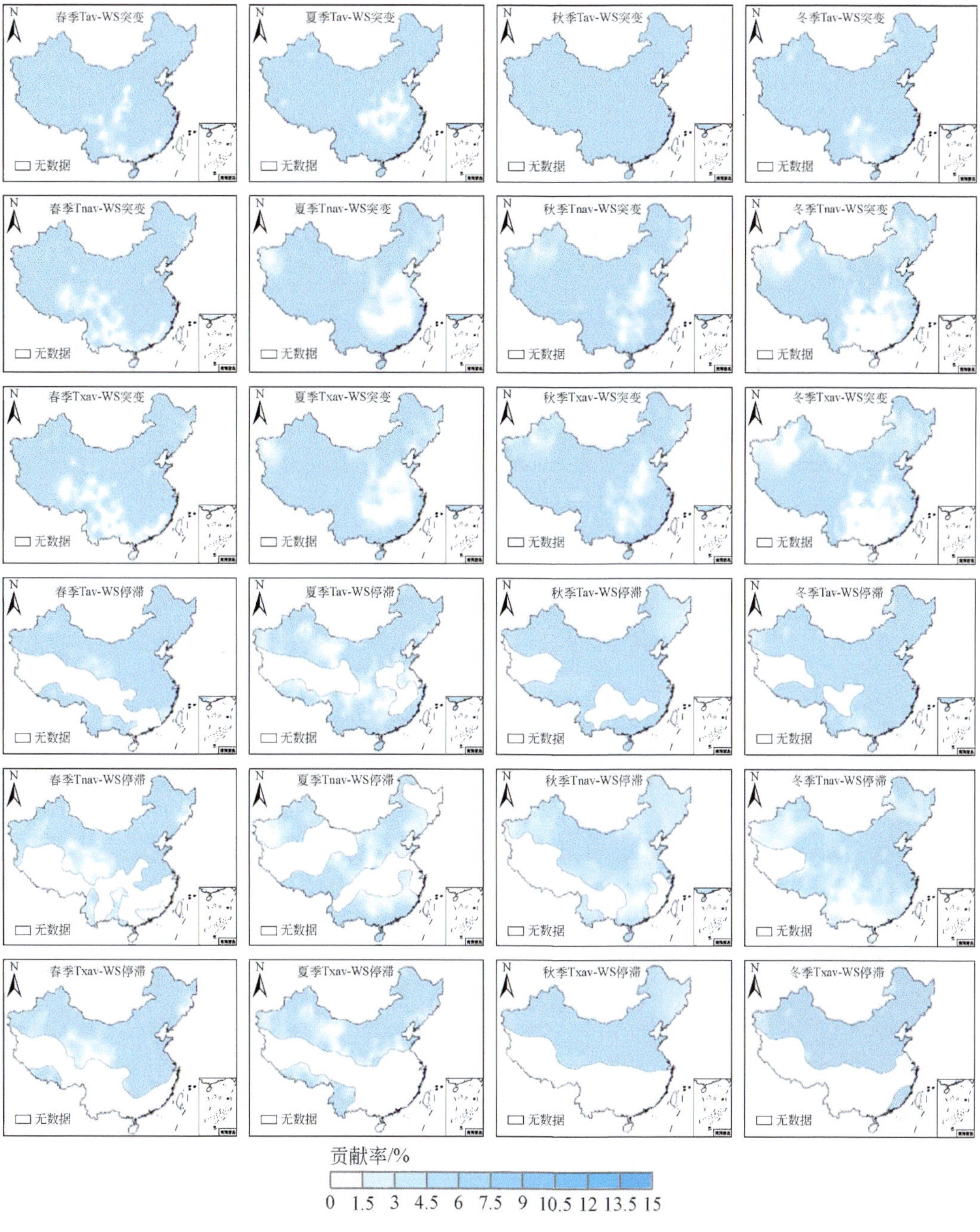

图 5-95　WS 对三类气温突变与变暖停滞的贡献率空间分布

气温与 SR 的响应关系最显著。

整体上，各季节三类气温突变时对 AGG、CO_2变化的综合响应敏感程度>WS>SR>AMO>PDO>MEI>AO>AP>RH，各季节 Tnav 对各影响因子的响应敏感程度均最大，Tav 次之，Txav 最小。AGG、CO_2对中国气温突变有着不可忽略的影响；PDO 与中国冬季气温的

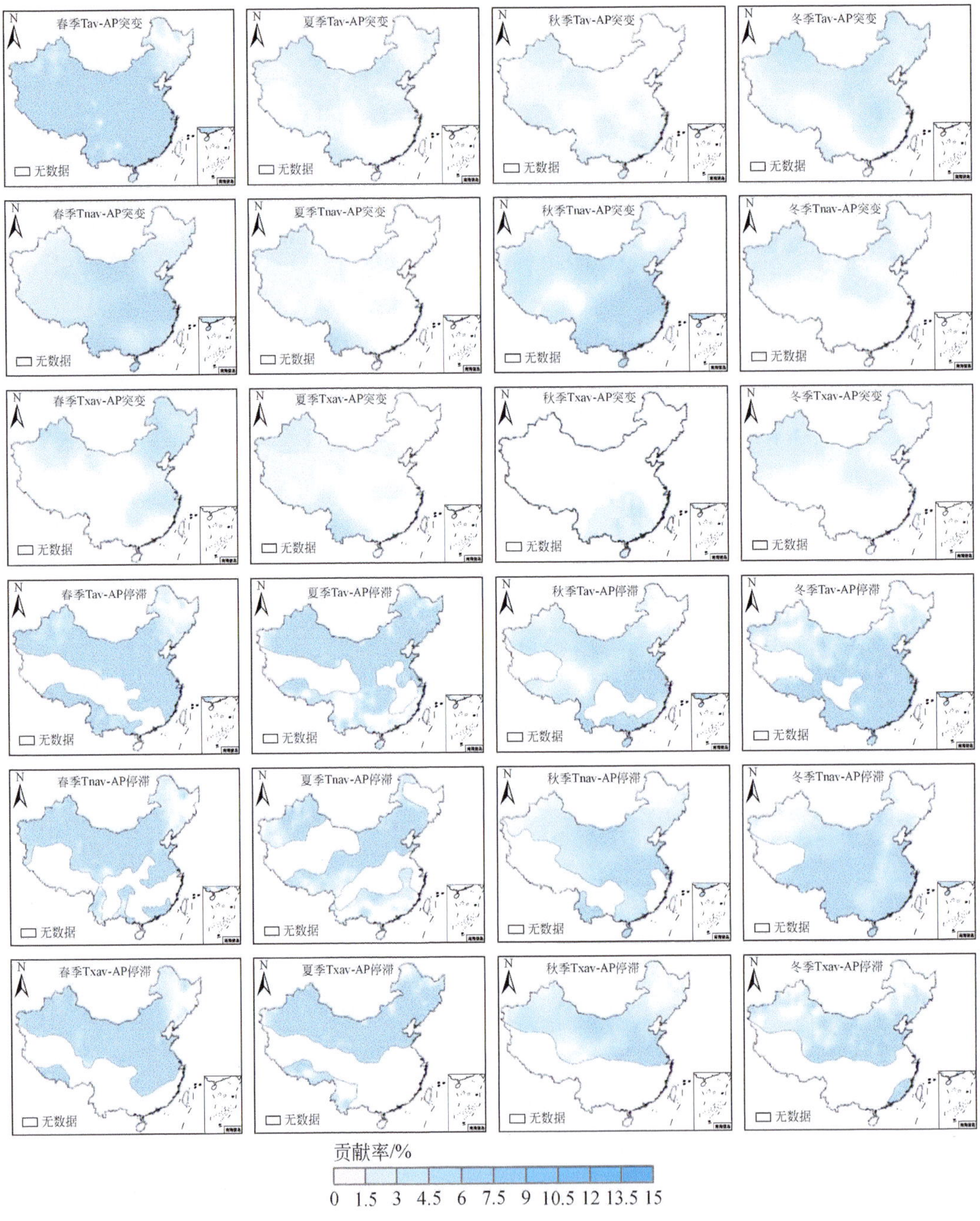

图 5-96 AP 对三类气温突变与变暖停滞的贡献率空间分布

年代际变化有较好的一致性。另外，中国气温的显著增暖与 AMO 处于暖位相有关。整体来看，随着 AGG 不断增加、PDO 处于正位相及 AMO 和 SR 持续上升，MEI 突变和 WS、AP、RH 持续下降/上升及之后的趋势转变，当持续一段时间并达一定倾向率或值时气温发生突变。在中国西北地区北部，气温突变受较多影响因子的影响显著。而中国青藏高原在气温突变前后时段基本不受本研究选取的影响因子的显著影响（图 5-97）。突变后各季节 Txav 在部分区域呈下降趋势且没有发生变冷停滞，这些区域集中在中国南方地区，这与全球变暖大趋势相反；从本研究分析结果来看，在中国南方地区，夏季 Txav 突变后的下降可能受 SR 显著影响，因为 SR 与夏季 Txav 突变前后变化趋势表现出高度一致性；而春、秋、冬季 Txav 突变后的下降受各影响因子影响不显著，表现为在突变后升温区域影响因子与气温变化趋势一致，与突变后降温区域变化趋势不一致且相关性较弱。

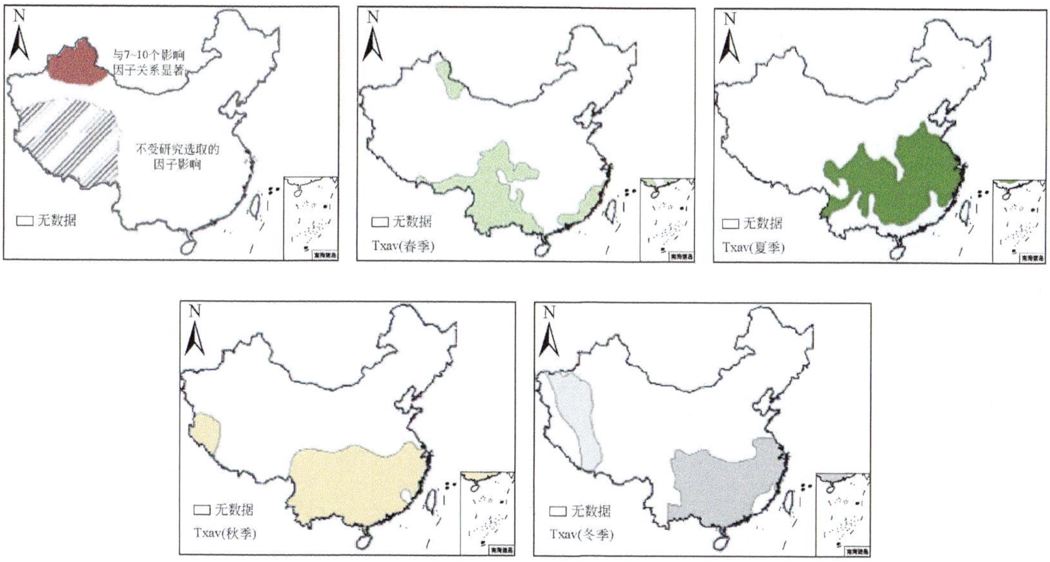

图 5-97　各季节三类气温突变前后时段与影响因子关系显著个数及突变后气温下降区域

各季节三类气温停滞整体均对 WS 变化综合响应最敏感，RH 次之，AP 最弱，各季节 Tnav 停滞对各影响因子的响应敏感程度均最大，Tav 次之，Txav 最小。青藏高原大部分地区各季节未发生变暖停滞，突变后气温一直呈上升趋势，此区域与较少的影响因子关系显著，由此看来，无论是哪个时段，各季节气温与影响因子在青藏高原关系均较弱。整体来看，随 AMO 上升趋缓，MEI 与太阳辐射下降，PDO 持续下降或处于负位相，WS、AP、RH 持续下降/上升及之后的趋势转变时，气温上升（下降）趋缓或发生停滞。另外，影响因子对中国地区各季节气温突变与变暖停滞有着不同程度的贡献，图 5-98 将各影响因子对气温突变贡献率超过 10% 的范围划出，各影响因子对三类气温突变的贡献率在不同季节空间差异性较大，PDO 对气温突变与变暖停滞的贡献率空间分布较为相似，并且均对冬季影响最大，秋季最小，但对气温突变的贡献率高于变暖停滞。空间上 PDO 对东北及华北地区春季气温突变影响较大，贡献率在 9% 左右，夏季主要影响长江以南地区气温突变，秋季则对西北地区气温突变影响较大。除夏季外，AMO 对中国大部分地区气温影响均较大，夏季则主要影响 110°E 以西地区气温突变，贡献率在 7% 左右。MEI 对各季节气温突变的影响区域集中在 25°N ~ 35°N 的区域。AO 对中国东北地区冬季气温变暖停滞的影响较大，贡献率在 9% 左右，对夏季气温突变与变暖停滞的影响均较小。RH 对春季西南地区气温突变影响较大，对夏季 25°N ~ 35°N 区域气温突变影响较小，对秋季气温突变影响较大区域的界线向南、向北移动，而冬季则对除西北以外的大部分地区气温突变影响较大。SR 对各季节三类气温突变贡献率的空间差异较大，冬季 Tav 在长江中下游以南地区基本不受 SR 的影响，Tnav 则受 SR 影响整体较小，SR 对 Txav 突变影响较大的区域集中在东北及华北平原地区，贡献率在 4.5%~5% 。WS 对除长江中下游平原地区外区域气温突变影响较大；AP 对全国气温突变的贡献率都在 3%~5% ，空间差异性较小。

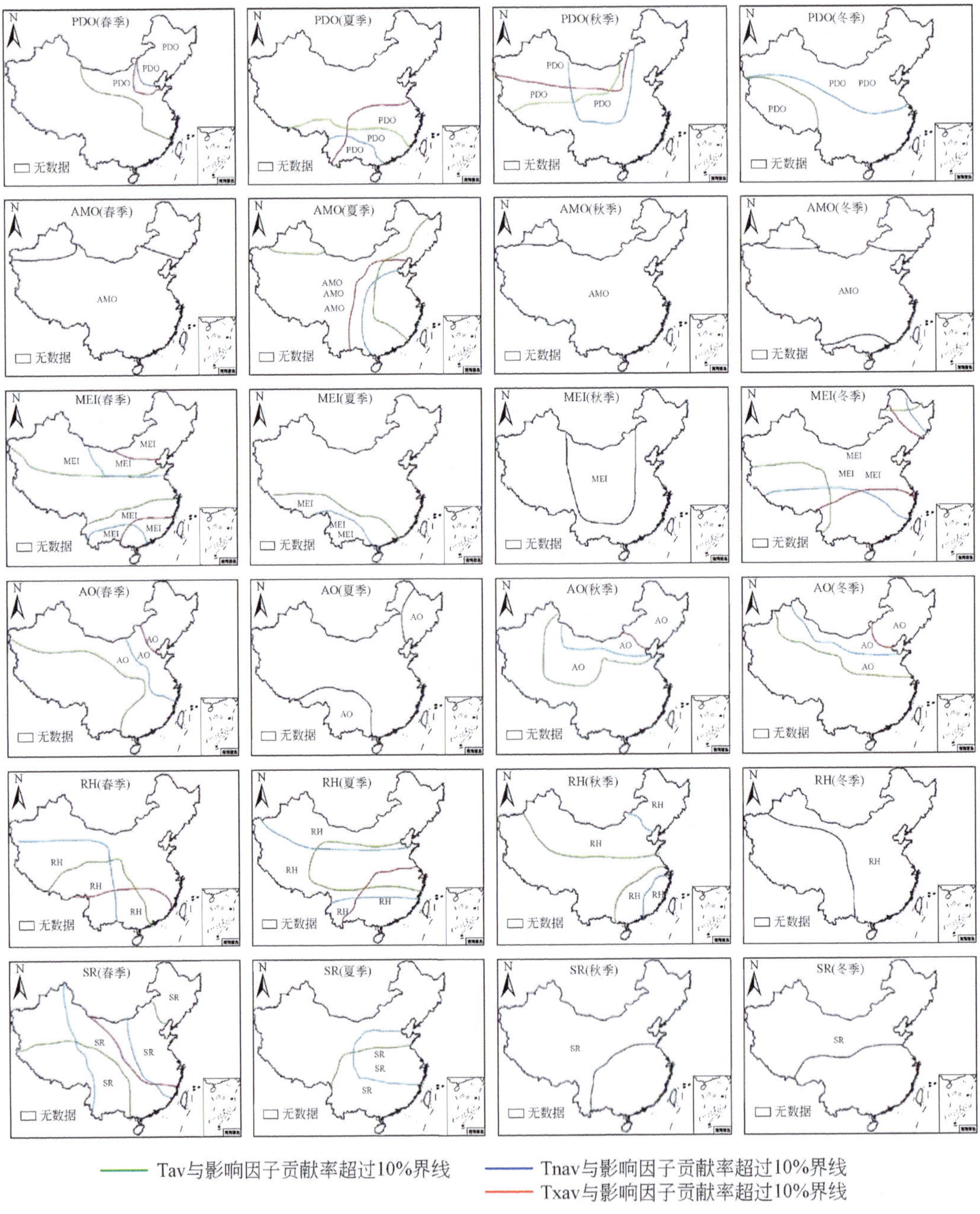

图 5-98　各影响因子对三类气温季节突变-停滞定量响应范围

5.3 小　　结

（1）1951～2018年，年、季节PDO、MEI具有3次明显的正负区域交替，AMO、SR发生过2次，AO、CO_2、AGG发生一次负→正区域转换，WS、AP、RH具有下降趋势；空间上，大气压与中国海拔成反比，西南部低、东部高，风速由北向南递减，相对湿度由西北到东南呈阶梯递减的分布特征。1951～2018年，中国年降水量空间上呈由东南向西北阶梯递减分布，与降水量变化剧烈程度分布相反，其中，青藏高原以北降水量最少，变化程度最剧烈；地势第二、第三阶梯分界线附近的降水量呈下降趋势，突变发生于20世纪60～70年代，其余地区呈上升趋势，于20世纪90年代发生突变，特别是华东沿海降水量最多，上升趋势最快，变化程度最微弱；温带大陆和温带季风气候区降水量周期小于其他地区。中国季节降水量、变化剧烈程度空间分布与年降水量一致，季节降水量变化趋势与周期分布一致。春季降水量呈下降趋势的地区为长江中下游以南至沿海地区，于20世纪60～70年代发生突变，周期为5～8年；夏季降水量变化趋势、突变年份与年降水量一致；秋季降水量在东北、四川盆地有下降趋势，西北、华北西部突变年份较晚且周期（最长18年）最长；冬季降水量仅在华东地区微弱上升，突变发生于1983～1999年，黄土高原以南周期（约16年）最大。

（2）中国地区年降水量与PDO、MEI、AMO等气候因子在时间序列上普遍具有趋势反向性或趋势同向性变化关系，与风速、大气压还存在年际振荡同向性与年际振荡反向性周期交替变化。本研究选取的气候因子对中国地区年降水量的影响空间差异较大，其中个别气候因子对中国部分地区年降水量几乎没有影响。年降水量与AMO、MEI整体相关性较好，PDO、AGG显著影响了中国西部地区的降水量；25N°以北的地区降水量与SR、AO相关性好；AP、WS分别影响了东北地区、华北和西部地区的降水量，RH影响了25°N以南地区降水量，中国地区降水量与CO_2相关性最差。

（3）春季降水量与AGG、CO_2、RH在全国范围内相关性好，与AMO、SR、WS、AP在东北、华北、西北和西南中西部地区相关性好，MEI、AO影响了西南中西部地区的春季降水量；西北北部夏季降水量与AMO、PDO相关性显著，AO影响了东北、西南地区的降水量，MEI与华北平原、西北北部、青藏高原南部等地区降水量相关性显著；东北及华北北部地区秋季降水量与PDO、AO相关性好，AMO、AO影响了新疆和西藏的西部地区降水量，中国中部、南部区域与MEI、PDO、AMO相关性好；冬季降水量与AMO在东北、华北北部、新疆、西藏北部地区相关性好，AO主要影响中部和南部地区的降水量，其中西南东部、中南南部、华东南部地区降水量与PDO、MEI相关性好。

（4）气候因子对中国地区年降水量综合贡献率呈西大东小的分布特征，以100°E为界，以西地区综合贡献率由北向南递减，塔里木盆地以北地区综合贡献率在38%以上，其中，AMO、SR、WS分别贡献8%以上，PDO贡献率在6.5%以上，仅RH无贡献；100°E以东地区贡献率由北方和南方向中部地区递减，除RH以外的气候因子对东北地区降水量贡献率在20%左右，长江以南地区降水量主要由AMO、MEI、RH、SR贡献，其中RH贡献率（12%左右）最大，内蒙古高原地区气候因子对降水量的贡献率（10%左右）最小。

AO 和 AP 对中国地区降水量的贡献率小，在5%以下。

（5）本研究选取的气候因子对中国西部地区的春季、夏季降水量贡献率较大；对中国中部地区的秋季降水量的贡献率大；而对冬季降水量贡献率大的区域较为集中，AMO、WS 贡献率在北方地区较大，PDO、MEI、RH 贡献率在南方地区大，对中部地区 AO 贡献率大。小兴安岭、青藏高原、云贵高原以南地区气候因子对春季降水量综合贡献较大，内蒙古高原、黄土高原地区综合贡献率（10%左右）相对较低；对夏季降水量综合贡献率由西、东方向向中部轻微减少，并且西部整体略大于东部；在东北平原、准噶尔盆地、黄土高原以北地区对秋季降水量的综合贡献相对较高，约为32%，华北中部、中南、华东、西南南部边缘地区综合贡献率（22%左右）较低；对冬季降水量综合贡献率由北、南方向中部地区递减，40°N 以北地区和 25°N 以南地区综合贡献率（34%~42%）大，25°N ~40°N 区域贡献率相对较小，为18%~30%。

（6）20 世纪 70 年代中国地区年、季节气温开始发生突变，突变时间出现北早南晚的纬度差异，平均最低气温突变时间早于平均气温（1974 ~2002 年、1974 ~2006 年），平均最高气温突变时间（1980 ~2006 年）最晚。东北及新疆北部地区突变时间最早，青藏高原发生突变时间较晚，冬季突变时间较早，夏季突变时间相对较晚。气温突变后 5 ~15 年，中国部分地区气温发生变暖停滞，停滞年份介于 1989 ~2013 年间，集中在 1998 年和 2007 年及其左右，并不是所有站点均发生了变暖停滞，平均气温、平均最低气温有 150 ~200 个站点没有发生变暖停滞，这些站点集中在西南地区，平均最高气温在亚热带季风气候区北界线以南没有发生变暖停滞。气温变暖停滞时间呈现冬季最早、夏季最晚的规律。发生变暖停滞的部分站点在 2013 ~2017 年出现了变暖停滞结束。

（7）中国地区年、季节气温突变前，均呈微弱上升/下降趋势，变化速率在-0.1 ~2℃/10a，呈上升趋势的面积明显大于呈下降趋势的面积，并且由东南向西北变化更加剧烈。气温突变后至变暖停滞前，大部分地区气温呈快速上升趋势，气温变化相对剧烈的区域集中在温带大陆、高原山地以及温带季风气候区北部，最大升温速率达 4.8℃/10a，是气温突变前变化速率的 4 倍，平均最高气温则在 100°E 以东、30°N 以南部分地区呈下降趋势，出现变冷突变，最大降温速率为-0.2℃/10a，并不显著。气温发生变暖停滞后，三类气温变化速率均减慢至接近 0℃/10a 或小于 0℃/10a，冬季平均最高气温最大下降速率达-4.5℃/10a。变暖停滞后，部分站点气温变化速率并不是一直小于或等于 0.1℃/10a，而是在 2013 ~2017 年某年后，气温再次呈快速上升趋势，此类变暖停滞结束站点占发生停滞站点的1/3 以上。

（8）中国地区年际三类气温对 AGG、CO_2变化的综合敏感程度>SR>WS>AMO>PDO>MEI>AO>AP>RH，季节 Tnav 对各影响因子的响应敏感程度均最大，Tav 次之，Txav 最小。年际三类气温突变/变暖停滞是由于人类活动的不断增强，PDO、AO 处于正/负位相，AMO 及 SR 持续上升/下降，MEI 突变，各地区 WS、AP、RH 持续下降/上升的共同影响，人类活动主要影响东北及东南地区年际气温突变/变暖停滞，贡献率在 15%~30%，SR、AMO、MEI、PDO 对三类气温突变/变暖停滞显著影响范围最大，影响中国的 80% 以上区域，对气温突变/变暖停滞的综合贡献率在 39%~50%、23%~41%，受 RH、AO、WS、AP 显著影响的区域面积占 40%~60%，主要影响中国东北及西北地区气温突变/变暖停滞，对气温突变/变暖停滞的综合贡献率在 40%~59%、35%~47%。人类活动与本研究选取的自然变率影响因子对中国地区 80% 以上区域的气温突变与变暖停滞综合贡献率在 56%~75%。

（9）中国地区各季节气温整体变化与影响因子间的响应关系存在较大差异，其中冬季气温受 PDO、MEI、AO 影响范围最大且最显著，春季气温受 AGG、CO_2、RH、AP 的影响较大，秋季气温则对 WS 较敏感，夏季气温与 SR 响应关系最显著。随着人类活动的不断增强，各季节气温发生突变/变暖停滞，人类活动主要影响东北及东南地区气温突变/变暖停滞，贡献率在 10%~30%，对突变的贡献率大于对变暖停滞的贡献率。PDO、AO 处于正/负位相，AMO 及 SR 持续上升/下降，MEI 突变，各地区 WS、AP、RH 持续下降/上升的共同作用导致了季节气温突变/变暖停滞。其中，春季气温突变/变暖停滞主要受除 RH、AP 以外其他影响因子的共同影响，综合贡献率在 65%~72%；夏季气温突变/变暖停滞在长江以南地区受人类活动、PDO、AMO、MEI 等影响因子的综合影响较大，综合贡献率在 65% 以上；秋季气温突变/变暖停滞则是在 30°N 以北地区受人类活动和部分内部变率因子的综合影响较大，综合贡献率在 58%~72%；人类活动和 AO、WS、AP 等内部变率在东北及内蒙古高原地区共同影响冬季气温突变/变暖停滞，综合贡献率在 65%~75%。本研究选取的影响因子对中国大部分地区季节气温突变/变暖停滞的综合贡献率达 70% 以上，能够解释大部分季节气温发生突变/变暖停滞的机制。

6 气候水文变化对荒漠化生态系统的影响过程与响应机制

气候变化能够改变荒漠化的进程、结构，影响荒漠化的发展，是引起土地退化的重要原因。研究表明，气候因子的变化在一定程度上会改变土壤水分时空分布、土地利用方式，从而进一步影响荒漠生态系统的变化进程。降水量、蒸发量、温度、风速和地温等作为影响荒漠化进程的重要因子，对生态环境有着重要的影响。本章利用 1982～2020 年 NDVI 和气候因子的年际和季节数据，采用相关性检验的方法定性研究气候变化对荒漠生态系统的影响，并确定各类气候因子对荒漠生态系统的影响排序，找出主要影响因子；结合残差分析法，定量分析降水量、蒸发量、温度、风速和地温等变化对荒漠化生态系统的影响与响应机制。

1）数据来源

本章使用的数据来源详见第 3 章、第 4 章中的数据来源，由于植被覆盖度可以更好地反映植被的长势与分布以识别荒漠生态系统，因此本章利用 NDVI 和像元二分模型计算植被盖度，进一步开展气候变化对荒漠生态系统的影响过程与响应机制的研究。

2）使用的方法

（1）植被覆盖度。

植被覆盖度的计算采用了像元二分模型，其计算公式为

$$NDVI = NDVI_{veg} FVC + NDVI_{soil}(1 - FVC)$$

式中，FVC 为植被覆盖度；$NDVI_{veg}$ 为研究区植被 NDVI 最大值；$NDVI_{soil}$ 为研究区裸土 NDVI。

FVC 的算式如下：

$$FVC = \frac{NDVI - NDVI_{soil}}{NDVI_{veg} - NDVI_{soil}}$$

$NDVI_{veg}$ 和 $NDVI_{soil}$ 的取值是像元二分模型应用的关键。对于纯裸地来说，$NDVI_{soil}$ 理论值接近，特点是不随时间的变化而改变。但事实上，由于自然因素的影响，$NDVI_{soil}$ 并不是一个定值，变化区间为 -0.1～0.2。为减少云和物候循环的影响，根据 NDVI 灰度分布，分别取置信度为 0.95 和 0.05 来截取 NDVI 的上下阈值，将其分别近似代表 $NDVI_{veg}$ 和 $NDVI_{soil}$。

（2）相关性检验。

对于 FVC 与各气候因子间的关系，采用基于像元的空间分析方法，分析 FVC 与各气候因子的相关性，本研究采用相关检验分析，逐像元分析植被覆盖度变化与气候因子变化的关系，以揭示其相关程度的空间分布。其计算公式为

$$R_{xy}=\frac{\sum_{i=1}^{n}[(x_i-\bar{x})(y_i-\bar{y})]}{\sqrt{\sum_{i=1}^{n}(x_i-\bar{x})^2\sum_{i=1}^{n}(y_i-\bar{y})^2}}$$

式中，R_{xy}为x、y两个变量的相关系数，表示这两个要素之间的相关程度；x_i为第i年的FVC；y_i为第i年的气候因子值；$\bar{x}$为多年FVC平均值；$\bar{y}$为多年气候因子平均值；i为样本数。

（3）残差分析法。

采用残差分析法来区分气候变化和人类活动对内蒙古地区荒漠生态系统变化的影响。该方法以气候因子为自变量，以植被覆盖度为因变量，进行多元线性回归。根据同期的植被和气候数据，建立以下回归模型，以反映研究区自然条件下植被对气候的影响与响应：

$$FVC_{pre}=\alpha\times X_1+\beta\times X_2+\cdots+\gamma\times X_3+\delta$$

式中，FVC_{pre}为FVC模拟值；X_1为平均温度，℃；X_2为降水量，mm；X_3为地温，℃；α、β、γ、δ为回归系数，其中，δ为常数。

用遥感影像获得的FVC减去模拟的FVC。

$$FVC_{res}=FVC_{obs}-FVC_{pre}$$

式中，FVC_{res}为残差，表示人类活动影响下植被FVC；FVC_{obs}为原始FVC；FVC_{pre}为气候变化影响下植被FVC。

基于上述公式计算得到的FVC_{res}和FVC_{pre}，本研究分别对FVC_{res}和FVC_{pre}序列与年份进行线性回归，得到单纯在人类活动和气候变化影响下的FVC变化趋势$S(FVC_{res})$和$S(FVC_{pre})$，如果趋势为正，表明人类活动或气候变化对荒漠生态系统发展产生抑制作用；如果趋势为负，表明人类活动或气候变化对荒漠生态系统发展产生促进作用。

（4）人类活动和气候变化对荒漠生态系统影响的相对贡献率。

本研究采用贡献率分类方法计算气候变化和人类活动对荒漠化的相对贡献率，具体计算方法，见表6-1。

表6-1　气候变化和人类活动对FVC变化贡献率计算方法

FVC_{obs}趋势	FVC_{pre}趋势	FVC_{res}趋势	气候变化贡献率/%	人类活动贡献率/%	含义
$S(FVC_{obs})$上升	>0	>0	$\frac{S(FVC_{pre})}{S(FVC_{obs})}$	$\frac{S(FVC_{res})}{S(FVC_{obs})}$	气候变化和人类活动引起荒漠化减缓
	>0	<0	100	0	气候变化引起荒漠化减缓
	<0	>0	0	100	人类活动引起荒漠化减缓
$S(FVC_{obs})$下降	<0	<0	$\frac{S(FVC_{pre})}{S(FVC_{obs})}$	$\frac{S(FVC_{res})}{S(FVC_{obs})}$	气候变化和人类活动引起荒漠化加快
	<0	>0	100	0	气候变化引起荒漠化加快
	>0	<0	0	100	人类活动引起荒漠化加快

6.1 气候水文因子年际变化对荒漠化生态系统的定性影响与响应过程

以年为时间单位，分别计算各像元 1982 ~ 2020 年多年平均植被覆盖度与多年平均降水量、平均蒸发量、平均气温、平均最高气温和平均最低气温、平均风速和平均地温的相关系数，进而分析各气候因子对荒漠生态系统的定性影响与响应过程。

1）平均降水量对荒漠生态系统的年际定性影响过程

由图 6-1 可知，植被覆盖度和平均降水量的相关性较高，通过显著性检验且呈正相关的区域占研究区总面积的 85% 以上，说明内蒙古地区植被覆盖度与平均降水量呈高度正相关。

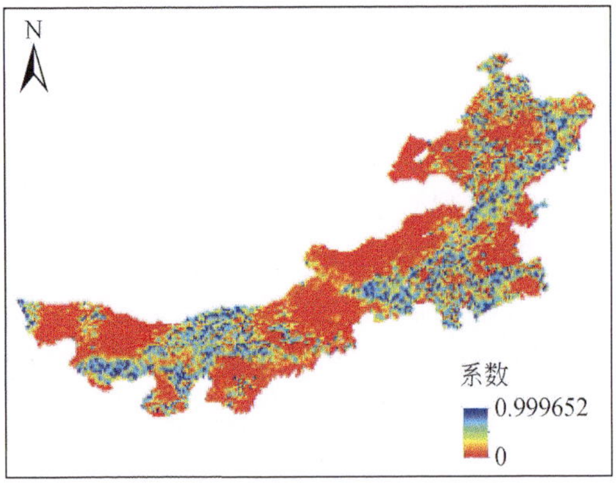

图 6-1 平均降水量与植被覆盖度相关系数的空间分布

从空间上来看，荒漠化程度较轻的地区，植被覆盖度与年平均降水量关系更强，集中在大兴安岭、阴山山脉、河套灌区附近。荒漠化程度相对严重的地区，植被覆盖度与降水的相关性相对较差，如内蒙古西部阿拉善附近、阴山山脉北部等地区，这些地区多年平均降水量也相对较少。另外，内蒙古东北部分地区，如牙克石、新巴尔虎旗附近，虽然荒漠化程度不严重，但植被覆盖度与降水的相关性也较差，这些区域多年降水量较为充沛，荒漠生态系统部分植被长势较好的地区，植被覆盖度与降水的相关性相对较好。

2）平均蒸发量对荒漠生态系统的年际定性影响过程

由图 6-2 可知，植被覆盖度与平均蒸发量的相关性也较高，通过显著性检验且呈负相关的区域占内蒙古总面积的 80% 以上，整个内蒙古地区荒漠化生态系统的变化与平均蒸发量变化高度相关。从空间上来看，东部高植被覆盖区与西部重度荒漠化地区的植被覆盖度与平均蒸发量的相关性相对最高，部分地区两者相关系数在 0. 9 以上。中部地区植被覆盖度与平均蒸发量的关系较弱，尤其在阴山山脉以北地区和大兴安岭以南部分地区，两者相关系数没有通过显著性检验。对于荒漠化生态系统，平均蒸发量对其的影响极为显著。

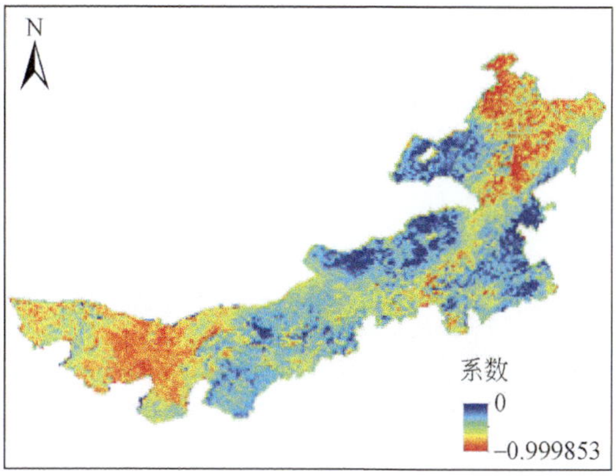

图 6-2　平均蒸发量与植被覆盖度相关系数的空间分布

3）平均气温对荒漠化生态系统的年际定性影响过程

由图 6-3 可知，植被覆盖度与平均气温的关系空间差异性较大，整体上呈现由东向西相关性逐渐减弱的趋势。内蒙古中部以东大部分地区（如呼伦贝尔、锡林郭勒等）植被覆盖度与平均气温的相关性相对较高少部分相关性较低的区域零星分布在内蒙古中东部地区，如通辽、兴安盟等地区。

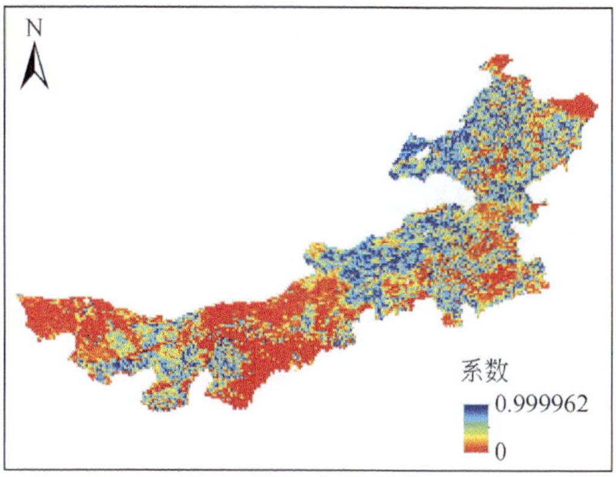

图 6-3　平均气温与植被覆盖度相关系数的空间分布

内蒙古中部以西大部分地区（如阿拉善周边地区、内陆河地区等）植被覆盖度与平均气温的相关性较低，河套灌区等地区植被覆盖度与平均气温的相关性较高。由此可以看出，对于荒漠化生态系统来说，植被较好的地方，平均气温越高，植被长势越好，而植被较差的地区，平均气温的升高会使蒸发量增加，反而不利于植被的生长。

4）平均最高气温对荒漠化生态系统的年际定性影响过程

由图 6-4 可知，植被覆盖度与平均最高气温的关系空间差异性较大，内蒙古东北部地区和中部偏西地区植被覆盖度与平均最高气温的相关性较高，同时与轻度荒漠化地区的相关关系较好，集中于锡林郭勒盟等周边地区，相关系数高达 0. 98。

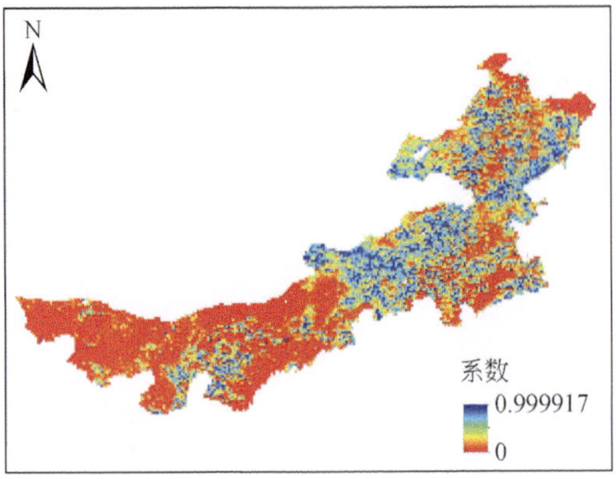

图 6-4　平均最高气温与植被覆盖度相关系数的空间分布

与平均最高气温相关性较弱的地区主要分布在内蒙古西部和东部地区，与荒漠化生态系统的相关性较低，例如阿拉善、巴彦淖尔、乌海、鄂尔多斯等地区，相关系数仅有 0.25 左右，未通过相关性检验。荒漠化生态系统与平均最高气温的相关性较低，最高气温越高越有利于区域植被生长，越会减缓区域重度荒漠化的程度，反之平均最高气温越低，相对不利于植被的生长，使区域荒漠化有所加剧。

5）平均最低气温对荒漠化生态系统的年际定性影响过程

由图 6-5 可知，植被覆盖度与平均最低气温的关系空间差异性较明显，平均最低气温与轻度荒漠化的相关关系较好，关系较好的区域集中于锡林郭勒等周边地区，相关系数高达 0.978，平均最低气温越高，轻度荒漠化越会得到显著的好转，当地的植被生长得越好。平均最低气温与荒漠化生态系统的相关关系较低，以阿拉善、巴彦淖尔为主，相关系数仅有 0.32 左右，平均最低气温的升高将在一定程度上改善重度和中度荒漠化，但效果低于对轻度荒漠化地区的改善。非荒漠化地区与平均最低气温的相关关系亦较高，对平均最低气温的变化较敏感，平均最低气温越高，非荒漠化地区的植被覆盖度越高。

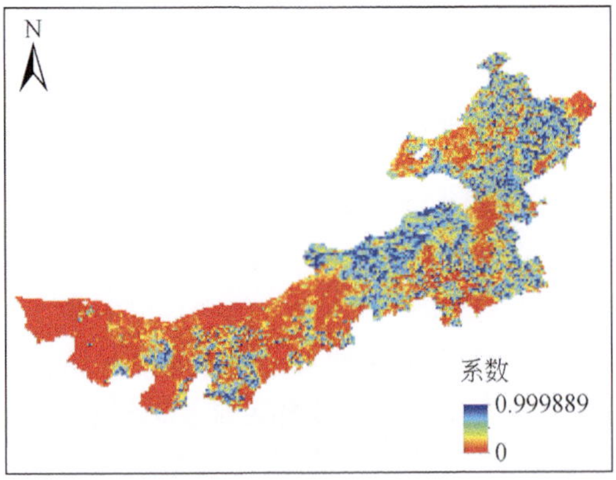

图 6-5　平均最低气温与植被覆盖度相关系数的空间分布

6）平均风速对荒漠化生态系统的年际定性影响过程

由图6-6可知，植被覆盖度与平均风速通过相关性检验且呈正相关的区域面积占研究区总面积的63%左右，具有较强正相关的区域集中在内蒙古中部，如呼和浩特、包头、锡林郭勒等地区。

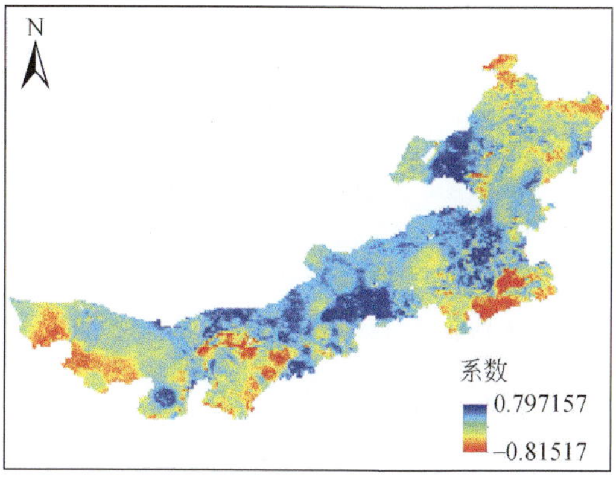

图6-6 平均风速与植被覆盖度相关系数的空间分布

通过相关性检验且为负相关的区域面积占整个研究区面积的37%左右，与通过相关性检验且为正相关的区域面积差距较大，主要位于内蒙古西部和东北部地区，如阿拉善盟南部、呼伦贝尔北部等。

植被覆盖度与平均风速的关系空间差异性较大，内蒙古轻度荒漠化与植被覆盖度的正相关关系较好，相关系数高达0.77。平均风速越高，轻度荒漠化越会得到显著好转，当地的植被生长得越好。平均风速与重度荒漠化多呈负相关关系，以阿拉善盟为主，相关系数最高达到–0.79左右，平均风速的升高将加重该地区的荒漠化程度，对重度荒漠化地区的植被生长起到抑制作用。平均风速与中度荒漠化地区的相关关系较差，大部分地区的相关系数仅0.26，总的来说，平均风速对荒漠生态系统的影响较小。

7）平均地温对荒漠生态系统的年际定性影响过程

由图6-7可知，植被覆盖度与平均地温的相关性较好，通过相关性检验且呈正相关的区域面积占研究区总面积的31%左右，集中在内蒙古东北部和中部小部分地区，如通辽、呼和浩特等地区。通过相关性检验且为负相关的区域面积占整个研究区面积的69%左右，集中在内蒙古西部和中部地区，如阿拉善、巴彦淖尔、包头、乌兰察布等地区。

平均地温在荒漠生态系统内多呈负相关关系，相关性较紧密，以阿拉善、巴彦淖尔北部为主，相关系数最高达到–0.78左右，平均地温的升高将加重区域荒漠化程度，对荒漠生态系统地区的植被生长起到抑制作用。平均地温与轻度荒漠化的相关关系较差，集中在锡林郭勒附近，相关系数仅有0.24，可以看出，轻度荒漠化地区的植被对平均地温的变化敏感度较低。非荒漠化地区与平均地温的相关关系较好，例如呼伦贝尔中部地区与平均地温呈正相关关系，相关系数达0.68，呼伦贝尔周边地区与平均地温呈负相关关系，相关系数在–0.7左右。对于荒漠生态系统来说，植被覆盖度与平均地温的负相关性较强，平均地温越高越不利于植被的生长。

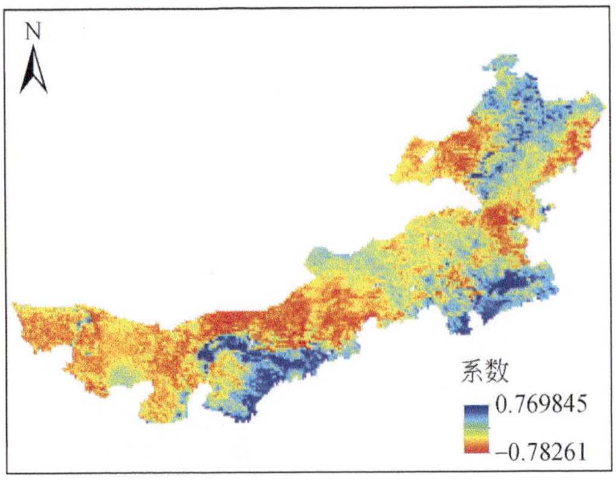

图 6-7　平均地温与植被覆盖度相关系数的空间分布

6.2　气候因子季节变化对荒漠生态系统的定性影响与响应过程

鉴于各气候因子季节变化差异，在气候因子年际变化对荒漠生态系统的影响与响应过程分析的基础上，对各季节尺度气候因子变化对荒漠生态系统的定性影响与响应过程进行分析。

1）季节平均降水量对荒漠生态系统的年际定性影响过程

由图 6-8 可知，植被覆盖度与平均降水量的相关性在季节尺度上表现为夏季的相关性最强，春季和秋季的相关性仅次于夏季，冬季的相关性最弱。

在春、夏、秋三季，植被覆盖度与同期平均降水量的正相关关系占整个研究区的 100%，其中，正相关性较高的地区主要分布在乌兰察布、锡林郭勒和包头等周边地区。在冬季，植被覆盖度与同期平均降水量相关性较高的地区集中于内蒙古东部地区，如赤峰、通辽、兴安盟和呼伦贝尔等地区。夏季平均降水量与轻度荒漠化的相关关系较好，主要以包头和锡林郭勒为主，相关系数高达 0.76，可以看出，轻度荒漠化地区的植被对季节平均降水量的变化敏感度较高。

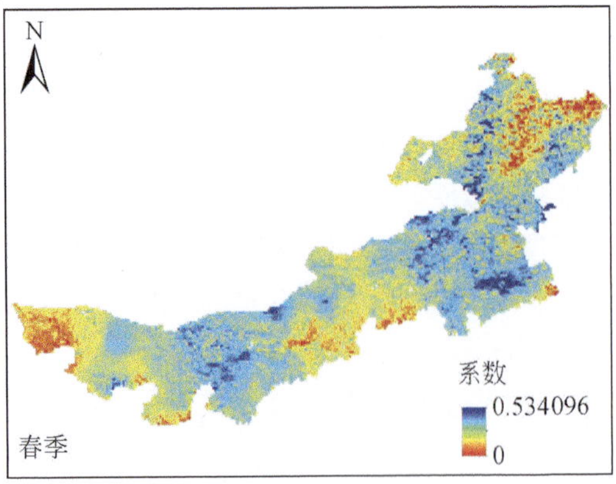

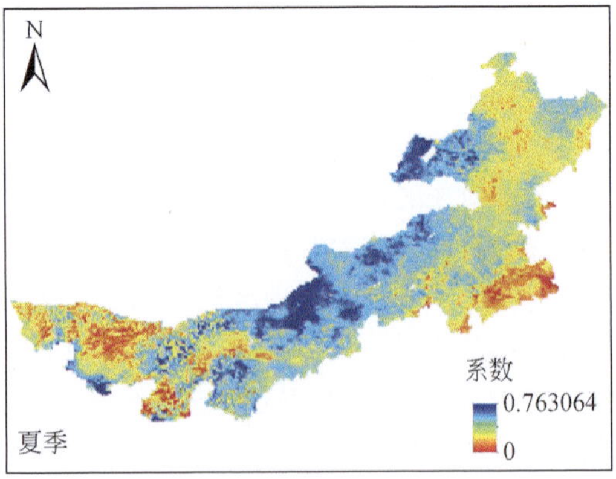

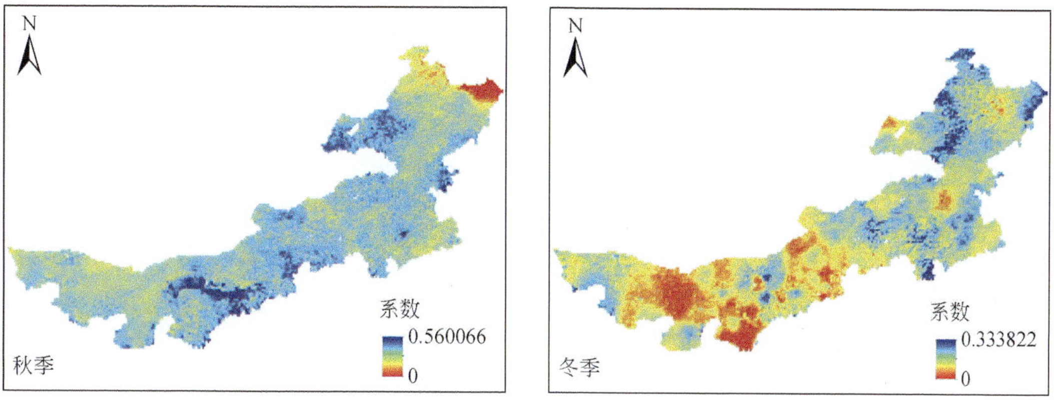

图 6-8　季节平均降水量与植被覆盖度相关系数的空间分布

2）季节平均蒸发量对荒漠生态系统的年际定性影响过程

由图 6-9 可知，植被覆盖度与平均蒸发量的相关性在季节尺度上的表现为与夏季的相关关系最好，呈明显负相关的区域零星集中在内蒙古最西端额济纳旗附近。整体上表现为由中部向两端植被覆盖度与季节平均蒸发量的相关性逐渐减弱的趋势。冬季植被覆盖度与

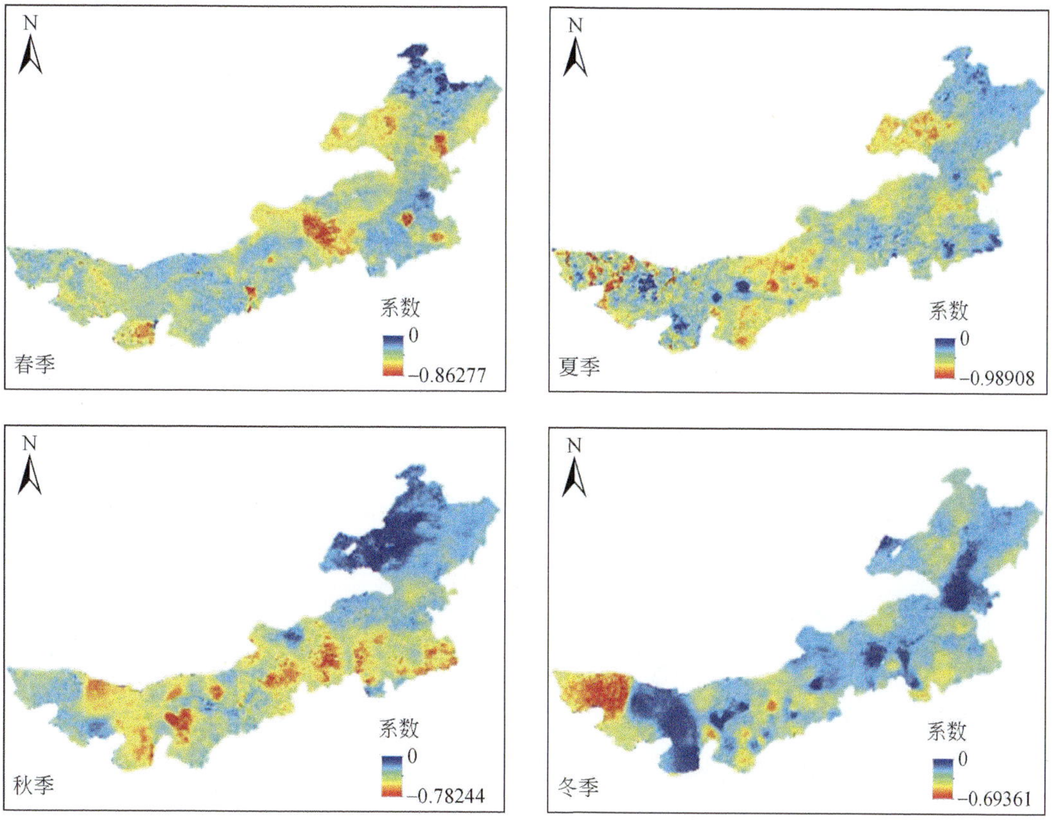

图 6-9　季节平均蒸发量与植被覆盖度相关系数的空间分布

平均蒸发量的相关性最差，大部分区域没有通过相关性检验，仅在内蒙古最西端植被覆盖度与水面蒸发相关性相对较好。春季和秋季植被覆盖度与平均蒸发量的相关性在空间上表现出较为一致的规律，均是由东向西逐渐增强，整体来看，轻度荒漠化地区在季节上受水面蒸发的影响相对较小，荒漠生态系统对水面蒸发较为敏感。

3）季节平均气温对荒漠生态系统的年际定性影响过程

由图6-10可知，植被覆盖度与平均气温在夏季的相关性较强，整体来看，相关性较强的区域集中在呼伦贝尔、巴彦淖尔和呼和浩特等地附近，相关系数达到0.72，相关性较弱的地区集中于阿拉善、锡林郭勒、赤峰和通辽等地区。在春季和冬季，植被覆盖度与平均气温的相关性较弱的地区则集中于内蒙古中西部地区，如阿拉善和巴彦淖尔地区，相关性较强的地区集中于内蒙古中部偏东地区，如呼伦贝尔和锡林郭勒等地区。在秋季，植被覆盖度与平均气温的相关性较弱的地区集中在内蒙古东部和西部地区，如阿拉善和呼伦贝尔，相关关系较高的地区分布较零散，主要分布在锡林郭勒西部、巴彦淖尔东部和通辽等地区。由此看来，平均气温与荒漠生态系统的关系较为密切，平均气温过低不利于植被的生长。

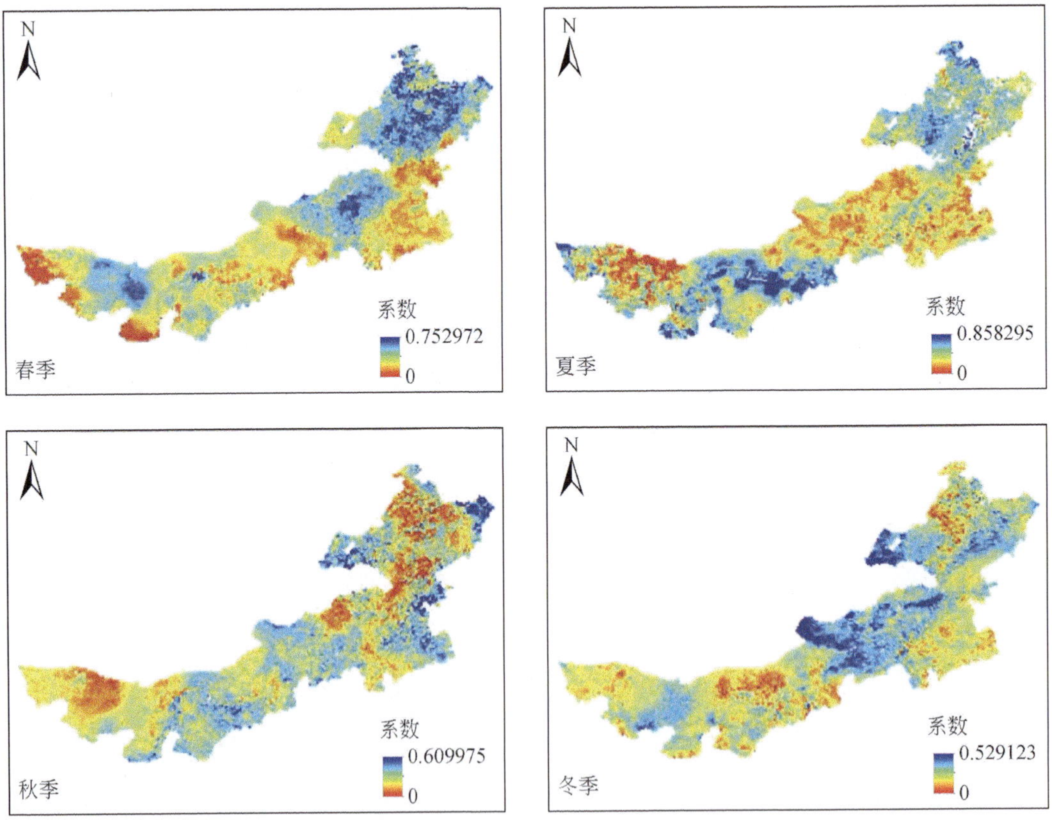

图6-10　季节平均气温与植被覆盖度相关系数的空间分布

4）季节平均最高气温对荒漠生态系统的年际定性影响过程

由图6-11可知，植被覆盖度与平均最高气温的相关性在春季和夏季较强，相关性较强的地区集中在内蒙古东部，如呼伦贝尔等地区，相关性较弱的地区集中在内蒙古中部和西部地区，如锡林郭勒盟、乌兰察布和包头等地区。在秋季，植被覆盖度与平均最高气温的相关性普遍较弱，相关性较弱的地区集中在内蒙古西部和东部地区，如阿拉善、呼伦贝尔和通辽等地区，相关性较强的地区则集中在内蒙古中部地区，如鄂尔多斯和呼和浩特等地区。在冬季，植被覆盖度与平均最高气温的相关性最弱。由此看来，内蒙古荒漠化地区植被覆盖度与平均最高气温在秋季和冬季的相关性较弱，其中，荒漠生态系统植被覆盖度与平均最高气温的相关性最强。而在夏季，内蒙古中部的轻度荒漠化地区植被覆盖度与平均最高气温的相关性最强。整体上，荒漠生态系统对平均最高气温较敏感。

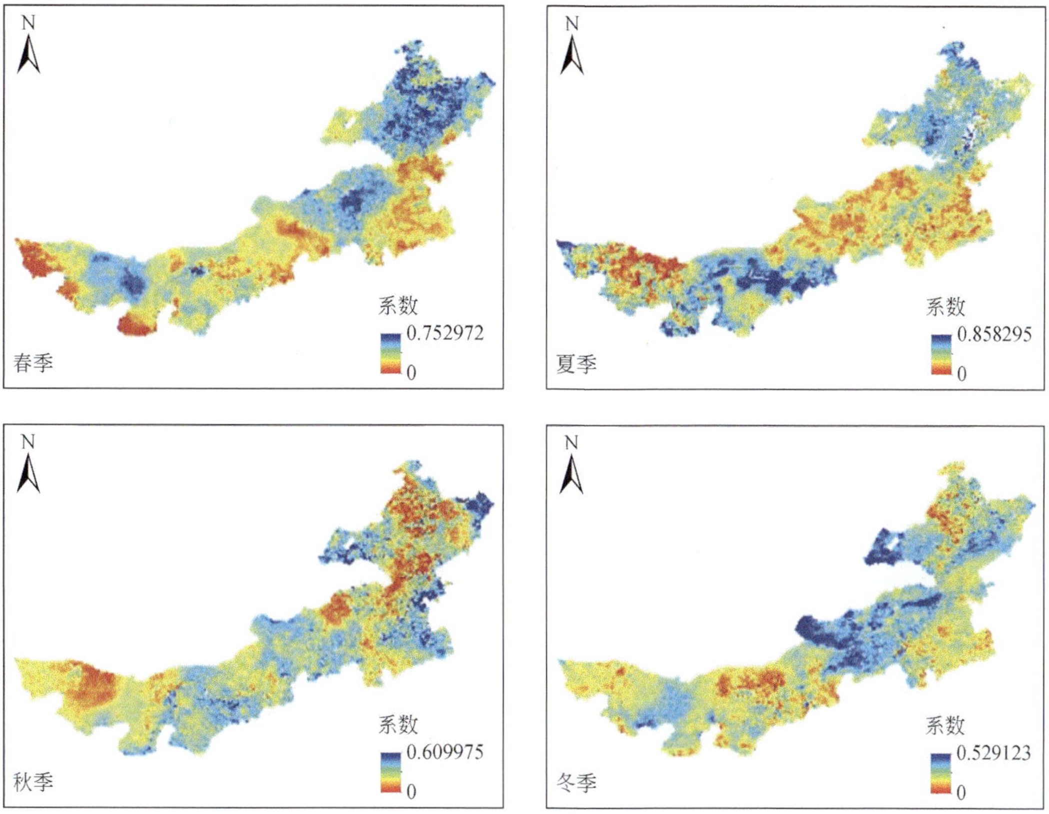

图 6-11　季节平均最高气温与植被覆盖度相关系数的空间分布

5）季节平均最低气温对荒漠生态系统的年际定性影响过程

由图 6-12 可知，植被覆盖度与平均最低气温的相关性在夏季和秋季较强，相关性较强的地区集中在内蒙古中部和东部地区，如包头、乌兰察布、锡林郭勒、呼伦贝尔。在春季，植被覆盖度与平均最低气温的相关性较弱，相关性较弱的地区集中于内蒙古西部和中部地区，如阿拉善、包头、乌兰察布、锡林郭勒以及呼伦贝尔北部地区。在冬季，植被覆盖度与平均最低气温的相关性最弱，内蒙古东部地区的植被覆盖度与平均最低气温相关性大于西部地区。综上所述，在夏季，内蒙古植被覆盖度与平均最低气温的相关性最强，相关系数在轻度荒漠化地区最高达到 0. 68，荒漠生态系统与平均最低气温的相关性较弱。

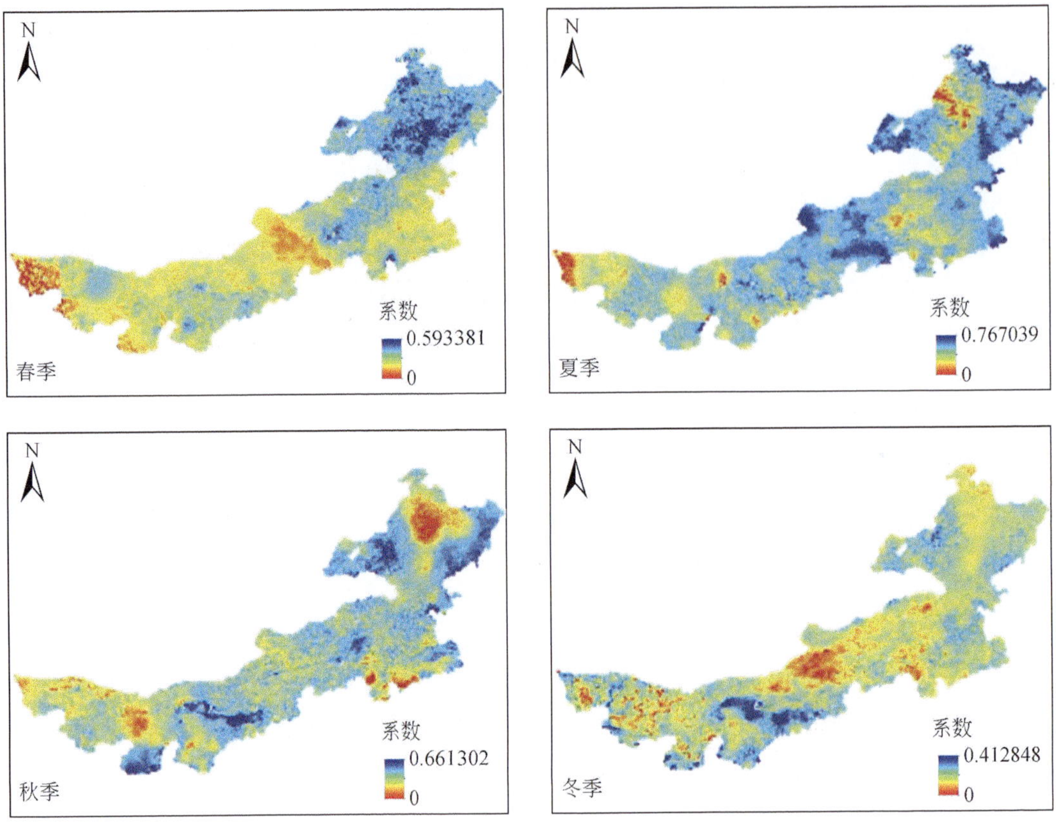

图 6-12　季节平均最低气温与植被覆盖度相关系数的空间分布

6）季节平均风速对荒漠生态系统的年际定性影响过程

由图 6-13 可知，在春季，内蒙古荒漠化地区植被覆盖度与平均风速多呈正相关关系，风速越大，越会加重荒漠化程度，部分地区荒漠化与平均风速呈负相关，集中在内蒙古东部地区，如呼伦贝尔市以及锡林郭勒盟东部。在夏季，轻度荒漠化地区植被覆盖度与平均风速负相关性最强。冬季内蒙古地区荒漠化与平均风速的相关性较大，大多数呈负相关关系，并且负相关关系分布较分散，集中于呼伦贝尔、锡林郭勒、赤峰和鄂尔多斯等地区。由此看来，平均风速对内蒙古地区荒漠化的影响在季节上有显著性的差异，春季荒漠生态系统与平均风速大多数呈正相关关系，而夏季、秋季和冬季，轻度荒漠化地区和荒漠生态系统与平均风速主要呈现负相关关系。

7）季节平均地温对荒漠生态系统的年际定性影响过程

由图 6-14 可知，平均地温与荒漠化的相关性在季节尺度上表现为，春季、夏季和秋季呈负相关关系的地区集中于内蒙古重度和轻度荒漠化地区，如巴彦淖尔和阿拉善盟等地区，呈正相关关系的地区集中于内蒙古东部地区（如呼伦贝尔和通辽等地区），其面积占研究区总面积的 89%。冬季内蒙古地区植被覆盖度与平均地温大多呈正相关关系，呈正相关关系的地区集中于内蒙古中部和东部地区（如锡林郭勒、通辽、兴安盟和呼伦贝尔的部分地区等），其面积占研究区总面积的 80%。呈负相关关系的地区集中在

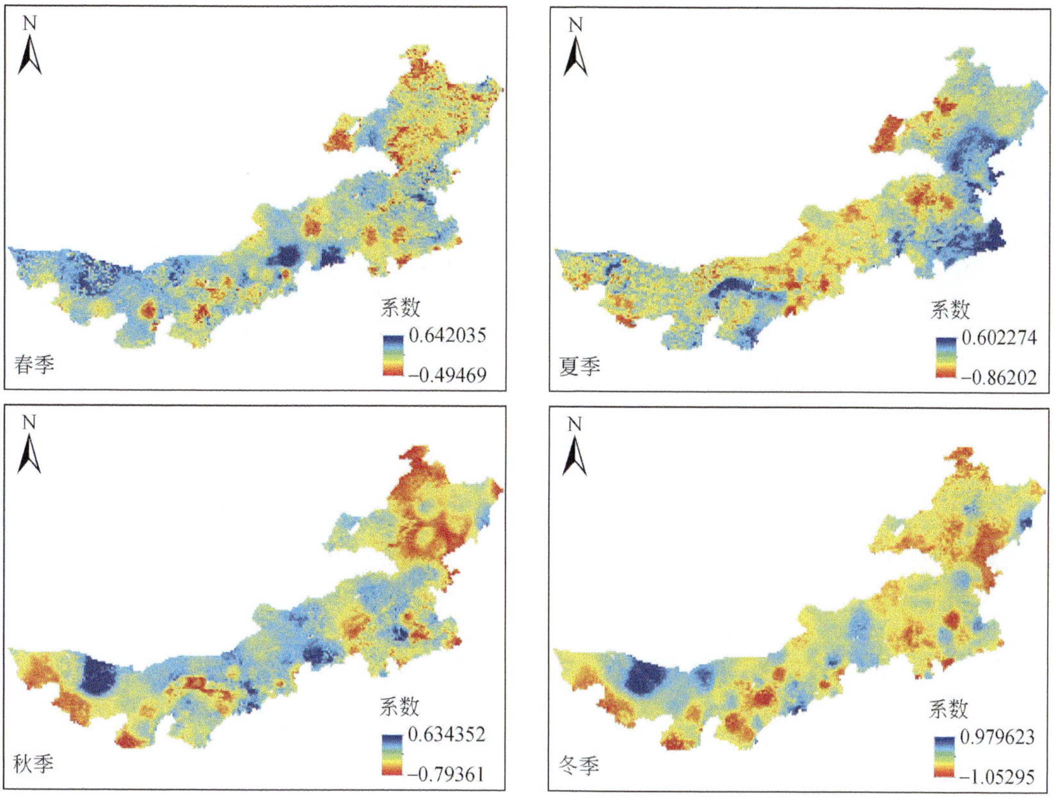

图 6-13　季节平均风速与植被覆盖度相关系数的空间分布

呼伦贝尔的西部和东部地区。

综上所述，在内蒙古荒漠化地区，春季和夏季与同期平均地温的相关性多呈负相关，随着平均地温的升高，平均地温越高越不利于植被的生长，植被覆盖度明显降低，荒漠化程度加重。在秋季和冬季，荒漠生态系统地区植被覆盖度与平均地温多呈正相关关系，平均地温越高越有利于荒漠化的改善。

从内蒙古地区年际、季节气候因子对荒漠生态系统的定性影响与响应过程来看，通过对比平均降水量、平均蒸发量、平均气温、平均最高气温和平均最低气温、平均风速、平

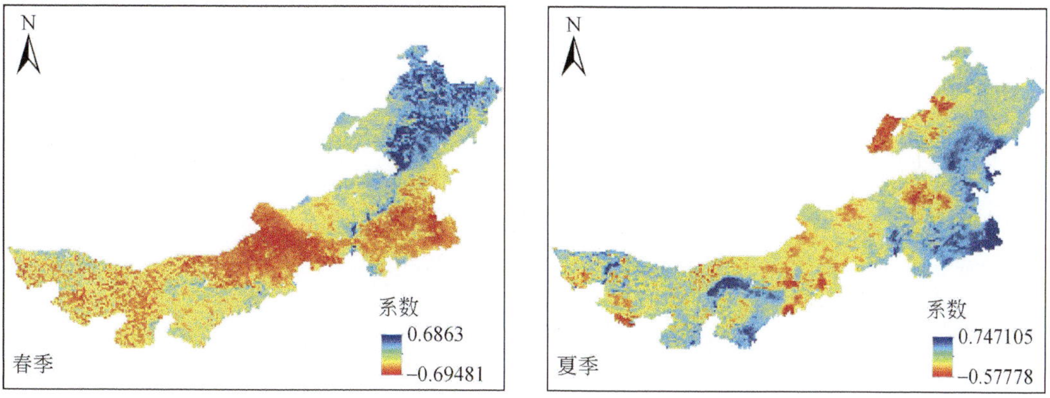

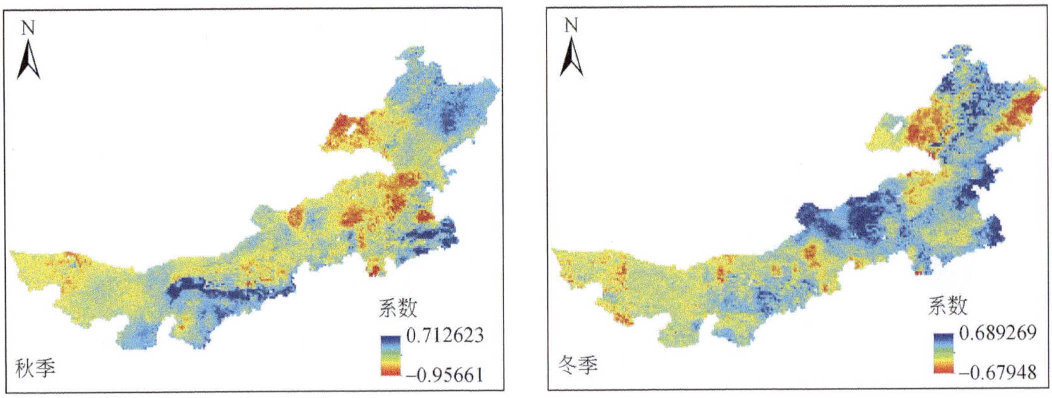

图 6-14　季节平均地温与植被覆盖度相关系数的空间分布

均地温与植被覆盖度的关系，将各气候因子与植被覆盖度的相关性大小进行排序，最终筛选出与植被覆盖度相关性较紧密的气候因子分别为降水量、蒸发量、气温和地温。由此说明，内蒙古地区荒漠生态系统受区域降水量、蒸发量、气温和地温的影响较大。

6.3　气候变化与人类活动对荒漠生态系统的定量影响与响应机制

本研究在荒漠生态系统与气候因子之间响应关系的分析基础上，从荒漠化过程引起的植被变化入手，选取植被覆盖度作为公共指标来衡量气候因子和人类活动在荒漠生态系统中的相对作用。因为植被覆盖度主要由气候因子和人类活动决定，以植被覆盖度数据及同期气候数据为基础数据源，采用残差分析方法实现气候因子和人类活动对植被覆盖度影响的分离，进而研究气候变化对荒漠生态系统的定量影响与响应机制。

选取与荒漠生态系统关系较为密切的降水量、蒸发量、气温、地温 4 个气候因子，建立其与植被覆盖度的耦合模拟模型，分别计算出降水量、蒸发量、气温、地温的模型系数，同时进行 0.05 的显著性检验，见图 6-15，模型系数的显著性检验均为显著。

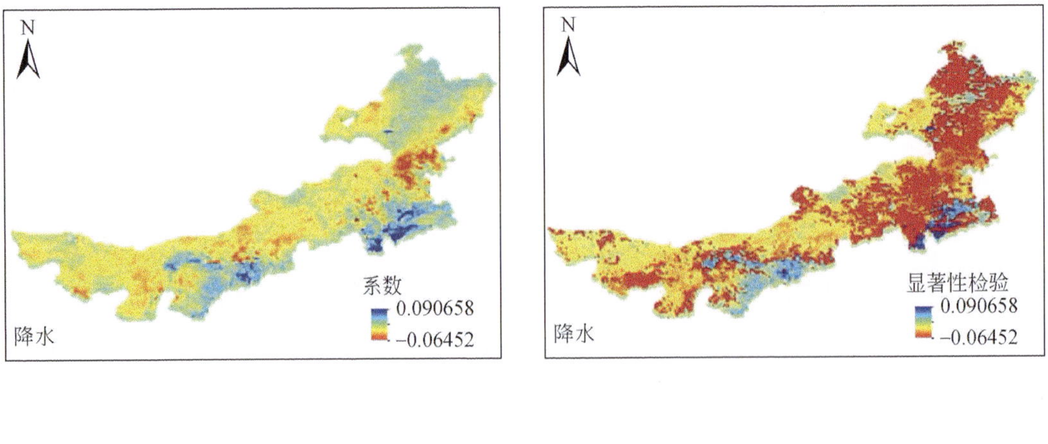

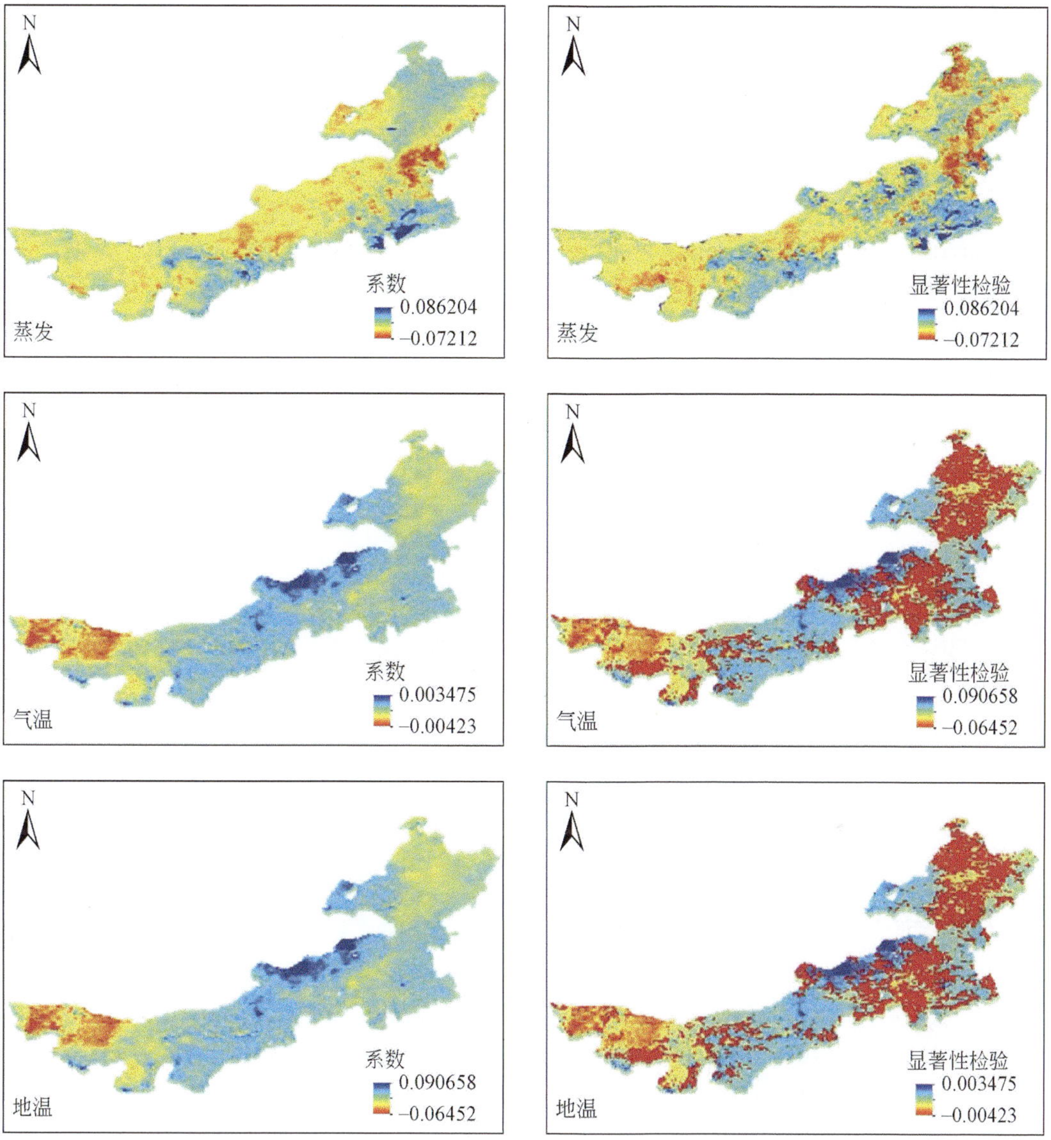

图 6-15　模型系数空间分布

利用 1982 ~ 2020 年实测植被覆盖度和预测植被覆盖度，计算这一时段人类活动影响下的植被覆盖度，以定量评价这一时段的气候变化和人类活动对植被覆盖度的影响。实测值是气候变化和人类活动综合影响下的植被覆盖度，模拟值是气候因素影响下的植被覆盖度。在没有人类活动影响的情况下，残差年际变化应该在零值左右变化。实测值高于模拟值，即残差值为正数，表明人类活动对植被生长有积极作用，即荒漠化得到好转，荒漠生态系统范围缩小；实测值小于模拟值，即残差值为负数，表明人类活动对植被有抑制作用，即荒漠化加重，荒漠生态系统范围增加。

如图 6-16 所示，残差值为正数的区域占内蒙古面积的 30%，集中在轻度荒漠化地区，如赤峰、通辽、呼和浩特等地区，表明在该地区，人类活动对荒漠化改善起到了积极作用，在一定程度上减缓了荒漠化的进程，尤其是对轻度荒漠化地区效果显著。残差值为负数的区域占内蒙古面积的70%，集中在荒漠生态系统以及部分非荒漠化地区，以阿拉善、锡林郭勒、兴安盟为主，表明在该地区，人类活动在一定程度上加重了区域荒漠化的程度。整体来看，人类活动使内蒙古轻度荒漠化地区植被覆盖度有所增加，但使得荒漠生态系统地区荒漠化进一步加重。植被覆盖度的模拟值自西向东逐渐递增，重度荒漠化地区的模拟值最小，中度荒漠化地区的模拟值次之，轻度荒漠化地区的模拟值较大，总的来说，气候变化对荒漠化改善起到了积极作用，在一定程度上减缓了荒漠化的进程，但对荒漠生态系统的改善较为有限。

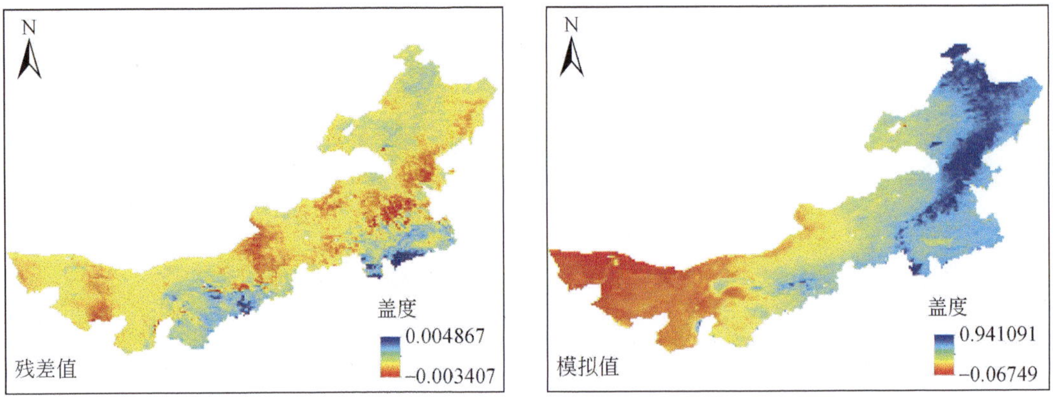

图 6-16　残差分析空间分布

由图 6-17 可知，人类活动贡献率在空间上表现为西部高于东部，重度荒漠化地区高于中度和轻度荒漠化地区。在重度荒漠化地区，人类活动贡献率呈负值，在大多数地区为−95%，表明人类活动加重了该地区的荒漠化程度。在轻度荒漠化地区人类活动贡献率略高，如鄂尔多斯和呼和浩特，在这些地区人类活动贡献率呈正值，约93%，表明人类活动对这些地区荒漠化的好转起到了积极的作用，人类活动对轻度荒漠化的影响较大。

气候变化贡献率在空间上表现为西部大于东部，重度和轻度荒漠化地区较高，中度荒漠化地区较低。在重度荒漠化地区，气候变化贡献率为正值，大多数地区的气候变化贡献率为97%，表明气候变化改善了该地区的荒漠化程度，对荒漠化的发展起到了抑制作用。轻度荒漠化地区的气候变化贡献率略低于重度荒漠化地区，如鄂尔多斯和呼和浩特，在这些地区气候变化贡献率呈负值，约−92%，表明气候变化加重了这些地区荒漠化的程度。

由此看来，内蒙古荒漠化在气候变化和人类活动共同影响下，多数区域呈现好转趋势。其中，人类活动影响下约30%的区域荒漠化有所好转，集中于轻度荒漠化地区；人类活动影响下约70%的区域荒漠化有所加重，集中于重度和中度荒漠化地区。气候变化影响下内蒙古荒漠化程度自西向东逐渐降低，说明气候变化使内蒙古荒漠化好转，尤其是对轻度荒漠化地区的正面影响最大。而在人类活动和气候变化对荒漠生态系统定量影响机制方面，气候变化贡献率为80%，人类活动贡献率为20%。在荒漠化好转区域，气候变化在75%的区域相对贡献率>50%，其中有 30%的区域气候变化对荒漠化的相对贡献率大于

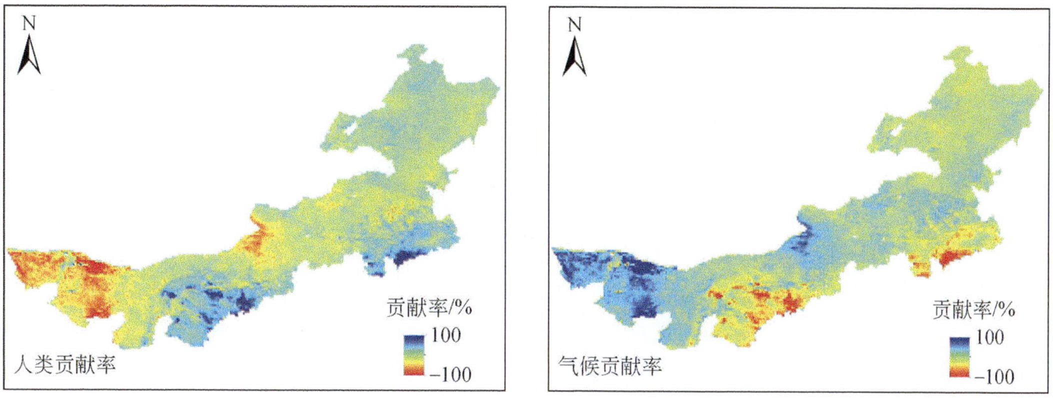

图 6-17　相对贡献率空间分布

75%。在荒漠化加重区域，约 30% 的区域气候变化为荒漠化加重的主要影响因素；在荒漠化好转区域，约 25% 的区域荒漠化变化主要受到人类活动的影响。

6.4　小　　结

本章利用 1982 ~ 2020 年 NDVI 和气候因子的年际和季节数据，采用相关性检验、残差分析等方法，定性定量地揭示了气候水文变化对荒漠化生态系统的影响过程与响应机制，主要结论如下。

（1）研究区荒漠化在气候变化和人类活动共同影响下呈现好转的趋势。气候变化对研究区的影响程度自西向东逐渐降低，说明气候变化对轻度荒漠化地区的正面影响较大。

（2）气候变化对荒漠化的贡献率为 80%，人类活动对荒漠化的贡献率为 20%，气候变化为内蒙古地区荒漠化的主导因素。在荒漠化好转区域，气候变化在 75% 的区域相对贡献率大于 50%，说明气候变化对荒漠化的发展有明显的抑制作用。在荒漠化加重区域，约 30% 的区域是由气候变化造成的，人类活动在荒漠化进程中扮演着主要的影响因素。

7 气候水文变化对荒漠化生态系统的影响评估技术

结合荒漠地区荒漠化时空变化特征与规律、气候时空变异特征与规律、以及气候水文变化对荒漠化影响与响应机制，从时间、空间、多尺度、多要素、多维度出发，采用层次分析法-压力-状态-响应（AHP-PSR）模型构建研究区气候水文变化对荒漠化影响评估指标体系。本章从气候水文变化构建压力指标，从植被、土壤、生物量等方面构建状态指标，从荒漠化敏感性变化、荒漠化级别变化、荒漠化面积变化等方面构建响应指标，采用层次分析法确定指标参数权重，采用 Python 进行生态敏感性分析。在生态敏感性分析评价结果的基础上，进行固有生态敏感性评价、单因子敏感性分析和综合敏感性分析，形成气候水文变化对荒漠化生态系统的影响评估技术，以期为该区生态开发与保护提供具体建议，为荒漠化敏感性研究提供新思路。

7.1 气候水文变化对荒漠化生态系统的影响评估指标体系的构建

7.1.1 评价因子选取及确定指标权重

在评价因子选取方面，根据内蒙古地区荒漠化独特的结构和功能，总结国内外相关指标体系构建的研究成果，借鉴国际相关生态系统观测研究网络，进行评价因子的选取。

根据《全国生态状况调查评估技术规范——生态问题评估》《干旱、半干旱区荒漠（沙地）生态系统定位观测指标体系》《全国生态功能区划（修编版）》等报告，选取了13 个荒漠化影响因子，构建气候变化对内蒙古地区荒漠化影响的评估指标体系，压力指标包括降水量、气温、蒸发量、地温、风速，状态指标包括植被覆盖度、高程、坡度、坡向、植被生物量，响应指标包括荒漠化面积占比、林草地面积变化率。

压力指标下，降水量的变化会直接影响地面蒸散发作用，进一步影响土壤水分和植被的生长状况，从而导致荒漠化的改变。气温是物种分布的主要限制因子，高温是北方物种向南分布的限制因素，低温是热带和亚热带物种向北分布的限制因素。风速是土壤风蚀的主要因素，冬春季大风则是土壤沙化的原动力。蒸发量是水热因子，能够综合反映区域水热平衡状态，蒸发量越高，生态系统承受的压力就越大，荒漠化敏感性越高。地温主要受日照与光强变化影响，从而影响到植物的物候。

状态指标下，植被覆盖度在生态系统中是一个高敏感指标，在植被覆盖度高、冰雪或水域等地区不易发生土地荒漠化，相反在地表裸露、植被稀少、荒漠化功能与结构脆弱的地区，都会使得发生土地荒漠化的概率上升；植物生物量揭示了给定单位时间下的有机质质量。

响应指标，林草地变化率能够反映区域在一定时间内生态恢复状况，可以代表生态系统对气候变化压力的响应，林草地的面积增多，区域的植被生长情况越好，土地发生荒漠化的可能性越小；荒漠化面积占比是荒漠化面积占区域总面积的比例，能够直观地体现区域荒漠化的景观尺度，沙地占比越大，荒漠化的稳定性越差，区域的土地越容易发生荒漠化。

7.1.2 气候变化对内蒙古地区荒漠化的影响评估方法

压力-状态-响应（PSR）模型是在 1979 年由加拿大的统计学家提出，后由联合国环境规划署在 20 世纪 80 年代共同发展后用于研究环境问题的框架体系，目前广泛用于各种生态系统评价和荒漠化敏感性评估中。“压力”指的是气候水文变化对荒漠化的影响或胁迫；“状态”指的是在气候水文变化压力下，荒漠化的当前状态，或当前荒漠化某方面的健康状况；“响应”指的是荒漠化在气候水文变化影响下的反馈，即荒漠化面积、标准级别或敏感等级等的变化。本研究采用压力-状态-响应作为搭建气候变化对荒漠化影响评估指标体系的概念框架。

层次分析法（AHP）是 20 世纪 70 年代初由美国匹兹堡大学运筹学家萨蒂教授提出的一种分层、加权的决策分析方法。与其他方法相比，层次分析法可以将定性分析与定量分析相结合，利用多个相关研究领域专家的经验来判断各指标的相对重要程度，并合理给出各指标的权重。

本研究采用层次分析法确定气候变化对荒漠化影响评估指标体系中各指标的权重。研究根据具体的指导原则，将影响因素划分为目标层（荒漠化敏感性）、准则层（气候变化-荒漠化-荒漠化面积）、指标层多层次结构，建立了层次结构模型。通过比较两个因素构建判断矩阵，根据尺度理论表得出相对重要性值，详情如表 7-1 所示。

表 7-1 荒漠化敏感性评价指标体系

目标层	准则层	指标层
荒漠化敏感性	压力	降水量
		气温
		蒸发量
		地温
		风速
	状态	植被覆盖度
		坡向、坡度、高程
		植物生物量

续表

目标层	准则层	指标层
荒漠化敏感性	响应	林草地变化率
		荒漠化面积占比

7.2　气候水文变化对内蒙古地区荒漠化影响评估

结合内蒙古地区荒漠化的安全状况和环境特征，对内蒙古地区荒漠化的生态敏感性进行分析，由于荒漠化敏感性等级划分尚未统一标准，采用自然断点法作为客观的分级方法，本研究借助这种方法对荒漠化综合敏感性进行分级，将评价结果划分成极度敏感、高度敏感、中度敏感、轻度敏感和不敏感共 5 级，进行固有生态敏感性评价、单因子敏感性分析和综合敏感性分析。

7.2.1　单因子敏感性格局分析

1）压力因子

（1）降水量。

由图 7-1、表 7-2 可知，内蒙古荒漠化对降水的敏感性自西向东变化显著，东部地区为高度敏感区，向西北方向延伸年平均降水量逐渐降低。不敏感区呈现先扩张后缩减的趋势，并且平均占总面积的比例为 11.35%，中度敏感区和轻度敏感区平均占总面积的比例为 23.69%，极度敏感区呈现先扩张后缩减的趋势，并且平均占总面积的比例超过 21.48%，表明研究区内荒漠化对降水量敏感性的整体状况偏高。

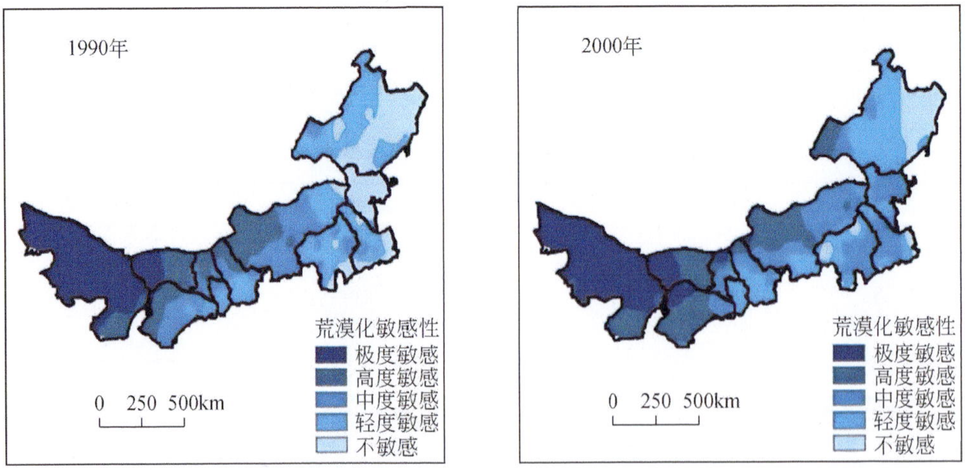

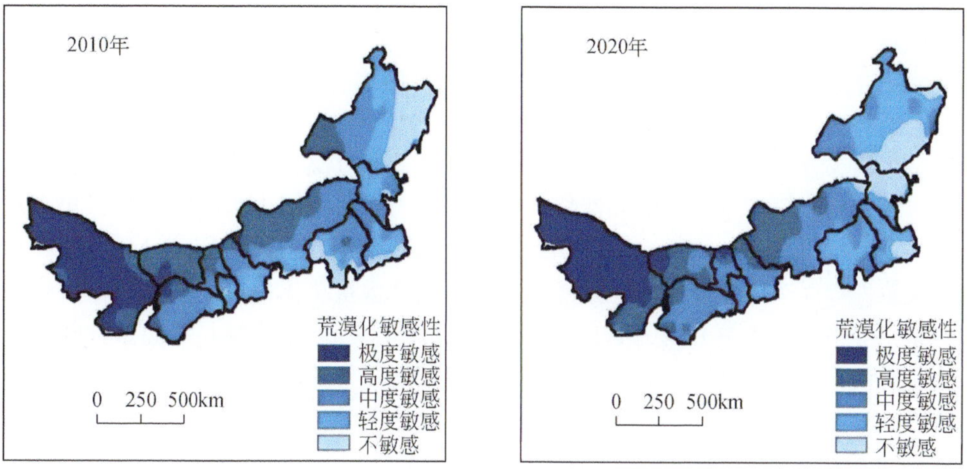

图 7-1　1990 ~ 2020 年内蒙古降水量荒漠化敏感性空间格局

表 7-2　1990 ~ 2020 年内蒙古降水量荒漠化敏感性空间格局面积统计表

敏感性	1990 年		2000 年		2010 年		2020 年	
	面积/km^2	比例/%	面积/km^2	比例/%	面积/km^2	比例/%	面积/km^2	比例/%
极度敏感	262 400. 60	22. 41	271 821. 16	23. 21	241 722. 91	20. 64	230 479. 98	19. 68
高度敏感	197 983. 89	16. 91	248 281. 28	21. 20	262 920. 51	22. 45	217 597. 46	18. 58
中度敏感	208 283. 91	17. 78	272 640. 95	23. 28	311 522. 74	26. 60	319 603. 59	27. 29
轻度敏感	299 835. 29	25. 60	291 027. 82	24. 85	234 110. 51	19. 99	282 478. 51	24. 12
不敏感	202 634. 43	17. 30	87 366. 90	7. 46	120 861. 45	10. 32	120 978. 57	10. 33

从降水量的敏感性变化趋势来看，1990 ~ 2020 年的不敏感区面积和轻度敏感区面积有一定波动，1990 年、2000 年、2010 年、2020 年的不敏感区和轻度敏感区面积分别为 50. 25 万 km^2、37. 84 万 km^2、35. 50 万 km^2、40. 35 万 km^2，占研究区总面积的比例分别为 43%、32%、30%、34%，表明 1990 ~ 2020 年，研究区荒漠化对降水量的不敏感区和轻度敏感区面积变化呈先减小后增加的趋势，荒漠化对降水量的敏感性呈现先增加后减小的趋势。由荒漠化面积与降水量要素之间的相关关系可知，降水量与不敏感区和轻度敏感区荒漠化相关性高，对其影响较小，所以该区主要受人类活动影响，部分林草地转变为耕地，季节性降低植被覆盖等政策引导因素的影响居多。1990 ~ 2020 年的中高度敏感区面积和极度敏感区面积波动明显，1990 年、2000 年、2010 年、2020 年的中高度敏感区和极度敏感区面积分别为 66. 87 万 km^2、79. 27 万 km^2、81. 82 万 km^2、76. 77 万 km^2，占研究区总面积的比例分别为 57%、68%、70%、66%，研究区的中度敏感区面积和极度敏感区面积变化呈先增加后减小的趋势，降水量敏感性呈现先减小后增加的趋势，由荒漠化与降水量要素之间相关关系可知，中高度敏感区位于研究区的西部，其植被长势较差，与降水量的相关性较低，所以该区主要受降水量的影响。

从荒漠化对降水量的敏感性分布来看，2020 年研究区的年平均降水量为 88.12mm，高度敏感区主要在呼伦贝尔、兴安盟、通辽、赤峰，年平均降水量分别为 122.89mm、148.16mm、127.44mm、112.27mm，乌兰浩特、科尔沁左翼后旗的年平均降水量大于 180mm，该区域属于典型的中温带半干旱大陆性季风气候区，四季分明，冬季漫长寒冷，春季干旱多风，夏季降水集中，雨热同季，植被覆盖程度高、土壤水分散失慢，荒漠化程度低；锡林郭勒、乌兰察布、呼和浩特、鄂尔多斯、包头等盟市为过渡地带，年平均降水量分别为 83.24mm、85.08mm、97.09mm、83.27mm、72.28mm，属于干旱、半干旱区，荒漠化敏感性等级为中低度敏感；西部地区年平均降水量总体偏低，尤其是额济纳旗和阿拉善右旗，年平均降水量分别为 17.62mm、20.01mm，该区域气候是北温带大陆性干旱气候，分布有极干旱荒漠草原，高温少雨，地表植被覆盖稀疏，敏感性极高，是荒漠化主要分布地区。

（2）地温。

由图 7-2 及表 7-3 可知，研究区荒漠化对地温的敏感性东西分布差异较大，并且自西

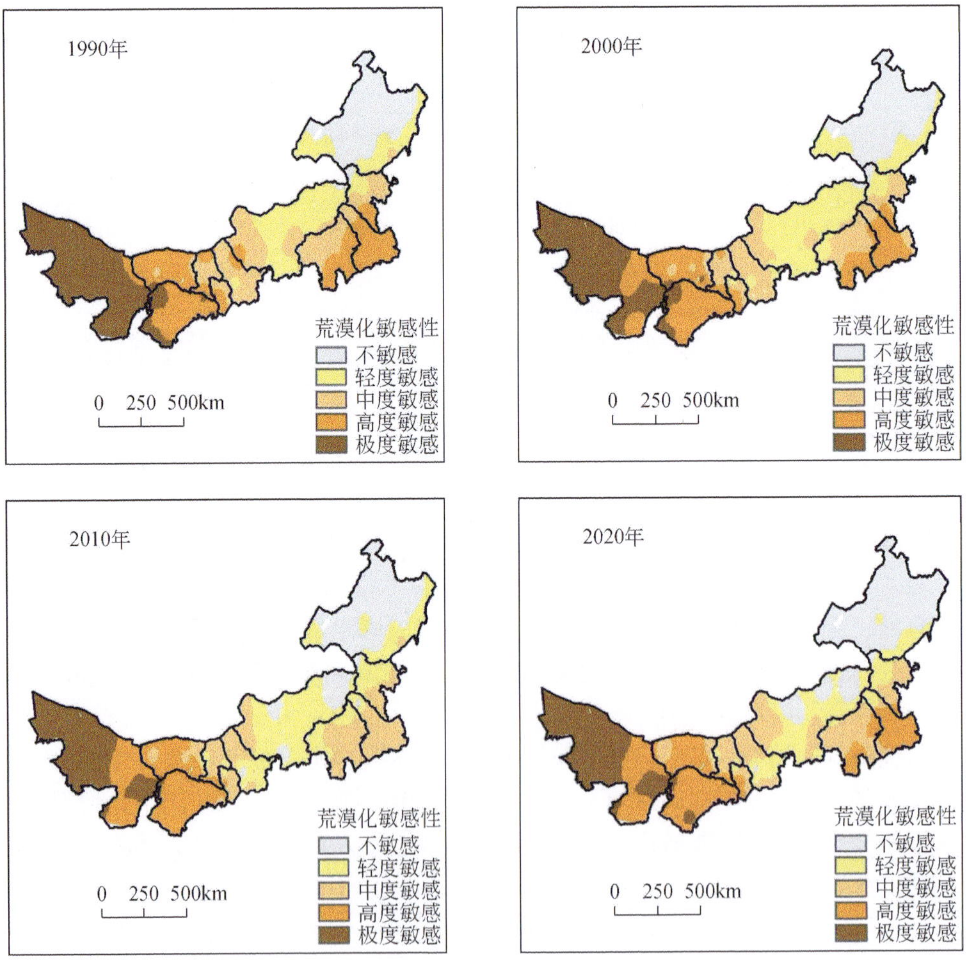

图 7-2　1990 ~ 2020 年内蒙古地温荒漠化敏感性空间格局

向东延伸变化显著，西部地区为高度敏感区，由西向东地温逐渐降低。不敏感区总面积变化呈现持续增加的趋势，并且平均占总面积的比例低于 19.40%，轻度敏感区面积先增加后减小，平均占总面积的比例为 19.48%，中高度敏感区面积平均比例均大于 19%，极度敏感区面积呈现先减小后增加的趋势，并且平均占总面积的比例为 19.25%，表明研究区内荒漠化对地温的敏感性较高。

表 7-3　1990 ~ 2020 年内蒙古平均地温荒漠化敏感性空间格局面积统计表

敏感性	1990 年		2000 年		2010 年		2020 年	
	面积/km^2	比例/%	面积/km^2	比例/%	面积/km^2	比例/%	面积/km^2	比例/%
极度敏感	279 030.91	23.95	235 867.22	20.14	185 391.16	15.83	199 913.28	17.07
高度敏感	260 350.21	22.34	267 605.06	22.85	218 417.26	18.65	280 487.58	23.95
中度敏感	238 996.48	20.51	219 822.63	18.77	237 398.70	20.27	235 867.22	20.14
轻度敏感	200 290.30	17.19	253 082.95	21.61	288 568.43	24.64	169 697.91	14.49
不敏感	186 551.07	16.01	194 760.27	16.63	241 371.57	20.61	285 172.13	24.35

从荒漠化对地温的敏感性变化趋势来看，1990 ~ 2020 年的不敏感区面积和轻度敏感区面积有一定波动，1990 年、2000 年、2010 年、2020 年的不敏感区和轻度敏感区面积分别为 38.9 万 km^2、44.8 万 km^2、52.9 万 km^2、45.49 万 km^2，占研究区总面积的比例分别为 33.2%、38.2%、45.3%、38.8%，表明 1990 ~ 2020 年，研究区的不敏感区面积和轻度敏感区面积变化呈现不稳定的趋势，荒漠化对地温的敏感性呈现不稳定的趋势；1990 ~ 2020 年的中高度敏感区面积和极度敏感区面积波动明显，1990 年、2000 年、2010 年、2020 年的中高度敏感和极度敏感区面积分别为 78.2 万 km^2、72.23 万 km^2、64.12 万 km^2、71.63 万 km^2，占研究区总面积的比例分别为 66.8%、61.8%、54.8%、61.2%，研究区的中度敏感区和极度敏感区面积变化呈先减小后增加的趋势。研究区荒漠化整体上对地温的敏感性偏高，其中不敏感区和轻度敏感区面积变化为降低，主要在研究区的东北及中部，由荒漠化面积与地温要素之间的相关关系可知，地温与不敏感区和轻度敏感区荒漠化呈负相关，受地温影响较低，主要受人类活动与政策引导因素的影响，中高度敏感区位于研究区西部和部分中部，面积变化为递增，由荒漠化与地温要素之间相关关系可知，其植被长势较差，与地温的相关性较低，与荒漠化程度呈正相关，主要受地温主导的气候要素影响。

从荒漠化对地温敏感性分布来看，2020 年研究区的平均地温为 9.57℃，最高平均地温达 12.74℃，位于阿拉善，最低平均地温达 5.68℃，位于呼伦贝尔，整体上看，高度敏感区主要在阿拉善、乌海、鄂尔多斯等盟市，其中额济纳旗、乌达区、阿拉善右旗平均地温大于 13℃，由于该地区地处北温带大陆性干旱气候，地表裸露，受平均气温高、降水较少、植被稀疏等影响，地温普遍较高，荒漠化敏感性极高；研究区中部为过渡地带，地温适中，包括锡林郭勒、赤峰、通辽、兴安盟等地区，其平均地温分别为 7.36℃、9.28℃、10.21℃、8.27℃，敏感性适中；东部地区平均地温总体偏低，尤其是东北的呼伦贝尔市，平均地温为 5.68℃，该区域分布了科尔沁和呼伦贝尔两大草原，夏季降水充沛，潜在蒸散低，属于湿润草原气候，植被生长旺盛，抗风力侵蚀、土壤侵蚀能力强，敏感性低。

（3）年平均气温。

由图 7-3 及表 7-4 可知，研究区南北平均气温差异显著，荒漠化对年平均气温的敏感性自西向东变化显著，西南部地区为高度敏感区，向东北方向延伸荒漠化对年平均气温敏感性逐渐降低。不敏感区面积变化呈现逐年减少的趋势，并且占总面积平均比例为 8.41%，轻度敏感区面积先减少后增加，平均比例为 18.31%，中高度敏感区面积，平均比例均大于 22%，极度敏感区的面积呈现先增加后减少的趋势，并且平均比例超过 27%，研究区总体荒漠化对年平均气温的敏感性较高。

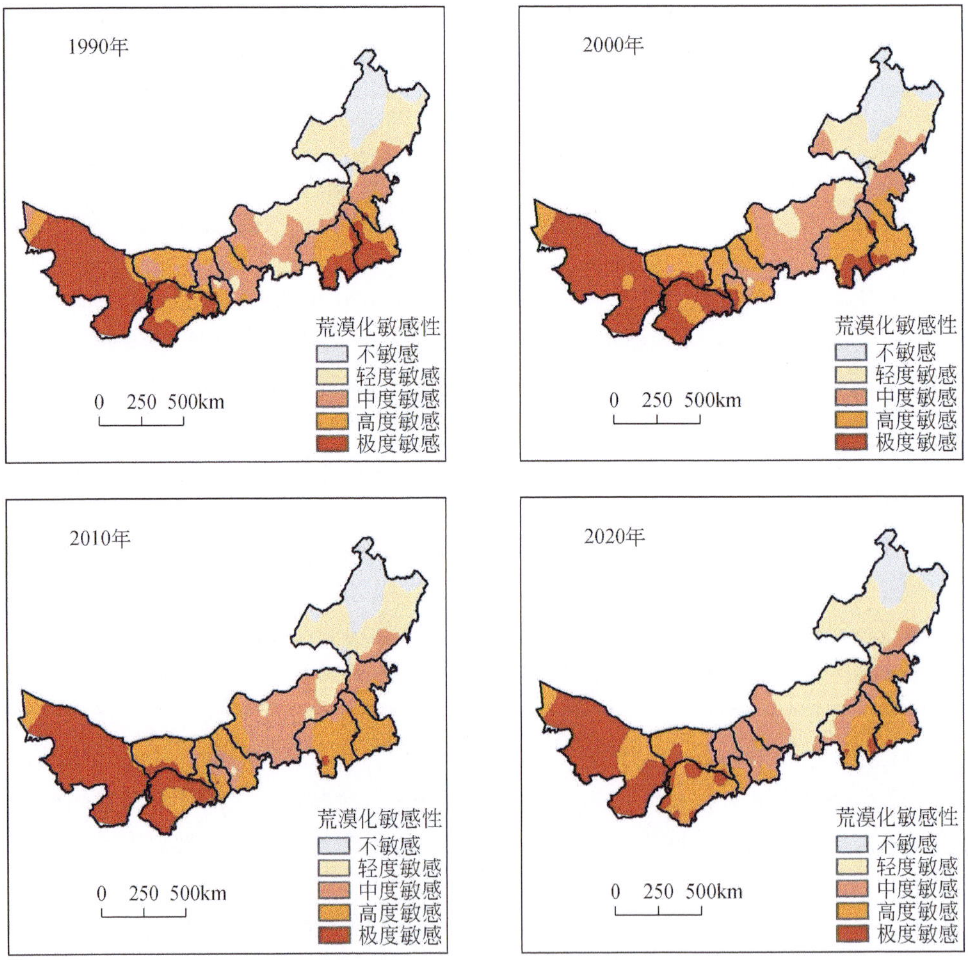

图 7-3　1990 ~ 2020 年内蒙古年平均气温荒漠化敏感性空间格局

表 7-4　1990 ~ 2020 年内蒙古年平均气温荒漠化敏感性空间格局面积统计表

敏感性	1990 年		2000 年		2010 年		2020 年	
	面积/km²	比例/%	面积/km²	比例/%	面积/km²	比例/%	面积/km²	比例/%
极度敏感	36 6097.78	31.26	361 061.88	30.83	317 027.09	27.07	244 416.53	20.87

续表

敏感性	1990 年		2000 年		2010 年		2020 年	
	面积/km²	比例/%	面积/km²	比例/%	面积/km²	比例/%	面积/km²	比例/%
高度敏感	214 552.50	18.32	274 631.89	23.45	311 522.74	26.61	298 171.77	25.46
中度敏感	269 244.65	22.99	268 307.74	22.91	267 370.83	22.83	240 317.54	20.52
轻度敏感	214 552.50	18.32	166 535.84	14.22	170 517.71	14.56	306 018.39	26.12
不敏感	106 698.60	9.11	100 600.76	8.59	104 699.75	8.94	82 213.90	7.02

从年平均气温的敏感性变化趋势来看，1990～2020 年的不敏感区和轻度敏感区面积略有波动，1990 年、2000 年、2010 年、2020 年的不敏感区和轻度敏感面积分别为 32.12 万 km^2、26.71 万 km^2、27.52 万 km^2、38.82 万 km^2，占研究区总面积的比例分别为 27.4%、22.8%、23.50%、33.2%，1990～2020 年，研究区的不敏感区和轻度敏感区面积变化先减小后增加；1990～2020 年的中高度敏感区和极度敏感区面积波动明显，1990 年、2000 年、2010 年、2020 年的中高敏感区和极度敏感区面积分别为 84.99 万 km^2、90.4 万 km^2、89.59 万 km^2、78.29 万 km^2，占研究区总面积的比例分别为 72.6%、77.2%、76.5%、66.9%，研究区的中度敏感区和极度敏感区面积变化先增加后减小。研究区荒漠化整体上对年平均气温的敏感性偏高，其中，不敏感区和轻度敏感区面积变化为先减少后增加，主要在研究区的东北部，由荒漠化土地面积与气温要素之间的相关关系可知，气温与不敏感区和轻度敏感区荒漠化相关性弱，荒漠化程度受气温影响较低，主要受人类活动与政策引导因素的影响，中高度敏感区位于研究区西部和部分中部，面积变化为先增加后减小，由荒漠化与气温要素之间相关关系可知，其植被长势较差，与气温的相关性较强，主要受平均气温主导的气候要素影响。

从荒漠化敏感性分布来看，2020 年年平均气温为 6.12℃，其中，西部的乌海、阿拉善、巴彦淖尔、鄂尔多斯、包头、赤峰、通辽等地区为高度敏感区，年平均气温分别为 10.29℃、9.25℃、7.35℃、8.08℃、5.61℃、6.04℃、6.98℃，这些地区受西南华北平原暖湿气流影响，降水量少而不均，寒暑变化剧烈，太阳辐射强度大，年平均气温较高；中度敏感区集中在锡林郭勒和呼伦贝尔；东北地区年平均气温总体较低，荒漠化敏感性较低，集中在呼伦贝尔，根河、额尔古纳、鄂伦春、牙克石等地区年平均气温均低于 0℃，寒冷湿润、冬季长夏季短，受寒温带湿润性森林气候和大陆季风气候影响，荒漠化敏感性极低。

（4）风速。

由图 7-4 及表 7-5 可知，研究区荒漠化对风速的敏感性空间格局分布较为平均，研究区的中部和西北部为高度敏感区，向东过渡逐渐降低。研究区不敏感区面积变化呈现先增加后减小的趋势，并且平均比例低于 24%，极度敏感区面积呈现逐渐的趋势，并且比例在 4%～17%，表明研究区的大风多发区居多，荒漠化对风速敏感性状况严峻。

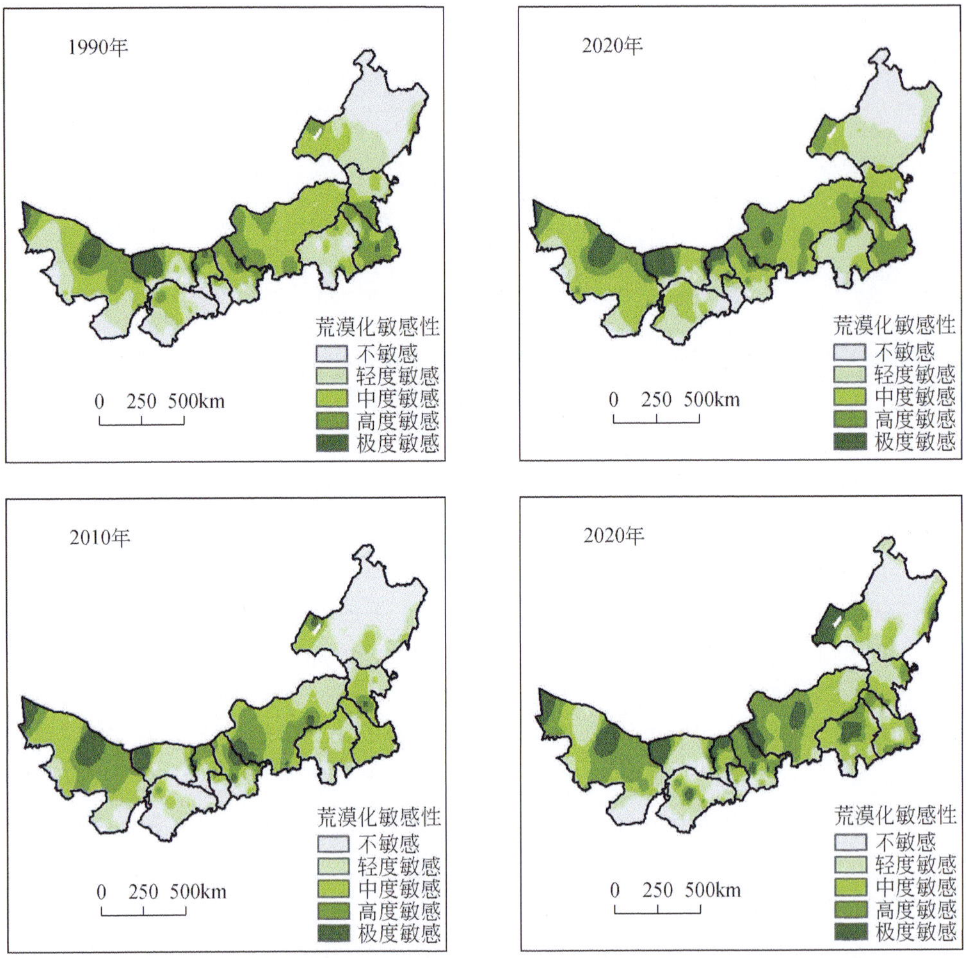

图 7-4 1990 ~ 2020 年内蒙古风速荒漠化敏感性空间格局

表 7-5 1990 ~ 2020 年内蒙古风速荒漠化敏感性空间格局面积统计表

敏感性	1990 年		2000 年		2010 年		2020 年	
	面积/km^2	比例/%	面积/km^2	比例/%	面积/km^2	比例/%	面积/km^2	比例/%
极度敏感	56 570.82	4.86	70 385.40	6.01	77 880.68	6.65	200 967.30	17.16
高度敏感	223 932.72	19.22	241 722.91	20.64	193 237.79	16.50	261 163.80	22.30
中度敏感	379 901.30	32.60	375 115.54	32.03	361 881.68	30.90	298 640.22	25.50
轻度敏感	284 292.12	24.40	241 957.14	20.66	264 677.22	22.60	275 100.34	23.49
不敏感	220 508.84	18.92	241 957.14	20.66	273 460.75	23.35	135 266.45	11.55

从荒漠化对风速的敏感性变化趋势来看，1990 ~ 2020 年的不敏感区和轻度敏感区面积变化波动明显，1990 年、2000 年、2010 年、2020 年的不敏感区和轻度敏感区面积分别为 50.73 万 km^2、48.39 万 km^2、53.81 万 km^2、41.04 万 km^2，占研究区总面积的比例分别为

43.3%、41.3%、46%、35%（表7-5），表明1990～2020年，研究区的不敏感区和轻度敏感区面积变化先减少后增加再减少；1990～2020年的中高度敏感区和极度敏感区面积波动明显，1990年、2000年、2010年、2020年的中高度敏感区和极度敏感面积分别为66.38万km^2、68.72万km^2、63.3万km^2、76.08万km^2，占研究区总面积的比例分别为56.7%、58.7%、54.1%、65%（表7-5），研究区的中度敏感区和极度敏感区面积变化先减小后增加的趋势，荒漠化对风速敏感性呈现先减小后增加的趋势。研究区荒漠化整体上对风速的敏感性偏高，其中，不敏感区和轻度敏感区主要在研究区的东北部，由荒漠化土地面积与风速要素之间的相关关系可知，风速与不敏感区和轻度敏感区荒漠化呈现负相关，受风速影响较低，荒漠化主要受人类活动与政策引导因素的影响，中高度敏感区位于研究区西部和部分中部，面积变化为先增后减，由荒漠化与蒸发要素之间相关关系可知，与风速的相关性较强，主要受风速主导的气候要素影响。

从荒漠化敏感性分布来看，2020年研究区风速在2.44～3.3m/s，平均风速达8.49m/s，总体属于大风多发区。从空间分布来看，区内风速呈明显的圈层结构，极高值出现在中部偏北地区的浑善达克沙地和大兴安岭西麓呼伦贝尔沙地，向外扩展大风天数逐渐减少。乌兰察布、锡林郭勒、包头以及呼伦贝尔西部新巴尔虎右旗大风频繁，平均风速分别为3.32m/s、3.22m/s、3.24m/s和4.24m/s；由于植被覆盖度较低，大风提供了沙丘移动的原动力，易发生土壤风蚀，沙尘天气常与大风天气相伴出现，因此这些区域荒漠化敏感性较高；极低值出现在呼伦贝尔东部以及鄂尔多斯南部，该区域由大风引起的土地荒漠化可能性相对较小，即荒漠化敏感性较低。

（5）蒸发量。

由图7-5及表7-6可知，从研究区荒漠化对蒸发量的敏感性空间格局图和分区面积统计表来看，结果显示，研究区蒸发空间格局分布较为平均，研究区的中部和西北部为高度敏感区，东北部和东南部为不敏感区和轻度敏感区。研究区不敏感区面积变化呈现先增加后减小的趋势，并且平均比例低于23%，极度敏感区面积呈现先减小后增加的趋势，并且比例在4%～17%，表明研究区的大风多发区居多，蒸发量敏感性状况严峻。

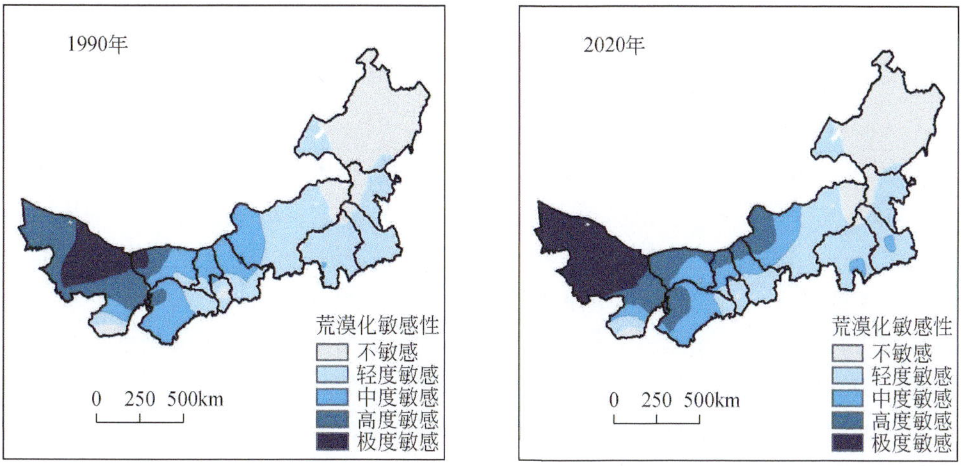

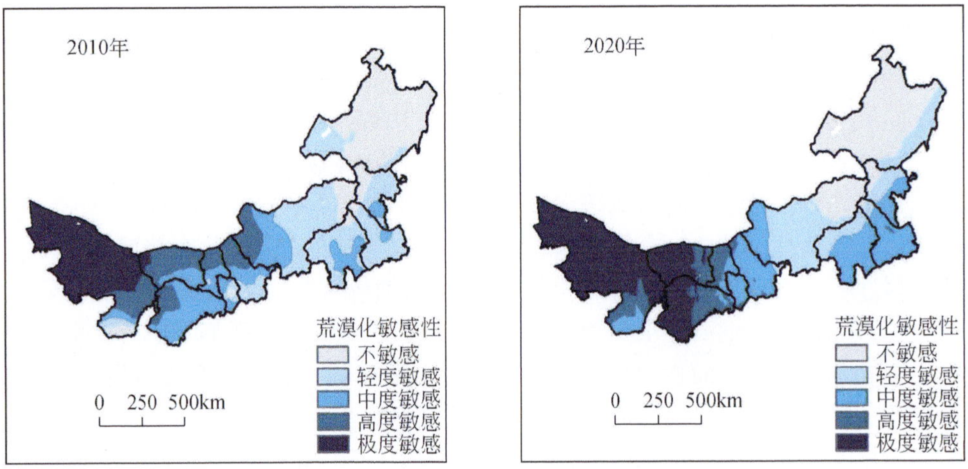

图 7-5 1990～2020 年内蒙古蒸发量荒漠化敏感性空间格局

表 7-6 1990～2020 年内蒙古蒸发量荒漠化敏感性空间格局面积统计表

敏感性	1990 年		2000 年		2010 年		2020 年	
	面积/km^2	比例/%	面积/km^2	比例/%	面积/km^2	比例/%	面积/km^2	比例/%
极度敏感	95 564. 87	8. 16	185 742. 51	15. 86	264 325. 87	22. 57	276 782. 54	23. 70
高度敏感	168 058. 32	14. 35	164 544. 91	14. 05	311 522. 74	26. 60	213 166. 03	18. 25
中度敏感	213 147. 14	18. 20	178 481. 45	15. 24	221 696. 45	18. 93	255 486. 9	21. 87
轻度敏感	409 195. 66	34. 94	365 395. 09	31. 20	173 445. 56	14. 81	103 889. 39	8. 90
不敏感	285 172. 13	24. 35	276 974. 17	23. 65	200 147. 50	17. 09	318 661. 43	27. 28

从荒漠化对蒸发量的敏感性变化趋势来看，1990～2020 年的不敏感区和轻度敏感区面积变化波动明显，1990 年、2000 年、2010 年、2020 年的不敏感区和轻度敏感区面积分别为 69. 44 万 km^2、64. 24 万 km^2、37. 36 万 km^2、42. 37 万 km^2，占研究区总面积的比例分别为 59. 3%、54. 9%、31. 9%、36. 2%（表 7-6），表明 1990～2020 年研究区的不敏感区和轻度敏感区面积变化先增加后减少。1990～2020 年的中高度敏感区和极度敏感区面积波动明显，1990 年、2000 年、2010 年、2020 年的中高度敏感区和极度敏感区面积分别为 47. 68 万 km^2、52. 88 万 km^2、79. 75 万 km^2、74. 74 万 km^2，占研究区总面积的比例分别为 40. 7%、45. 2%、68. 1%、63. 8%（表 7-6），研究区的中度敏感区和极度敏感区面积变化先增加后减小的趋势，研究区荒漠化整体上对蒸发量的敏感性偏高，其中，不敏感区和轻度敏感区集中在研究区的东部，由荒漠化面积与蒸发量要素之间的相关关系可知，蒸发量对不敏感区和轻度敏感区的荒漠化呈现负相关，受影响较低，荒漠化主要受人类活动与政策引导因素的影响，中高度敏感区位于研究区西部和部分中部，面积变化为总体呈现递增，在 2010～2020 年呈现减小，由荒漠化与蒸发量要素之间相关关系可知，与蒸发量的相关性较强，主要受蒸发量主导的气候要素影响。

从荒漠化敏感性分布来看，2020年平均蒸发量为114.12mm，整体上看，南北气温差异显著，西部的乌海、阿拉善、巴彦淖尔、鄂尔多斯、包头等地区为高度敏感区，平均蒸发量分别为159.43mm、141.68mm、141.91mm、139.40mm、121.60mm，受西南华北平原暖湿气流影响，降水量等气候因子变化剧烈，植被覆盖度低，太阳辐射强度大，平均蒸发量较高；中度敏感区集中在乌兰察布、呼和浩特和通辽；东北地区蒸发量整体较低，荒漠化敏感性较低，集中在呼伦贝尔、锡林郭勒、兴安盟，其中，根河、额尔古纳、牙克石等地区平均蒸发量低于60mm，寒冷湿润、冬季长夏季短，受寒温带湿润性森林气候和大陆季风气候影响，荒漠化敏感性极低。

2）状态因子

（1）植被覆盖度。

由图7-6及表7-7可知，从研究区的荒漠化敏感性空间格局图和分区面积统计表来看，结果显示，1990～2020年的研究区的荒漠化对植被覆盖度的敏感性类型主要为中度敏感，平均占比27.68%，其次为轻度敏感，平均占比26.09%，不敏感类型平均占比15.93%，

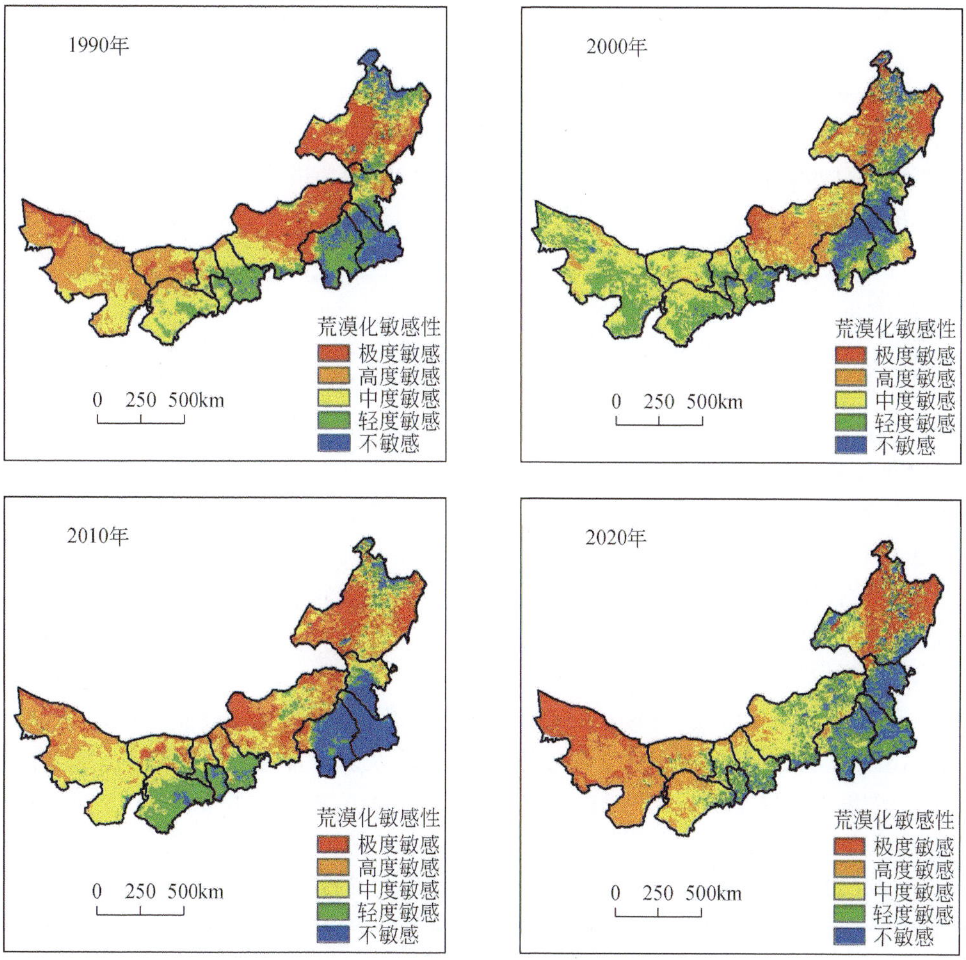

图7-6　1990～2020年内蒙古植被覆盖度荒漠化敏感性空间格

研究区不敏感区面积变化整体呈下降趋势，中度和高度敏感区面积变化先增加后减少，极度敏感区面积先增加后减小。

表 7-7 1990 ~ 2020 年内蒙古植被覆盖度荒漠化敏感性空间格局面积统计表

敏感性	1990 年		2000 年		2010 年		2020 年	
	面积/km^2	比例/%	面积/km^2	比例/%	面积/km^2	比例/%	面积/km^2	比例/%
极度敏感	108 393. 72	9. 25	121 903. 72	10. 41	163 860. 11	13. 99	147 298. 01	12. 57
高度敏感	175 438. 12	14. 97	293 249. 59	25. 03	164 860. 40	14. 07	212 873. 97	18. 17
中度敏感	273 703. 69	23. 36	405 861. 25	34. 64	335 462. 63	28. 63	282 395. 48	24. 11
轻度敏感	342 390. 78	29. 23	245 820. 93	20. 98	322 321. 95	27. 51	312 068. 17	26. 64
不敏感	271 658. 99	23. 19	104 672. 07	8. 94	185 072. 46	15. 80	216 885. 40	18. 51

从荒漠化对植被覆盖度的敏感性变化趋势来看，1990 ~ 2020 年的不敏感区和轻度敏感区面积变化显著，1990 年、2000 年、2010 年、2020 年的不敏感区和轻度敏感区面积分别为 61. 4 万 km^2、35. 0 万 km^2、50. 7 万 km^2、52. 9 万 km^2，占研究区总面积的比例分别为 52. 42%、29. 92%、43. 31%、45. 15%（表 7-7），表明 1990 ~ 2020 年研究区的不敏感区和轻度敏感区面积变化先增加后减少。1990 ~ 2020 年的中高度敏感区和极度敏感区面积波动明显，1990 年、2000 年、2010 年、2020 年的中高度敏感区和极度敏感面积分别为 55. 8 万 km^2、82. 1 万 km^2、66. 4 万 km^2、64. 3 万 km^2，占研究区总面积的比例分别为 47. 58%、70. 08%、56. 69%、54. 85%（表 7-7），研究区的中度敏感区和极度敏感区面积变化呈先增加后减小的趋势。

从荒漠化对植被覆盖度的敏感性分布来看，植被覆盖度呈东高西低，荒漠化敏感性东部低，西北地区荒漠化敏感性高，2020 年植被覆盖度为 0. 47，其中西部的乌海、阿拉善、巴彦淖尔为高度敏感区，植被覆盖度分别为 0. 15、0. 24、0. 24，并且主要地处于巴丹吉林和巴音温都尔两大沙漠，地形以沙地和戈壁为主，受降水量少而不均、蒸发量高、太阳辐射强度大、年平均气温较高、动植物种类贫乏等综合因素影响，荒漠化敏感性极高，脆弱的生态系统对土地荒漠化防治极其不利；中度敏感区集中在中部的鄂尔多斯、锡林郭勒和呼伦贝尔，植被覆盖度分别为 0. 44、0. 28、0. 3；低度敏感区植被覆盖度高，荒漠化对植被覆盖度的敏感性较低，集中在通辽和兴安盟。

（2）植物生物量。

由图 7-7 及表 7-8 可知，1990 ~ 2020 年研究区荒漠化对植物生物量敏感性类型集中在东部的不敏感区，其平均占比 26. 25%，其次是中部及东南部的轻度敏感区，平均占比为 23. 81%，中度敏感区平均占比为 21. 92%，表明荒漠化对植被生物量敏感性状况为不敏感和轻度敏感。

从荒漠化对植物生物量敏感性时间变化趋势来看，1990 ~ 2020 年的不敏感区和轻度敏感区面积变化波动明显，1990 年、2000 年、2010 年、2020 年的不敏感区和轻度敏感区面积分别为 52. 7 万 km^2、61. 8 万 km^2、62. 0 万 km^2、58. 7 万 km^2，占研究区总面积的比例分别为 44. 85%、52. 64%、52. 85%、49. 92%，1990 ~ 2020 年，研究区的不敏感区和轻度敏感区面积呈现先增加后减少的趋势，不敏感区和轻度敏感区集中在研究区的东北方，自然因素压力较小。1990 年、2000 年、2010 年、2020 年的中高度敏感区和极度敏感区面积分别为 64. 8 万 km^2、55. 7 万 km^2、55. 4 万 km^2、58. 8km^2，占研究区总面积的比例分别为 55. 15%、47. 36%、47. 15%、50. 08%，研究区的中度敏感区和极度敏感区面积变化呈先增加后减小的趋势。

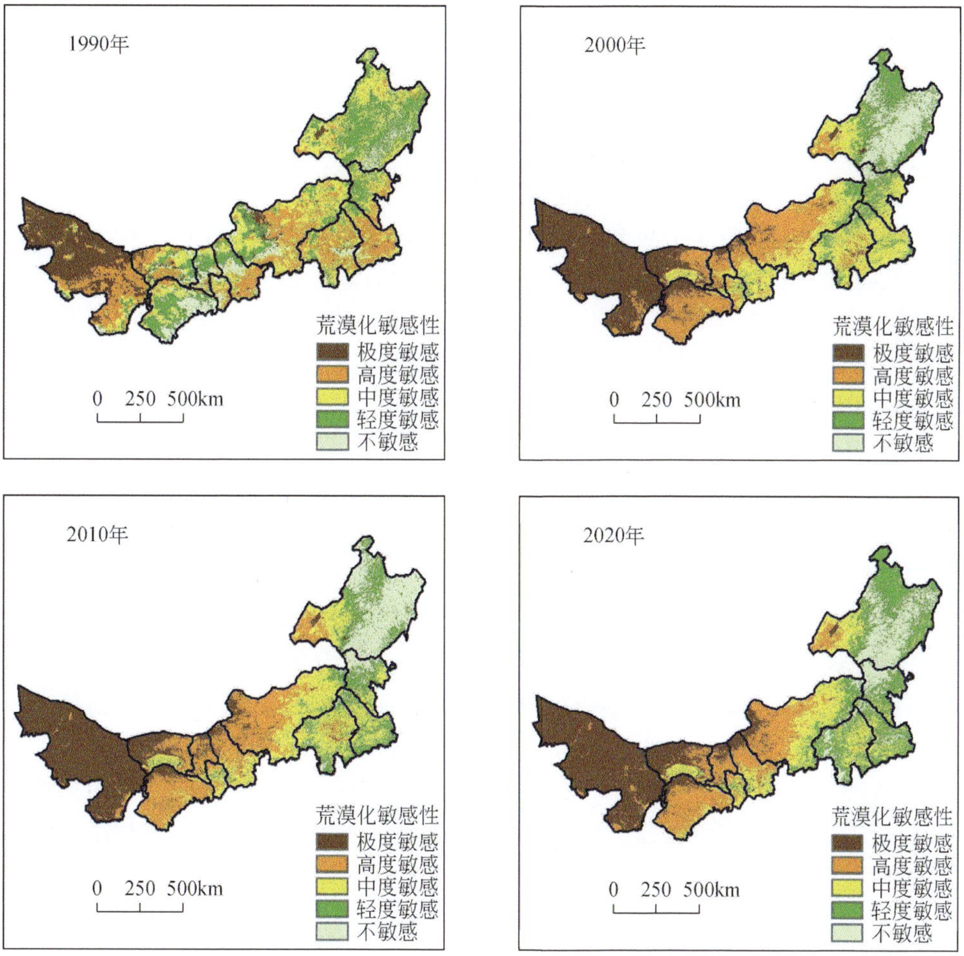

图 7-7　1990 ~ 2020 年内蒙古植物生物量荒漠化敏感性空间格局

表 7-8　1990 ~ 2020 年内蒙古植物生物量荒漠化敏感性空间格局面积统计表

敏感性	1990 年		2000 年		2010 年		2020 年	
	面积/km^2	比例/%	面积/km^2	比例/%	面积/km^2	比例/%	面积/km^2	比例/%
极度敏感	117 498. 96	10. 00	123 953. 78	10. 55	160 013. 40	13. 62	157 969. 91	13. 45
高度敏感	248 360. 48	21. 14	145 405. 72	12. 37	144 907. 86	12. 33	218 577. 80	18. 60
中度敏感	282 102. 00	24. 01	287 144. 57	24. 44	249 120. 89	21. 20	211 849. 90	18. 03

续表

敏感性	1990 年		2000 年		2010 年		2020 年	
	面积/km^2	比例/%	面积/km^2	比例/%	面积/km^2	比例/%	面积/km^2	比例/%
轻度敏感	323 851.58	27.56	277 305.88	23.60	280 058.98	23.84	237 937.20	20.25
不敏感	203 127.13	17.29	341 156.65	29.04	340 862.09	29.01	348 636.58	29.67

从荒漠化敏感性分布来看，敏感性呈现东高西低分布特征，这与研究区植物生物量分布格局近似，东北区域是植物生物量的高值区，整体荒漠化敏感性偏低，西部地区植被生物量低，荒漠化敏感性高。高度敏感区主要在西部地区的阿拉善、乌海、巴彦淖尔、包头、鄂尔多斯，西部地区植物生物量低且区域地表物质疏松、砂源丰富，在常年大风、降雨短少的气候条件下，极易引起土壤风蚀，形成土地荒漠化，因而荒漠化敏感性极高，脆弱的生态系统对土地荒漠化防治极其不利；低度敏感区集中在通辽、赤峰、呼伦贝尔、兴安盟，其气候特征寒冷湿润、冬季长夏季短，受寒温带湿润性森林气候和大陆季风气候影响，植被覆盖度高、植物生物量密集，荒漠化敏感性低。

3）响应因子

（1）沙地面积占比。

由图 7-8 及表 7-9 可知，1990 ~ 2020 年的研究区的荒漠化对荒漠化面积的敏感性类型主要为不敏感，平均占比 79.51%，其次为极度敏感，平均占比 7.58%，研究区的中部和西北部荒漠化面积占比的荒漠化敏感性较高，1990 ~ 2020 年不敏感区面积占总面积的比例整体呈下降趋势，极度敏感区面积变化幅度小，整体上趋于平稳。

从荒漠化对荒漠化面积占比的敏感性变化趋势来看，1990 ~ 2020 年的不敏感区和轻度敏感区面积变化波动明显，1990 年、2000 年、2010 年、2020 年的不敏感区和轻度敏感区面积分别为 100.07 万 km^2、100.02 万 km^2、99.9 万 km^2、100.04 万 km^2，占研究区总面积的比为 85.44%、85.41%、85.3%、85.42%，表明 1990 ~ 2020 年，研究区的不敏感区和轻度敏感区面积变化先减少后趋于平稳。1990 ~ 2020 年的中高度敏感区和极度敏感区面积波动不明显，1990 年、2000 年、2010 年、2020 年的中高度敏感和极度敏感区面积分别为

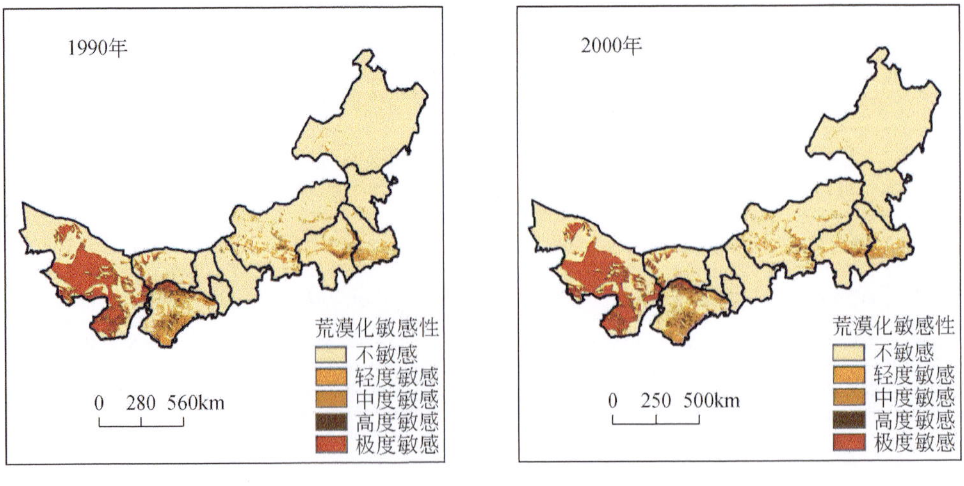

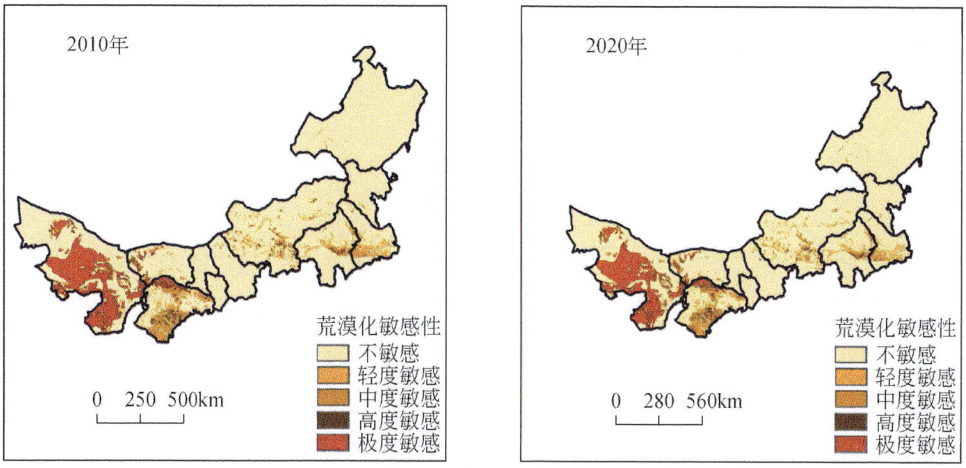

图 7-8 1990 ~ 2020 年内蒙古荒漠化面积占比荒漠化敏感性空间格局

17.05 万 km^2、17.09 万 km^2、17.21 万 km^2、17.07 万 km^2，占研究区总面积的比例分别为 14.56%、14.59%、14.7%、14.58%（表 7-9），研究区的中度敏感区和极度敏感区面积变化呈先增加后减小的趋势，荒漠化面积占比荒漠化敏感性基本保持不变，土地荒漠化的改善不明显。

表 7-9 1990 ~ 2020 年内蒙古荒漠化面积占比荒漠化敏感性空间格局面积统计表

敏感性	1990 年		2000 年		2010 年		2020 年	
	面积/km^2	比例/%	面积/km^2	比例/%	面积/km^2	比例/%	面积/km^2	比例/%
极度敏感	88 113.46	7.52	91 126.37	7.60	92 151.67	7.68	90 076.07	7.50
高度敏感	32 640.03	2.79	33 509.70	2.79	33 684.75	2.81	34 585.01	2.88
中度敏感	49 716.29	4.25	50 434.59	4.20	50 499.61	4.21	50 289.55	4.19
轻度敏感	68 012.27	5.81	70 450.39	5.87	71 175.60	5.93	70 970.54	5.91
不敏感	932 656.07	79.64	954 246.14	79.54	952 255.57	79.37	954 376.18	79.51

从荒漠化敏感性分布来看，研究区大部分为不敏感区，高度敏感区集中在研究区的西部巴丹吉林、乌兰布和、库布其、腾格里沙漠和毛乌素沙地等，沙化现象较为普遍，沙地较为集中，荒漠化敏感性高，对半固定沙地及固定沙地面积比例进行统计，结果显示，西部的阿拉善、鄂尔多斯、巴彦淖尔等半固定及固定沙地面积比例分别为 40.48%、24.18%、沙化土地蔓延扩散的可能性大，荒漠化敏感性最高；巴彦淖尔、赤峰、通辽等盟市沙化土地分布较为零散，面积比例在 1%~10%，荒漠化敏感性较高；而东部的呼伦贝尔、兴安盟，以及中部呼和浩特、包头和乌兰察布，沙地面积比例均不足 1%，荒漠化敏感性最低或者不敏感。

（2）林草地变化率。

由图7-9可知，2020年的研究区林草地变化分布广泛，整体荒漠化敏感性呈高敏感性，对比2010年，林草地显著减少的地区主要在研究区的东部和中部的边缘区，包括锡林郭勒和乌兰察布，林草地减少比例分别为1.6%和6%。研究区林草地比例增加的地区总体呈下降趋势，集中在呼伦贝尔、兴安盟、乌海、鄂尔多斯，林草地增加比例分别为5.7%、5%、7.5%、5%。

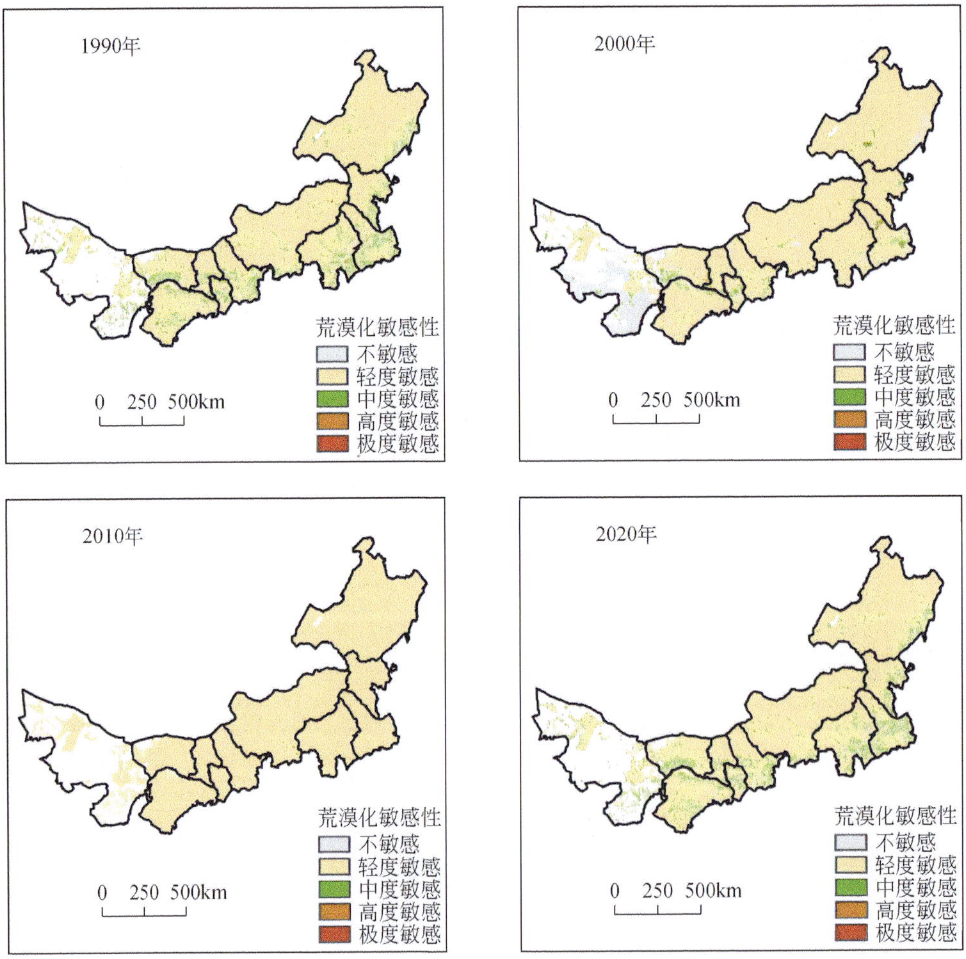

图7-9　1990～2020年内蒙古林草地变化率荒漠化敏感性空间格局

从荒漠化敏感性分布来看，研究区整体为高度敏感，这是由于整体林草地面积减少，林草地变化率下降，因而荒漠化敏感性上升，其中，高度敏感区的西部地区主要受气候变化和地形因素的影响，植被覆盖度低，降水量少、蒸发量高、地形上以沙地和戈壁为主，在植被退化、地表裸露区域，土地发生荒漠化的可能性高，因而荒漠化敏感性高，东部地区林草地变化主要受人类活动与政策引导因素的影响。草地减少了4695km^2，主要转变为林地和耕地；林地增加了1402km^2，主要由耕地和草地转变而来。

7.2.2 综合敏感性时空变化分析

由图 7-10 和表 7-10 可知，从研究区的敏感性空间格局图和分区面积统计表来看，研究区的中度荒漠化敏感性面积占比最高且均高于 20%，其次是研究区轻度敏感区和高度敏感区，极度敏感区面积是最小的且面积平均占比为 10.18%。

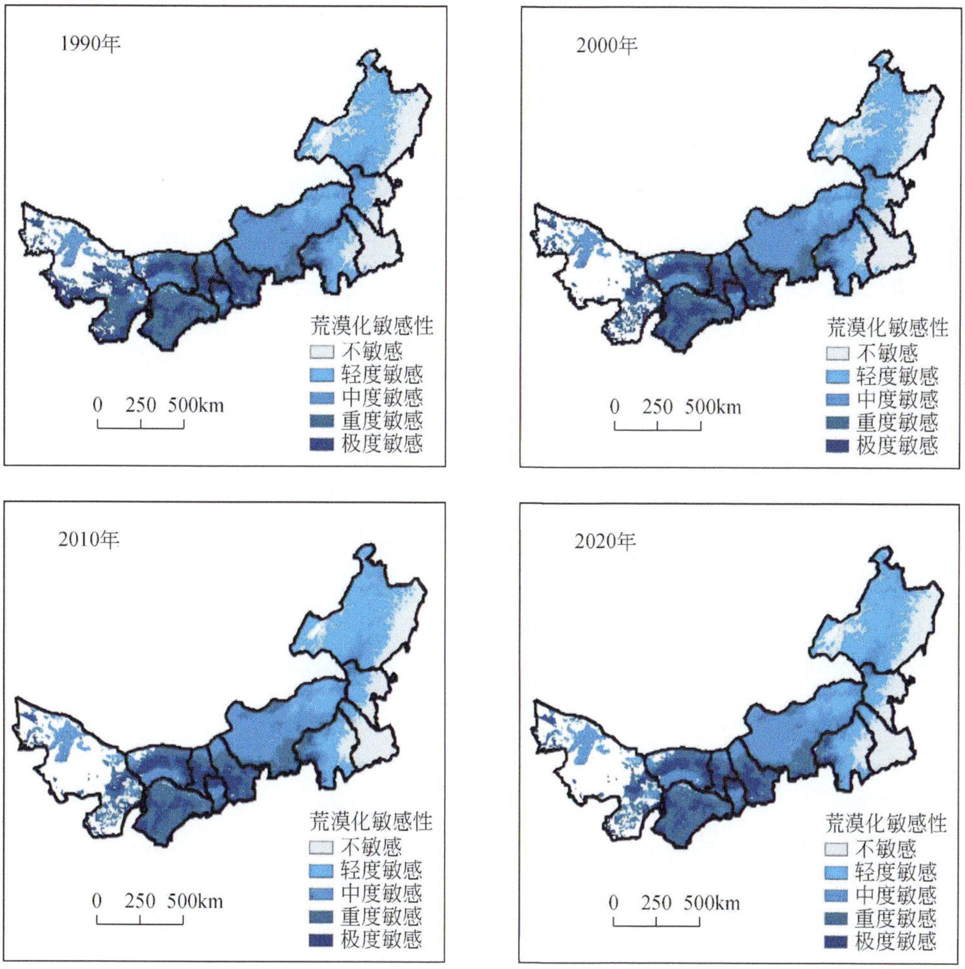

图 7-10 1990 ~ 2020 年内蒙古荒漠化综合敏感性空间格局

表 7-10 1990 ~ 2020 年内蒙古荒漠化综合敏感性空间格局面积统计表

敏感性	1990 年		2000 年		2010 年		2020 年	
	面积/km^2	比例/%	面积/km^2	比例/%	面积/km^2	比例/%	面积/km^2	比例/%
极度敏感	124 947.6976	10.67	120 901.442	10.32	114 807.223	9.80	112 437.581	9.60
高度敏感	268 521.9423	22.93	251 052.682	21.44	248 694.096	21.24	262 801.668	22.44

续表

敏感性	1990 年		2000 年		2010 年		2020 年	
	面积/km²	比例/%	面积/km²	比例/%	面积/km²	比例/%	面积/km²	比例/%
中度敏感	299 089. 9118	25. 54	300 685. 207	25. 67	309 367. 138	26. 42	312 849. 842	26. 71
轻度敏感	257 218. 2152	21. 96	255 260. 052	21. 80	279 721. 296	23. 88	262 073. 79	22. 38
不敏感	221 360. 353	18. 90	243 238. 736	20. 77	218 548. 367	18. 66	220 980. 239	18. 87

从研究区荒漠化综合敏感性时间变化趋势来看，1990～2020 年的不敏感区和轻度敏感区面积变化波动明显，1990 年、2000 年、2010 年、2020 年的不敏感和轻度敏感面积分别为 40. 88 万 km^2、40. 32 万 km^2、41. 58 万 km^2、39. 07 万 km^2，占研究区总面积的比例分别为 40. 9%、42. 6%、42. 5%、41. 2%，表明 1990～2020 年，研究区的不敏感区和轻度敏感区面积变化波动不显著，荒漠化综合敏感性整体趋于稳定。1990～2020 年的中高度敏感区和极度敏感区面积波动明显，1990 年、2000 年、2010 年、2020 年的中高度敏感区和极度敏感区面积分别为 76. 23 万 km^2、76. 79 万 km^2、75. 53 万 km^2、78. 04 万 km^2，占研究区总面积的比例分别为 59. 1%、57. 4%、57. 5%、58. 8%，研究区的中高度敏感区和极度敏感区面积变化呈先减小后增加的趋势，荒漠化综合敏感性呈现先减小后增加的趋势。

从荒漠化综合敏感性空间分布来看，研究区的综合敏感性整体较高，呈现东部低、中部西部高的空间格局，基本呈现大兴安岭和阴山山脉分界线东侧的季风区分布为不敏感区，而西侧中部分布为轻度和中高度敏感区。极度敏感区主要是由西部的沙漠边缘带构成的，高度敏感区以及中度敏感区则围绕极度敏感区，轻度敏感区主要在科尔沁和呼伦贝尔沙地，不敏感区主要分布在大兴安岭以东的林地、草原覆盖区域。对研究区进行分区统计，可发现研究区的 12 个（盟）市土地荒漠化综合敏感性的差异大，其中，在阿拉善、乌兰察布、鄂尔多斯、巴彦淖尔、包头、乌海综合敏感性面积均高于 50%，阿拉善、鄂尔多斯为高度敏感区，其余均为低度敏感区，这是因为上述城市地处于巴丹吉林、腾格里、乌兰布和、库布其、巴音温都尔五大沙漠的边缘带，气候干旱少雨，土地利用类型以沙地、戈壁以及低覆盖草地为主；呼和浩特、锡林郭勒、赤峰、通辽、兴安盟以轻度敏感区和中度敏感区为主，综合敏感性面积比例分别为 59. 64%、55. 41%、52. 48%、58. 2%、50. 78%；由于呼伦贝尔位于呼伦贝尔草原，兴安盟位于科尔沁草原，植被覆盖度高，植被长势好，面对气候变化干扰不易发生土地荒漠化，呼伦贝尔与兴安盟的不敏感区面积占比较大。

7.3 小　　结

为评估气候变化对内蒙古地区荒漠化的影响，本章基于内蒙古地区荒漠化时空变化特征与规律，气候时空变异特征与规律，从时间、空间、多尺度、多要素、多维度出发，选取了 13 个具有代表性的荒漠化影响因子，通过层次分析法进行加权，基于压力-状态-响应框架，构建了气候变化对内蒙古地区荒漠化影响评估指标体系和模型，形成了气候水文变化对荒漠生态系统的影响评估技术，获得以下主要结论。

1990～2020年内蒙古荒漠化敏感性以中度敏感性为主导，其变化趋势为先降低后上升再降低，极度、高度、轻度敏感区变化幅度较小，不敏感区总体呈现下降趋势。从空间上看，内蒙古荒漠化敏感性的空间异质性较强、两极分化较严重，极度敏感区主要在阿拉善、鄂尔多斯等地形成，不敏感区集中在呼伦贝尔和兴安盟及周边地区。

目前，荒漠化敏感性研究使用了一系列评价框架和指标体系，主要关注土地覆盖、气候变化影响和植被对恢复措施的响应等方面。本章采用压力-状态-响应框架对内蒙古荒漠化敏感性的时空动态进行了分析，解决了早期研究的缺点，例如关注静态模式而不是动态变化[87]。

近30年来，由于气候变化和人类活动的共同作用，内蒙古沙漠化趋势发生了显著变化。例如，“三北”防护林工程、京津地区风沙源控制和气象保护等举措都对植被覆盖度的增加做出了重大贡献。结果表明，荒漠化趋势有明显的逆转，这些工程措施显示了人为干预在减少荒漠化方面的有效性，并强调了在防止环境恶化方面采取主动的必要性[88]。另外，煤炭和石油的开采、铁路和公路的建设以及管道的安装在有利于农牧区经济发展的同时，加剧了生态的脆弱性。这些活动导致植被退化，加剧土地沙漠化，尤其在资源丰富的地区。平衡经济发展和环境可持续性对内蒙古生态系统的健康至关重要[89-91]。利用多元线性回归模型对不同区域沙漠化驱动力进行分析，发现不同地区荒漠化驱动力差异较大，降雨影响大部分荒漠化区域。今后应将浑善达克沙地作为荒漠化防治的重点控制区，加大危害保护和预防的力度。通过水土治理，合理开发利用，提高人口素质，建立“生态红线”，确保区域生态环境安全。

8 气候水文影响下荒漠化生态系统风险预估技术

为了构建气候水文影响下荒漠化生态系统风险预估技术，本章首先收集了全球大尺度数据和 CMIP6 未来情景模式数据，其中，CMIP6 未来情景数据主要收集了在中国应用效果较好的 6 个气候模型中 4 种不同排放情景下 2015 ~ 2100 年的未来气象数据，包括降水、风速、气温等，其次根据气候变化对荒漠化的影响过程与响应机制，基于收集的 CMIP6 未来气候数据，利用 Theil-Sen Median 趋势分析和 Mann-Kendall 检验法揭示内蒙古地区未来气候变化的时空演变特征和变化趋势，再次针对研究区内的每个像元建立 1990 ~ 2015 年 NDVI 与气候要素数据之间的多元回归关系（具体见第 6 章）。利用未来不同情景下的气候要素数据，根据上述回归关系获取未来不同气候变化情景下不同时段的 NDVI 预测值，基于 IPCC 提出的 4 种气候变化情景，模拟预测内蒙古地区荒漠化的风险，最后形成气候变化影响下荒漠化风险预估技术，并提出内蒙古荒漠化应对气候变化方案。

8.1 气候水文影响下荒漠化生态系统的风险预估体系

气候变化影响着农业、生态系统、社会经济和人类生存与发展，是当今世界关注的热点问题。CMIP 的基础和雏形是大气模式比较计划（AMIP，1989 ~ 1994 年），AMIP 是由世界气候研究计划（WCRP）耦合模拟工作组（WGCM）于 1995 年提出并组织的，其目的是推动模式发展和增进对地球气候系统的科学理解。CMIP 已进入第六阶段（CMIP6），CMIP6 基于 CMIP5 的典型浓度路径矩阵框架（RCPs），增加了共享社会经济路径（SSPs）这将为气候变化研究领域提供更丰富的全球气候模式数据。

1）CMIP6 数据收集

在气象数据获取方面，收集到 CMIP6 模拟的历史数据和未来情景模式数据中在我国应用效果较好的 6 个气候模型，4 种不同排放情景下 2015 ~ 2100 年的逐日气候预测数据，包括降水、地温、风速、蒸发、最高气温和最低气温，数据收集情况见表 8-1。

表 8-1　CMIP6 数据收集情况表

序号	模式名称	地区	机构
1	FGOAL-g3	中国	IAP，CAS
2	EC-Earch3	欧洲	EC-Earth
3	GFDL-EMS4	美国	GFDL

续表

序号	模式名称	地区	机构
4	CMCC-CM2-SR5	意大利	CMCC
5	MPI-ESM1-2-HR	德国	MPI
6	MRI-ESM2-0	日本	MRI

选用了 SSP1-2.6、SSP2-4.5、SSP3-7.0、SSP5-8.5 4 种未来情景模式，其中，SSP1-2.6 代表低社会脆弱性、低减缓压力和低辐射强迫的综合影响；SSP2-4.5 代表中等辐射强迫和中等社会脆弱性的组合；SSP3-7.0 代表高社会脆弱性与相对高的人为辐射强迫的组合；SSP5-8.5 是 RCP8.5 情景在 CMIP6 中更新的情景，是唯一可以实现的 2100 年人为强迫达到 8.5W/m^{2}的共享社会经济路径。

2）未来气候数据处理

利用 Python 对下载好的气象数据进行预处理，首先将全球的气象数据裁剪为研究区范围内的数据并进行时间尺度上的合并，然后对每个 CMIP6 气象数据进行单位统一，利用历史观测数据和 CMIP6 的历史模拟数据进行偏差矫正，并对 4 个模式下未来模拟数据进行订正，最终得到与观测数据尺度一致的未来模拟数据。

研究表明，在不同时间尺度上的 NDVI 与气温和降水变化密切相关。本章基于气候变化对荒漠化的影响，根据第 6 章的回归模型，预测未来不同气候变化情景下不同时段的 NDVI 预测值。

在此基础上，将 2020 年 NDVI 数据设置为基准，采用线性回归方法对 2020～2030 年、2020～2040 年、2020～2050 年各时段 NDVI 构成的时间序列进行年变化趋势的拟合。根据各个像元的拟合结果，全部拟合方程可以归纳为 7 种类型，不同类型与风险等级之间的对应关系如表 8-2 所示。依据划分的荒漠化风险等级标准，对不同气候变化情景下的荒漠化风险进行评估，得到未来 15 年、25 年和 35 年的荒漠化风险等级图。

表 8-2 荒漠化风险等级划分标准及分类表

截距	斜率	终点值	风险等级
$b \geqslant 0$	$a \geqslant 0$	$NDVI_{future}$为任意值	无风险
$b>0$	$a<0$	$NDVI_{future} \in [b/2, b)$	低风险
$b>0$	$a<0$	$NDVI_{future} \in [b/6, b/2)$	中风险
$b>0$	$a<0$	$NDVI_{future} \in [0, b/6)$	高风险
$b=0$	$a<0$	$NDVI_{future}$为任意值	高风险
$b<0$	$a \leqslant 0$	$NDVI_{future}$为任意值	高风险
$b<0$	$a>0$	$NDVI_{future}$为任意值	无风险

8.2 内蒙古地区未来气候变化的时空演变特征和变化趋势

8.2.1 未来降水量的时空演变特征和变化趋势

利用 2015 ~ 2100 年未来气象数据计算了各气象因子的多年平均值，采用 Theil-Sen Median 趋势分析和 Mann-Kendall 检验相结合的方式对气象因子进行趋势变化分析，将变化趋势根据 *S* 和 *Z* 划分为极显著增加、显著增加、不显著增加、不显著减少、显著减少和极显著减少 6 个阶段，见图 8-1。

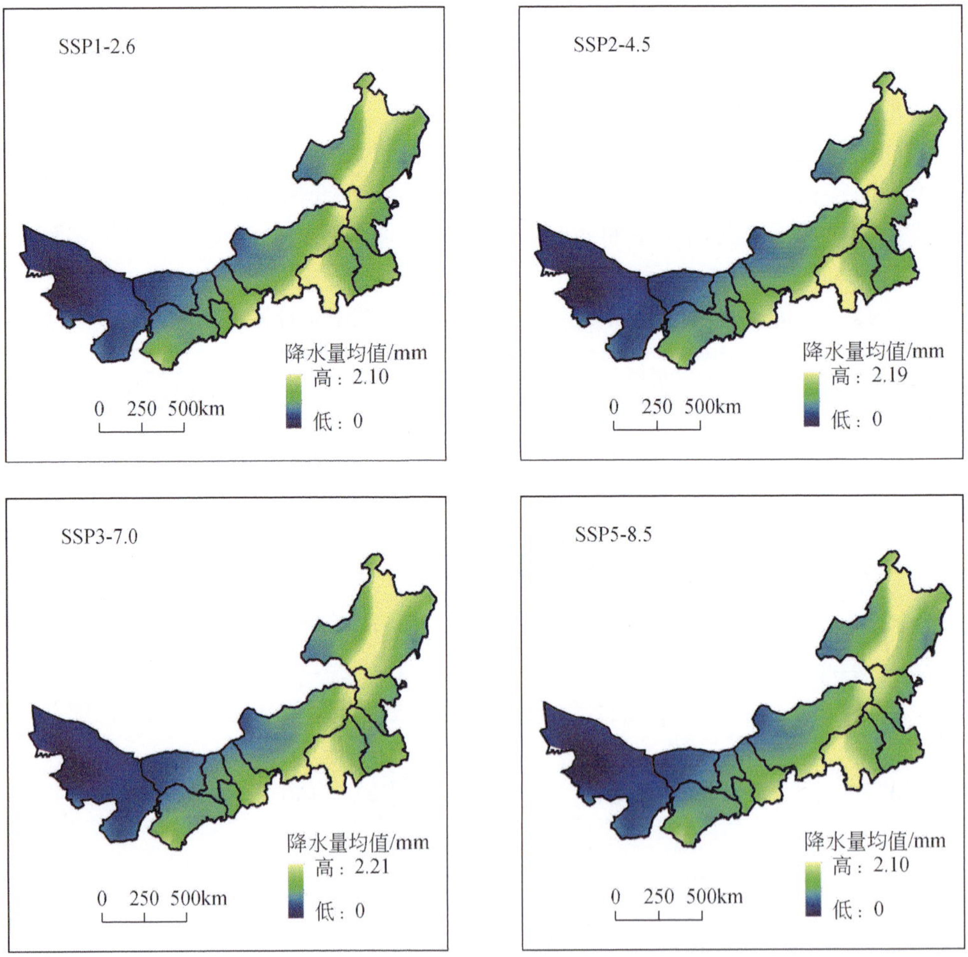

图 8-1 内蒙古地区降水量均值分布图

由图8-1可知，4种模式下内蒙古地区未来降水量整体呈由东南至西北递减的分布特征，其中SSP1-2.6降水量均值在0~2.10mm，SSP2-4.5降水量均值在0~2.19mm，SSP3-7.0降水量均值在0~2.21mm，SSP5-8.5降水量均值在0~2.10mm，高值区集中在林草混合分布的呼伦贝尔、兴安盟、通辽、锡林郭勒和赤峰，低值区集中在内蒙古西南部地区的阿拉善盟、巴彦淖尔、乌海、包头和鄂尔多斯，这些地区常年降水稀少，主要分布强耐旱并耐寒的小乔木、灌木、半灌木、低覆盖度草地、沙地、戈壁等自然景观。

由图8-2可知，4种模式下内蒙古地区的降水量变异系数均在0.4~1.3，空间分布规律与降水量均值相反，呈自西向东逐渐减小分布。110°E以西地区降水量变化剧烈程度相对较大，其中，阿拉善高原降水量变异系数达1.0以上，可能是由于水资源的极度短缺、干旱和极端天气的频发，该地区多年降水量离散程度高，较其他地区降水量变化程度剧烈；内蒙古中部地区降水量变异系数在0.29~0.34，降水量变化剧烈程度小于北部地区；内蒙古北部地区降水量变化最不剧烈，并且大兴安岭北部降水量变异系数最小，低于0.55。

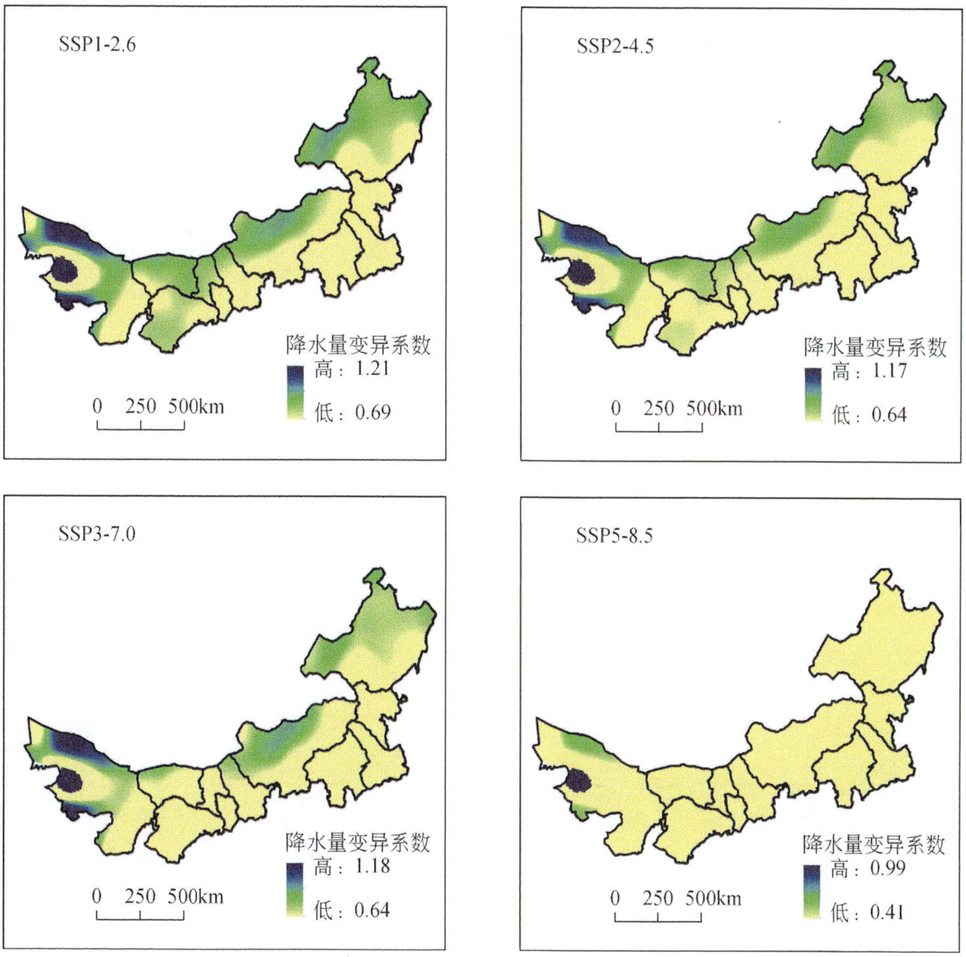

图8-2　内蒙古地区降水量变异系数分布图

如图 8-3 所示，2015 ~ 2100 年，在 SSP1-2.6 模式下，内蒙古地区整体降水量变化不显著；在 SSP2-4.5 模式下，内蒙古地区整体降水量变化轻微显著，其中在阿拉善、锡林郭勒、呼伦贝尔及其周边地区降水量有显著变化的趋势；在 SSP3-7.0 模式下，内蒙古地区显著性呈现由东北向西南递减，显著增大的地区包括巴彦淖尔南部、鄂尔多斯东南部、呼和浩特南部、赤峰南部、通辽南部以及呼伦贝尔东北部；在 SSP5-8.5 模式下内蒙古地区整体降水量变化极其显著，显著增大的地区集中在内蒙古地区东部，包括呼伦贝尔、兴安盟、通辽、赤峰以及锡林郭勒等，结合降水量来看，该区域属于典型的中温带半干旱大陆性季风气候区，四季分明，冬季漫长且寒冷，春季干旱且多风，夏季降水集中，雨热同季，植被覆盖度高、土壤水分散失慢。

总的来说，2015 ~ 2100 年内蒙古地区荒漠化态势逐渐向好，结合土地利用类型来看，降水量显著减少的区域大部分为中、低覆盖度草地以及荒漠景观，荒漠化程度呈现上升的趋势，集中在阿拉善，内蒙古其余地区荒漠化态势均有好转，中部、北部地区植被呈现微弱上升的态势，东部、南部地区植被呈现显著增加的趋势。

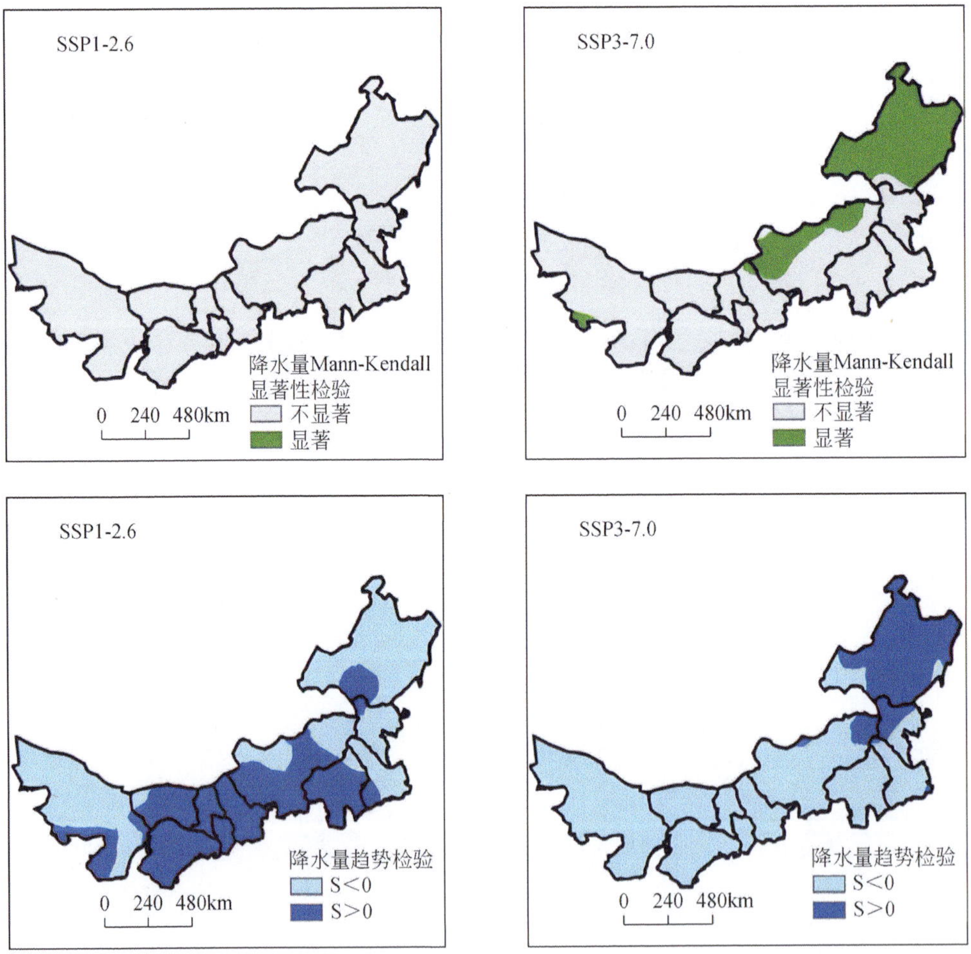

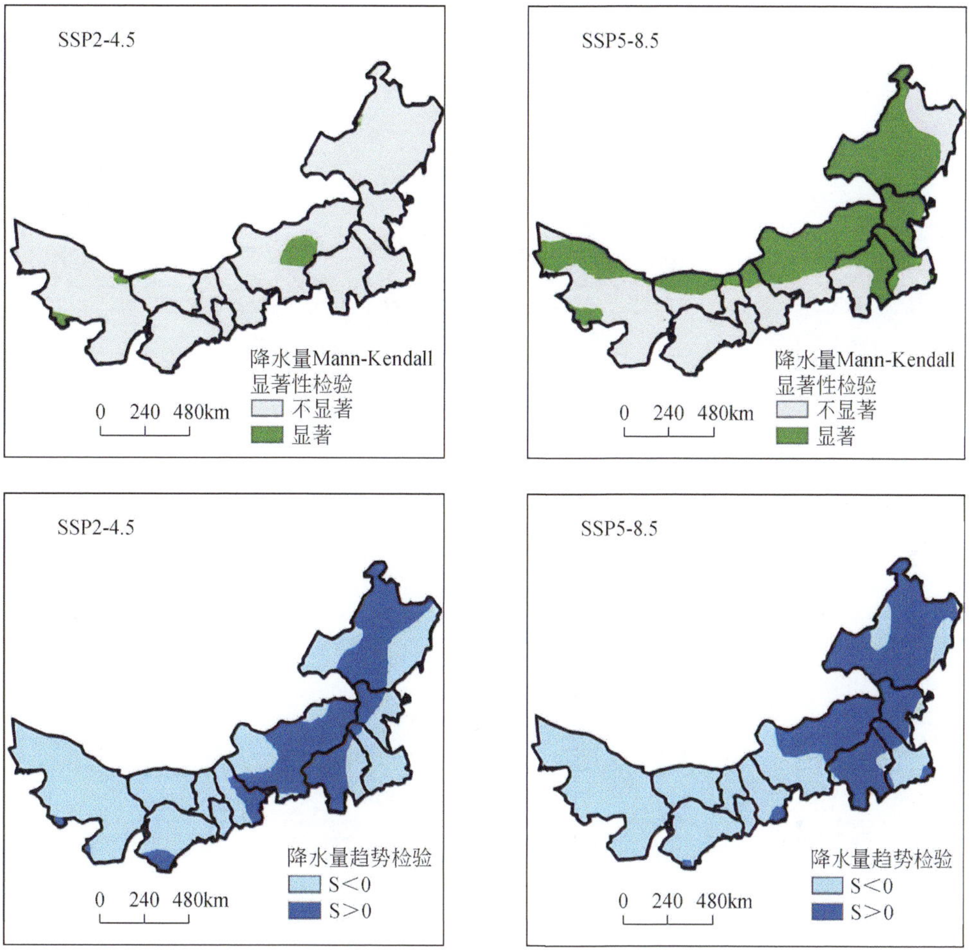

图 8-3 内蒙古地区降水趋势检验和显著性检验结果分布图

8.2.2 未来年均气温的时空演变特征和变化趋势

如图 8-4 所示，4 种模式下内蒙古地区未来年均气温均值整体呈由东南向西北递增的分布特征，其中 SSP1-2.6 年均气温均值在-4.71 ~ 9.15℃，SSP2-4.5 年均气温均值在-4.83 ~ 9.17℃，SSP3-7.0 年均气温均值在-4.81 ~ 9.53℃，SSP5-8.5 年均气温均值在-4.84 ~ 9.16℃，高值区集中在戈壁荒漠混合分布的西部地区的阿拉善盟、乌海、巴彦淖尔、包头等地区，这些地区分布有低覆盖度草地、沙地、戈壁等自然景观，沙化现象较为普遍，沙地较为集中；低值区集中在内蒙古东南部地区的呼伦贝尔、锡林郭勒等地区。

如图 8-5 所示，4 种模式下内蒙古地区年均气温变异系数均在 0.4 ~ 0.7，空间分布规律与年均气温均值相反，呈自西向东逐渐增加的趋势。大兴安岭以东地区年均气温变化剧烈程度相对较大，其中，呼伦贝尔草原年均气温变异系数在 0.5 以上，较其他地区年均气

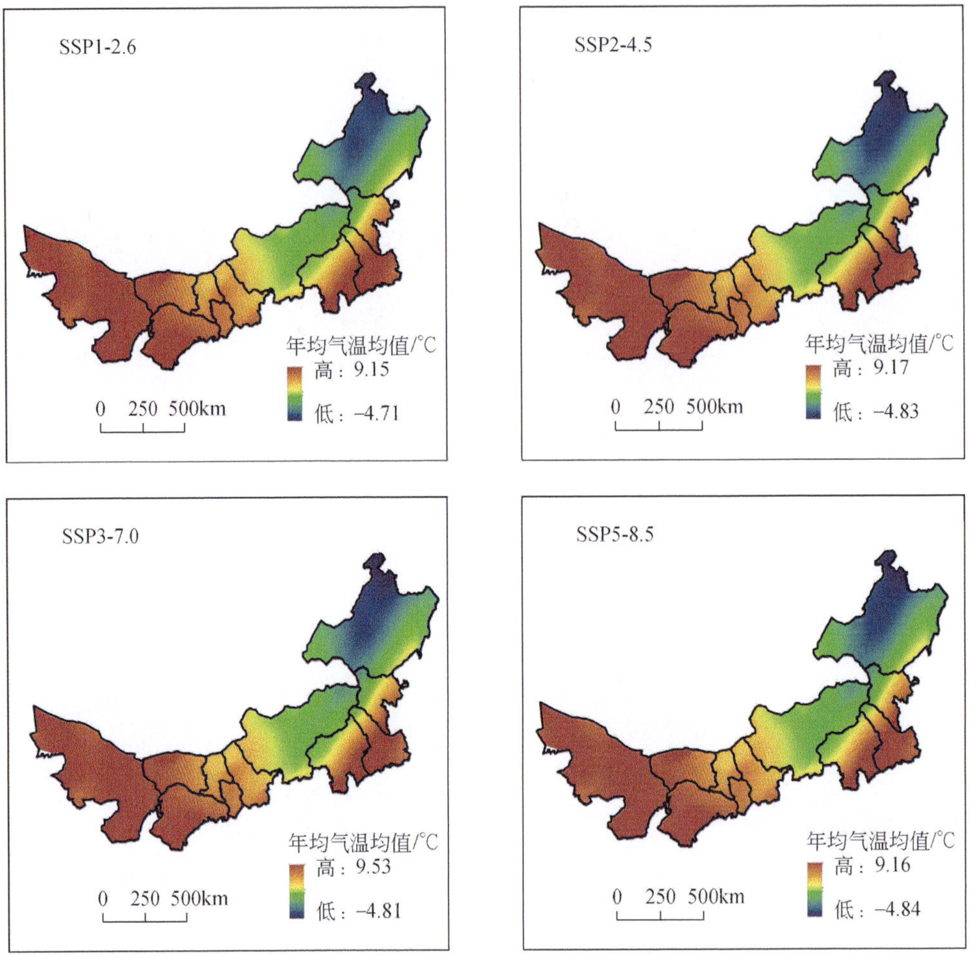

图 8-4　内蒙古地区年均气温均值分布图

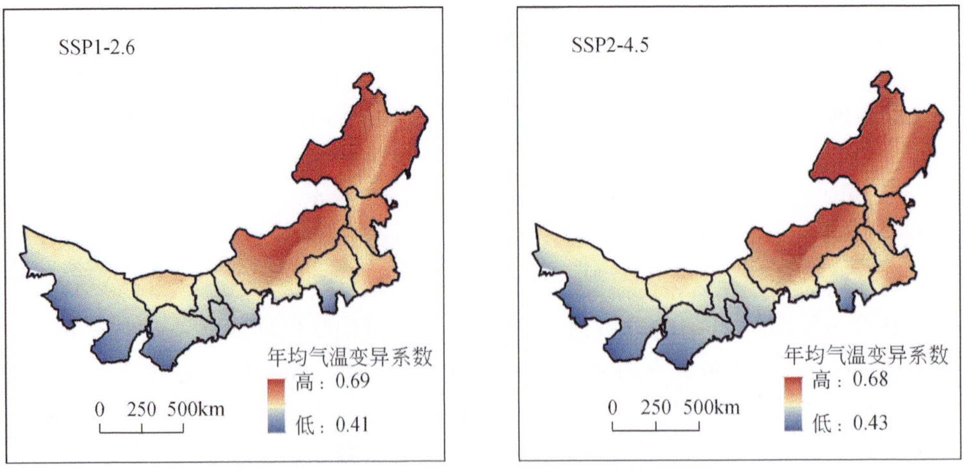

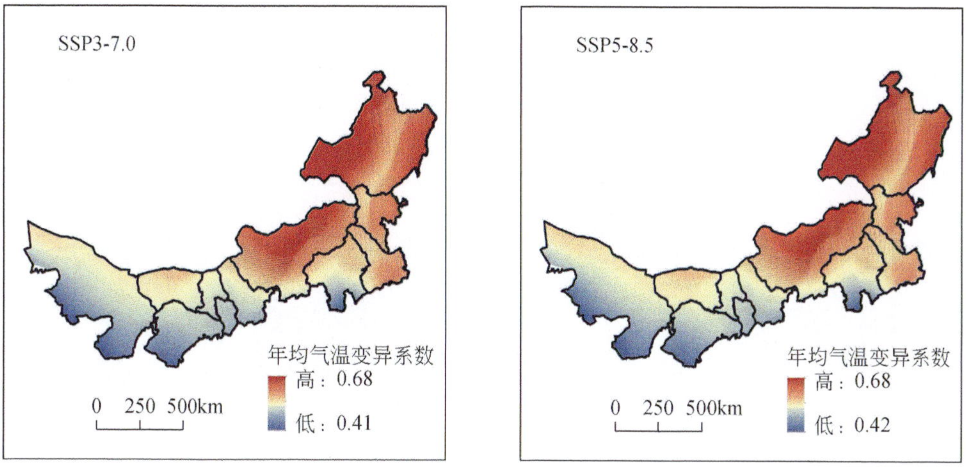

图 8-5 内蒙古地区年均气温变异系数分布图

温变化剧烈程度大；内蒙古中部地区年均气温变异系数在0.42～0.54，变化剧烈程度小于东北部地区；内蒙古西南部地区年均气温变化最不剧烈。

如图8-6所示，2015～2100年，在4种模式下，年均气温变化都不显著。从变化趋势来看，在SSP1-2.6模式下，内蒙古地区整体年均气温呈现东高西低趋势；在SSP2-4.5模式下，内蒙古地区整体年均气温轻微波动，主要体现在西部地区，其中在阿拉善、锡林郭勒、呼伦贝尔及其周边地区年均气温有显著变化的趋势；在SSP3-7.0模式下，内蒙古地区年均气温变化显著性呈现由东北向西南递减趋势，显著增大的地区包括巴彦淖尔南部、鄂尔多斯东南部、呼和浩特南部、赤峰南部、通辽南部以及呼伦贝尔东北部；在SSP5-8.5模式下，内蒙古地区整体年均气温中部低、东西部偏高，显著增大的地区集中在内蒙古地区东部，包括呼伦贝尔、兴安盟、通辽、赤峰以及锡林郭勒等地区。

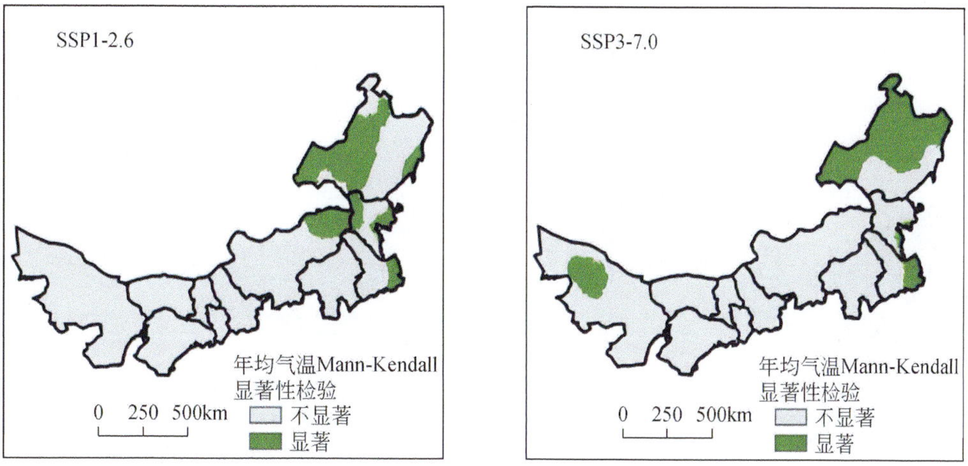

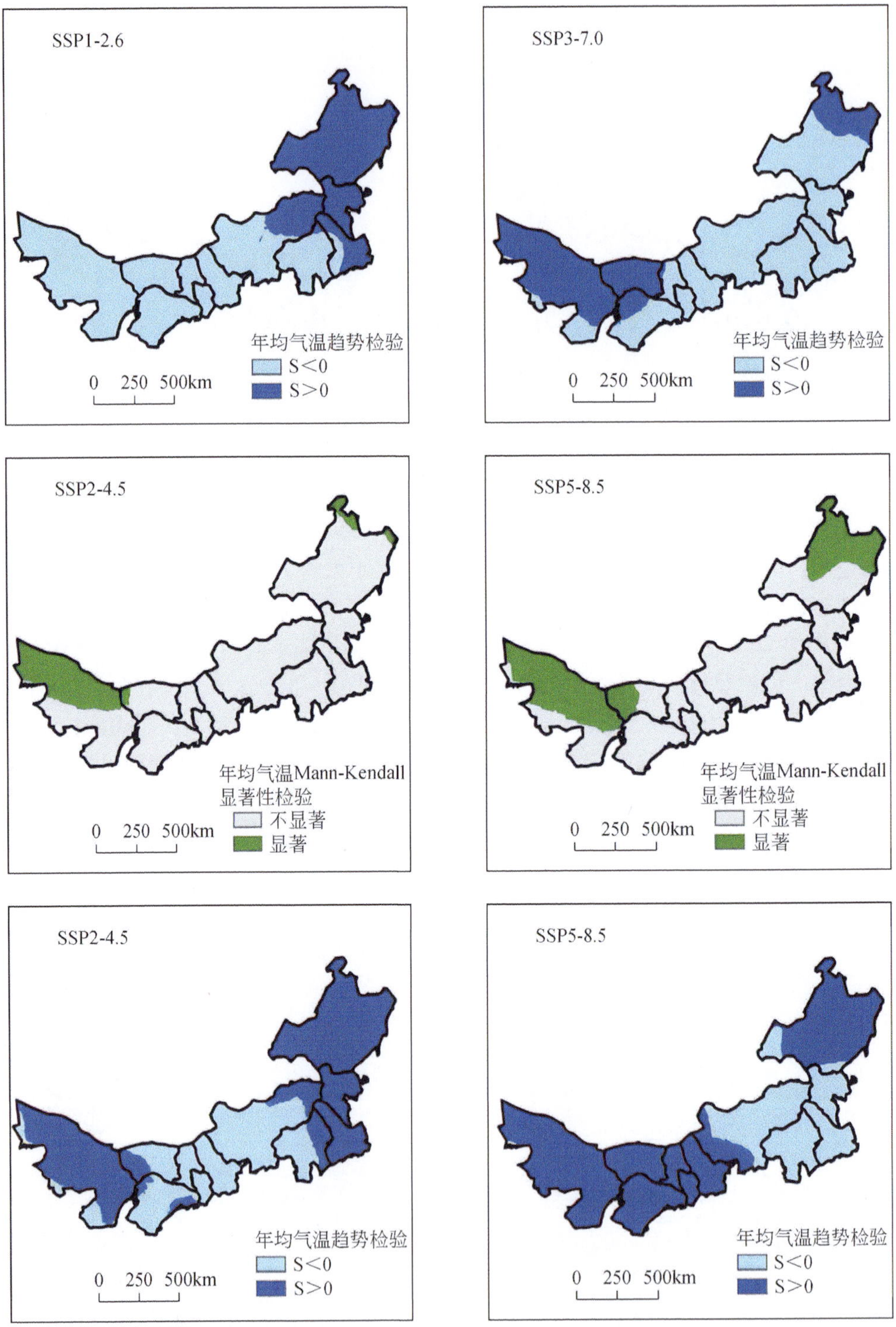

图 8-6　内蒙古地区年均气温趋势检验和显著性检验结果分布图

8.2.3 未来风速的时空演变特征和变化趋势

如图 8-7 所示，4 种模式下内蒙古地区未来风速整体呈由东南至西北递减的分布特征，其中 SSP1-2.6 风速均值在 3.20 ~ 6.76m/s，SSP2-4.5 风速均值在 3.19 ~ 6.65m/s，SSP3-7.0 风速均值在 3.19 ~ 6.74m/s，SSP5-8.5 风速均值在 3.17 ~ 6.71m/s，高值区集中在戈壁荒漠混合分布的阿拉善、乌海、巴彦淖尔、包头等地区，这些地区防风固沙能力较低、风蚀较严重、沙化现象较普遍、沙地较为集中，低值区集中在内蒙古东南部地区，这些地区多在呼伦贝尔高原、东北的大兴安岭地区。

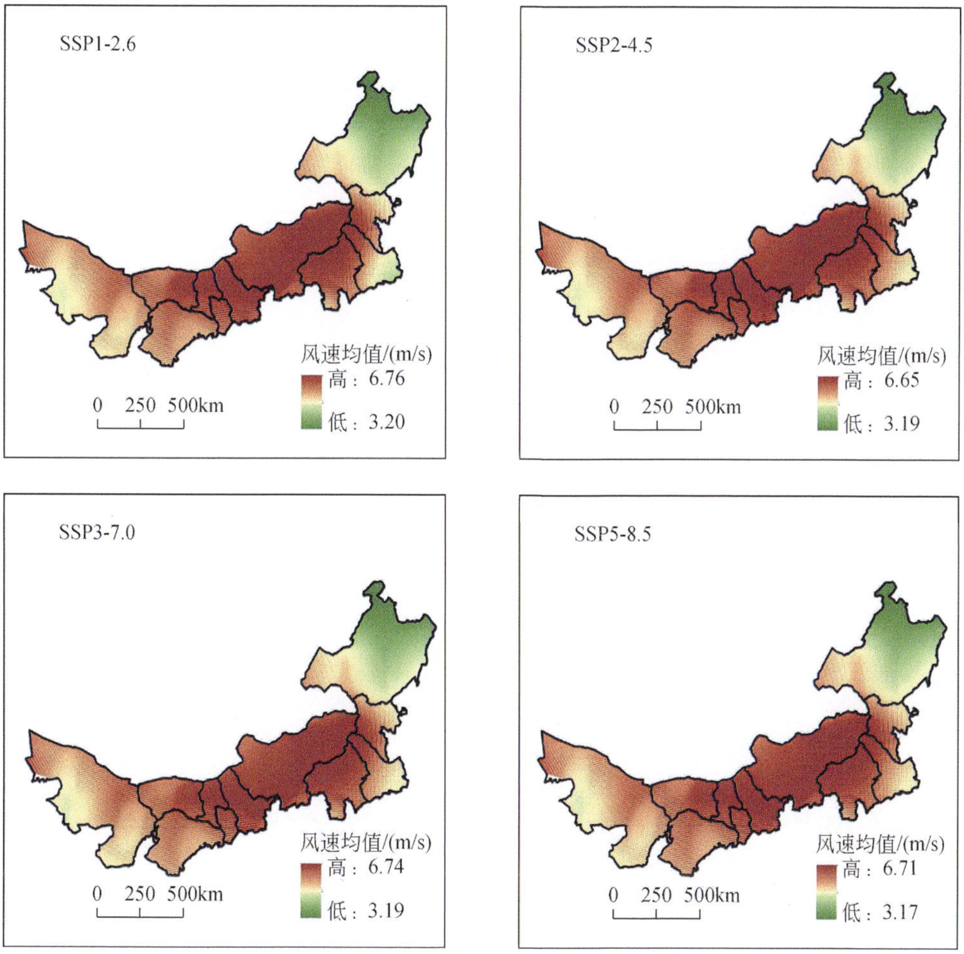

图 8-7 内蒙古地区风速均值分布图

如图 8-8 所示，2015 ~ 2100 年，在 SSP1-2.6 模式下，内蒙古地区整体风速变化呈现轻微显著，变化地区集中在大兴安岭以东；在 SSP2-4.5 模式下，内蒙古地区整体风速变化轻微显著，在阿拉善、包头、呼伦贝尔及其周边地区风速有显著变化的趋势；在 SSP3-

7.0 模式下，内蒙古地区风速变化整体不显著，显著增大的地区包括巴彦淖尔南部、呼伦贝尔北部、锡林郭勒南部、赤峰南部、通辽南部；在 SSP5-8.5 模式下内蒙古地区整体风速变化不显著，显著增大的地区集中在内蒙古地区西部的阿拉善地区。

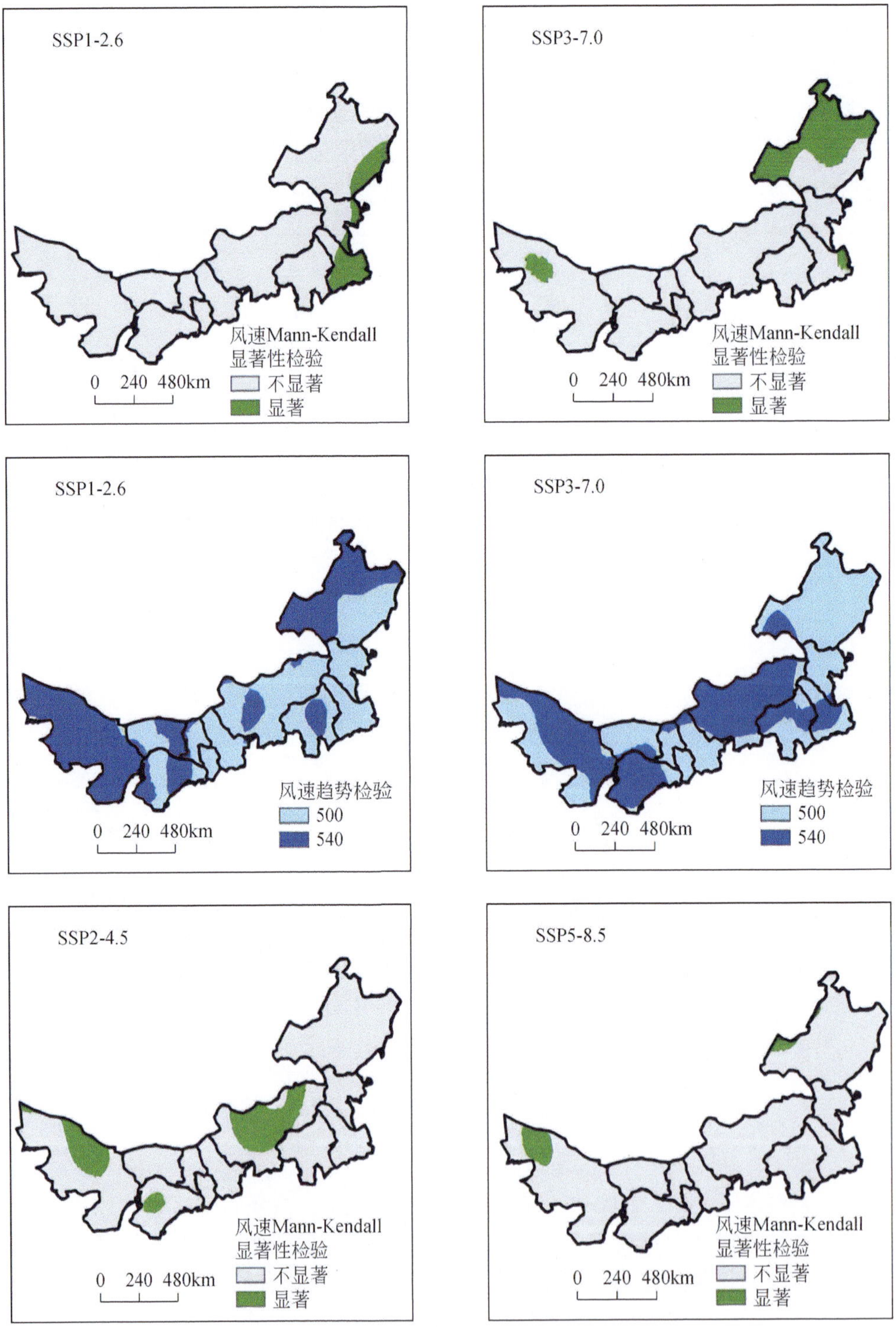

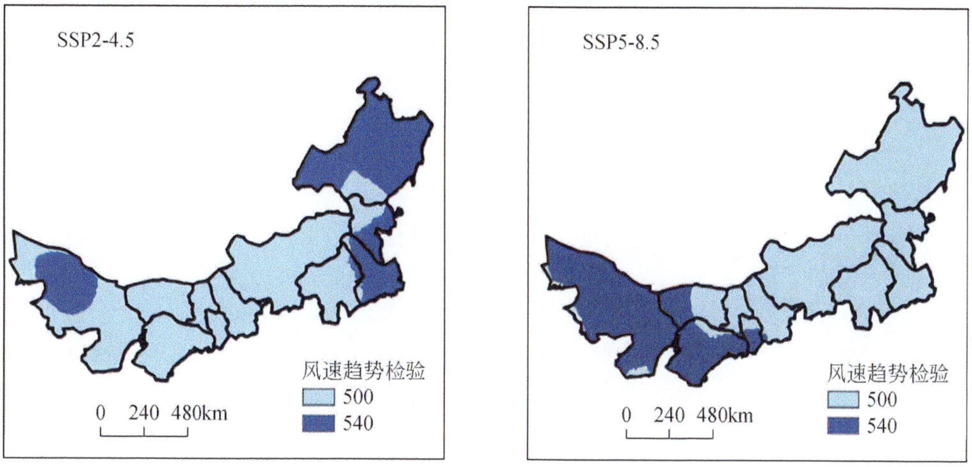

图 8-8　内蒙古地区风速趋势检验和显著性检验结果分布图

8.3　内蒙古地区荒漠化的风险预估与应对

由研究区未来荒漠化风险图（图 8-9 ~ 图 8-11）可知，未来不同时期不同气候情景下荒漠化风险的地域分布存在差异，总体上呈西南高、东北低的特征。荒漠化高风险区主要分布在西部地区，其他地区荒漠化风险相对较低，并且大部分地区没有荒漠化风险。从同一时期下的不同气候变化情景来看，2020 ~ 2050 年，在 SSP3-7.0 和 SSP5-8.5 情景下，荒漠化风险的分布相似；在 SSP1-2.6 情景下，荒漠化风险最大，分布区域最广；在 SSP2-4.5 情景下，荒漠化风险分布区域最小。2020 ~ 2070 年，在 SSP2-4.5 和 SSP3-7.0 情景下，荒漠化风险的分布相似；在 SSP2-4.5 情景下，荒漠化风险最小，在 SSP1-2.6 情景下，荒漠化风险最大。2020 ~ 2090 年，在 SSP5-8.5 情景下，荒漠化风险最大，荒漠化风险从大到小依次为 SSP3-7.0>SSP5-8.5>SSP2-4.5>SSP1-2.6。

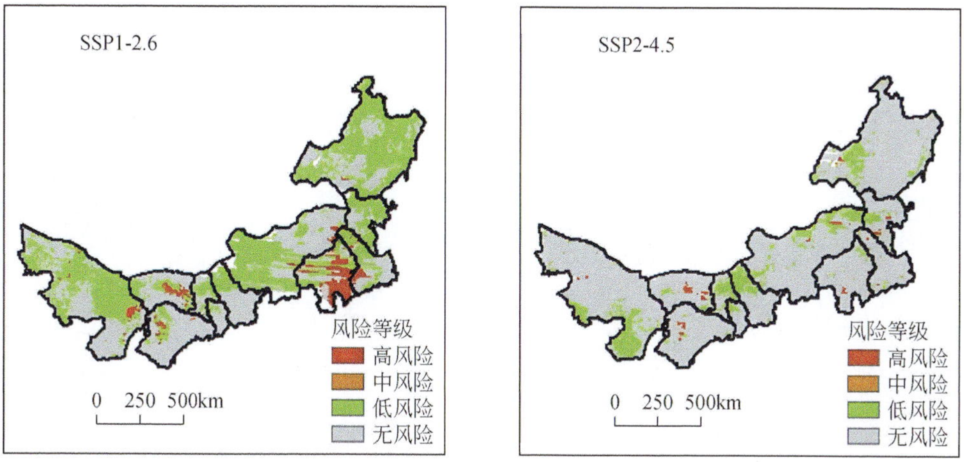

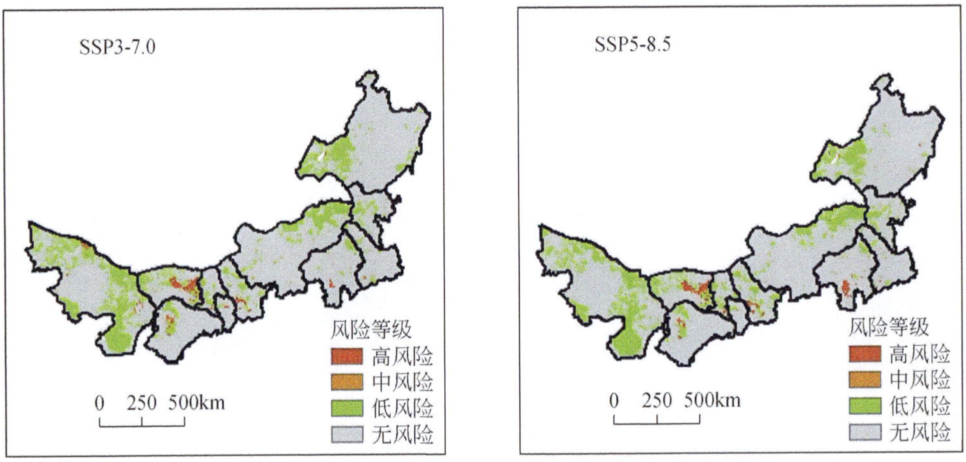

图 8-9　内蒙古 2020～2050 年荒漠化风险分析

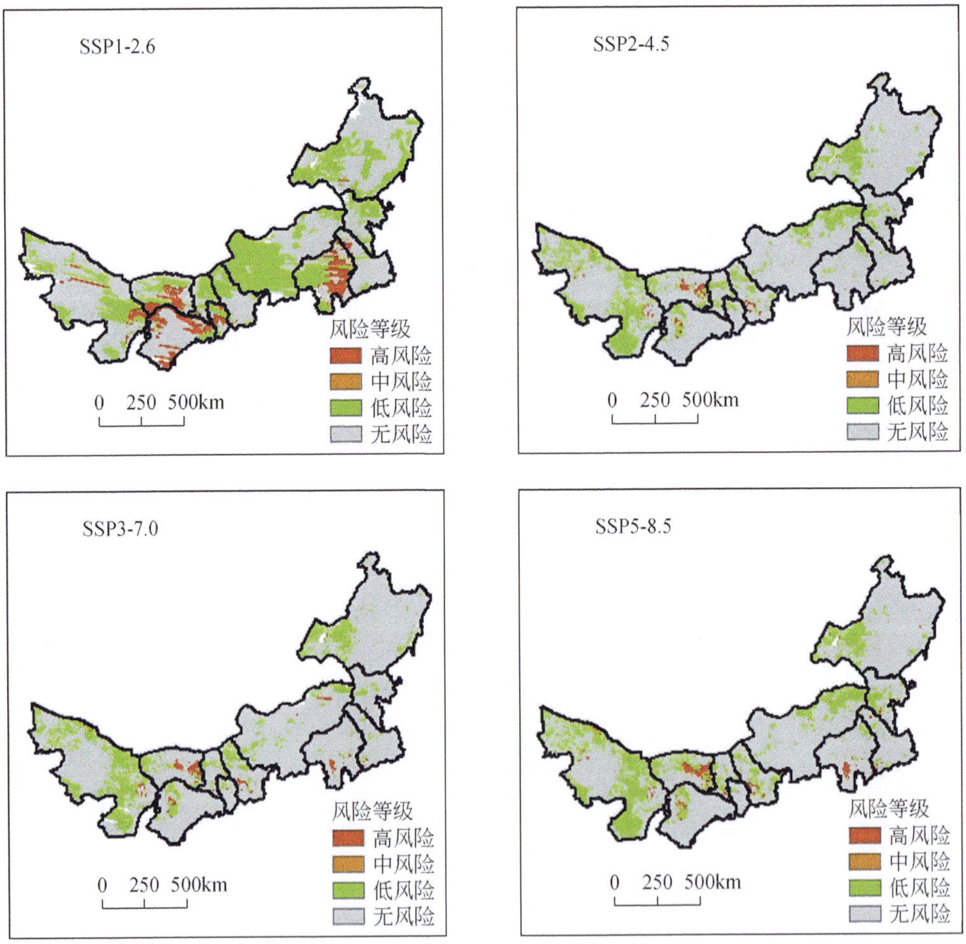

图 8-10　内蒙古 2020～2070 年荒漠化风险分析

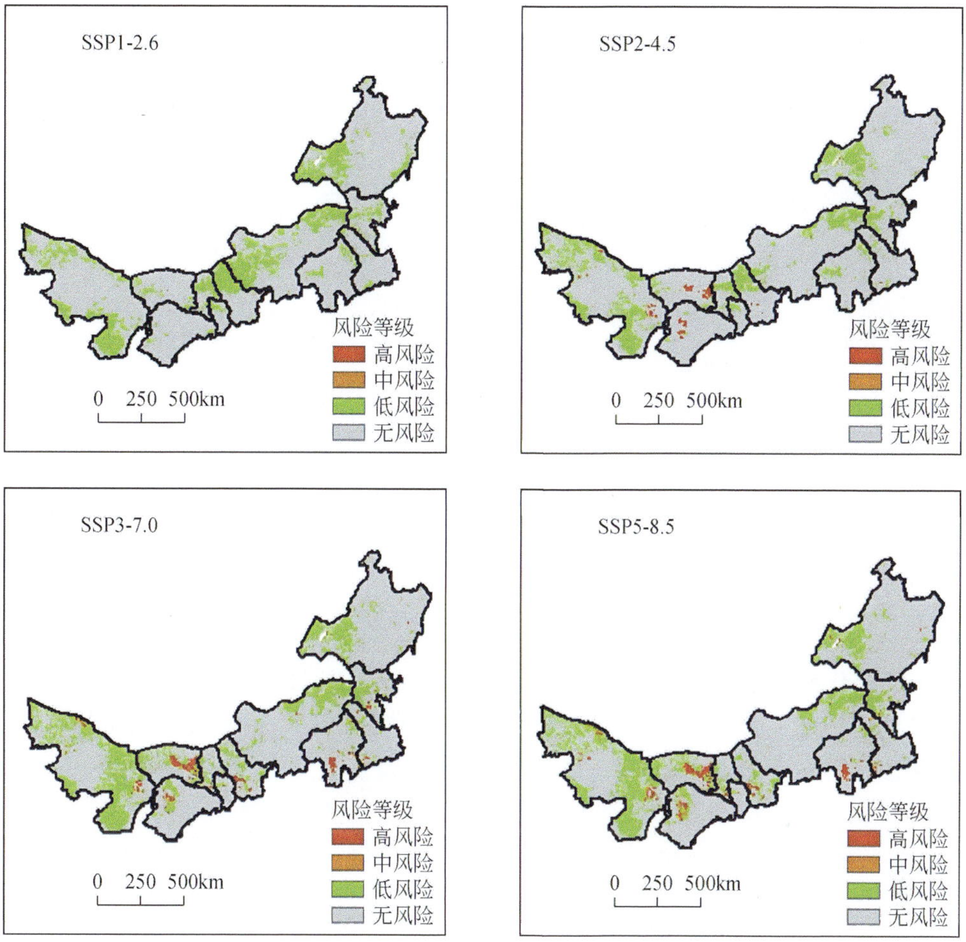

图 8-11　内蒙古 2020 ~ 2090 年荒漠化风险分析

从同一气候变化情景下不同时期来看，在 SSP1-2.6 情景下，高风险荒漠化分布面积呈缩小趋势；在 SSP3-7.0 情景下，高风险荒漠化区域有所扩大；在 SSP2-4.5 情景下，高荒漠化风险区域先减小后扩大；在 SSP5-8.5 情景下，未来不同时期的荒漠化风险均较高。

为了更详细地分析荒漠化风险的变化，在获取了荒漠化风险空间分布的基础上，对不同风险等级的荒漠化土地面积进行了统计（表 8-3 和图 8-12）。

表 8-3　不同气候情景下未来时期荒漠化风险等级土地面积　（单位：km^2）

SSP 类型	风险等级	2020 ~ 2050 年	2020 ~ 2070 年	2020 ~ 2090 年
SSP1-2.6	无风险	557 277.01	651 587.54	1 055 426.67
	低风险	540 099.5	413 745.72	119 606.74
	中风险	1 232.1	944.7	532.6
	高风险	73 186.74	111 628.26	6 123.21

续表

SSP 类型	风险等级	2020～2050 年	2020～2070 年	2020～2090 年
SSP2-4.5	无风险	1 038 307.02	952 163.24	984 690.68
	低风险	124 534.27	211 042.01	176 050.37
	中风险	2 052.74	1 232.1	369.63
	高风险	15 524.46	13 553.1	14 785.2
SSP3-7.0	无风险	963 804.95	980 151.9	917 314.8
	低风险	192 130.91	168 021.73	228 394.63
	中风险	2 833.83	1 848.15	2 587.41
	高风险	17 619.03	23 163.48	29 693.61
SSP5-8.5	无风险	976 002.74	941 750.36	955 426.67
	低风险	181 165.22	207 285.74	185 354.36
	中风险	616.05	2 710.62	8 008.65
	高风险	20 206.44	26 120.52	28 954.35

从不同变化情景的同一时期来看，2020～2050 年，高风险荒漠化土地面积最小为 SSP2-4.5 情景下的 1.55 万 km^2，最大为 SSP1-2.6 情景下的 7.31 万 km^2，中风险荒漠化土地面积在各个情景下都是最小的，其中最小为 SSP5-8.5 情景下的 616.05km^2，最大在 SSP3-7.0 情景下的 2833.83km^2，低风险荒漠化土地面积各个情景下差异较大，最小为 SSP2-4.5 情景下的 12.5 万 km^2，最大则为 SSP1-2.6 情景下的 54 万 km^2，无风险荒漠化土地面积在各个情景下都是最大的，最小为 SSP1-2.6 情景下的 55.7 万 km^2，最大为 SSP3-7.0 情景下的 103.8 万 km^2；综合来看，2020～2050 年 SSP1-2.6 情景下荒漠化风险最大，SSP2-4.5 情景下荒漠化风险最小。

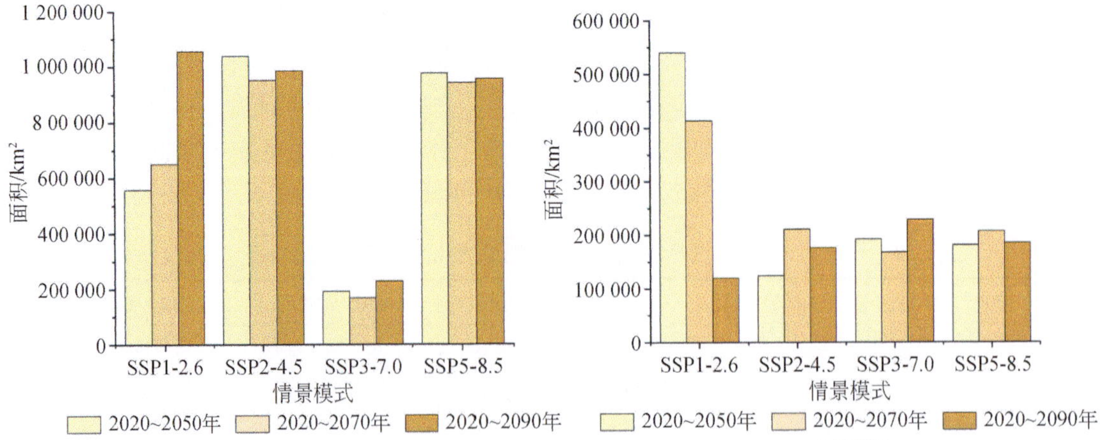

(a)无风险

(b)低风险

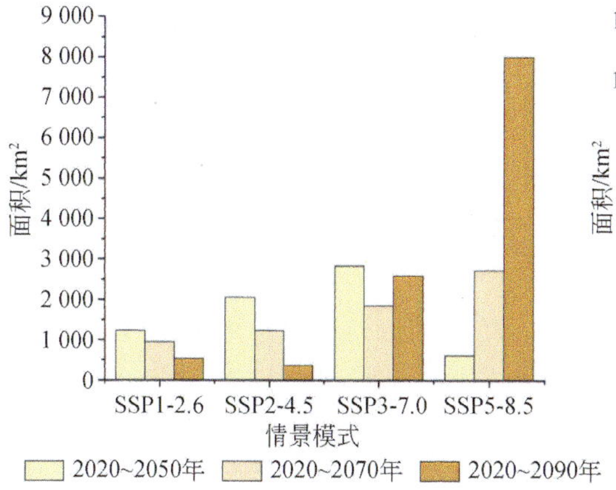

(c)中风险

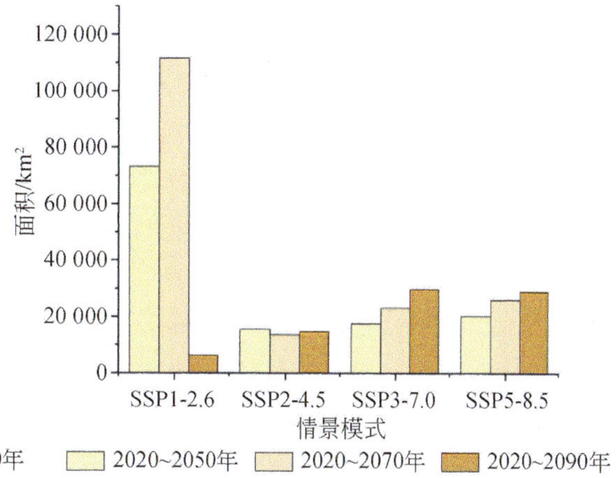

(d)高风险

图 8-12　内蒙古 2020～2090 年荒漠化面积

2020～2070 年，高风险荒漠化土地面积最小为 SSP2-4.5 情景下的 1.35 万 km²，最大为 SSP1-2.6 情景下的 11.1 万 km²，中风险荒漠化土地面积在各个情景下依旧是最小的，最小为 SSP2-4.5 情景下的 944.7km²，最大在 SSP5-8.5 情景下的 2710.62km²，低风险荒漠化土地面积在各个情景下差异较大，最小为 SSP3-7.0 情景下的 16.8 万 km²，最大则为 SSP1-2.6 情景下的 41.4 万 km²，无风险荒漠化土地面积在各个情景下都是最大的，最小为 SSP1-2.6 情景下的 65.2 万 km²，最大为 SSP3-7.0 情景下的 98.0 万 km²；综合来看，2020～2070 年 SSP1-2.6 情景下荒漠化风险最大，SSP2-4.5 情景下荒漠化风险最小。

2020～2090 年，高风险荒漠化土地面积最小为 SSP1-2.6 情景下的 6123.21km²，最大为 SSP3-7.0 情景下的 9.55 万 km²，中风险荒漠化土地面积在各个情景下仍然是最小的，最小为 SSP2-4.5 情景下的 369.63km²，最大为 SSP5-8.5 情景下的 8008.65km²，低风险荒漠化土地面积在各个情景下差异仍然较大，最小为 SSP1-2.6 情景下的 12.0 万 km²，最大为 SSP3-7.0 情景下的 22.8 万 km²，无风险荒漠化土地面积在各个情景下差异最大，最小为 SSP3-7.0 情景下的 91.7 万 km²，最大为 SSP1-2.6 情景下的 105.5 万 km²；综合来看，2020～2090 年 SSP5-8.5 情景下荒漠化风险最大，SSP1-2.6 情景下荒漠化风险最小。

从同一气候变化情景下不同的时间来看，在 SSP1-2.6 情景下，无风险荒漠化土地面积逐渐增加，低风险和中风险的荒漠化土地面积逐渐递减，高风险荒漠化土地面积先增加后大幅减少，因此在 SSP1-2.6 情景下，2020～2090 年的荒漠化风险最小，2020～2070 年的荒漠化风险最大。

在 SSP2-4.5 情景下，2020～2090 年，无风险荒漠化土地面积变化趋势是先减少后增加，并且变化幅度较为平稳；低风险荒漠化土地面积与之相反，呈现先增加后减少的变化趋势；中风险荒漠化土地面积则是逐渐减少，高风险荒漠化土地面积先减少后增加，总体变化趋于平稳，因此，在 SSP2-4.5 情景下，2020～2050 年的荒漠化风险最小，2020～2070 年的荒漠化风险最大。

在 SSP3-7.0 情景下，2020～2090 年，无风险荒漠化土地面积先增加后减少，而低风险荒漠化土地面积和中风险荒漠化土地面积均呈现先减少后增加的趋势，高风险荒漠化土地面积则是逐渐增加，因此，2020～2090 年的荒漠化风险最小，2020～2070 年的荒漠化风险最大。

在 SSP5-8.5 情景下，无风险荒漠化土地面积先减少后增加，低风险荒漠化土地面积变化与之相反，先增加后减少；中风险荒漠化土地面积和高风险荒漠化土地面积均逐渐增加，并且中风险荒漠化土地面积增加显著，由此，在 SSP5-8.5 情景下，2020～2050 年的荒漠化风险最小，2020～2090 年的荒漠化风险最大。

内蒙古荒漠化治理需立足区域荒漠化生态系统分异规律与气候水文演变趋势。第 5 章利用自然断裂法，将荒漠化敏感性划分为 5 种类型，极度敏感区和高度敏感区主要覆盖区内的沙地和戈壁，以及未开发利用地和其周边区域。不敏感区、低度敏感区集中在大兴安岭林区和草原区，区域分布呈现聚集趋势，主要受到气候因子变化的影响。利用图谱分析荒漠化敏感性时空演变规律，并根据这些规律建立荒漠化治理分区，将不敏感区和低度敏感类型区划分为生态屏障区，区域涉及大兴安岭林草地带，植被茂密，森林草地生态系统稳定，需要采取综合措施保护森林和草原资源。加强生态保护，合理配置林草资源，强化生态绿色屏障，降低周边地区荒漠化潜力，促进全区生态平衡与协调发展，建议实施“天然林保育-人工林提质”双轨工程：一方面划定原始林核心保护区；另一方面在退化次生林区推行带状补植，提升生态系统韧性。

生态改善区属于荒漠化敏感性增强区，荒漠化潜力降低。该地区位于大兴安岭林带南段，1990～2020 年经历了从高度敏感性到低度敏感性的转变，荒漠化潜力有所下降。大兴安岭森林草原对生态状态产生了积极的影响，为了充分利用其减少荒漠化的潜力，扭转区域生态恶化的趋势，加强这一地区的森林和草地恢复工作至关重要。利用改善的生态条件，积极采取措施修复退化的草原，避免荒漠化敏感性的恢复。这一战略既要巩固生态建设效益，又要保证区域生态系统的长期生存。生态修复区以自治区中部沙区为主，荒漠化敏感性下降，荒漠化潜力上升。沙质地形的存在严重威胁了周边地区的生态平衡，因此应重点关注和特别重视修复活动。在这一地区，应优先考虑人工恢复措施，重点是保护该地区现有的草地和森林资源，同时将人工种植的林地和草地恢复到原来的状态。为有效防治土地退化和减少荒漠化风险，增加该地区生态恢复举措的数量至关重要。通过扭转土地退化的趋势可以减少荒漠化的风险，为广泛的生态恢复铺平道路。此外，生态脆弱地区，特别是位于半干旱、干旱和极端干旱等高度敏感区的地区，需要专门干预。鉴于沙漠化土地的广泛分布和土地退化的严重程度，保护现有植被至关重要。在沙漠化和水土流失严重的地区，需要合理利用天然草地和林地，并有计划地进行种植、灌溉和补种等干预措施，通过提高避免和管理与风沙有关的灾害的能力，可以努力将荒漠化的可能性降到最低，并减缓沙漠的增长。这种综合办法力求改善沙漠生态系统的稳定性，同时增加生态系统的服务功能重要的生态服务的提供。

第 6 章以多元回归模型为基础构建内蒙古气候变化对荒漠化风险预估模型，得出 2030 年、2050 年、2090 年荒漠化风险性格局分布图。结果表明，到 2030 年，内蒙古沙漠化低风险区面积将大幅增加，生态状况将得到改善。然而，风险恶化的持续问题需要引起注意。本书指出，从中风险向低风险过渡是一个关键趋势，这意味着今后的荒漠化防治工作应侧重于这些地区。拟议的战略需要因地制宜地实施生态恢复举措，解决水资源短缺问题，扩大现有的转型举措，以获得更好的生态恢复效果。此外，研究发现，小部分严重风险区已改善为高风险区，主要是沙地和戈壁，由于现有的荒漠化治理工作，荒漠化潜力下降，生态条件有所改善。但是，需要强调的是，这些地区需要采取更多的荒漠化控制措施，以防止回到极端易受荒漠化影响的状况。研究荒漠化风险未来演变机制的最终目的是制定荒漠化治理策略和区域环境法规。将预期结果作为制定政策的基础，可以制定更准确的管理政策，促进区域经济、社会和环境的长期增长。揭示利用科学知识实现全面和可持续发展目标的重要性。

8.4 小　　结

本章首先通过 Theil-Sen Median 趋势分析和 Mann-Kendall 检验法对 CMIP6 未来气候因子等数据进行分析，揭示内蒙古地区气候变化机制，其次针对研究区内的每个像元建立了 1990～2015 年的 NDVI 与气候要素数据之间的多元回归关系。利用未来不同情景下的气候要素数据，根据上述回归关系获取未来不同气候变化情景下不同时段的 NDVI 预测值，模拟预测内蒙古地区的荒漠化风险。研究结论如下。

（1）未来不同排放情景下 2020～2050 年、2020～2070 年、2020～2090 年的荒漠化空间分布存在差异。整体上呈西南高、东北低的特征。从同一时期不同气候变化情景来看，2020～2050 年，在 SSP3-7.0 和 SSP5-8.5 情景下，荒漠化风险的分布相似；在 SSP1-2.6 情景下，荒漠化风险最大，分布区域最广；在 SSP2-4.5 情景下，荒漠化风险分布区域最小。2020～2070 年，在 SSP2-4.5 和 SSP3-7.0 情景下，荒漠化风险的分布相似；在 SSP2-4.5 情景下，荒漠化风险最小，在 SSP1-2.6 情景下，荒漠化风险最大。2020～2090 年，在 SSP5-8.5 情景下，荒漠化风险最大，荒漠化风险从大到小依次为 SSP3-7.0>SSP5-8.5>SSP2-4.5>SSP1-2.6。

（2）4 种模式下内蒙古地区未来降水量均值整体呈由东南至西北呈递减的分布特征，其中，SSP1-2.6 降水量均值在 0～2.10mm，SSP2-4.5 降水量均值在 0～2.19mm，SSP3-7.0 降水量均值在 0～2.21mm，SSP5-8.5 降水量均值在 0～2.10mm，高值区集中在林草混合分布的东部地区，低值区集中在内蒙古西南部地区；4 种模式下内蒙古地区未来年均气温整体呈由东南至西北递增的分布特征，其中，SSP1-2.6 年均气温均值在-4.71～9.15℃，SSP2-4.5 年均气温均值在-4.83～9.17℃，SSP3-7.0 年均气温均值在-4.81～9.53℃，SSP5-8.5 年均气温均值在-4.84～9.16℃，高值区集中在戈壁荒漠混合分布的西部地区，荒漠化现象较为普遍，沙地较为集中，低值区集中在内蒙古西南部地区；4 种模式下内蒙古地区未来风速整体呈由东南至西北逐渐递减的分布特征，其中，SSP1-2.6 风速均值在 3.20～6.76m/s，SSP2-4.5 风速均值在 3.19～6.65m/s，SSP3-7.0 风速均值在 3.19～6.74m/s，SSP5-3.5 风速均值在 3.17～6.71m/s，高值区集中在戈壁荒漠混合分布的西部地区，低值区集中在内蒙古东南部地区的呼伦贝尔、锡林郭勒和乌兰察布等地区。

（3）4 种模式下内蒙古未来降水量变异系数均在 0.4～1.3，空间分布规律与降水量均值相反，呈自西向东逐渐减小分布。内蒙古中部地区降水量变异系数在 0.29～0.34，变化剧烈程度小于北部地区；内蒙古北部地区降水量变化最不剧烈，并且大兴安岭北部降水量变异系数最小，低于0.55。4种模式下内蒙古年均气温变异系数均在0.4~0.6，空间分布规律与年均气温均值相反，呈自西向东逐渐增加分布。大兴安岭以东地区年均气温变化剧烈程度相对较大；内蒙古中部地区年均气温变异系数在0.42~0.54，变化剧烈程度小于东北部地区；内蒙古西南部地区年均气温变化最不剧烈，多年年均气温离散程度低。

参考文献

[1] 刘智慧．关键气候因子对内蒙古荒漠化的影响研究［D］．呼和浩特：内蒙古农业大学，2023.

[2] Reynolds J F, Smith D M S, Lambin E F, et al. Global desertification: building a science for dryland development［J］. Science, 2007, 316 (5826): 847-851.

[3] Zhang K, Li X, Liu J. Spatial and temporal variability of NDVI and its response to climate change in Inner Mongolia, China［J］. Remote Sensing, 2014, 6 (9): 8383-8408.

[4] Feng Q, Ma H, Jiang X M, et al. What has caused desertification in China?［J］. Scientific Reports, 2015, 5: 15998.

[5] Zhao M S, Running S W. Drought-induced reduction in global terrestrial net primary production from 2000 through 2009［J］. Science, 2010, 329 (5994): 940-943.

[6] Tong C, Hall C A S, Wang H, et al. Land use change in Inner Mongolia—a Chinese region undergoing desertification［J］. Journal of Environmental Management, 2003, 68 (4): 431-444.

[7] Wang T, Wu W, Xue X. Spatial-temporal changes of wind erosion in Inner Mongolia［J］. Journal of Arid Environments, 2009, 73 (4-5): 378-386.

[8] 李春娥．新疆土地荒漠化时空变化特征分析［J］．测绘科学，2018，43（9）：33-39.

[9] 张萨日郎，乌兰图雅，布和，等．近40 a蒙古高原土地沙漠化研究的文献计量学分析［J］．干旱区地理，2023，46（12）：1984-1994.

[10] 李任时，邵治涛，张红红，等．近30年来黄河上游荒漠化时空演变及成因研究［J］．世界地质，2014，33（2）：494-503.

[11] 李志鹏，曹晓明，丁杰，等．MODIS卫星影像显示的2001—2017年中国荒漠化年度状况［J］．中国沙漠，2019，39（6）：135-140.

[12] 马雄德，范立民，张晓团，等．基于遥感的矿区土地荒漠化动态及驱动机制［J］．煤炭学报，2016，41（8）：2063-2070.

[13] 王红岩．基于NPP和植被降水利用效率土地退化遥感评价与监测技术研究［D］．北京：中国林业科学研究院，2013.

[14] 时忠杰，高吉喜，徐丽宏，等．内蒙古地区近25年植被对气温和降水变化的影响［J］．生态环境学报，2011，20（11）：1594-1601.

[15] Li X, Li X B, Chen Y H, et al. Temporal responses of vegetation to climate variables in temperate steppe of northern China［J］. Chinese Journal of Plant Ecology, 2007, 31 (6): 1054.

[16] 叶辉，王军邦，黄玫，等．青藏高原植被降水利用效率的空间格局及其对降水和气温的响应［J］．植物生态学报，2012，36（12）：1237-1247.

[17] 吴盈盈，王振亭．疏勒河中下游土地荒漠化敏感性评估［J］．中国沙漠，2022，42（4）：163-171.

[18] 许旭，李晓兵，梁涵玮，等．内蒙古温带草原区植被盖度变化及其与气象因子的关系［J］．生态学报，2010，30（14）：3733-3743.

[19] 张华，陈蕾．基于线性光谱混合模型（LSMM）的民勤绿洲荒漠化治理效果评价［J］．中国沙漠，

2019, 39 (3): 145-154.
[20] 毋兆鹏，王明霞，赵晓. 精河流域 1990—2011 年土地荒漠化变化研究 [J]. 干旱区资源与环境，2015 (1): 192-197.
[21] 赵卓文，张连蓬，王胜利. 宁夏不同植被类型归一化指数与气象因子分析 [J]. 测绘科学，2016，41 (7): 98-103.
[22] 刘俊壕，周海盛，郭群. 中国北方干旱半干旱区沙漠化治理对植被格局的影响 [J]. 中国沙漠，2023，43 (5): 204-213.
[23] 任雨，张勃，陈曦东. 科尔沁沙地土地荒漠化敏感性评估 [J]. 中国沙漠，2023，43 (2): 159-169.
[24] 赵鸿雁，颜长珍，李森，等. 黄河流域 2000—2020 年土地沙漠化遥感监测及驱动力分析 [J]. 中国沙漠，2023，43 (3): 127-137.
[25] Piao S, Mohammat A, Fang J, et al. NDVI-based increase in growth of temperate grasslands and its responses to climate changes in China [J]. Global Environmental Change, 2006, 16 (4): 340-348.
[26] 李春娥，刘秋荣，张丽君. 新疆 2000—2012 年 NDVI，降水和 RUE 的时空特征 [J]. 草业科学，2015, 32 (11): 1740-1747.
[27] 满多清，唐进年，杨雪梅，等. 1960—2021 年民勤沙区 10 种典型荒漠植物种群变化特征 [J]. 中国沙漠，2023 (6): 1-9.
[28] IPCC. Climate change 2014: Impacts, Adaptation, and Vulnerability. Part A: Global and Sectoral Aspects: Contribution of Working Group Ⅱ to the Fifth Assessment Report of the Intergovernmental Panel on Climate Change [M]. Cambridge: Cambridge University Press, 2014.
[29] IPCC. Global warming of 1.5℃. An IPCC Special Report on the Impactsof Global Warming of 1.5℃ above Pre-Industrial Levels and Related Global Greenhouse Gas Emission Pathways, in the Context of Strengthening the Global Response to the Threat of Climate Change, Sustainable Development, and Efforts to Eradicate Poverty [M]. UK: Cambridge University Press, 2018.
[30] Tao W. Aeolian desertification and its control in northern China [J]. International Soil and Water Conservation Research, 2014, 2 (4): 34-41.
[31] 程小云，张琴，兰芳芳，等. 河西走廊草地荒漠化动态及驱动因素 [J]. 中国沙漠, 2022, 42 (6): 134-141.
[32] Xu D Y, Kang X W, Zhuang D F, et al. Multi-scale quantitative assessment of the relative roles of climate change and human activities in desertification - A case study of the Ordos Plateau, China [J]. Journal of Arid Environments, 2010, 74 (4): 498-507.
[33] 徐兴奎，林朝晖，李建平，等. 利用卫星遥感资料对中国地表植被及荒漠化时空演变和分布的研究 [J]. 自然科学进展（国家重点实验室通讯）, 2001 (7): 699-703, T001.
[34] 潘昌祥，欧阳茜如，廖梦榆，等. 西北干旱区沙漠化土地生态修复技术及沙产业的适用范围 [J]. 中国沙漠，2023，43 (5): 155-165.
[35] 杨雪栋. 内蒙古自治区荒漠化和沙化土地监测概述 [J]. 内蒙古林业调查设计，2020，43 (2): 86-88.
[36] Li Z H, Xiao J M, Chen C W, et al. Promoting desert biocrust formation using aquatic cyanobacteria with the aid of MOF-based nanocomposite [J]. Science of The Total Environment, 2020, 708: 134824.
[37] Wu Z H, Huang N E, Wallace J M, et al. On the time-varying trend in global-mean surface temperature [J]. Climate Dynamics, 2011, 37 (3): 759-773.
[38] 耿涛，贾凡，蔡文炬. 人类活动影响 20 世纪厄尔尼诺-南方涛动变化 [J]. 科学通报，2023，68

(20)：2580-2582.
[39] 张井勇，何静，张丽霞，等．面向碳中和的“一带一路”气候变化主要特征与灾害风险研究［J］．中国科学院院刊，2023，38（9）：1371-1386.
[40] 侯丽陶，蒲旭凡，李哲，等．1980—2019 年中国西北地区降雪和融雪时空变化特征［J］．地理研究，2022，41（3）：880-902.
[41] 张晶，郝芳华，吴兆飞，等．植被物候对极端气候响应及机制［J］．地理学报，2023，78（9）：2241-2255.
[42] 崔嵩，贾朝阳，郭亮，等．不同海拔梯度下极端气候事件对松花江流域植被 NPP 的影响［J］．环境科学，2024，45（1）：275-286.
[43] 吕爱丽，霍治国，吴海婷，等．近 60 年“二十四节气”起源地气温与降水时空变化特征［J］．中国农业资源与区划，2023，44（8）：21-31.
[44] 苏越，路春燕，黄雨菲，等．1950～2019 年中国季节平均最高气温时空演变特征及其大气环流影响定量化分析［J］．环境科学，2023，44（5）：3003-3016.
[45] Yuan X C, Sun X. Climate change impacts on socioeconomic damages from weather-related events in China［J］. Natural Hazards, 2019, 99（3）：1197-1213.
[46] Yasunaka S, Hanawa K. Intercomparison of historical sea surface temperature datasets［J］. Int. J. Climatol., 2011, 31（7）：1056-1073.
[47]《气候变化国家评估报告》编写委员会．气候变化国家评估报告［M］．北京：科学出版社，2007.
[48] 马彬，张勃．基于格点数据的 1961—2016 年中国气候季节时空变化［J］．地理学报，2020，75（3）：458-469.
[49] 廖要明，陈德亮，刘秋锋．中国地气温差时空分布及变化趋势［J］．气候变化研究进展，2019，15（4）：374-384.
[50] 周梦子，周广胜，吕晓敏，等．1.5 和 2℃升温阈值下中国温度和降水变化的预估［J］．气象学报，2019，77（4）：728-744.
[51] 邵光普．从地理学角度看中国气候变化［J］．河南科技，2019（1）：146-148.
[52] 牛亚毅，刘蔚，董佳蕊，等．科尔沁沙地 1961—2021 年主要气象要素的变化特征：以奈曼旗为例［J］．中国沙漠，2023，43（4）：263-273.
[53] 马梓策，于红博，张巧凤，等．内蒙古地区 1960—2016 年气温和降水特征及突变［J］．水土保持研究，2019，26（3）：114-121.
[54] 李虹雨，马龙，刘廷玺，等．1951—2014 年内蒙古地区气温、降水变化及其关系［J］．冰川冻土，2017，39（5）：1098-1112.
[55] 陈建宇，赵景波．1960—2014 年内蒙古极端天气事件趋势分析［J］．干旱区研究，2017，34（5）：997-1009.
[56] 王素仙，张永领，郭灵辉，等．1981—2010 年内蒙古气候变化特征及未来趋势预估［J］．气象与环境科学，2017，40（4）：114-120.
[57] 马爱华，岳大鹏，赵景波，等．近 60 a 来内蒙古极端降水时空变化及其影响［J］．干旱区研究，2020，37（1）：74-85.
[58] 春兰，秦福莹，宝鲁，等．近 55 a 内蒙古极端降水指数时空变化特征［J］．干旱区研究，2019，36（4）：963-972.
[59] 韩芳，李丹．内蒙古荒漠草原不同等级降水时空变化特征［J］．中国草地学报，2019（3）：90-99.
[60] 刘玲莉，井新，任海燕，等．草地生物多样性与稳定性及对草地保护与修复的启示［J］．中国科学基金，2023，37（4）：560-570.

[61] 高阳，王晓锋，熊巨华，等．地理科学视角下的气候变化研究实践与思考［J］．地理研究，2023，42（10）：2817-2826.

[62] 周怡婷，严俊霞，刘菊，等．2000—2021 年黄土高原生态分区 NEP 时空变化及其驱动因子［J］．环境科学，2024，45（5）：2806-2816.

[63] 王欠鑫，曹巍，黄麟．青藏高原生态系统功能稳定性演化特征及分区［J］．地理学报，2023，78（5）：1104-1118.

[64] 荣欣，易桂花，张廷斌，等．2000～2015 年川西高原植被 EVI 海拔梯度变化及其对气候变化的响应［J］．长江流域资源与环境，2019，28（12）：3014-3028.

[65] 周妍妍，朱敏翔，郭晓娟，等．疏勒河流域气候变化和人类活动对植被 NPP 的相对影响评价［J］．生态学报，2019，39（14）：5127-5137.

[66] 高永平，康茂东，何明珠，等．基于无人机可见光波段对荒漠植被覆盖度提取的研究：以沙坡头地区为例［J］．兰州大学学报：自然科学版，2018（6）：770-775.

[67] 徐勇，卢云贵，戴强玉，等．气候变化和土地利用变化对长江中下游地区植被 NPP 变化相对贡献分析［J］．中国环境科学，2023，43（9）：4988-5000.

[68] 王玉辉，周广胜．内蒙古羊草草原植物群落地上初级生产力时间动态对降水变化的响应［J］．生态学报，2004，24（6）：1140-1145.

[69] 张山清，普宗朝，伏晓慧，等．气候变化对新疆自然植被净第一性生产力的影响［J］．干旱区研究，2010，27（6）：905-914.

[70] 刘亚荣，贾文雄，黄玫，等．近 51 年来祁连山植被净初级生产力对气候变化的响应［J］．西北植物学报，2015，35（3）：601-607.

[71] 郭兵，孔维华，姜琳．西北干旱荒漠生态区脆弱性动态监测及驱动因子定量分析［J］．自然资源学报，2018，33（3）：412-414.

[72] 辛连仲，赛胜宝．内蒙古荒漠草原初级生产力动态的研究［J］．中国草地，1990，12（1）：40-46.

[73] 马立鹏，罗万银，王瑜林．甘肃省沙漠化土地封禁保护区建设研究［J］．中国沙漠，2005，25（4）：593-598.

[74] Haya N, Baessler K, Christmann-Schmid C, et al. Prolapse and continence surgery in countries of the organization for economic cooperation and development in 2012 [J]. American Journal of Obstetrics and Gynecology, 2015, 212 (6): 755. e1-755. e27.

[75] Wong P P. Small island developing states [J]. Wiley Interdisciplinary Reviews-Climate Change, 2011, 2 (1): 1-6.

[76] Mashayekhan A, Honardoust F. Multi-criteria evaluation model for desertification Hazard zonation mapping using GIS [J]. Journal of Applied Biological Sciences, 2011, 5 (3): 49-54.

[77] Colantoni A, Ferrara C, Perini L, et al. Assessing trends in climate aridity and vulnerability to soil degradation in Italy [J]. Ecological Indicators, 2015, 48: 599-604.

[78] 杨丽桃，江像评．内蒙古近 50 年生长季日照时数变化特征［J］．气象科技，2012，40（5）：854-857.

[79] 丁一汇，李霄，李巧萍．气候变暖背景下中国地面风速变化研究进展［J］．应用气象学报，2020，31（1）：1-12.

[80] 康玲，孙鑫，侯婷，等．内蒙古地区沙尘暴的分布特征［J］．中国沙漠，2010，30（2）：400-406.

[81] 张春华，郝俊峰，施俊杰．新常态下内蒙古矿产资源产业科学发展［J］．中国矿业，2018，27（3）：17-21.

[82] 李民，高兰根，师立强，等．内蒙古能源利用与经济增长关系研究［J］．前沿，2012（19）：102-104.
[83] 郭灵辉，吴绍洪，赵东升，等．近 50a 内蒙古不同植被类型区生长季变化［J］．干旱区地理，2014，37（3）：532-538.
[84] 王宇航，赵鸣飞，康慕谊．内蒙古草原植物群落分布格局及其主导环境因子解释［J］．北京师范大学学报（自然科学版），2016，52（1）：83-90.
[85] 特力格尔，那仁满都拉，郭恩亮，等．锡林郭勒盟 2000–2019 年土地荒漠化及对气候因子的响应［J］．赤峰学院学报（自然科学版），2021，37（1）：42-47.
[86] 王瑾，闫庆武，谭学玲，等．内蒙古地区植被覆盖动态及驱动因素分析［J］．林业资源管理，2019（4）：159-167.
[87] 张宇轩．气候变化对内蒙古荒漠化的影响评估及风险预估研究［D］．呼和浩特：内蒙古农业大学，2024.
[88] 王旭，刁兆岩，郑志荣，等．中蒙毗邻草原区荒漠化时空动态研究［J］．环境科学研究，2021，34（12）：2935-2944.
[89] 廖凯涛，宋月君，谢颂华，等．基于 Google Earth Engine 的江西省植被覆盖度时空变化特征分［J］．中国水土保持，2022，(10)：64-67，9.
[90] 黄星．中国地区气温突变与变暖停滞及其对地表径流的影响［D］．呼和浩特：内蒙古农业大学，2022.
[91] 张紫翔，马龙，刘廷玺，等．内蒙古典型铅锌矿及其影响区地下水重金属污染生态环境风险评估［J］．生态学杂志，2023，42（12）：2853-2863.